冶金工业出版社

普通高等教育“十四五”规划教材

数字采矿建模与应用

主　编　庄世勇
副主编　王寰宇　李　娜　顾　路
　　　　韩　旭　武占超

扫一扫
查看本书彩图资源

北　京
冶金工业出版社
2025

内容提要

本书紧密结合采矿专业知识，详细介绍了数字采矿建模和应用，主要内容包括数字矿山软件的基本操作、模型创建与处理、统计学地质、井巷工程、DTM 建模、矿体建模、地质矿块建模、井巷建模、露天数字采矿应用和地下数字采矿应用。

本书可供采矿工程专业和智能采矿工程专业本科生阅读，也可供相关专业学生及相关领域的工程技术人员、大学生创新创业竞赛参赛人员、1+X 职业技能等级考试人员参考。

图书在版编目（CIP）数据

数字采矿建模与应用 / 庄世勇主编. -- 北京 : 冶金工业出版社, 2025. 7. --（普通高等教育“十四五”规划教材）. -- ISBN 978-7-5240-0249-9

Ⅰ. TD8-39

中国国家版本馆 CIP 数据核字第 2025AM3576 号

数字采矿建模与应用

出版发行 冶金工业出版社　**电　话** (010)64027926
地　址 北京市东城区嵩祝院北巷 39 号　**邮　编** 100009
网　址 www. mip1953. com　**电子信箱** service@ mip1953. com

责任编辑　卢　敏　李泓璇　美术编辑　吕欣童　版式设计　郑小利
责任校对　梅雨晴　责任印制　范天娇
唐山玺诚印务有限公司印刷
2025 年 7 月第 1 版，2025 年 7 月第 1 次印刷
787mm×1092mm　1/16；18. 75 印张；416 千字；286 页
定价 49. 00 元

投稿电话　(010)64027932　投稿信箱　tougao@ cnmip. com. cn
营销中心电话　(010)64044283
冶金工业出版社天猫旗舰店　yjgycbs. tmall. com
（本书如有印装质量问题，本社营销中心负责退换）

前　言

本书以软件平台 DiMine 为主要教学工具，介绍软件的基础操作，以及数字采矿建模的基本知识、方法和应用。

本书共分为基础篇、建模篇和应用篇。基础篇主要讲解 DiMine 数字矿山软件及建模的基本操作，包括数字矿山软件的基本操作、模型创建与处理、统计学地质、井巷工程。建模篇根据矿山典型实例，针对数字矿山 4 种基本模型介绍建模方法和步骤，包括 DTM 建模、矿体建模、地质矿块建模和井巷建模。应用篇根据典型矿山实例，介绍数字矿山软件在露天矿山和地下矿山进行数字化设计的应用，包括露天境界优化、露天境界数字化设计、采掘数字化设计、露天台阶爆破数字化设计、地下开拓系统数字化设计、采切数字化设计和地下矿爆破数字化设计。

本书的基础操作部分，除讲解定义、命令功能、应用范围、操作事项等基本知识外，每个操作项目配以示例练习，以加深学生的理解，提高学生的动手操作能力；每章留有习题，以复习巩固全章重点和难点。建模和应用部分以实际矿山的历史资料为基础，讲解建模和应用的原理、方法和步骤，并配以详细图表，每章留有上机测试题，对本章上机操作进行考核。每章的结尾融入思政育人元素，包括矿业典范人物介绍、绿色智能矿山建设、矿业优秀企业介绍等，让学生在学习知识的同时，塑造良好的思想品德，教书育人，相得益彰。

本教材由庄世勇任主编，并负责统稿，王寰宇、李娜、顾路、韩旭、武占超任副主编。本书的编写分工为：绪论和第 8、10 章由庄世勇编写，第 9 章由王寰宇编写，第 2、6 章由李娜编写，第 4、5、7 章由顾路编写，第 3 章由韩旭编写，第 1 章由武占超编写。编写过程中，长沙迪迈科技股份有限公司蒋红、毛杜、黄春涛、姚述勇给予极大的帮助，在此深表谢意！

由于编者水平有限，书中不妥之处，敬请读者批评指正。

编　者

2025 年 2 月

目　录

基础篇

建 模 篇

应 用 篇

基础篇

0　绪　论

数字矿山软件历经50余年的发展，在采矿业得以全面推广应用。国外知名数字矿山软件包括：英国Datamine软件，澳大利亚Surpac、Micromine、Gemcom、MineMap等软件，加拿大MinCAD系统、MicroLYNX软件和美国的Mintec软件。国内数字矿山软件包括：煤矿领域有龙软GIS、MSGIS、MREIS等软件，冶金矿山领域有长沙迪迈科技股份有限公司的DiMine软件，东北大学的Geos3D、MineStar软件，北京东澳达科技有限公司的3DMine软件等。

数字矿山软件的开发要考虑其通用性。数字矿山软件一般支持常用格式文件的导入和导出，例如，AutoCAD文件、Excel表格文件、文本文件、图片文件和其他数字矿山软件的系统文件等。这样就拓宽了数字矿山软件使用的灵活性和广泛性。

数字矿山软件要具备图形的编辑和处理功能。图形一般包括点、线、面、体，在采矿设计当中，会经常用到这些图形。软件需要设置对图形进行绘制、编辑、修改、查询、视图设置和显示等功能，以便对图形按设计要求进行处理。

采矿建模是数字矿山软件的核心功能，只有建好采矿模型才能实现软件后续的储量计算、采矿设计、生产计划管理、可视化虚拟仿真演示等功能。采矿模型主要包括数字地表模型（Digital Terrain Model，DTM）、实体模型、块段模型和井巷工程模型。

（1）数字地表模型。数字地表模型的原始数据来源于测量工程。常用的矿山测量仪器包括水准仪、经纬仪、全站仪、GPS测量仪、RTK测量仪、三维激光扫描仪、雷达遥感测量仪器和无人机倾斜摄影仪器等。测量的原始数据可以直接导入数字矿山软件进行建模，也可以先生成其他类型文件，如AutoCAD文件，再导入数字矿山软件建模。用于采矿设计的数字地表模型种类比较多，例如原始地形地表模型、露天境界模型、露天采场现状模型、排土场地表模型、尾矿库地表模型、工业场地地表模型等。

（2）实体模型。实体模型与数字地表模型最大的区别为前者是封闭的体模型，属性中的面积值和体积值均大于0，而后者是开放的、不封闭的面模型，属性中的面积值大于0、体积值等于0。矿体模型为最典型的实体模型，根据导入的平面图和剖面图的矿体轮廓线，使用连线框和外推等命令进行建模。除矿体模型外，开挖体、回填体、台阶体、开采矿块、矿房、矿柱等都是实体模型。除上述建模方法外，还可以通过实体编辑和运算功能，生成新的实体模型。

（3）块段模型。块段模型是将一个具有一定范围值的长、宽、高六面体，在长、宽、高三个方向按一定尺寸划分成小的单元块，并为每个单元块进行赋值。因此，块段模型是一个大型数据库。块段模型可用于矿体模型估值，也称矿块模型。矿块模型建模的原始数据来源于地质勘探和生产勘探，其中勘探种类包括钻探、槽探和坑探。勘探数据的文件记录格式一般为 Excel 表格文件或 txt 文本文件，将这些数据导入数字矿山软件生成地质数据库，再经过合并、过滤、样品组合、统计分析等处理，处理后的样品文件作为下一步进行矿块模型估值的已知样品值。现代地质统计学为矿块模型估值的方法包括距离幂次反比法和克里格估值法。经过估值的矿块模型可以进行储量计算及应用于各种采矿设计。

(4) 井巷工程模型。井巷工程模型是对井巷中心线进行断面设计后，使用井巷实体命令生成的模型。井巷中心线的设计包括巷道、弯道和岔道中心线的设计，也可以将设计好的中心线转换成井巷中心线。井巷中心线的断面设计包括断面形状、尺寸设计以及支护设计，已经完成断面设计的井巷中心线使用巷道联通或非联通、竖井等命令生成井巷工程模型。井巷工程模型广泛用于地下矿山开拓系统和采准切割工程的设计。设计好的井巷工程模型可以用于虚拟仿真演示、爆破设计等方面。

以上建好的 4 种模型可应用于露天数字采矿和地下数字采矿。

(1) 露天数字采矿应用。露天数字采矿应用包括露天境界优化和数字化设计、公路设计、排土场设计、采掘计划数字化编排、露天台阶爆破设计、露天采场配矿等多方面，以下对其中 3 个方面进行介绍。

1) 露天境界优化和数字化设计。露天境界优化方法包括浮动圆锥法和 LG 图论法。其中，LG 图论法是具有严格数学逻辑的最终境界优化方法，根据给定的价值块段模型，在任何情况下都可以求出经济效益最大化的露天开采最终境界。优化的最终境界是由无数个单元块组成的露天坑模型，而并不是设计的露天终了境界。所以，还要依据优化的露天坑模型进行境界设计。数字矿山软件提供了露天境界快速设计的功能。露天境界设计包括初次境界线设计、布置开拓运输系统和终了境界设计等步骤。终了境界设计完成后可生成终了境界模型及与地表的联合模型，根据生成的境界模型、地表模型和矿块模型，通过软件储量计算命令的参数设置后，既可以一键式计算出境界内各个台阶的矿岩量，还可以一键式生成露天终了境界图。

2) 采掘计划数字化编排。采掘计划编排是露天采矿的一项重要工作，包括年、季、月采掘计划。数字矿山软件提供了自动编排采掘计划功能，按固定模式输入参数，进行自动编排计划。但是，采掘计划编排是一项复杂的设计过程，不同矿山需要不同的采掘模式，包括分期开采、分区开采、缓帮开采、陡帮开采、倾斜分条、高台阶开采等诸多方式，即使方式确定，也会有各种不同的条件要求。因此，单靠几个参数的输入使用软件编排采掘计划，往往不尽如人意。目前，国内外尚没有可以实现完全使用计算机进行自动编排采掘计划的软件。但是，数字矿山软件提供了一种人工与计算机结合编排采掘计划的方法，通过人工设计各台阶推进线，而软件起到辅助计算矿岩量和品位以及处理图形的功能，大大提高了编排采掘计划的效率。

3) 露天台阶爆破设计。目前，市面上流行很多比较专业的爆破软件，一些数字矿山软件也增设了爆破数字化设计功能。露天台阶爆破设计包括布孔设计、装药设计、起爆网路设计、爆破模拟分析和经济技术表输出等功能。同时，露天台阶爆破设计与软件其他功能结合应用，提高了软件在矿山的实用性。

(2) 地下数字采矿应用。地下数字采矿应用包括地下矿开拓系统数字化设计、采切工程数字化设计、地下矿爆破数字化设计、地下矿生产计划管理、矿井通风系统设计与管理等，以下对其中3个方面进行介绍。

1）地下矿开拓系统数字化设计。地下矿开拓系统设计和采矿方法设计是地下矿设计的两个重要方面。地下矿开拓系统数字化设计包括移动界线的圈定、井位确定和井筒设计、运输系统设计（包括井底车场设计）、充填系统设计、通风系统设计、排水系统设计等。以上井巷系统的设计要先进行井巷中心线的设计，然后进行断面设计，最后生成井巷系统模型。井巷系统模型可进行可视化虚拟仿真演示和后续采矿设计使用。数字矿山软件能够根据设计的井巷中心线，使用软件的某些命令功能一次性生成施工图，非常方便、快捷。

2）采切工程数字化设计。采切工程是采准、切割工程的简称。采切工程是采矿方法设计的重要组成部分。不同采矿方法的采切工程差别较大。数字矿山软件提供了堑沟设计、漏斗设计等特定功能。同时，使用该软件的一些功能，可以很容易完成采场划分和算量、采准和切割井巷系统的设计工作。

3）地下矿爆破数字化设计。地下矿爆破包括井巷掘进爆破和采场回采爆破两大类。依据采矿方法不同，采场回采爆破又分为浅孔爆破、中深孔爆破、深孔爆破、水平孔爆破、扇形孔爆破、VCR法爆破等种类。利用建好的矿体模型、井巷工程模型、矿块模型，使用数字矿山软件设置的功能，可以进行地下矿爆破排位线设计、生成爆破边界、炮孔设计、装药设计、爆破网路设计、生成炮排剖面图、生成爆破实体、技术经济指标输出等多项数字化爆破设计。

随着数字矿山、智能（智慧）矿山的建设和发展，数字矿山软件也得到全方位发展，今后的发展趋势主要体现在以下方面。

（1）实用化。由于矿山的矿体赋存条件千差万别，矿山地形、气候、所在地区经济条件等差别较大。因此，矿山设计的特点是复制性较差。以采矿方法为例，金属矿山地下矿常用的采矿方法有40余种。在这种条件下，一款数字矿山软件很难在所有矿山中得到很好的使用。订单式的开发往往是商业合作较好的模式，既提高了软件的实用化，也使得软件在各种各样的矿山得到很好的推广与应用。

（2）融合化。数字矿山、智能（智慧）矿山的建设和发展中，一款数字矿山软件很难解决所有问题，把数字矿山软件融合到其他先进技术当中，能更好地发挥软件的应用价值。

（3）智能化。近年来，人工智能在越来越多的领域得以广泛应用，具有强大的存储、计算、分析和判断能力。因此，将数字矿山软件融入人工智能技术，会更好地体现出其超强的功能。

1 基本操作

1.1 界面及操作

DiMine 数字矿山软件的操作界面由选项卡、快捷命令、功能键、命令区、快捷属性、数据目录、数据管理、状态栏、命令窗口、视图窗口等多个部分组合而成，如图 1-1 所示。

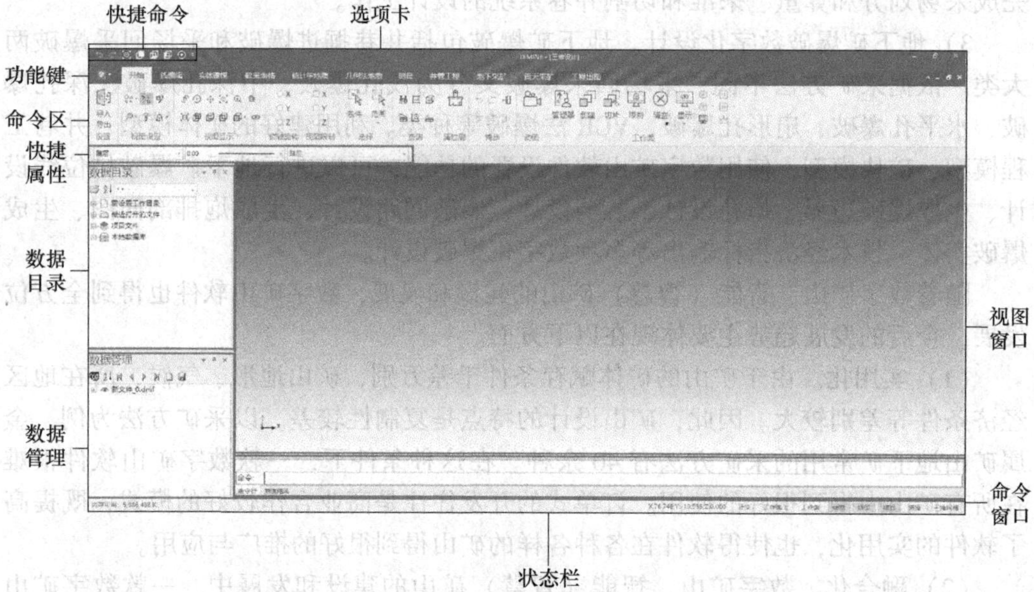

图 1-1 DiMine 软件操作界面

1.1.1 选项卡和命令区

软件共由 11 个选项卡组成，分别是：开始、线编辑、实体建模、数据表格、统计学地质、几何法地质、测量、井巷工程、地下采矿、露天采矿和工程出图。点击每个选项卡，在其下方为命令区，命令区由多个命令组组成，每个命令组由多个命令组成，当鼠标光标靠近命令，会显示这个命令的名称，如图 1-2 所示。

1.1.2 数据目录

如需频繁地打开、添加、调用、编辑某个文件夹下的文件时，可将此文件夹设置为数据目录，以方便操作。点击左上角的“重新定位工作目录”图标，可定位需

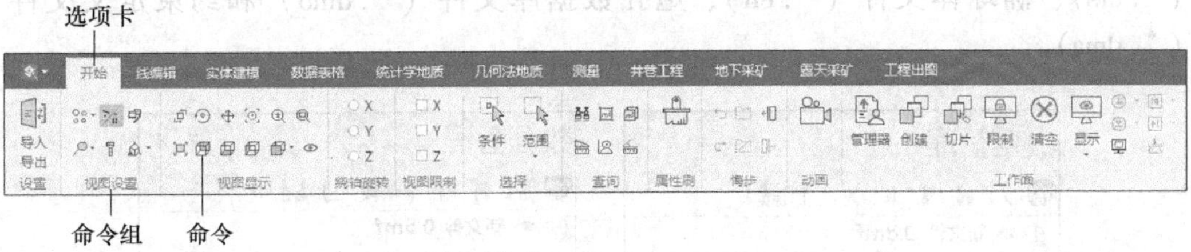

图 1-2　选项卡和命令区组成

要设置的文件夹。如需对新文件保存或将修改后文件另存到指定文件中时，则可以在数据目录窗口中单击对应文件夹，在保存时，会直接定位到该文件夹下。工作目录是当前的默认目录，用鼠标左键拖动软件支持的格式的文件至视图中，便可在窗口中打开该文件，如图 1-3 所示。

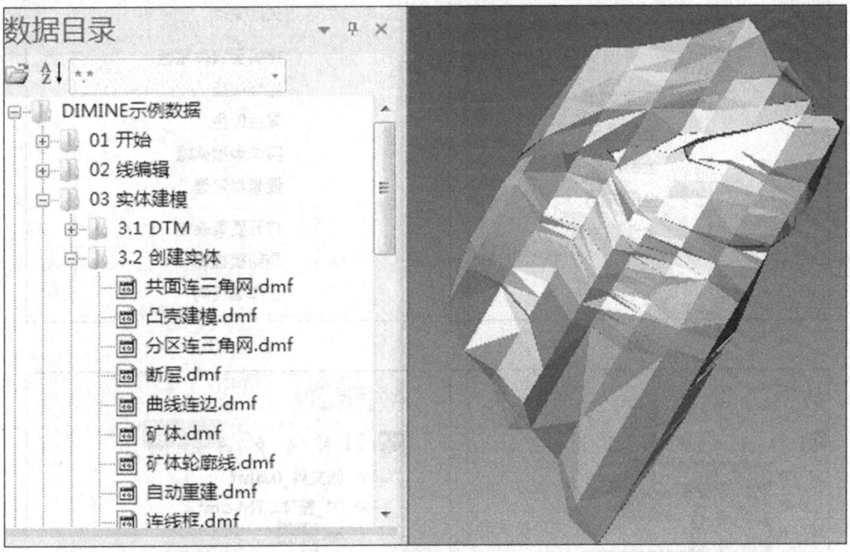

图 1-3　数据目录及拖动至视图中的文件图形

1.1.3　数据管理

数据管理是对已经打开的软件文件进行管理的区域，主要包括数据管理区上部命令键管理和鼠标右键管理两个部分。命令键主要包括新数据位置设置、文件位置移动、新建 DMF 文件和保存文件等。

在数据管理区的空白区域、单个文件、多个文件或文件的图层处单击鼠标右键，弹出的右键菜单主要用于对文件和图层的操作。以上 4 种操作弹出的右键菜单显示内容是不同的，如图 1-4 所示。

Dimine 有 11 种文件，分别是：系统文件（*.dmf）、块体模型文件（*.dmb）、块体约束文件（*.dmc）、钻孔数据库文件（*.dmd）、坑槽井探数据库文件（*.dmk）、地质数据库文件（*.dmg）、变异函数文件（*.vrg）、交叉验证文件

(*.crs)、椭球体文件(*.ell)、炮孔数据库文件(*.dmo)和约束定义文件(*.dma)。

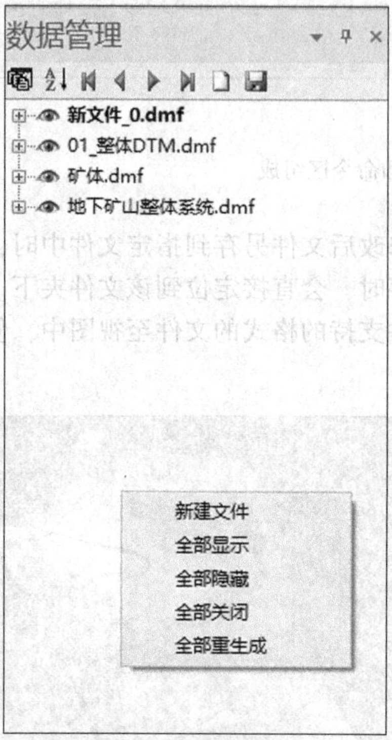

(a)

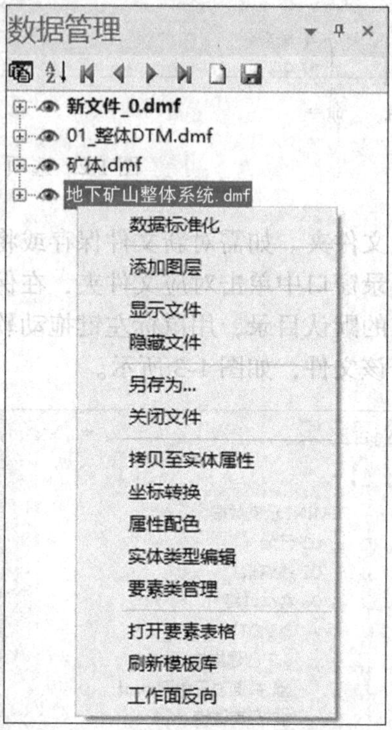

(b)

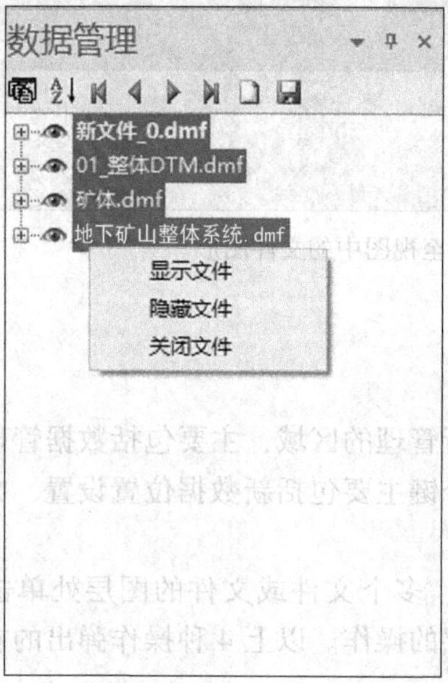

(c)

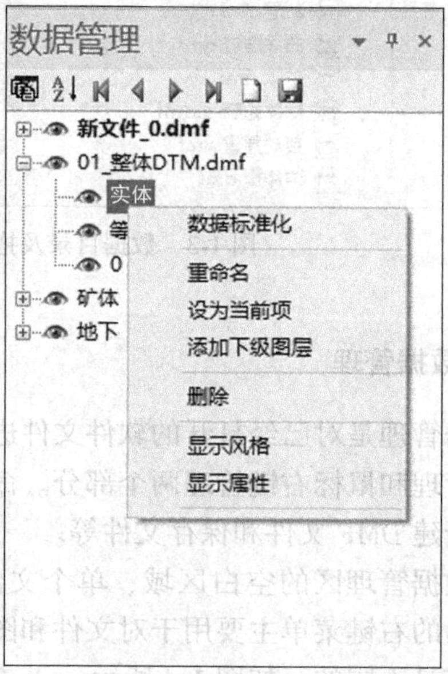

(d)

图 1-4　数据管理右键菜单

(a) 空白区域右键菜单;(b) 单个文件右键菜单;(c) 多个文件右键菜单;(d) 文件图层右键菜单

1.1.4 状态栏

状态栏位于软件界面最下方，其绘图工具包括鼠标光标在窗口位置点的坐标、正交、工作面上、工作面、线宽、线型、捕捉、选择和三维网格，如图 1-5 所示。

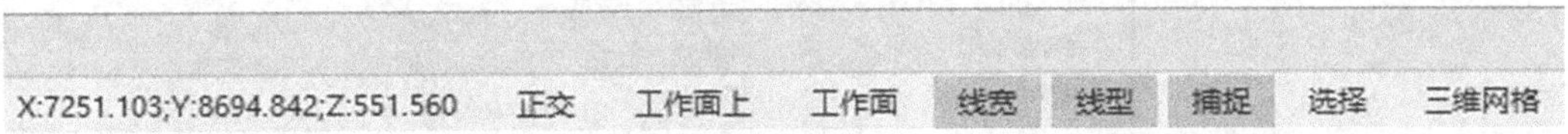

图 1-5 状态栏

鼠标左键双击状态栏绘图工具（除选择以外），可以进行打开和关闭的切换。鼠标左键双击选择，弹出的窗口可以进行勾选设置，如图 1-6 所示。鼠标光标挪至工作面、捕捉、选择处右键菜单可以对选项进行勾选设置，如图 1-7 所示。鼠标右键三维网格设置窗口如图 1-8 所示。

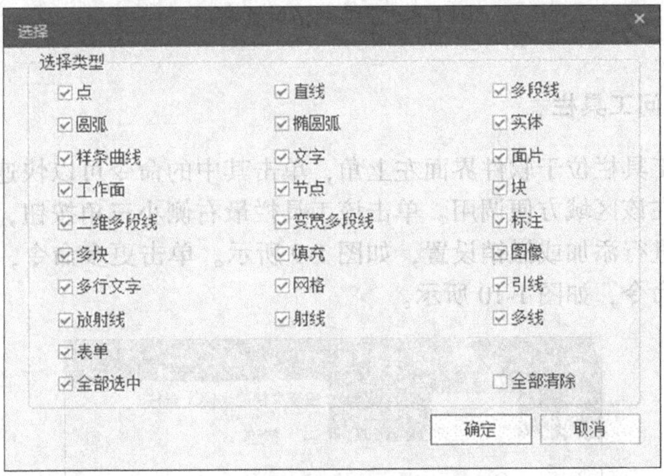

图 1-6 选择设置窗口

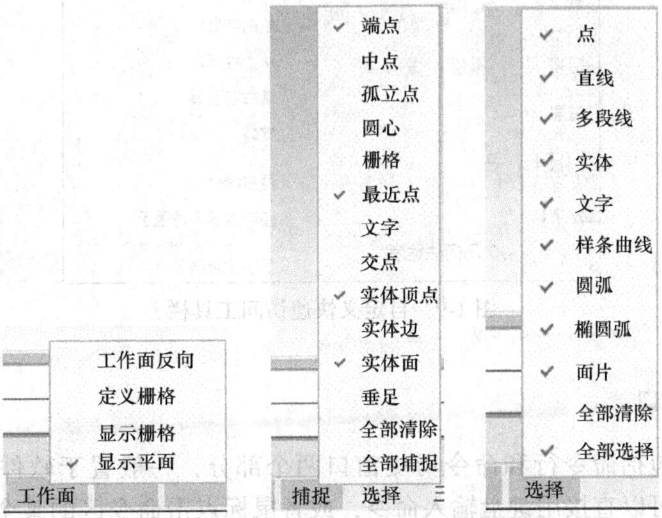

图 1-7 工作面、捕捉、选择右键菜单

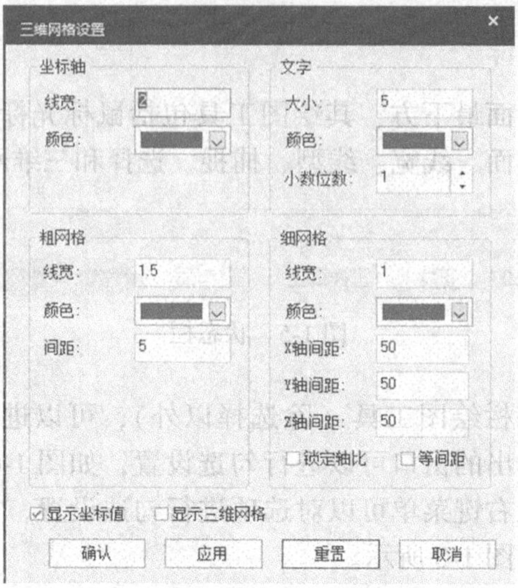

图 1-8　三维网格设置窗口

1.1.5　快速访问工具栏

快捷访问工具栏位于软件界面左上角，单击其中的命令可以快速启动，一般把常用命令放置在该区域方便调用。单击该工具栏最右侧小三角按钮，弹出的菜单可以对常用命令进行添加或撤销设置，如图 1-9 所示。单击更多命令，可以添加或删除更多的常用命令，如图 1-10 所示。

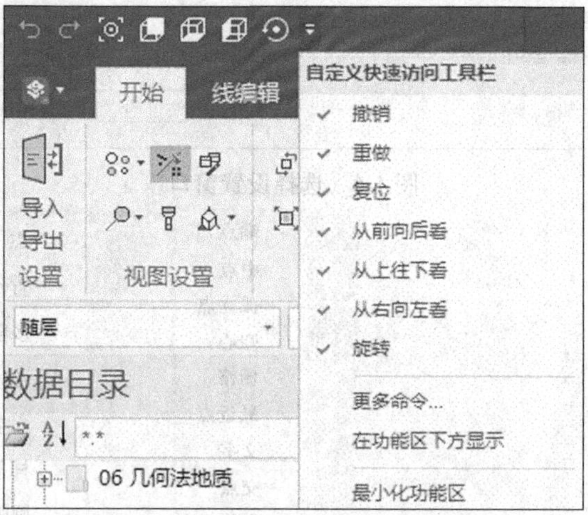

图 1-9　自定义快速访问工具栏

1.1.6　输出窗口

输出窗口包括命令行和命令历史窗口两个部分，一般置于软件界面的下方区域。在命令行可以直接用键盘输入命令，或者鼠标点击命令区的某个命令，会在命令行显示操作提示，按命令行的提示一步步进行操作即可。一个命令的每一步操作

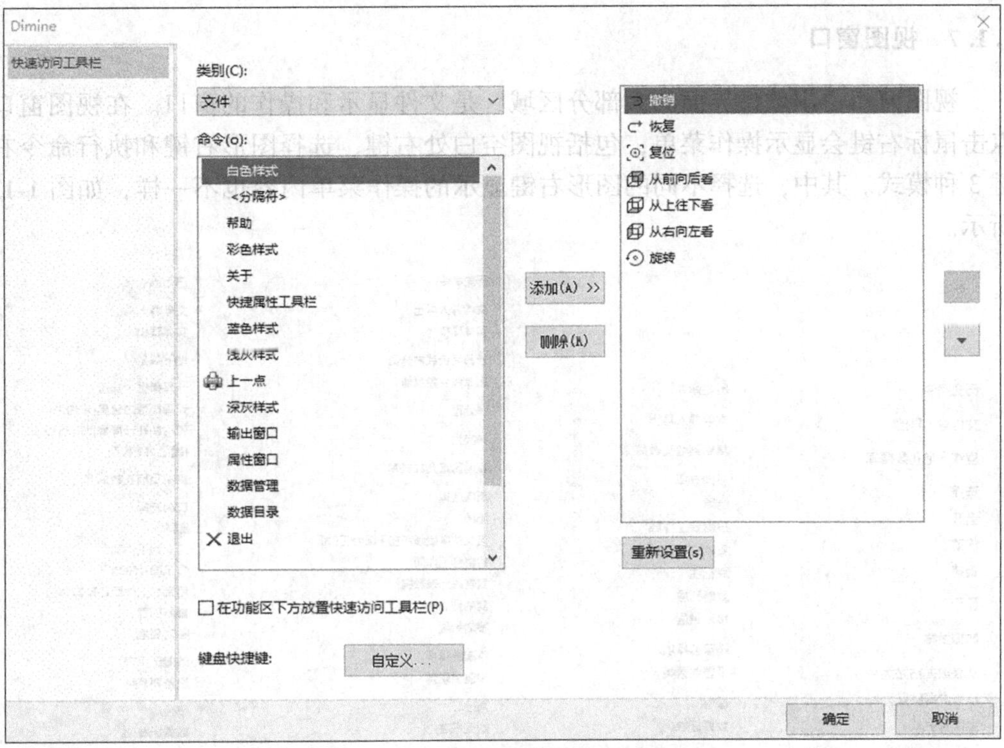

图 1-10　添加或删除更多命令对话框

一般需要按回车键或空格键执行。执行命令过程中，也可在视图窗口点击鼠标右键按提示进行操作。按 Esc 键可以直接结束当前命令。历史窗口在命令行的上部，显示已执行过的命令。鼠标光标移至输出窗口与视图窗口交界处，按住鼠标左键可以上下拖动并改变输出窗口的大小。以多段线绘制为例，图 1-11 为输出窗口执行命令的状态，图 1-12 为鼠标右键命令。

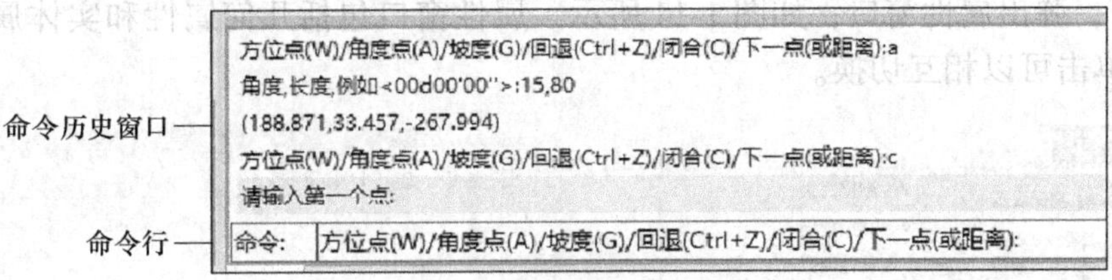

图 1-11　输出窗口执行命令

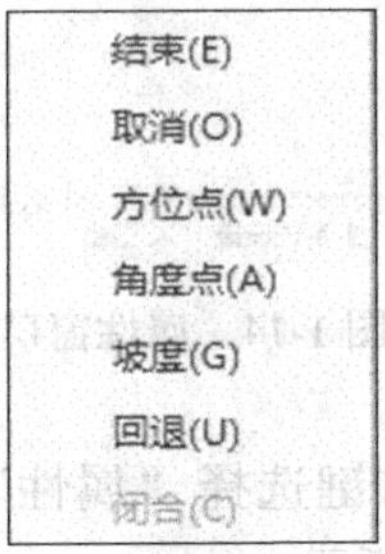

图 1-12　鼠标右键命令

1.1.7 视图窗口

视图窗口占用软件界面的大部分区域，是文件显示和操作的窗口。在视图窗口点击鼠标右键会显示操作菜单，包括视图空白处右键、选择图形右键和执行命令右键 3 种模式。其中，选择不同的图形右键显示的操作菜单内容也不一样，如图 1-13 所示。

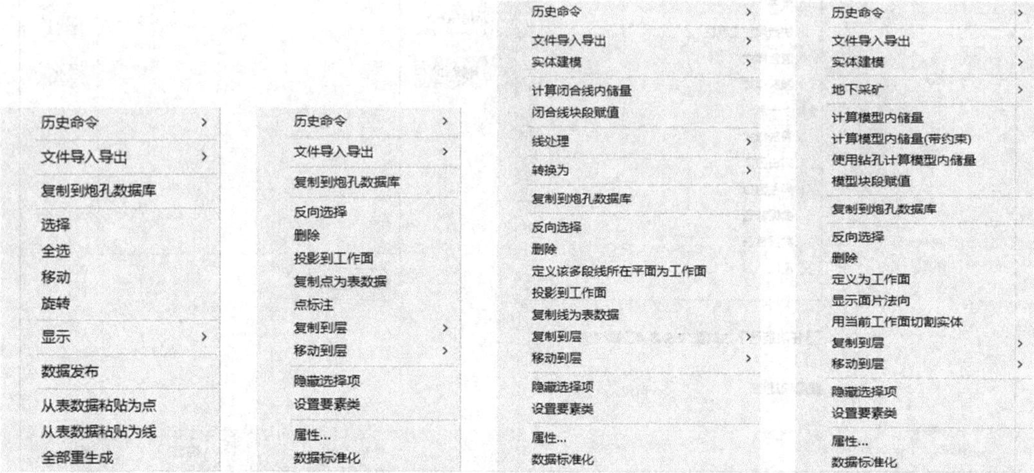

(a) (b) (c) (d)

图 1-13 视图窗口右键菜单

（a）空白处右键菜单；（b）选择点右键菜单；（c）选择线右键菜单；（d）选择模型右键菜单

1.1.8 属性窗口

属性窗口是显示或操作图形属性的窗口。单击功能键选择“显示窗口”的“属性窗口”，弹出属性窗口，如图 1-14 所示。属性窗口包括几何属性和实体属性两个选项，单击可以相互切换。

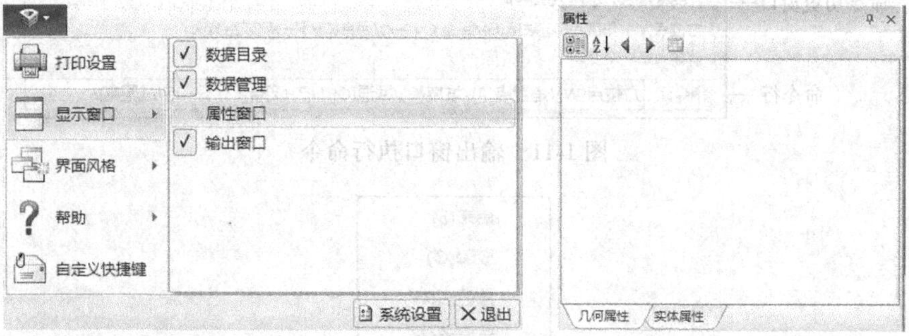

图 1-14 属性窗口

双击图形或选择图形后点击右键选择“属性”，在属性窗口即可显示该图形的几何属性和实体属性，如图 1-15 所示。

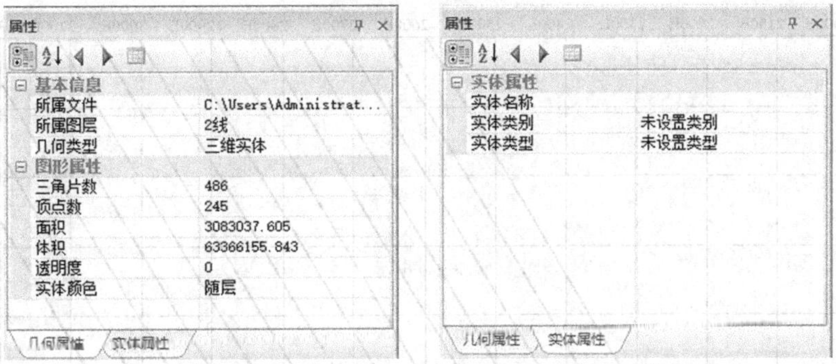

(a) (b)

图 1-15 图形的几何属性和实体属性
(a) 几何属性；(b) 实体属性

1.2 文件的导入与导出

为增强软件的通用性，需要将其他软件文件导入本软件中，或是把本软件文件导出为其他软件文件。实现文件的导入和导出之前需要进行设置，包括导入设置和导出设置两大项。导入设置的文件包括 AutoCAD 文件、Surpac 文件、MicroMine 文件和 MapGis 文件 4 种。导出设置的文件包括 AutoCAD 文件、Surpac 文件、MicroMine 文件、图片、文本文件 5 种，如图 1-16 所示。其中，AutoCAD 文件的导入和导出设置比较常用。

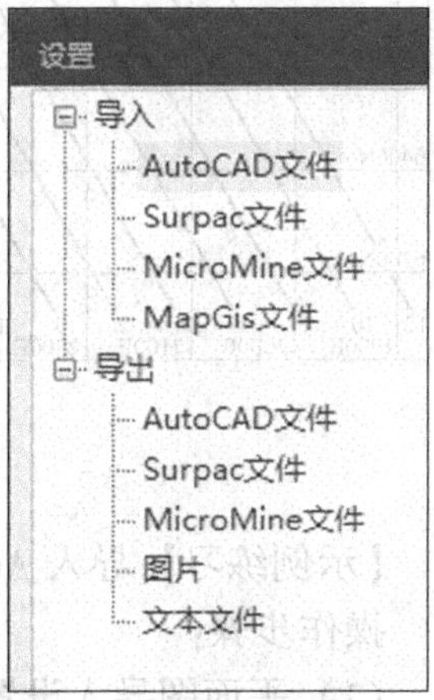

图 1-16 导入与导出设置文件类型

1.2.1 AutoCAD 文件的导入

AutoCAD 软件是采矿设计广泛使用的软件。将 AutoCAD 文件首先导入 DiMine 软件中，会生成系统文件（*.dmf），再使用 DiMine 软件对该系统文件进行编辑、处理和建模。因此，AutoCAD 文件的导入是连接两款软件的桥梁，至关重要。AutoCAD 文件的导入包括平面图导入和剖面图导入两种方式。

1.2.1.1 平面图导入

平面图导入的 AutoCAD 图形种类比较多，包括地形地质图、勘探线分布平面图、露天开采终了境界图、露天采场现状图、地下开采平面设计图、排土场平面设计图等。以上每种图形各有其构成要素，以勘探线分布平面图为例，其图形构成要素包括坐标网格、坐标和勘探线。示例 AutoCAD 勘探线平面图如图 1-17 所示。

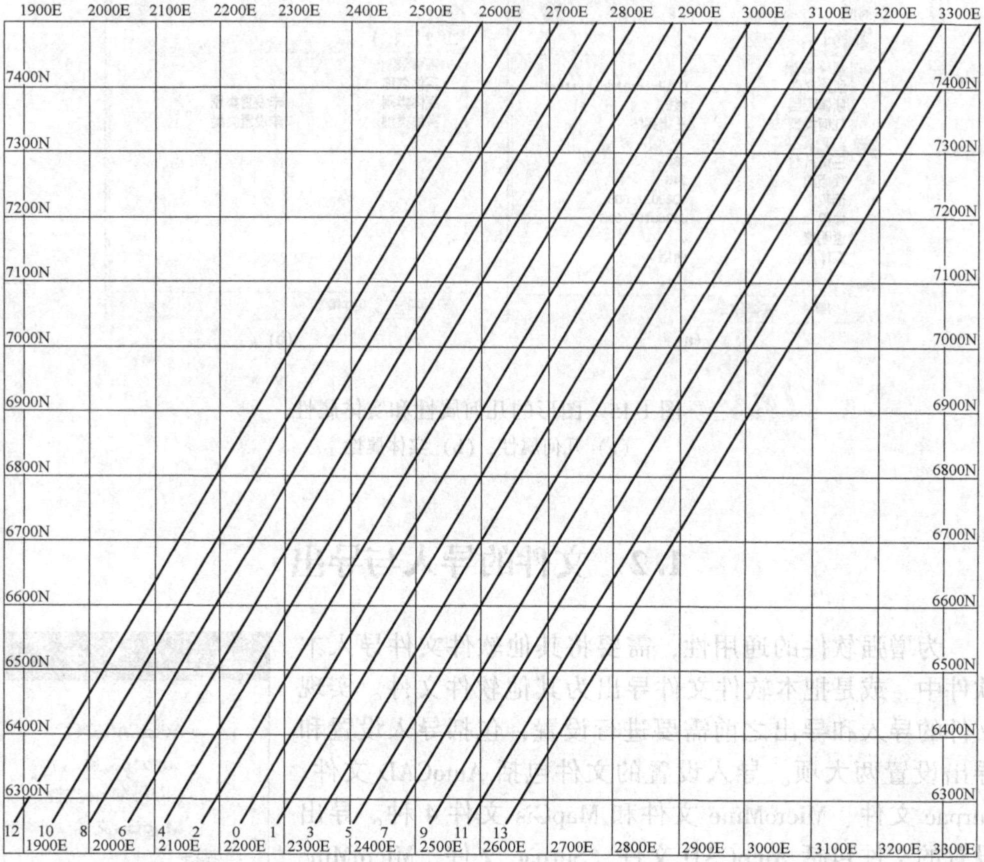

图 1-17 AutoCAD 勘探线平面图

微课-如何导入平面图

【示例练习】导入 AutoCAD 勘探线平面图。

操作步骤：

（1）平面图导入设置。

点击“导入导出设置”，弹出设置窗口，单击“导入+号”，点选“AutoCAD 文件”。

（2）导入方式选择。

1）导入方式栏不勾选“设置高程”，使导入平面图的所有图元高程保持原有高程。

2）导入方式栏勾选“设置高程”，需在“高程值（m）”右侧框内输入数值，导入平面图所有图元高程均等于输入的高程值。

3）其他选项根据情况勾选或不勾选。

注意：导入方式栏一定不要勾选“剖面图”。

平面图导入设置如图 1-18 所示，点击“确定”按钮。

（3）平面图导入。

平面图导入设置完成后，即可导入平面图。具体方法为：选中需要导入的 AutoCAD平面图文件，按住鼠标左键拖入软件视图窗口，平面图即导入，如图 1-19

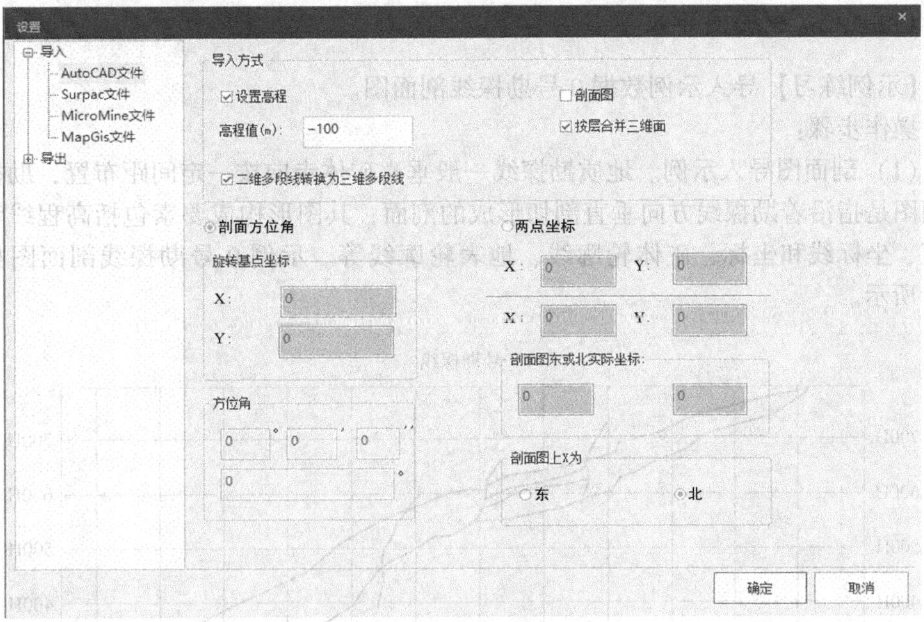

图 1-18 平面图导入设置

所示。在数据管理窗口生成与 AutoCAD 文件相同名称的图形文件，选中该文件单击保存，弹出对话框设置保存路径、文件名和保存类型，设置好后单击保存，即可在指定路径查到保存好的图形文件。

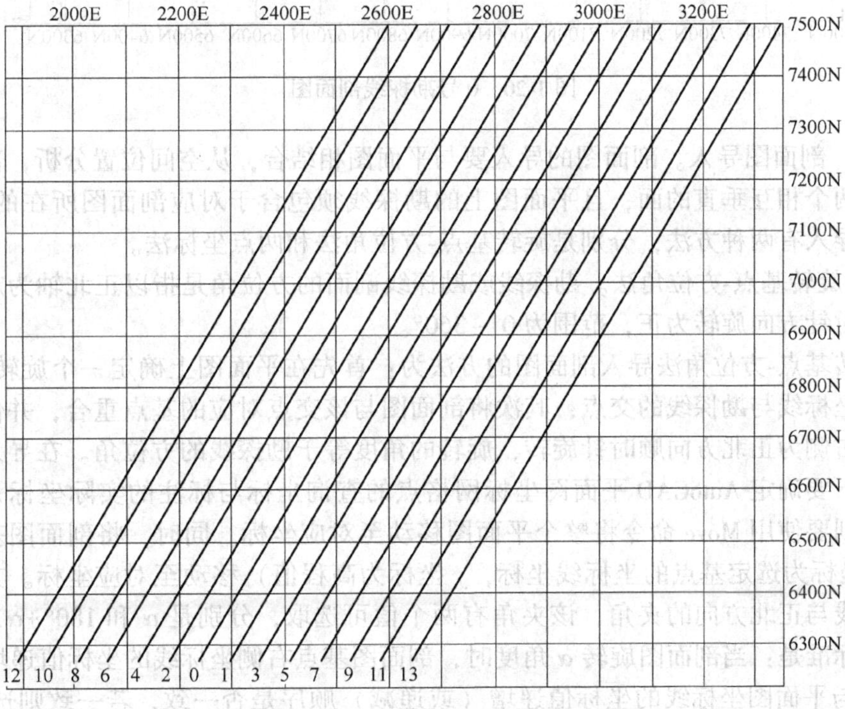

图 1-19 导入软件生成的平面图

1.2.1.2 剖面图导入

【示例练习】导入示例数据 0 号勘探线剖面图。

操作步骤：

（1）剖面图导入示例。地质勘探线一般垂直矿体走向按一定间距布置，勘探线剖面图是指沿着勘探线方向垂直剖切形成的剖面，其图形构成要素包括高程线和高程值、坐标线和坐标、矿体轮廓线、地表轮廓线等。示例 0 号勘探线剖面图如图 1-20 所示。

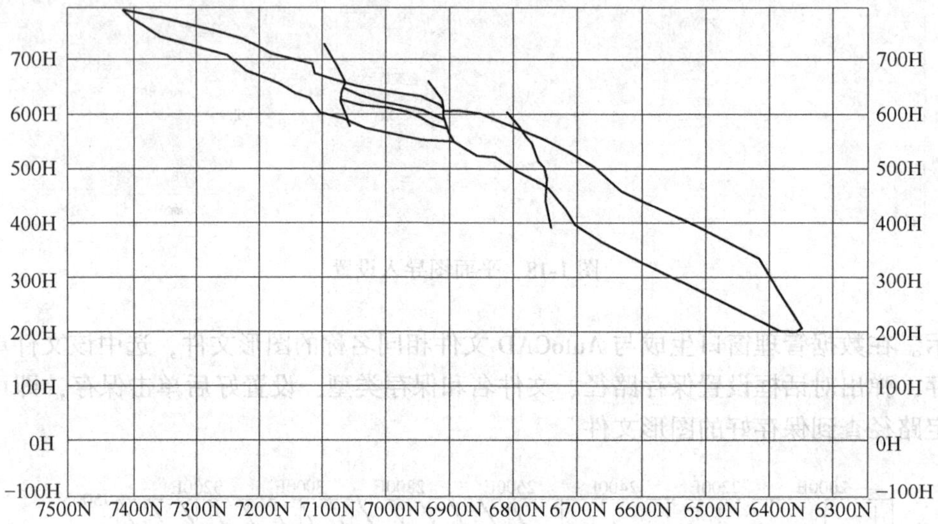

图 1-20　0 号勘探线剖面图

（2）剖面图导入。剖面图的导入要与平面图相结合，从空间位置分析，剖面和平面是两个相互垂直的面，且平面图上的勘探线须包含于对应剖面图所在的面上。剖面图导入有两种方法，分别是旋转基点-方位角法和两点坐标法。

微课-旋转基点-方位角法导入剖面图

1）旋转基点-方位角法。勘探线或勘探线剖面的方位角是指以正北轴为起始方向，顺时针方向旋转为正，范围为 0°～360°。

旋转基点-方位角法导入剖面图的方法为：首先在平面图上确定一个旋转基点，一般为坐标线与勘探线的交点；其次将剖面图与该交点对应的基点重合，并使剖面图基点右侧为正北方向顺时针旋转，旋转的角度等于勘探线的方位角。在导入剖面图之前，要确定 AutoCAD 平面图坐标网格点的查询坐标与标注的实际坐标是一致的，否则要使用 Move 命令将整个平面图移动至对应坐标。同时，将剖面图基点坐标（x 坐标为选定基点的坐标线坐标，y 坐标为高程值）移动至对应坐标。方位角为勘探线与正北方向的夹角，该夹角有两个值可选取，分别是 α 和 $180°+\alpha$，选取的判定标准是：当剖面图旋转 α 角度时，剖面图基点右侧坐标线的坐标值递增（或递减）与平面图坐标线的坐标值递增（或递减）顺序是否一致，若一致则选取 α，否则选取 $180°+\alpha$。

旋转基点-方位角法导入剖面图示例的具体步骤如下：

① 单击“导入导出设置”，勾选剖面图，然后点选剖面方位角。

② 在 AutoCAD 平面图上选取 0 号勘探线与 7400N 坐标线的交点为旋转基点，其坐标值为 X＝2889.3163，Y＝7400.0000，复制该坐标值，粘贴到“导入导出设置”对话框的旋转基点坐标对应的 X、Y 空格内；在 AutoCAD 平面图上量取 0 号勘探线与正北方向的夹角，量取角度分别是 30°0′10″或 210°0′10″，当选取 210°0′10″时平面图和剖面图坐标值递减顺序一致，将该角度值输入“导入导出设置”对话框的方位角空格内，单击确定，完成剖面图导入设置，如图 1-21 所示。

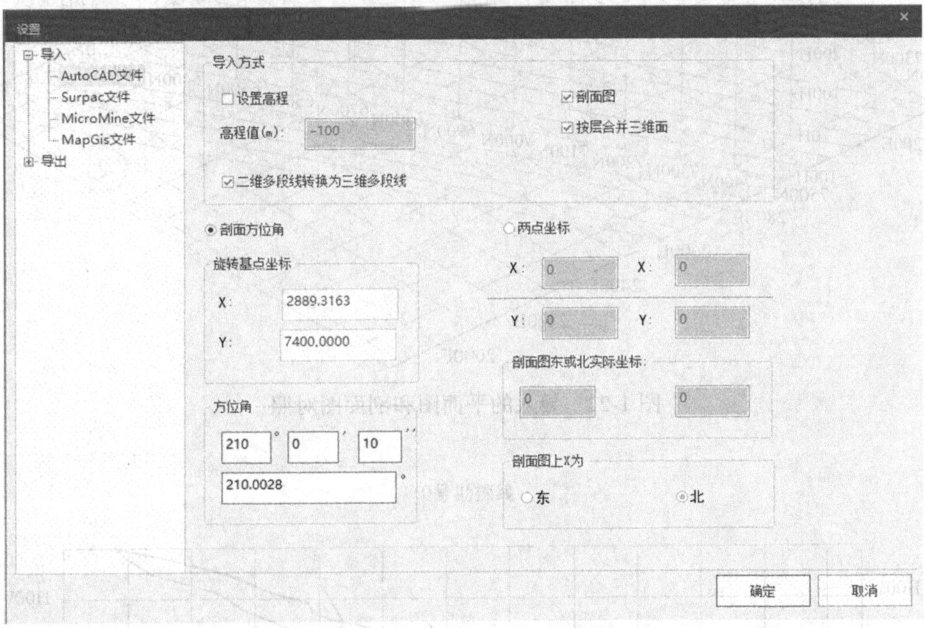

图 1-21 旋转基点-方位角法剖面图导入设置

③ 将 0 号勘探线的 AutoCAD 剖面图拖入 DiMine 软件的视图窗口内，生成剖面图系统文件，与平面图位置进行对照，如图 1-22 所示。

微课-两点坐标法导入剖面图

2）两点坐标法。两点坐标法导入剖面图的方法为：首先在 AutoCAD 平面图上确定勘探线与两条平行坐标线的两个交点，东坐标线或北坐标线的选取要与剖面图上的坐标线一致。其次要看剖面图坐标线的坐标值与平面图上对应坐标线的坐标值递增方向是否一致，如果不一致，需要对剖面图采取镜像处理，确保坐标值递增方向一致，注意保存修改后的剖面图文件。然后选用两点坐标法对导入的剖面图进行参数设置，设置完成后确定，拖入剖面图即完成导入。

两点坐标法导入剖面图示例的具体步骤如下：

① 在 AutoCAD 平面图上确定 0 号勘探线与 7400N 和 7300N 的两个交点，查询两个交点坐标值为 X＝2889.3163，Y＝7400.0000 和 X＝2831.5746，Y＝7300.0000。

② 查看剖面图和平面图坐标线的坐标值递增方向相反，需要对剖面图进行镜像处理，镜像对称轴为 7400N 坐标线，如图 1-23 所示。

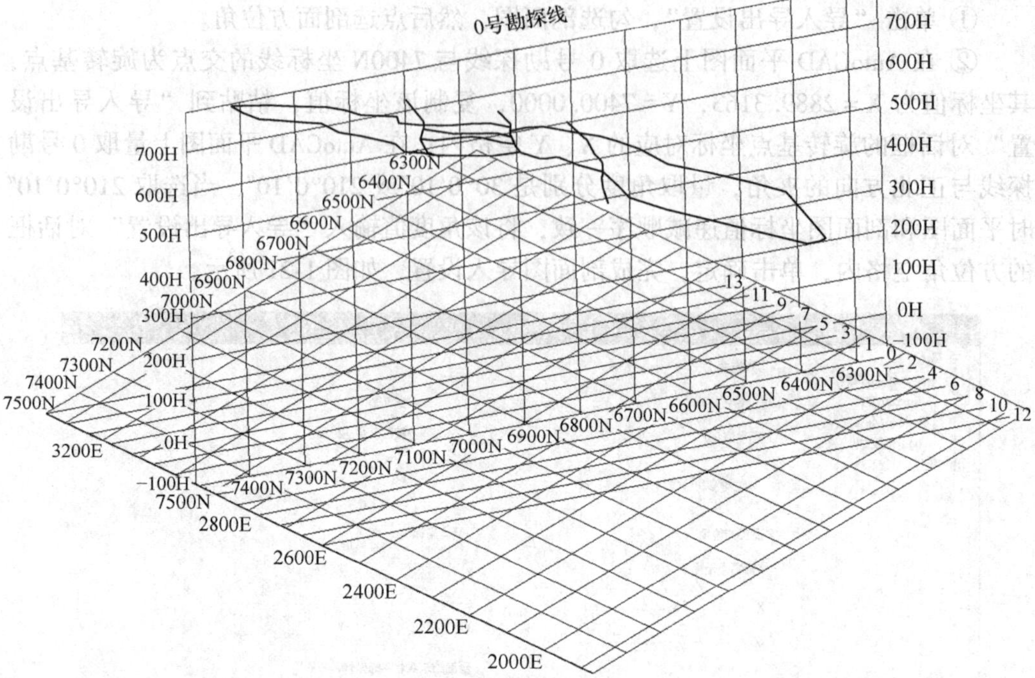

图 1-22 导入的平面图和剖面图对照

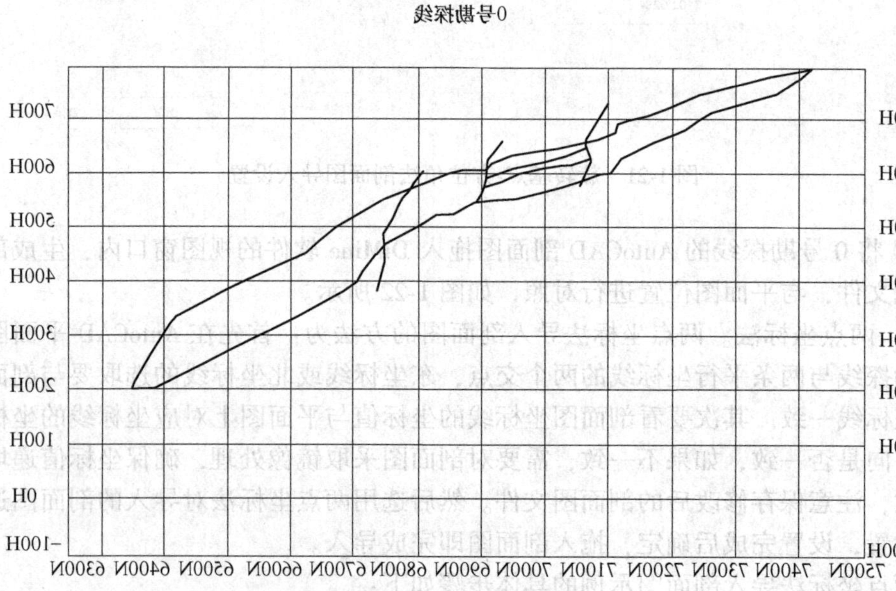

图 1-23 镜像后的 0 号勘探线剖面图

③ 单击“导入导出设置”，勾选剖面图，点选两点坐标。先输入两个交点的坐标，然后输入镜像后剖面图的实际坐标，“剖面图上 X 为”点选“东”，如图 1-24 所示。

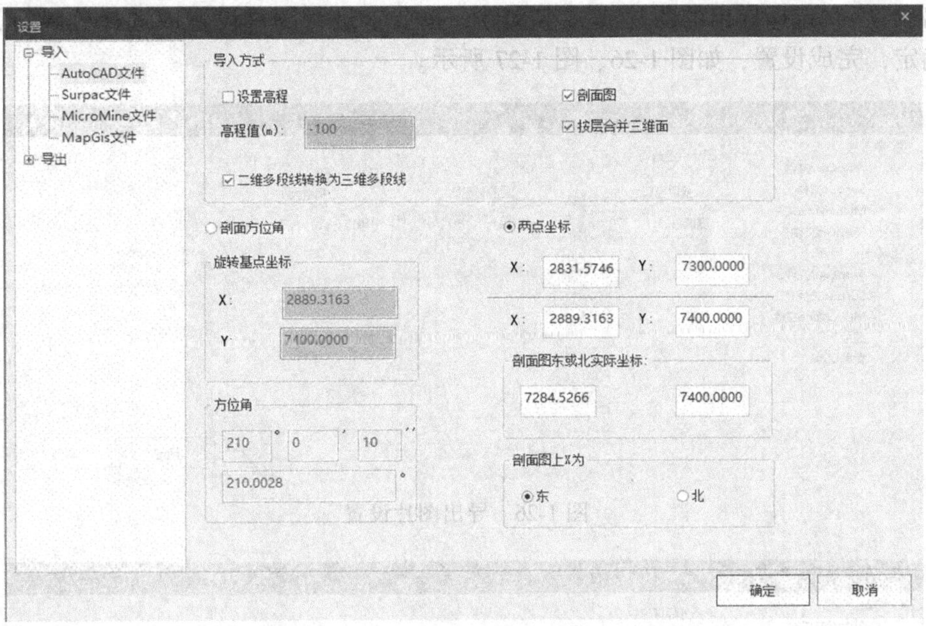

图 1-24　两点坐标法剖面图导入设置

④ 将 0 号勘探线的 AutoCAD 剖面图拖入软件的视图窗口内，生成剖面图文件。

1.2.2　AutoCAD 文件的导出

AutoCAD 文件的导出操作相对简单，单击“导入导出设置”，选择导出的 AutoCAD文件，按要求勾选或点选类型对应，点击确定，完成设置，如图 1-25 所示。打开 DiMine 图形文件，在数据管理窗口选择该文件点击右键另存为，在弹出对话框设置保存文件路径和文件名，保存文件类型选择 AutoCAD 文件（*.dwg）文件，点击保存即可。

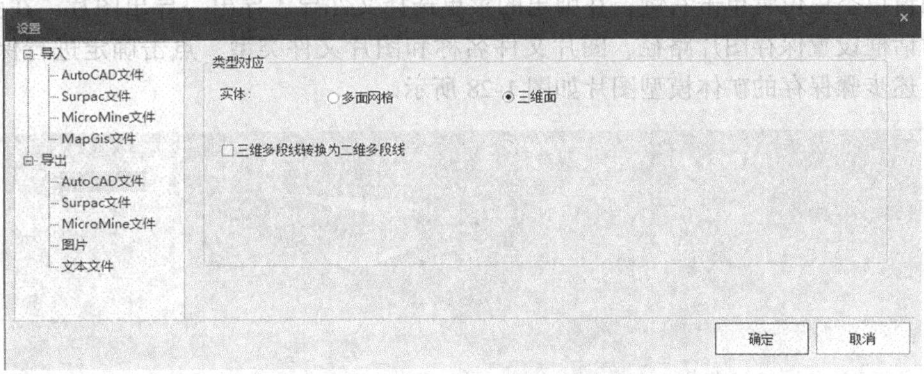

图 1-25　导出 AutoCAD 文件设置

1.2.3　图片和文本文件的导出

图片和文本文件的导出设置与 AutoCAD 文件导出设置基本相同，单击“导入导出设置”，选择导出的图片或文本文件，按要求进行图片设置或选择分隔符，点击确定，完成设置，如图 1-26、图 1-27 所示。

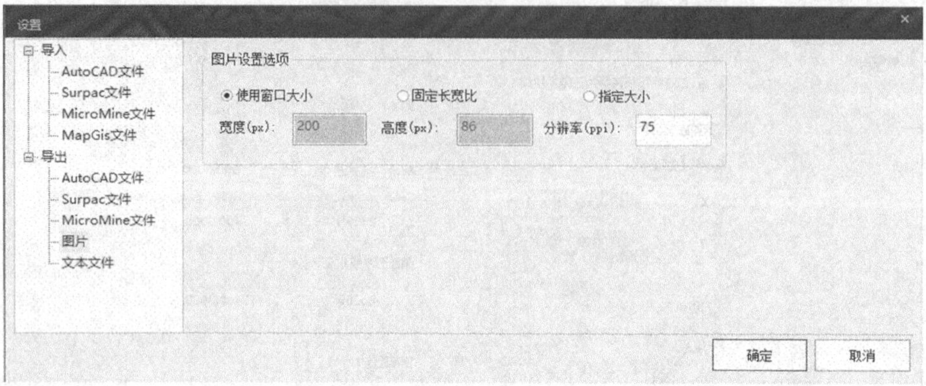

图 1-26 导出图片设置

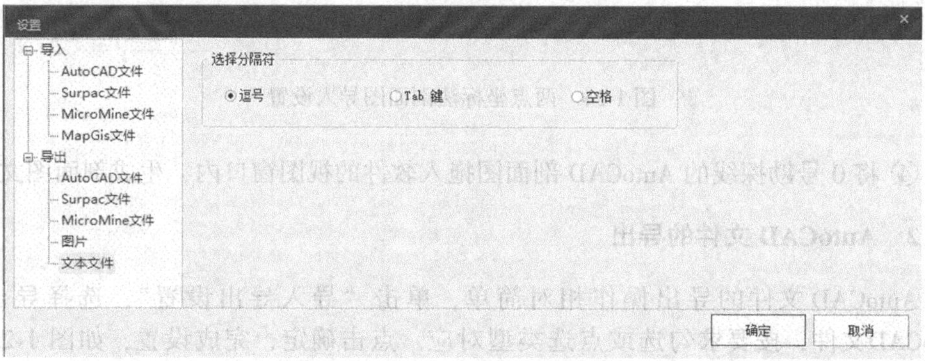

图 1-27 导出文本文件设置

完成导出设置后，图片导出之前需要将视图窗口内的文件图形调整好位置。在视图窗口空白位置单击右键，在弹出的菜单选择文件导入导出→导出图片，在弹出的对话框设置保存图片路径、图片文件名称和图片文件类型，点击确定进行保存。按上述步骤保存的矿体模型图片如图 1-28 所示。

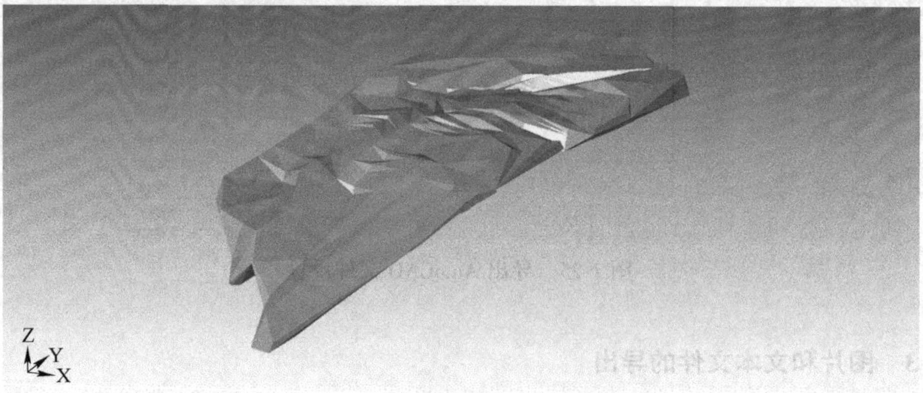

图 1-28 保存矿体模型图片

文本文件的导出则是在数据管理窗口选中文件，右键菜单选择另存为，在弹出的窗口设置路径和文件名，保存类型选择“文本文档（＊.txt）”，点击保存即可。

1.3 视图操作

视图操作是指对视图窗口内图形的显示操作，包括视图设置、视图显示、视图限制、选择和查询等功能组。需要说明的是，视图操作只是改变显示图形的方式，并没有改变图形的实质。

1.3.1 视图设置

视图设置用于控制绘图区域的图形显示状况。视图设置包括视觉样式、平滑变换、视图状态设置、可见性、添加/删除光源、投影方式。视图设置功能组如图 1-29 所示。

图 1-29 视图设置功能组

1.3.1.1 视觉样式

视觉样式即图形的显示模式。在视图操作中可供选择的渲染模式很多，最常用的有线框、平面着色和光滑，如图 1-30 所示。

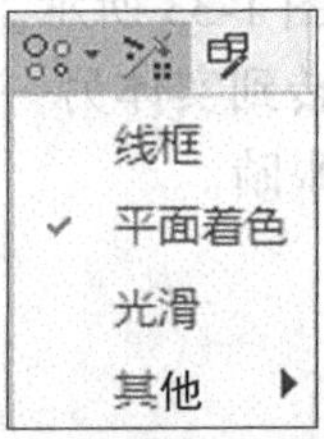

(a)

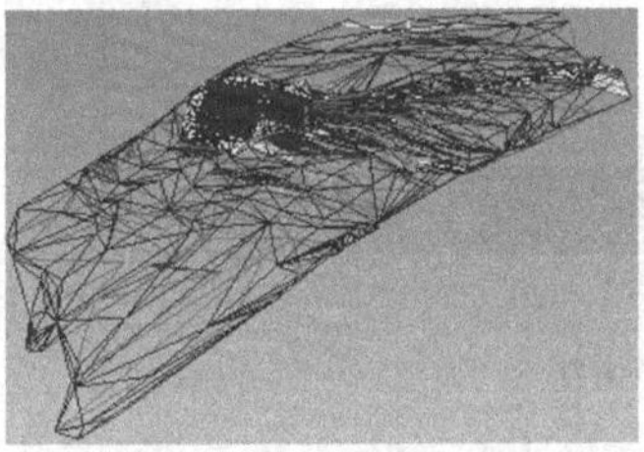
(b)

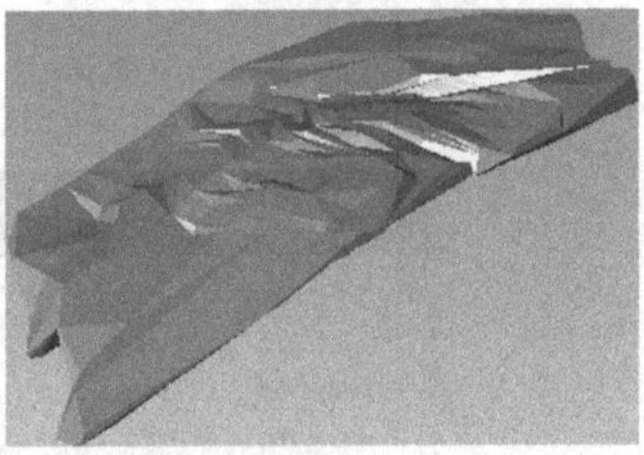
(c)

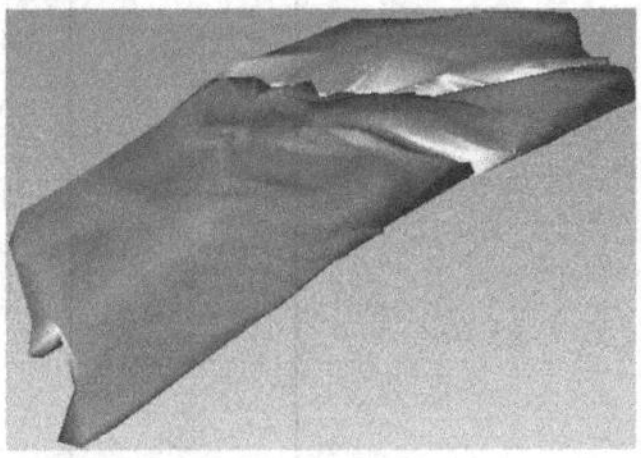
(d)

图 1-30 视图样式和矿体模型的显示模式

(a) 视觉样式显示模式；(b) 线框模式；(c) 平面着色模式；(d) 光滑模式

1.3.1.2 平滑变换

在视图操作中可以选择平滑变换。在选择视图的不同视角时，视图将在当前视角和即将视角间做动画式的动态变换。

在非平滑变换状态下，在选择编辑元件的不同视角时，元件会直接变换到即将视角，直接显示变换后的结果，而非做过程化的、动画式的变换。

1.3.1.3 视图状态设置

视图状态设置用于对视图的文件状态和三维视图的状态的快照进行管理。

单击“视图设置”功能组下的“视图状态设置”按钮，弹出“视图状态保存”窗口，可以将现有视图进行命名并保存，以便下次操作时能够调出此视图状态继续完成工作，如图1-31所示。

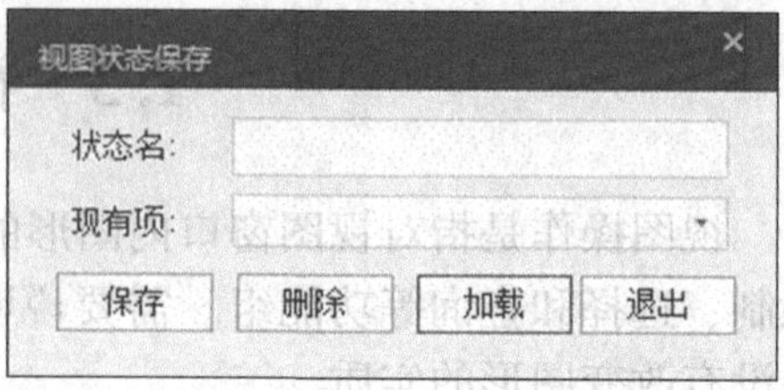

图1-31 视图状态设置

1.3.1.4 可见性

可见性是指所编辑的对象（点、线、面、光）是否可见，设为可见的对象将显示在屏幕上，不可见的编辑对象处于禁用状态，既看不见也不可编辑。可见性设置菜单如图1-32所示。

1.3.1.5 添加或删除光源

选择光源增删能够改变模型光亮程度，使视图达到一定的视觉效果。单击“添加/删除光源”，弹出设置窗口，如图1-33所示。勾选“光源跟随照相机”，当旋转实体时光源会跟随实体变化，如旋转到实体另一面时，光源也会照到这一面；反之光源消失。照相机可以想象为人的眼睛。

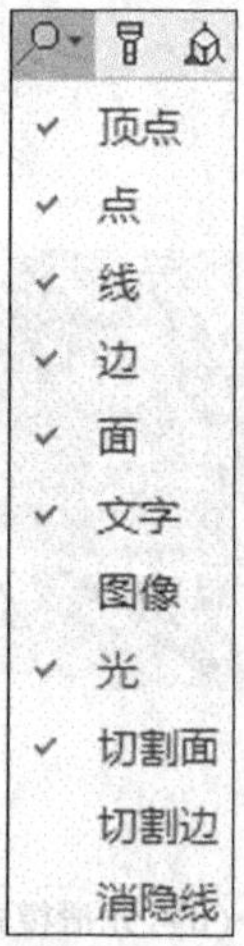

图1-32 可见性设置菜单

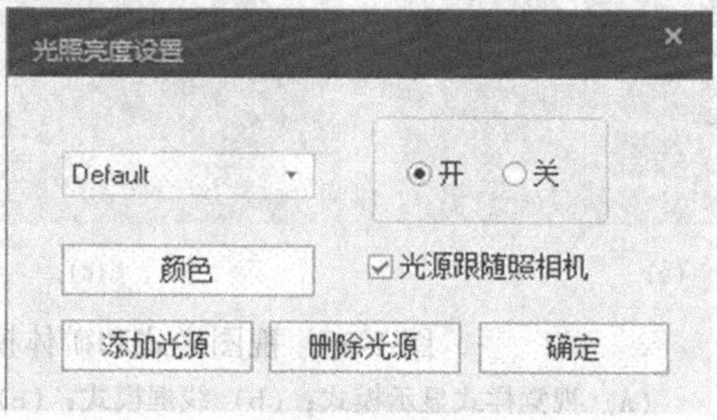

图1-33 添加或删除光源设置对话框

1.3.1.6 投影方式

在三维视图操作中，可以使用两种投影方式显示视图：正交投影和透视投影。通过投影设置可以在这两种投影方式之间进行切换。

正交投影产生平行投影，不随距离产生变形。当要获得物体精确的测量尺寸时，可以使用正交投影。

透视投影仿效人眼，即物体越远，看起来越小。使用透视投影时视图将发生变形。

1.3.2 视图显示

“视图显示”功能组包括连续旋转、旋转、移动、复位、缩放视图、全屏显示、视图观看方式和设置观察中心，如图 1-34 所示。

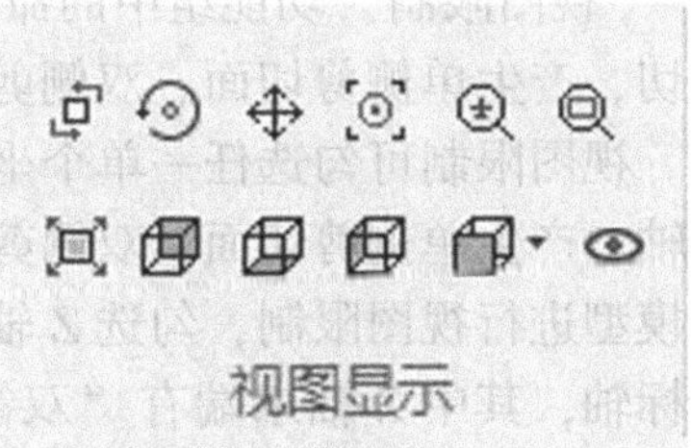

图 1-34 视图显示功能组

（1）连续旋转。在旋转视图时可以选定连续旋转，这样视图可以绕指定基点连续旋转。同时按下连续旋转和回转按钮，回到视图窗口，在指定点按住鼠标左键向指定方向移动鼠标，视图内图形即进行连续旋转。再次单击鼠标左键，图形停止旋转。

（2）旋转。在视图操作中，可以通过旋转当前图形或图形中的某个部分，改变对象的显示位置。按下旋转按钮（也可在视图窗口空白处右键菜单选择旋转），沿旋转方向拖动鼠标。当图像旋转到用户所需的角度时，松开鼠标，即可完成视图的旋转。

（3）移动。平移是改变视图常用的方法。平移不会改变图形中对象的位置和大小，只是移动视图的位置。按下移动按钮，鼠标光标变成“小手”形状，按住鼠标左键移动鼠标，即可改变图形的视图位置。也可以通过视图窗口空白处右键菜单选择移动，或是按住鼠标滚轮实现移动功能。

（4）复位。用于调整视图显示范围以便看到所有的对象，图形中所有对象均以尽可能大的尺寸完整地显示在视图中。当所要观察的对象不在视图窗口视线范围内时，可以使用复位命令把对象移动到当前视图中。双击鼠标滚轮也可以实现复位功能。

当打开多个文件时，双击鼠标滚轮进行复位，只会对当前层所在的文件进行复位，其他文件坐标相差很远时，不会复位。因此，可通过改变当前层，来实现坐标相差很远的不同文件的复位。

（5）缩放视图。缩放视图是改变视图显示大小常用的方法。缩放视图不改变图形中对象的绝对大小。单击缩放按钮，光标变成“放大镜”图标，按住鼠标左键向某个方向移动，向上移动鼠标光标可以将图形放大，向下移动鼠标光标可以将图形缩小。也可通过旋转滚轮对视图进行缩放。

（6）全屏显示。全屏显示将视图窗口放大至全屏幕，更直观、更清晰地展示图形内容。在全屏模式下，可以移动、旋转视图，也可以使用常用的键盘命令进行视图的操作。

（7）视图观看方式。三维视图内对象的 7 种视图观看方式分别为：从前往后看、从上往下看、从右向左看、从后往前看、从下往上看、从左向右看和等轴侧视。

（8）设置观察中心。为视图设置一个观察中心，以此为中心旋转视图进行观察。在进行实体问题处理时，可以先将有问题的地方设置为观察中心，再进行实体的修改。

1.3.3 视图限制

“视图限制”功能组中的命令可以实现使用任意剖面对实体进行剖切，产生单侧剪切面、双侧剪切面或三侧剪切面，如图 1-35 所示。

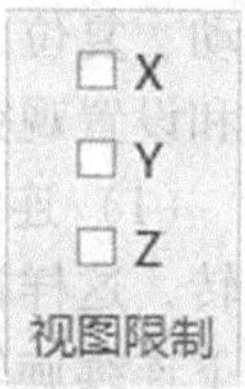

图 1-35 视图限制功能组

视图限制可勾选任一单个坐标轴，也可以同时勾选 2 个或 3 个坐标轴，产生单侧剪切面、双侧剪切面或三侧剪切面。例如，对示例矿体模型进行视图限制，勾选 Z 轴，出现一个垂直 Z 轴的剪切面和 3 个坐标轴，其中 Z 轴末端有“双箭头”标记，其余两个坐标轴的末端为“旋转”标记。单击按住“双箭头”按钮拖动，可使剪切面沿着 Z 轴上下移动，单击按住“旋转”按钮拖动，可使剪切面沿着 X 轴或 Y 轴旋转，这样就可使剪切面为任意位置和方向，剪切矿体模型，观察切面情况，如图 1-36 所示。

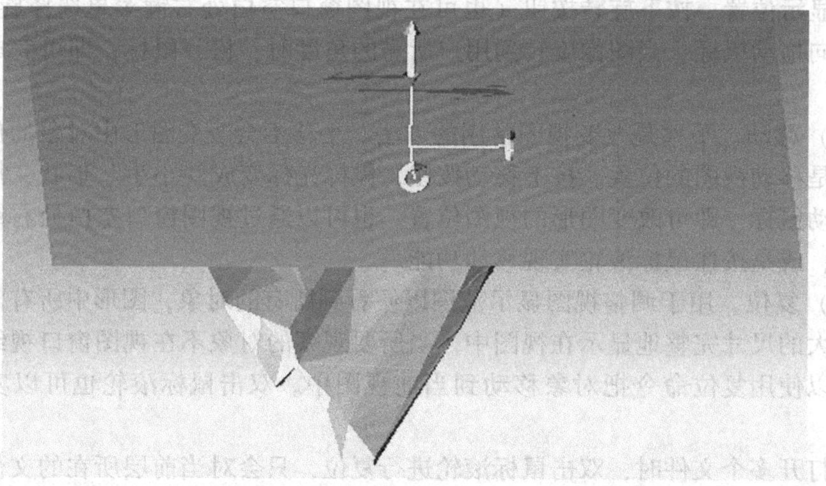

图 1-36 Z 轴视图限制矿体模型

1.3.4 选择和查询

1.3.4.1 选择

编辑图形文件时经常会用到选择的命令。选择图形的方法主要包括点选、框选、快速选择、多边形选择和多段线选择。“选择”功能组包括条件和范围，如图 1-37 所示。

图 1-37 选择功能组

(1) 点选和框选。当视图窗口光标为旋转时，按下 Esc 键，即可切换为选择光标，对视图窗口的图形进行点选或框选。

(2) 快速选择。单击“选择”功能组的条件按钮，弹出对话框，如图 1-38 所示。可根据当前可见视图中多个文件相同的属性，如实体颜色、实体线型、实体线宽和图层名来快速定位实体，其他反选隐藏，便于快速查看、修改和操作等。

1.3.4.2 查询

“查询”功能组包括条件查询、面积和体积计算、测量、测量定位点、测量夹角。

（1）条件查询。该命令可以在指定文件中根据其属性设定查询条件来查询相应的对象。

【示例练习】调入示例数据中“05 地质/5.1 地质数据库/5.1.1 钻孔 DMD/03-地质数据库.dmd”，查询字段名称“CU”大于“0.5”的钻孔。

操作步骤：

1）打开示例文件，点击“查询”→“条件查询”，弹出“动态参数”窗口。在“动态参数”窗口中进行各项设置，如图 1-39 所示。

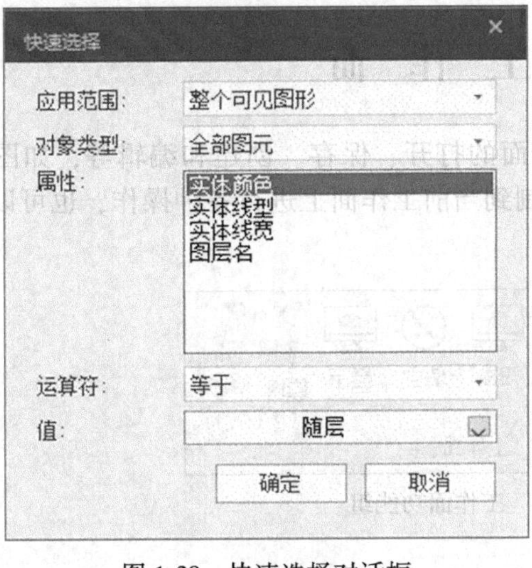

图 1-38 快速选择对话框

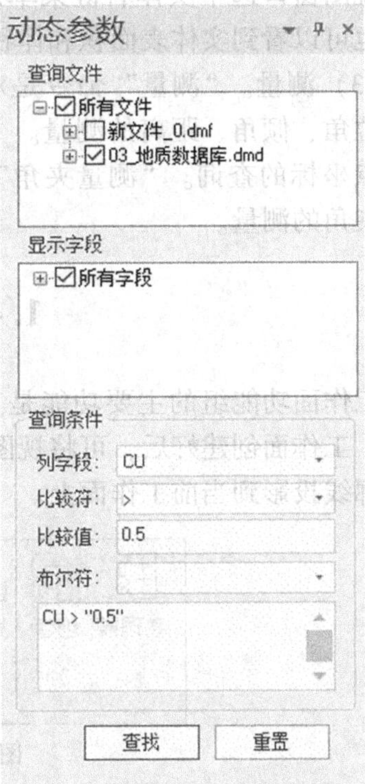

图 1-39 动态参数设置窗口

2）点击查找，在命令历史窗口出现查询结果，如图 1-40 所示。

3）在查询结果窗口中点击右键，弹出如图 1-41 所示的菜单，可以进行相应的操作。“隐藏查询项/反隐藏查询项”是指将查询到的对象或除查询到的对象以外的对象进行隐藏。通过窗口右键菜单选择“显示所有隐藏”，可以显示隐藏项。“导出到 Excel”则将查询结果导出为 Microsoft Excel 文件。

（2）面积和体积计算。该命令可以实现对任意实体表面积和体积的计算，并且

	实体类型	实体名称	BHID	SAMPLE-ID	SAMFROM	SAMTO	样长	CU
1	钻孔	样品数据段	30-34-CTJ-1	1.000	0.000	2.000	2.000	0.891
2	钻孔	样品数据段	30-34-CTJ-1	2.000	2.000	4.000	2.000	0.666
3	钻孔	样品数据段	30-34-CTJ-1	3.000	4.000	6.000	2.000	1.021
4	钻孔	样品数据段	30-34-CTJ-1	4.000	6.000	8.000	2.000	0.826
5	钻孔	样品数据段	30-34-CTJ-1	5.000	8.000	10.000	2.000	0.815
6	钻孔	样品数据段	30-34-CTJ-1	6.000	10.000	12.000	2.000	0.710
7	钻孔	样品数据段	30-34-CTJ-1	7.000	12.000	14.000	2.000	0.558
8	钻孔	样品数据段	30-34-CTJ-1	8.000	14.000	16.000	2.000	0.687
9	钻孔	样品数据段	30-34-CTJ-1	9.000	16.000	18.000	2.000	0.560
10	钻孔	样品数据段	30-34-CTJ-2	3.000	4.000	6.000	2.000	0.861

图 1-40　查询结果

可以统计多个实体的总表面积和体积，生成 Excel 表格。

视图窗口选中实体右键菜单，选择属性，在属性窗口也可以看到实体表面积和体积。

（3）测量。“测量”命令是对任意两点之间线段的方位角、倾角、距离的测量。“测量定位点”命令是对点坐标的查询。“测量夹角”命令是对线与线之间的夹角的测量。

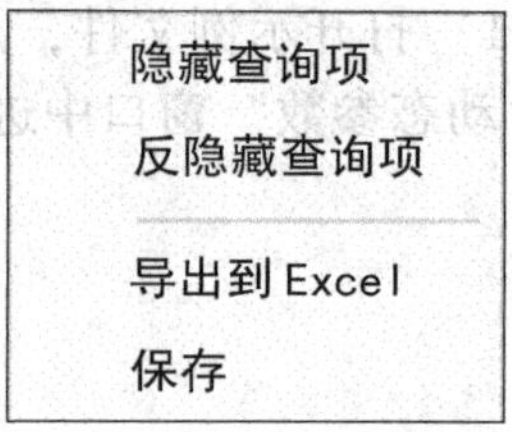

图 1-41　查询结果窗口右键菜单

1.4 工 作 面

工作面功能组的主要功能是工作面的打开、保存、创建和编辑等，如图 1-42 所示。工作面创建好后，可将视图限制到当前工作面上进行各种操作，也可以将实体轮廓线投影到当前工作面上。

图 1-42　工作面功能组

1.4.1　创建工作面

1.4.1.1　工作面管理器

工作面管理器可用于打开、保存或删除工作面文件。点击“工作面”→“管理器”，弹出工作面管理器窗口，输入当前工作面名称，点击“保存”即可，完成后“退出”。工作面文件创建好后，也可以通过此对话框来打开已创建好的工作面，如图 1-43 所示。

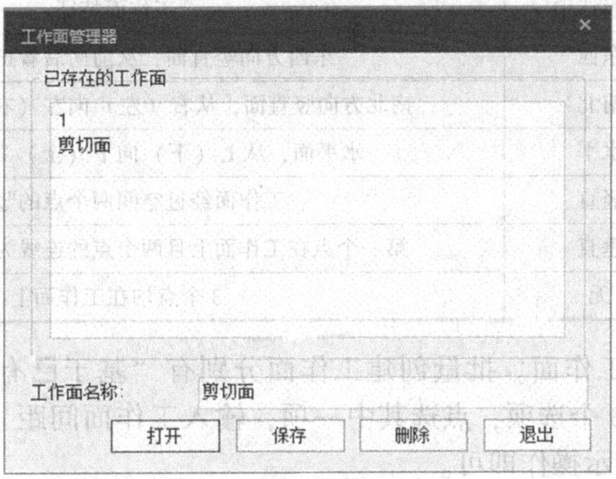

图 1-43　工作面管理器

1.4.1.2　创建工作面

创建工作面有 3 种模式：单个、批量、拉动。点击“工作面”→“创建”，弹出设置窗口，分别选择“单个”“批量”“拉动”模式，出现不同设置界面，如图 1-44 所示。然后按命令行提示进行操作即可。

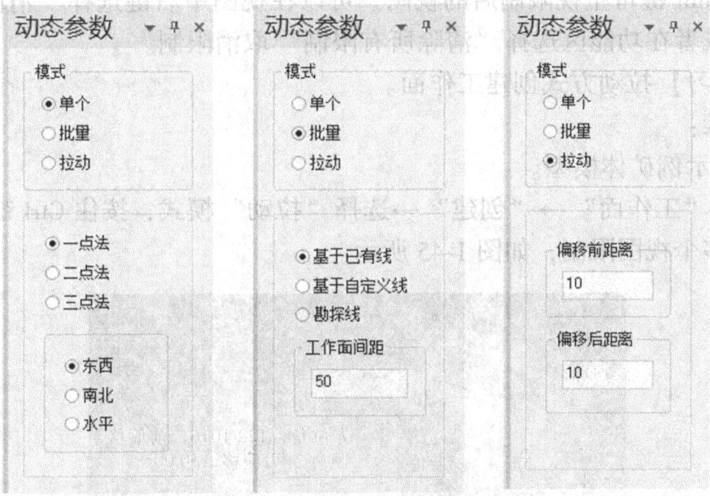

(a)　(b)　(c)

图 1-44　3 种创建工作面菜单

（a）单个菜单；（b）批量菜单；（c）拉动菜单

（1）创建单个工作面。创建单个工作面分别有“一点法”“二点法”“三点法”3 个选项，每个选项下又进行细分。创建单个工作面的方法分类见表 1-1。

表 1-1 创建单个工作面的方法分类

一级选项	二级选项	工作面特征
一点法	东西	东西方向竖直面，从前向后看正交工作面
	南北	南北方向竖直面，从右（左）向左（右）看正交工作面
	水平	水平面，从上（下）向下（上）看正交工作面
二点法	竖直	工作面经过空间两个点的竖直面
	垂直	第一个点在工作面上且两个点的连线为该工作面的法线
三点法	无	3 个点均在工作面上

(2) 批量创建工作面。批量创建工作面分别有“基于已有线”“基于自定义线”和“勘探线”3 个选项，点选其中一项，输入工作面间距（“勘探线”选项无此项），按命令行提示操作即可。

基于已有线：选择已有线上的一点作为起点，按照工作面间距批量生成工作面。

基于自定义线：视图中指定一点作为起点，以工作面间距值为增量在视图中画线来确定批量生成工作面的个数。

勘探线：视图中先打开勘探线文件，画线与所有勘探线相交，生成一组过勘探线的工作面。

(3) 拉动创建工作面。拉动创建工作面是指沿着需要观察的区域移动鼠标，形成拉动线偏移前、后一定距离的两个工作面限制视图。按住 Ctrl 键可创建多个视图限制。按住 shift 键可正视限制后的视图。可以在视图中右键选择“清除所有限制”取消限制，或者在功能区选择“清除所有限制”取消限制。

【示例练习】拉动方式创建工作面。

操作步骤：

1）打开示例矿体模型。

2）单击“工作面”→“创建”→选择“拉动”模式，按住 Ctrl 键沿着矿体走向方向创建多个视图限制，如图 1-45 所示。

图 1-45 拉动创建多个工作面

3）依次点击“下一个限制工作面”，可以观察到矿体模型的多个切割面，如图 1-46 所示。

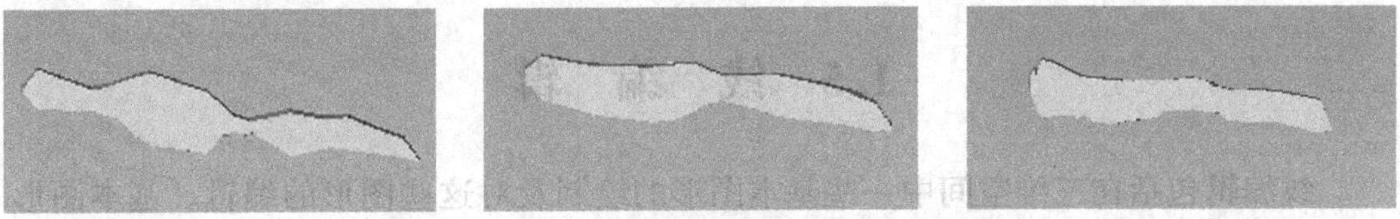

图 1-46　多个拉动工作面限制矿体的切割面

4）点击“工作面”→“清空”，删除所有工作面，矿体模型恢复原状。

1.4.2　切片

根据已建立的工作面对实体进行切片，并生成切片文件。

【示例练习】根据前文拉动方式创建多组工作面生成切片文件。

操作步骤：

（1）重复拉动方式创建工作面 1）、2）步骤。

（2）点击“工作面”→“切片”命令，弹出窗口点击确定，在数据管理窗口生成工作面剖切文件。依次双击各个工作面图层，视图窗口显示矿体模型切片，如图 1-47 所示。

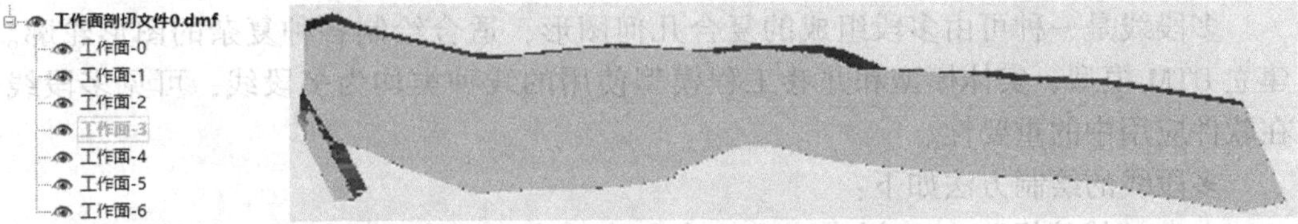

图 1-47　工作面切片文件和切片图形

1.4.3　工作面的属性

工作面的属性主要指工作面的方位角、倾角。其方位角、倾角是指工作面法线方向的方位角、倾角。

选中工作面，右键菜单中选择“显示工作面法线方向”。

选中工作面，右键菜单中选择“属性”，如图 1-48 所示。在属性栏可根据需要更改工作面的方位角、倾角、限制前偏移、限制后偏移等属性。

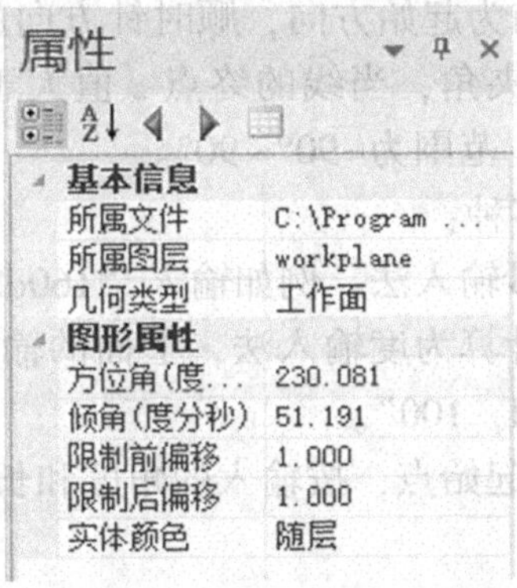

图 1-48　工作面属性

1.5 线编辑

线编辑包括在三维空间中一些基本图形的绘制及对这些图形的编辑。基本图形元素主要有多段线、正多边形、矩形、圆弧、圆、椭圆、点等，这些几何图形是三维建模的基础。“线编辑”菜单包括创建、几何变换、点编辑、延伸、连接、修剪、打断、删除、修整、区域提取、高程和坡度等功能组，这些功能可方便对三维基本图形进行编辑处理。

1.5.1 图形创建

“创建”功能组中包括：绘制多段线、偏移、单点、直线、样条曲线、矩形、正多边形、圆弧、圆、椭圆、比例点工具、定比例内插线、点云的线重建、形心、填充以及创建文字等命令。图形创建大部分功能与 AutoCAD 软件相近，这里重点介绍多段线、偏移和文字功能的使用。

1.5.1.1 多段线

多段线是一种可由多段组成的复合几何图形，适合绘制各种复杂的图形轮廓。建立 DTM 模型、实体模型和井巷工程模型使用的线种类均为多段线，可见多段线在软件应用中的重要性。

多段线的绘制方法如下：

点击“线编辑”→“创建”→“多段线”命令，命令行提示“请输入第一个点”，可以在视图窗口上捕捉或任意点击一个点，也可以输入点的 x、y、z 坐标，注意坐标之间使用英文逗号隔开，然后回车。

命令行的提示变为“方位点（W）/角度点（A）/坡度（G）/回退（Ctrl+Z）/闭合（C）/下一点（或距离）：”。输入括号内的英文字母，然后回车，就会执行对应的绘制方法，比如，输入 W 回车，就会按方位点绘制。下面对各种绘制方法进行说明。

（1）方位点。以起点为起始点，输入方位角、倾角和距离，数字之间用英文逗号隔开。需要注意以下几点：

1）方位角是以正北方向为起始方向，顺时针方向旋转为正，范围为 0°~360°。倾角为线与水平面投影间的夹角，当线的终点 z 值大于、等于或小于起点 z 值时，倾角分别为正值，0 或负值，范围为-90°~90°。

2）角度的输入方式有多种：

方式 1：采用度、分、秒输入法，例如输入“160d24′58″，30d30′，100”。

方式 2：把度、分、秒计算为度输入法，上面的输入改为：“160.4161，30.5，100”或“160.4161d，30.5d，100”。

（2）角度点。以起点为起始点，按输入的角度和长度在当前视图平面中绘制多段线。

角度是指在视图平面内的旋转角度，以向视图右侧为起始方向，逆时针旋转为正，角度范围为0°~360°。

（3）坡度。以起点为基点，按设定的坡度绘制多段线。

（4）回退。撤销绘制的上一节点。

（5）闭合。连接最后一个顶点和起始点，使其成为一条闭合的多段线。

（6）距离。视图中确定绘制方向，命令行输入与上一个点的距离值，确定下一点位置。

绘制多段线除了按命令行提示操作外，也可以在视图窗口按右键菜单进行操作，如图1-49所示。

【练习】按下列要求绘制一条多段线：起始点（100，100，20），第二点（方位点（W）160d24′58″，30d30′，100），第三点（角度点（A）70.52，85），闭合。

1.5.1.2 偏移

偏移命令用于进行线的偏移，通过此功能可以创建平行线、同心圆和等距曲线等。包括等高面、视图所在的面、工作面和线所在的平面4种偏移模式。点击“创建”→“偏移”，弹出窗口如图1-50所示。

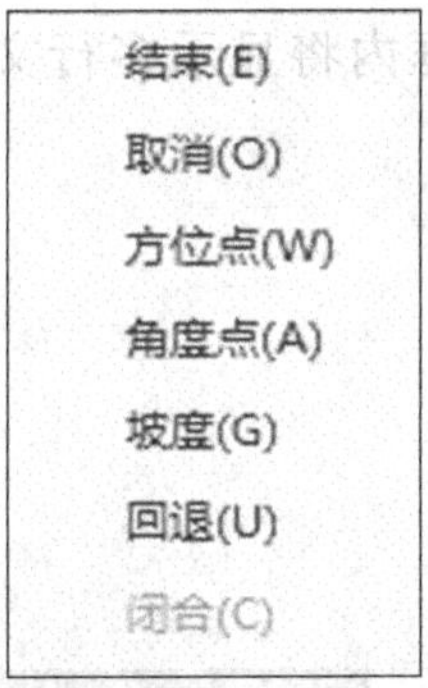

图1-49 绘制多段线右键菜单

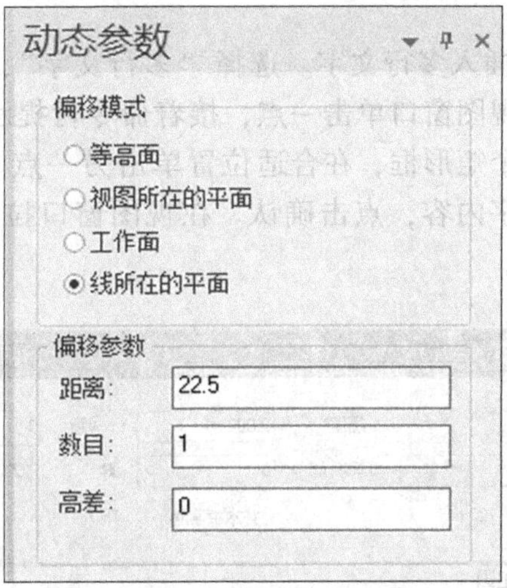

图1-50 偏移模式设置窗口

4种偏移模式的具体解释如下：

（1）等高面偏移：是指在水平面上偏移，即偏移时高程不变。

（2）视图所在的面：是指以当前视图所在平面上进行偏移。

（3）工作面：是指以设置的当前工作面偏移。

（4）线所在面偏移：是指在曲线所在的面上进行偏移。

偏移参数：按照设置的数目、高差和距离进行偏移。

【练习】绘制一条多段线，采用4种模式分别进行偏移，注意观察偏移后的多段线与偏移前的多段线有什么区别。

1.5.1.3　文字功能

文字功能可在视图中插入文字，或对图形对象的属性进行标注。包括单行文字、多行文字和文字编辑 3 项功能。

（1）插入单行文字。点击“线编辑”→“创建”→“文字”→选择“单行文字”，弹出设置窗口如图 1-51 所示。设置好参数后，点击确定。命令行提示“请输入目标点位置”，选择合适位置点击鼠标左键，即插入单行文字。

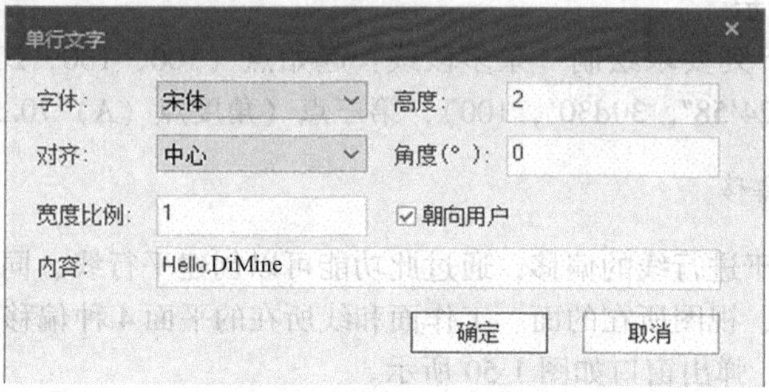

图 1-51　单行文字设置窗口

（2）插入多行文字。选择“多行文字”，命令行提示“指定第一个角点”，鼠标左键在视图窗口单击一点，接着命令行提示“指定第二个角点”，可以向某个方向拉出一个矩形框，在合适位置单击另一点。弹出设置窗口，按要求设置好参数，并输入文字内容，点击确认。在视图窗口拉出的矩形框内将显示多行文字，如图 1-52 所示。

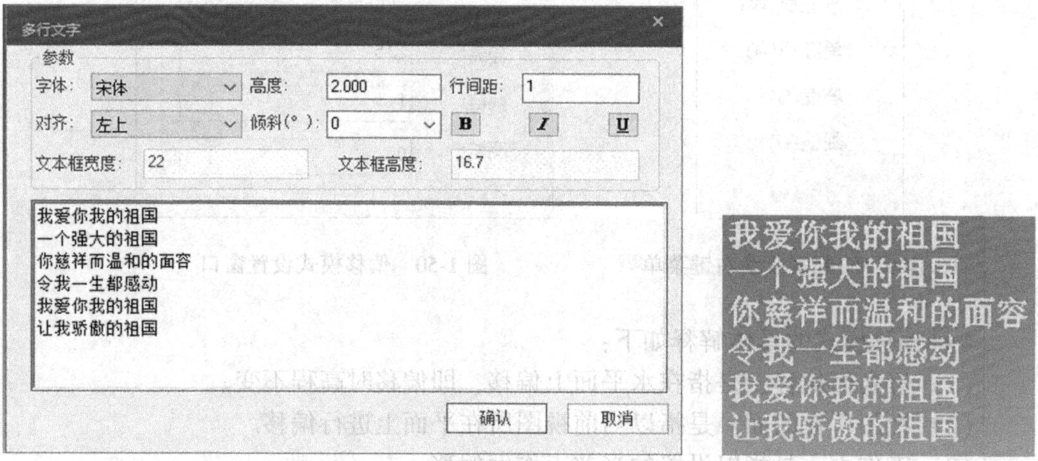

图 1-52　多行文字设置窗口和文字显示

（3）文字编辑。选择“文字编辑”，按命令行提示选择需要编辑的文字，右键确定，弹出对话框，对文字设置参数和内容进行修改，点击确认完成文字编辑。

1.5.2 移动复制

“移动复制”命令可用于点、线和体的移动和复制。移动、复制不仅可在当前图层中进行，也可在图层之间进行。使用此功能还可以进行方位、位移和比例的变换。

点击“线编辑”→“几何变换”→“移动复制”命令，弹出动态参数窗口，共有 4 种模式可选择，点选每种模式，其下方设置均不相同，如图 1-53 所示。

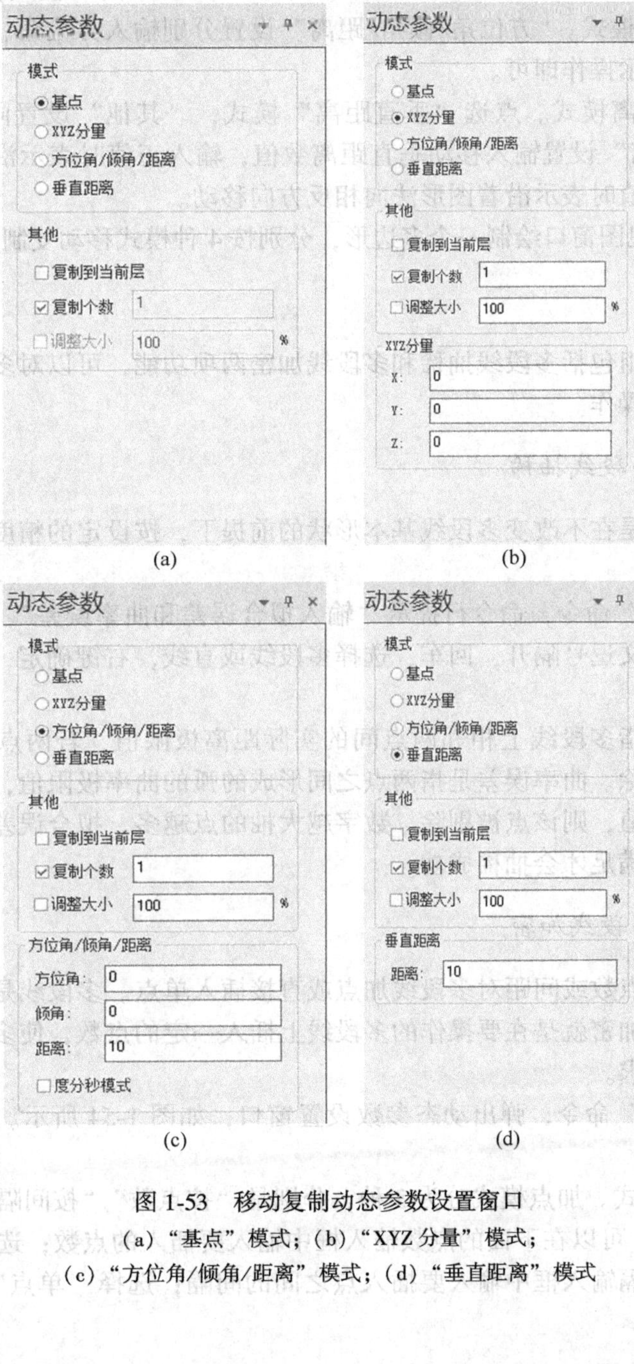

图 1-53 移动复制动态参数设置窗口

(a)“基点”模式；(b)“XYZ 分量”模式；

(c)“方位角/倾角/距离”模式；(d)“垂直距离”模式

（1）基点模式。点选“基点”模式，“其他”设置有两项可勾选，一项是勾选“复制到当前层”，把图形移动或复制到当前图层，不勾选则把图形移动或复制到原图层；另一项是“复制个数”，该模式只能复制 1 个，勾选是复制功能，不勾选是移动功能。设置好参数后，按命令行提示操作即可，输入 M 可复制多个图形。

（2）XYZ 分量模式。点选“XYZ 分量”模式，“其他”设置有 3 项可勾选，其中“复制个数”可输入数字，“调整大小”可输入图形缩放比例。“XYZ 分量”分别输入在 X、Y、Z 方向的移动距离，按命令行提示操作即可。

（3）方位角/倾角/距离模式。点选“方位角/倾角/距离”模式，“其他”设置同“XYZ 分量”模式。“方位角/倾角/距离”设置分别输入方位角、倾角和距离数值，按命令行提示操作即可。

（4）垂直距离模式。点选“垂直距离”模式，“其他”设置同“XYZ 分量”模式。“垂直距离”设置输入移动垂直距离数值，输入正值时表示沿着图形法向方向移动，输入负值时表示沿着图形法向相反方向移动。

【练习】在视图窗口绘制一个多边形，分别按 4 种模式移动复制该多边形。

1.5.3 点编辑

点编辑功能组包括多段线抽稀和多段线加密两项功能，可以对多段线上的顶点进行加密和抽稀操作。

1.5.3.1 多段线抽稀

多段线抽稀是在不改变多段线基本形状的前提下，按设定的精度将多段线上的点密度降低。

点击“抽稀”命令，命令行提示“输入拟合误差和曲率误差”，输入两个误差值，中间使用英文逗号隔开，回车，选择多段线或直线，右键确定，即完成多段线的抽稀。

拟合误差是指多段线上相邻两点间的实际距离极限值，若两点的间距小于该值，则该点被剔除。曲率误差是指两点之间形成的弧的曲率极限值，若两点形成的弧的曲率小于该值，则该点被剔除。数字越大抽的点越多。拟合误差和曲率误差是并且关系，同时满足才会抽稀成功。

1.5.3.2 多段线加密

该命令为按点数或间距对多段线加点或直接插入单点。多段线是由节点和线组成的，多段线的加密就是在要操作的多段线上插入一定的点数，使多段线上的点数达到要操作的要求。

点击“加密”命令，弹出动态参数设置窗口，如图 1-54 所示。对该设置窗口具体解释如下：

（1）加点模式。加点模式分为 3 种，分别是“按点数”“按间隔”和“单点”。选择“按点数”，可以在下面的点数输入框中输入要插入的点数；选择“按间隔”，可以在下面的间隔输入框中输入要插入点之间的间隔；选择“单点”，在线段中直接捕捉正确位置插入单点。

（2）距离选项。距离包括实际距离和水平距离。实际距离是指三维空间中两点之间的实际距离。水平距离是指两点在水平方向上的投影距离。

（3）应用于。应用于整条线或线段是指将点插入某一个整条的线段上或线段中的某一段。

（4）是否保留关键点。若点选保留关键点，插入点与关键点之间的距离在容差范围之外。

【练习】绘制一条多点多段线，使用“抽稀”和“加密”命令对多段线进行编辑，观察多段线上点的变化规律。

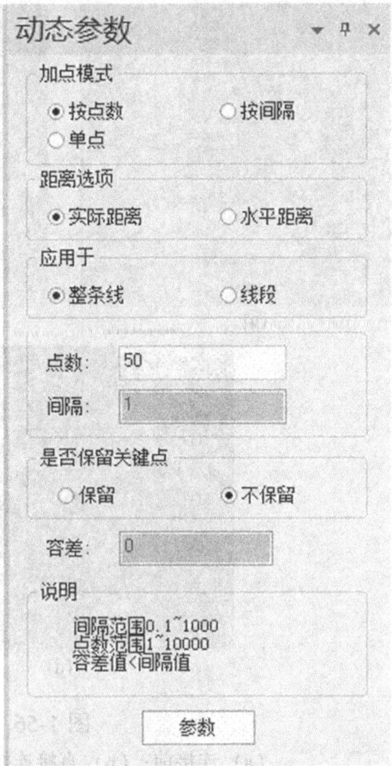

图 1-54　加密命令动态参数设置窗口

1.5.4　连接

“连接”功能组包括双线连接和多线连接。

1.5.4.1　双线连接

双线连接是将两条多段线连接在一起，共有4种连接方式：直接连接、相交连接、相邻连接、光顺连接。

（1）直接连接，是指按照被选中的两条多段线的端点进行连接，合并为一条多段线。

（2）相交连接，是指按照被选中的两条多段线的端点，使它们按照原来的方向延长相交到一点。

（3）相邻连接，是指按照两条多段线两端点之间最小的距离进行连接，合并为一条多段线。

（4）光顺连接，是指按照被选中的两条多段线的端点，用圆弧连接。这种方式优于直接连接。

点击“双线”弹出动态参数窗口，如图 1-55 所示。其中相交连接、直接连接、光顺连接 3 种方式连接的多段线端点以鼠标选取的一侧为准。

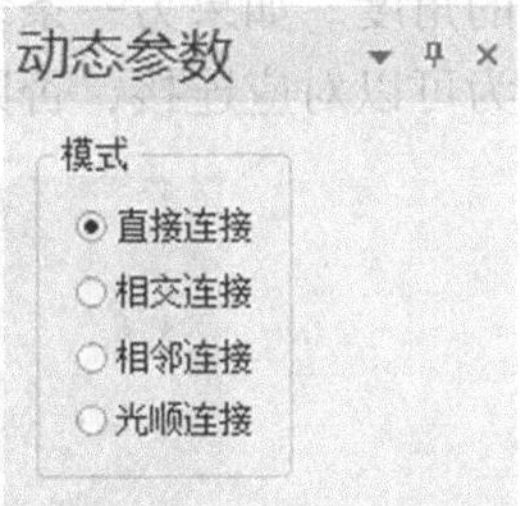

图 1-55　双线连接动态参数窗口

【示例练习】打开示例数据“2.01_双线连接.dmf”，分别采用直接连接、相交连接、相邻连接、光顺连接 4 种模式进行连接，如图 1-56 所示。

1.5.4.2　多线连接

多线连接是按连接精度和角度容差自动连接多条多段线。连接精度是以距离作为多段线是否相连接的判断依据，如一条多段线的端点在另一条多段线的延伸距离内，则这两条多段线可以对应连接。角度容差是以角度作为多段线是否相连接的判断依据，以多段线的延伸方向作为起始边（角度容差为 0），以多段线端点展开一

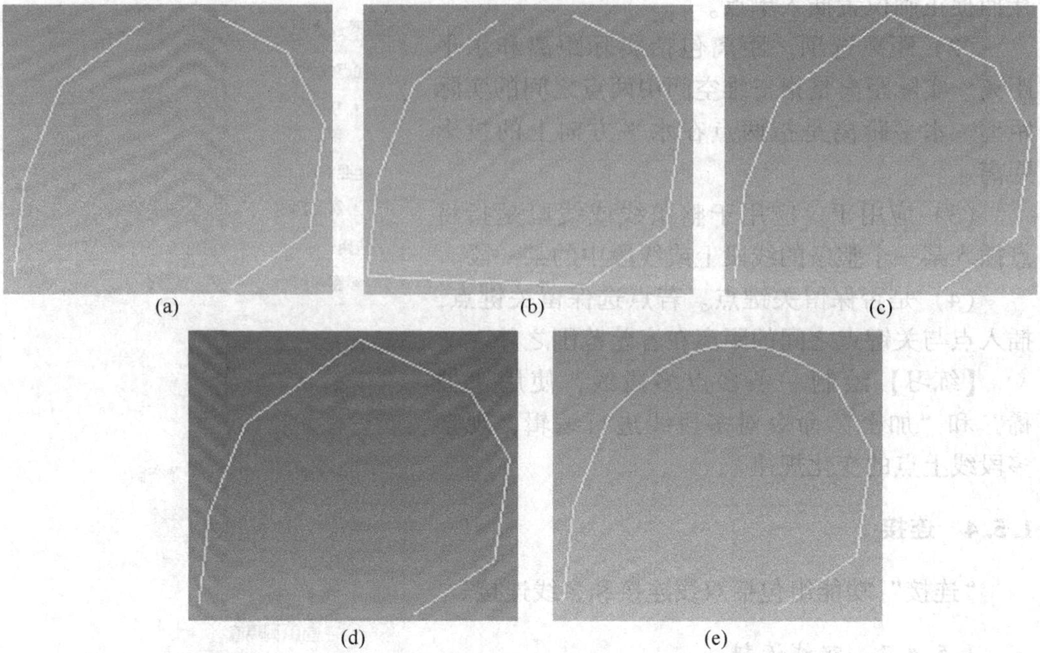

图 1-56 双线连接 4 种模式连接结果

（a）连接前；（b）直接连接；（c）相交连接；（d）相邻连接；（e）光顺连接

定角度，如果另一条多段线的端点在该角度范围内，则两条多段线可以对应连接。连接精度与角度容差共同作用，确定出一个空间圆锥形的搜索范围，该圆锥形以一条多段线的端点为顶点，以多段线的延伸方向为轴线，以设置的角度容差为圆锥展开的角度。如果另一条多段线的端点在该空间圆锥形范围内，则将这两条多段线判定为可以对应连接，否则不可连接，如图 1-57 所示。

动画-图解
连接精度
和角度容差

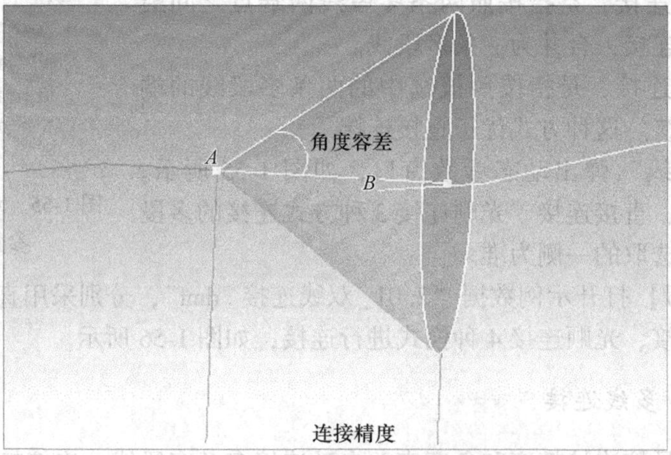

图 1-57 多线连接的连接精度和角度容差图示

【示例练习】打开示例数据“2. 02_ 多线连接 . dmf”，把虚线多段线和粗多段线连接起来。

操作步骤：点击“多线”命令，输入“10,30”（即连接精度为10，角度容差为30°），回车。按命令行提示框选所有多段线，右键确定，再回车，连接情况如图1-58所示。

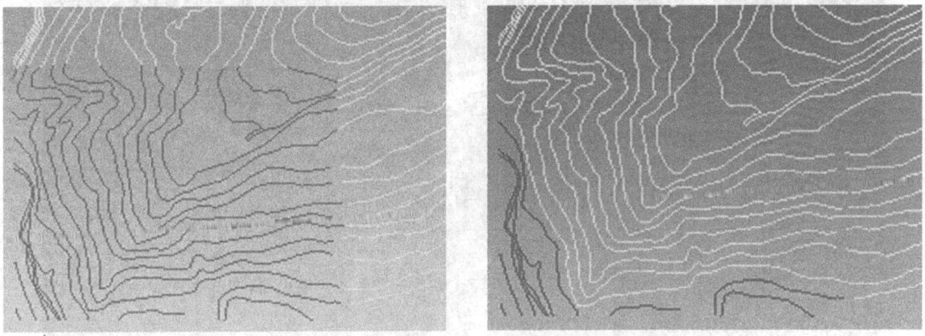

(a)　　(b)

图1-58　多线连接

（a）连接前；（b）连接后

（扫描书前二维码看彩图）

1.5.5　区域提取

“区域提取”功能组包括：最小闭环、最大闭环、布尔运算和划分区域。

1.5.5.1　最小闭环

使用“最小闭环”命令可以从复杂交叉的图形中提取出任意封闭区域的边界，省去重新捕捉和描画等烦琐步骤。

【示例练习】对示例数据“2.07_最小闭环.dmf”提取图形的最小闭环。

操作步骤：将示例数据“2.07_最小闭环.dmf”文件拖入视图窗口打开，如图1-59所示，图中的线不是闭合的。

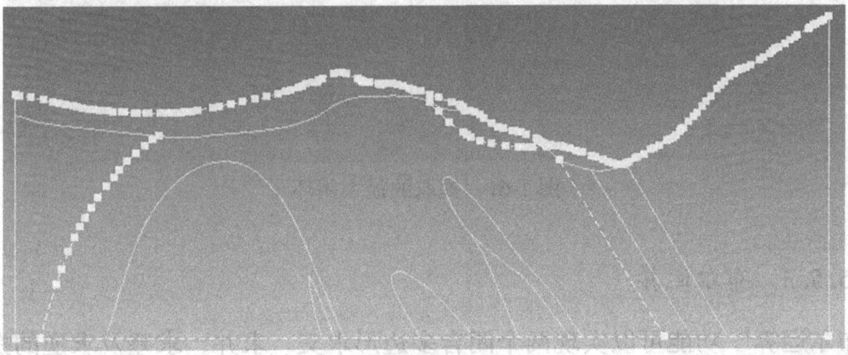

图1-59　原图形线不闭合

（扫描书前二维码看彩图）

为清楚显示命令运行后新生成的闭环，新建一个图层，双击置为当前层，并打开数据管理窗口的“新数据位置设置”按钮。点击“闭环”命令，按命令行提示框选所有图形，右键确定。退出命令，关闭原图层。只打开新建图层，可查看生成的 13 个封闭区域，如图 1-60 所示。

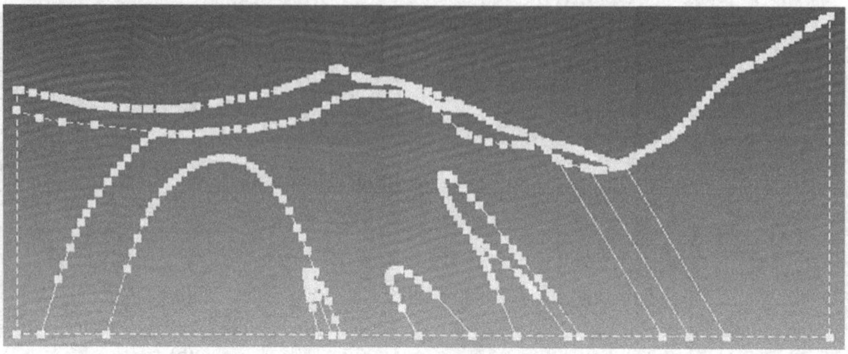

图 1-60 新生成闭合线

（扫描书前二维码看彩图）

1.5.5.2 最大闭环

“最大闭环”命令是从曲线组中提取最大闭合区域。

【示例练习】对示例数据“2.07_最小闭环.dmf”提取图形的最大闭环。

操作步骤：打开示例数据“2.07_最小闭环.dmf”文件。运行命令之前的操作同最小闭环，点击“最大闭环”，框选图形，右键点击确定。关闭原图层，新建图层显示最大闭环，如图 1-61 所示。

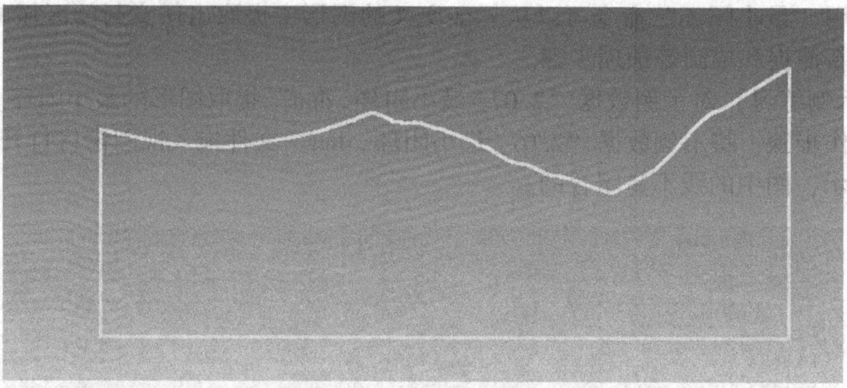

图 1-61 提取的最大闭环

1.5.5.3 布尔运算

“布尔运算”功能可以实现两个闭合多边形求交、求并、求差及求逆的操作。

【示例练习】对示例数据“2.08_布尔运算.dmf”进行布尔运算操作。

操作步骤：打开示例数据“2.08_布尔运算.dmf”文件，点击“布尔”命令，弹出窗口，如图 1-62 所示。依次选择 4 种模式，选择图形进行布尔运算，运算结果见图 1-63。

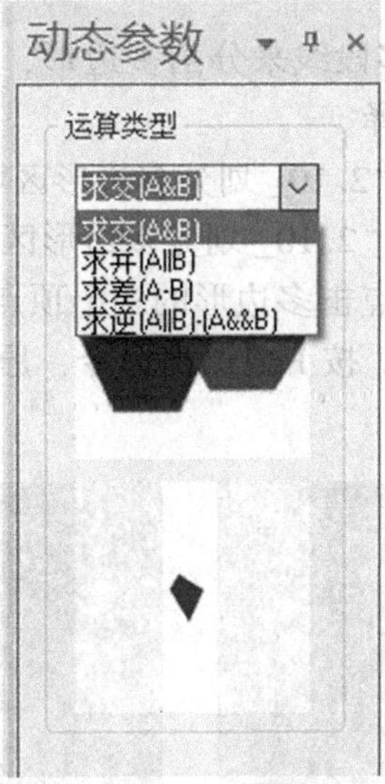

图 1-62　布尔运算设置窗口

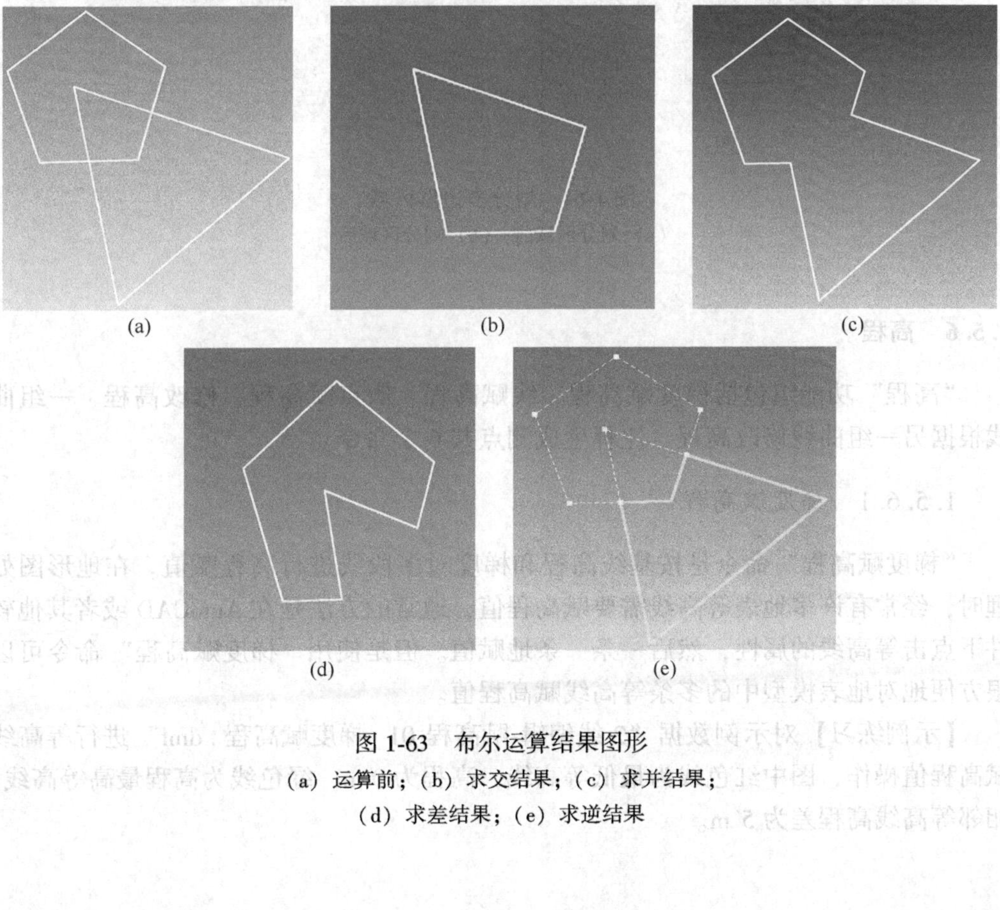

图 1-63　布尔运算结果图形

（a）运算前；（b）求交结果；（c）求并结果；

（d）求差结果；（e）求逆结果

1.5.5.4 划分区域

“划分区域”命令是借助多段线来分割多边形，将其分为几个不同的区域，以便连接矿体等操作时的分开选择。

【示例练习】对示例数据“2.10_划分多边形区域.dmf”进行划分区域操作。

操作步骤：打开示例数据“2.10_划分多边形区域.dmf”文件，点击“划分区域”命令，按命令行提示左键点击多边形的一个顶点，按要求绘制多段线，连接到多边形的另一个点，右键确定。按 Esc 退出命令，原有的一个多边形被分成两个区域，如图 1-64 所示。

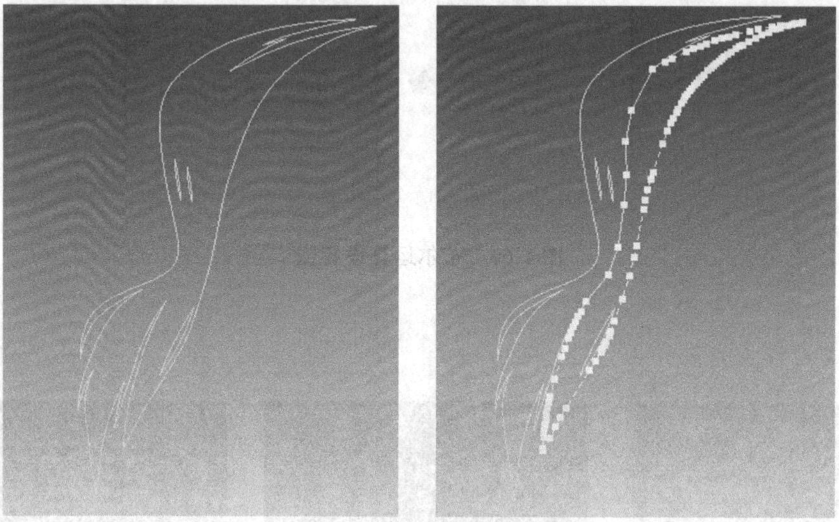

(a) (b)

图 1-64 划分多边形区域

（a）划分区域前；（b）划分区域后

1.5.6 高程

微课-梯度赋高程

“高程”功能组包括梯度赋高程、线赋高程、散点赋高程、修改高程、一组曲线根据另一组曲线修改高程、注释生成测点共 6 个命令。

1.5.6.1 梯度赋高程

“梯度赋高程”命令是按基线高程和梯度对多段线进行高程赋值。在地形图处理时，经常有许多地表等高线需要赋高程值，通常的方法是在 AutoCAD 或者其他软件下点击等高线的属性，然后一条一条地赋值。但是使用“梯度赋高程”命令可以很方便地对地表模型中的多条等高线赋高程值。

【示例练习】对示例数据“2 线编辑-赋高程-01 _梯度赋高程.dmf”进行等高线赋高程值操作，图中红色线为最低等高线，高程为 0 m，绿色线为高程最高等高线，相邻等高线高程差为 5 m。

操作步骤：打开示例数据“2 线编辑-赋高程-01_梯度赋高程.dmf”文件，点击“从上往下看”视图，如图 1-65 所示。框选所有等高线，右键选择转换为多段线。点击“梯度赋高程”命令，按命令行提示输入“0,5”，输入的“0”表示基线高程，“5”表示高程差，中间用英文逗号隔开，输好后回车。命令行提示“起点”，将鼠标光标移至红色等高线的外侧，点击左键，然后移动鼠标向高处等高线拉一条直线与多个等高线相交，拉至最高等高线绿色线以外点击右键，与直线相交的等高线变成粉色，并在每条等高线附近生成高程值，注意观察高程值是否正确，无误后按 Esc 键退出命令。如图 1-66 所示，图中非粉色的等高线为没有赋高程，需要继续赋高程，以右下角黑色等高线为例，双击紧邻的粉色等高线，在属性栏可以看到其高程值为 95，由于黑色等高线往下为递减，所以高程差为-5。点击“梯度赋高程”，命令行输入“90，-5”，回车，从粉黑线之间点击左键并按住移动鼠标，拉一条线与所有黑色线相交，点击右键，生成新的粉色等高线。按同样方法把其余黑色等高线赋高程。完成等高线赋高程后，保存该文件，最终赋高程地形图如图 1-67 所示。

图 1-65　打开的原始地形图
（扫描书前二维码看彩图）

图 1-66　地形图第一次赋高程
（扫描书前二维码看彩图）

(a)

(b)

图 1-67 最终赋高程地形图

（a）从上向下看；（b）从前向后看

（扫描书前二维码看彩图）

1.5.6.2 线赋高程

“线赋高程”命令是按水平距离利用测点或导线对多段线或图块赋高程。矿山建模中，常常要根据平面图纸创建立体巷道，而“导线赋高程”命令可沿导线方向调整图纸上的巷道中心线或帮线高程，赋予巷道实际的标高。导线一般由巷道实测点连线组成。

【示例练习】对示例数据“2 线编辑-赋高程-02_导线赋高程 . dmf”采用测点或导线对两个帮线赋高程。

操作步骤：打开示例数据“2 线编辑-赋高程-02_导线赋高程 . dmf”文件，如图 1-68 所示。打开文件“从前向后看”图形上部为两条巷道帮线，下部为实测点和导线。

从上向下看视图，点击“线赋高程”，命令行提示“两点确定控制半径/<请输入控制半径>”，这里提到的控制半径是用于限定测点对目标线的影响范围，如果目标线在测点的控制半径内，则目标线标高与测点标高一致。打开状态栏“捕捉”按钮，勾选最近点和端点，先在一条帮线上点击一点，然后在另一条帮线上点击一点。两点连线与两条帮线近似垂直。命令行提示“请选择导线（C）”/<请选择测点>。

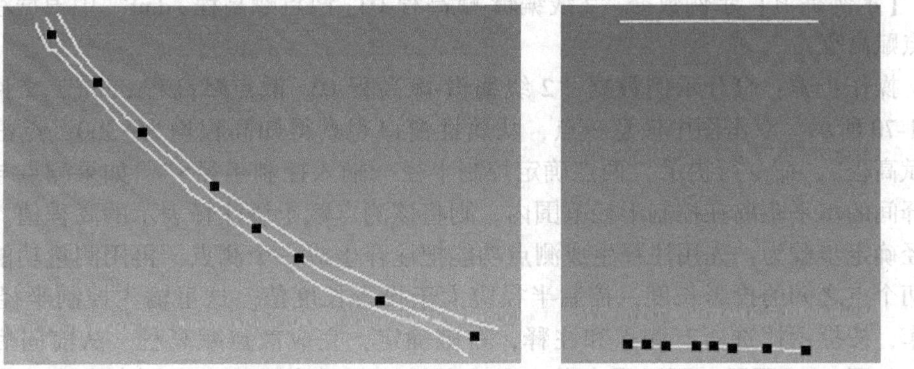

(a) (b)

图 1-68 导线赋高程之前图形

(a) 从上向下看；(b) 从前向后看

（扫描书前二维码看彩图）

（1）选择导线。命令行输入 C，回车，为导线赋高程。选择导线，右键确定，选择两条帮线，右键确定，完成导线赋高程。

（2）选择测点。直接框选所有测点，右键确定，选择两条帮线，右键确定，完成测点赋高程。注意：如果先执行选择导线，下次再调用命令，就可以直接选择导线，如果想选择测点，命令行输入 P，回车，为测点赋高程。

导线赋完高程的图形如图 1-69 所示。

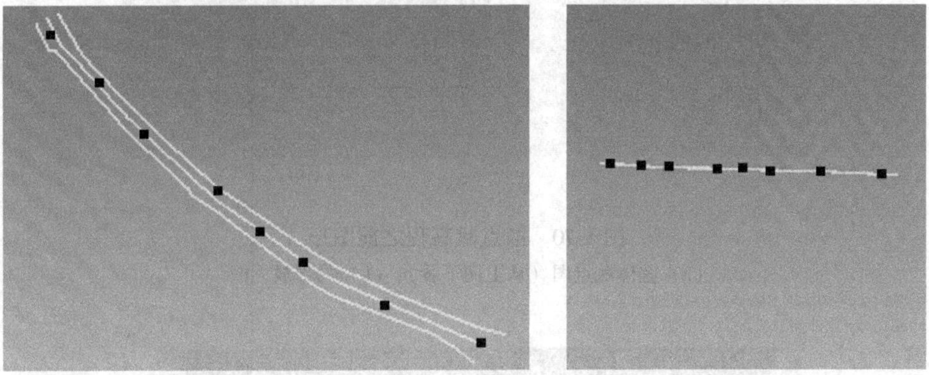

(a) (b)

图 1-69 导线赋高程后的图形

(a) 从上向下看；(b) 从前向后看

（扫描书前二维码看彩图）

1.5.6.3 散点赋高程

“散点赋高程”是按测点高程标注对水平距离最小的测点赋高程。在矿山提供的电子资料中，有时会单独提供一些测点，在矿山建模的过程中需要这些测点的高程。这时运用“散点赋高程”功能键就能很方便地一次将散点的高程全部赋上。

微课-散点赋高程

【示例练习】示例数据“2 线编辑-赋高程-03_散点赋高程 . dmf”中根据注释为散点赋高程。

操作步骤：打开示例数据“2 线编辑-赋高程-03_散点赋高程 . dmf”文件，如图 1-70 所示。双击图中任意一点，从属性窗口观察得知高程均为−300。点击“散点赋高程”，命令行提示“两点确定控制半径/<输入控制半径>”。如果测点与高程注释间的水平距离在控制半径范围内，则将该测点赋予该注释表示的高程值。控制半径确定步骤为：先用注释生成测点功能把注释生成一个测点，再用测量功能量取这两个点之间的投影长度，控制半径应大于投影长度值。这里输入控制半径为 5，回车，按提示框选所有测点和注释，右键确定，完成散点赋高程。从前向后看视图，如图 1-71 所示，可以看出散点和注释被重新赋高程。有个别点和注释未赋高程，是因为注释书写不规范，或是散点与注释水平距离大于控制半径 5。

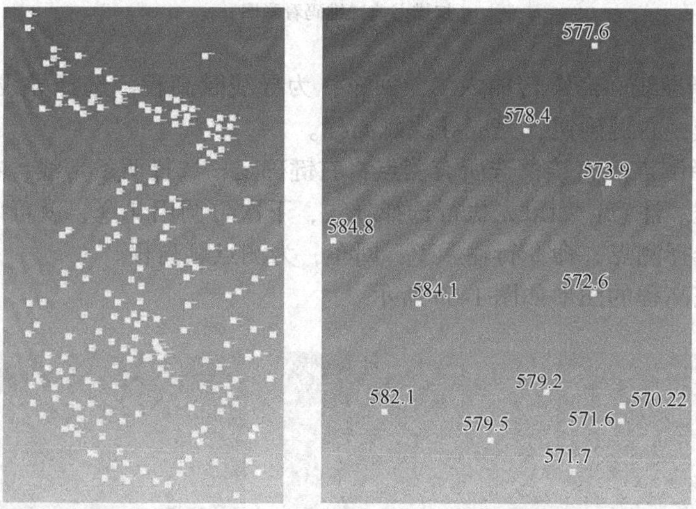

(a) (b)

图 1-70 散点赋高程之前图形

（a）整体散点图（从上向下看）；（b）局部放大图

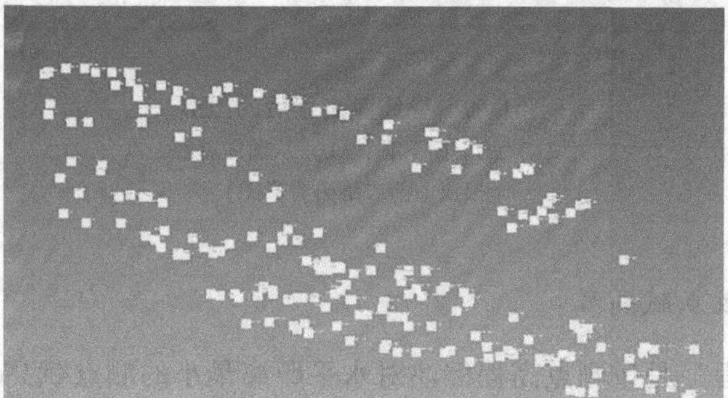

图 1-71 散点赋高程后的图形（从前向后看）

1.5.7 坡度

“坡度”功能组的命令包括平滑、调整，主要用于对设计好的线进行坡度的调整。

1.5.7.1 平滑坡度

多段线的首、末端点之间会有多个端点，“平滑坡度”是通过首、末两个端点的已知高程，对中间端点进行均匀赋高程。

【示例练习】对示例数据“2.12_坡度.dmf”文件中多段线进行平滑坡度。

操作步骤：打开示例数据“2.12_坡度.dmf”文件，从上向下看视图，如图1-72（a）所示。点击“平滑”命令，弹出模式选择窗口，包括“单线平滑”和“多线平滑”。“单线平滑”可以选择一条多段线的起点和终点进行平滑，也可以选择线中间任意两点进行平滑。“多线平滑”是选择首尾连接的多条多段线一起平滑。这里选择单线平滑，点击确定，按命令行提示选择多段线，然后点选多段线左侧首个端点，再点选多段线右侧末尾端点，按Esc退出命令，完成多段线平滑坡度。从上向下看的视图如图1-72（b）所示。

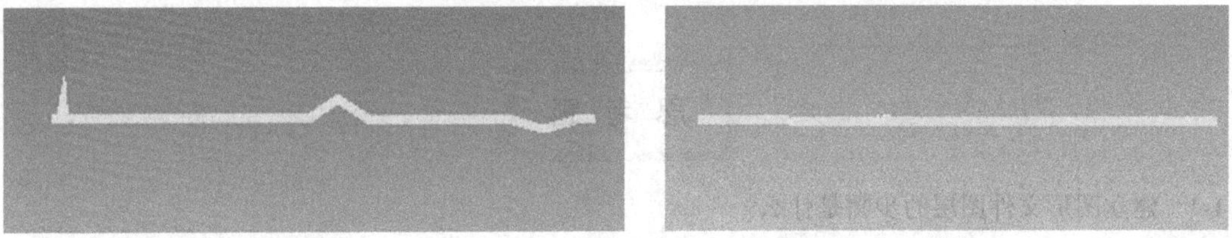
(a) (b)

图1-72 多段线平滑坡度

（a）平滑前多段线；（b）平滑后多段线

1.5.7.2 调整坡度

“调整坡度”是指以多段线的某个端点为基点，对一条多段线或多条首尾连接的多段线进行坡度的调整。

【示例练习】对示例数据“2.12_坡度.dmf”文件中多段线进行调整坡度。

操作步骤：打开示例数据“2.12_坡度.dmf”文件，从上向下看的视图如图1-73（a）所示。点击“调整”命令，弹出动态参数窗口，输入坡度，调整模式选择“单线”，如图1-74所示。按命令行提示选择多段线，选择左侧第一点为调整基点，选择多段线右侧末尾端点，按Esc退出命令，完成多段线调整坡度。调整后多段线从上向下看的视图如图1-73（b）所示。

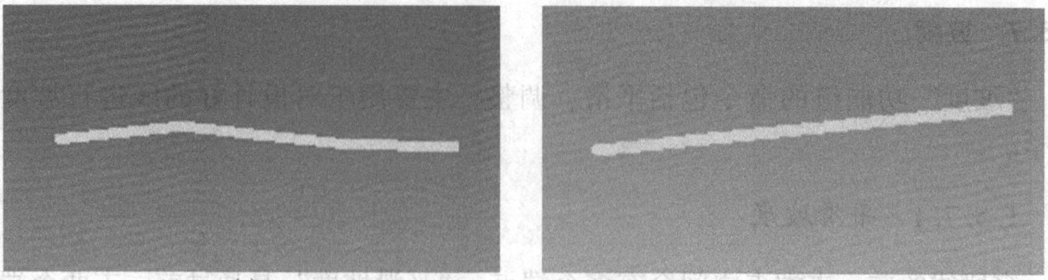

(a) (b)

图 1-73 多段线调整坡度

(a) 调整前；(b) 调整后

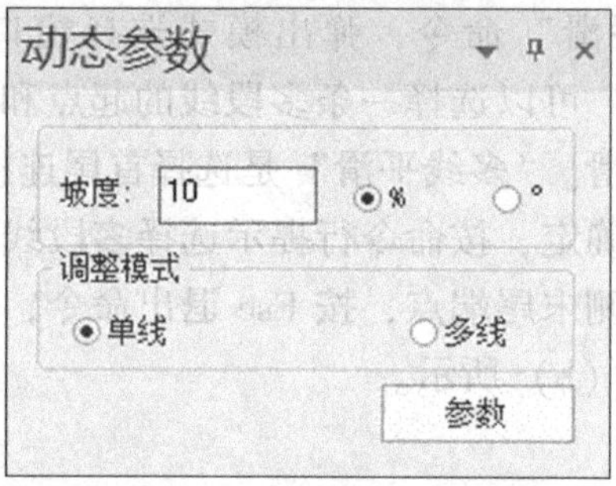

图 1-74 调整坡度设置窗口

思 考 题

1-1 建立图形文件图层的步骤是什么？

1-2 如何将 DiMine 图形文件保存为 CAD 文件？

1-3 创建工作面的模式有几种，每种模式的方法有哪些？

1-4 请写出方位角和倾角的定义以及取值范围。

1-5 “偏移”命令的模式有几种，请分别解释。

1-6 “移动复制”命令的模式有几种，如何区别操作“移动”和“复制”？

1-7 “双线连接”命令有几种模式？

1-8 请解释“多线”命令中连接精度和角度容差的规定。

1-9 线编辑中的“布尔运算”命令有几种运算类型？

1-10 “梯度赋高程”命令的功能是什么？操作之前需要把等高线转换成什么线？

1-11 “线赋高程”命令的功能是什么？适用于什么？

1-12 “散点赋高程”命令的功能是什么？

思政育人

中国矿业大学“一号毕业证”

中国矿业大学博物馆的一角，挂着一张半米长宽的毕业证，它是中国矿业大学前身河南焦作路矿学堂1912年颁发的“一号毕业证”。毕业证的主人原名张世忠，河南开封人，但他立志矿业，把“矿”字拆分为“广”“石”二字，把他的名字改成了张广石，表现出为矿业奋斗终生的决心。

英国福公司为了获得在华路矿开采的特权，投资创办了焦作路矿学堂（现中国矿业大学），这是我国建立最早的近代矿业高等学府。张广石是其中一名学生，1912年毕业时，张广石平均成绩82分，被评为头等，获得了一号毕业证。

作为中国矿业领域的先驱之一，张广石一生著述颇丰，发表了《粘浆炼焦法》等一系列专业论文，出版了《中国矿业志》《陕西之煤业》等著作。他还积极投身新中国煤炭高等教育事业，参与发起成立了西安煤炭学校，先后被西北大学、西北工学院（现西北工业大学）聘为教授。

1964年，张广石因病去世。2013年，中国矿业大学校庆时，张广石之子张印将这张“一号毕业证”捐献给了中国矿业大学。同年，中国矿业大学成立了“张广石奖学金”，2016年成立了张广石青年志愿者服务队。

张广石精神主要包括以下方面：

爱国精神：他将祖国的矿业事业视作自己的生命，体现了深厚的爱国情怀。

奉献精神：他一生致力于矿业事业，无私奉献，为祖国的矿业发展贡献自己的力量。

创新精神：他在矿业研究和教学中不断创新，推动了中国矿业技术的发展。

育人精神：他不仅在专业领域有所建树，还积极培养后人，科研方向潜精研思，为中国矿业教育做出了重要贡献。

2 模型创建与处理

数字地表模型（DTM）是用来描述虚拟地形和表面的。地形一般由若干线和点组成，且线也是由多个点连接而成，将所有的点连成若干相邻的三角面组成地表模型。地表模型不是封闭的，而是开放的面。

实体模型，是由一系列相邻三角面，包裹成封闭的实体。在三维空间内，任何两个三角面之间不能有交叉、重叠，任何一个三角面的边必须被且只被相邻的两个三角面共用，任何三角面的 3 个顶点，必须依附在有效的点上，否则实体是开放的或无效的。

数字地表模型与实体模型的区别和共同点为：

（1）数字地表模型有上下之分，实体模型有内外之分。

（2）数字地表模型可快速计算面积，实体模型可计算其表面积与体积。

（3）DiMine 中统一用三角网文件来保存数字地表模型和实体模型文件。

（4）数字地表模型和实体模型可以在任意方向上切剖面。

（5）数字地表模型之间、数字地表模型和实体模型、实体模型之间可进行逻辑运算，即交、并、差等。

本章主要介绍数字地表模型（DTM）的创建，实体模型的创建，模型的编辑、运算和配色。

2.1 DTM 创建

DTM 是数字采矿模型的重要组成部分，具有广泛的用途。它不只是地形地表模型，还包括露天开采境界模型、露天采场现状模型、排土场表面模型、尾矿库表面模型等。创建 DTM 要先把表面的点和线赋高程，然后根据这些点和线采用适合的模式创建模型。

“DTM”功能组中命令包括：整体、区域、多连域面、线附着以及网格化。

2.1.1 整体创建 DTM

整体创建 DTM 是通过选定多段线或点来创建模型。

【示例练习】对示例数据“3.1DTM-01_整体 DTM.dmf”文件中地性线使用“整体”命令创建 DTM。

操作步骤：打开示例数据“3.1DTM-01_整体 DTM.dmf”文件。点击“整体”命令，弹出动态参数窗口，如图 2-1 所示。这里有 3 个选项，分别是“无约束”“约束”和“地性线约束”。具体解释如下：

（1）“无约束”是指按照地形起伏趋势生成三角面片，同约束 DTM 捕捉端点生成三角面片相比效果较差，主要用于基础数据异常检核。

(2) “约束”是指严格按照多段线上的端点和孤立点生成三角面片，主要用于露天坑台阶、尾矿库等建模。

(3) “地性线约束”是指在山脊、山谷等地表建模时，软件会以较为形象的山脊或山谷地形趋势生成 DTM，避免约束生成的 DTM 出现的“台阶状”错误，如图 2-2 所示。

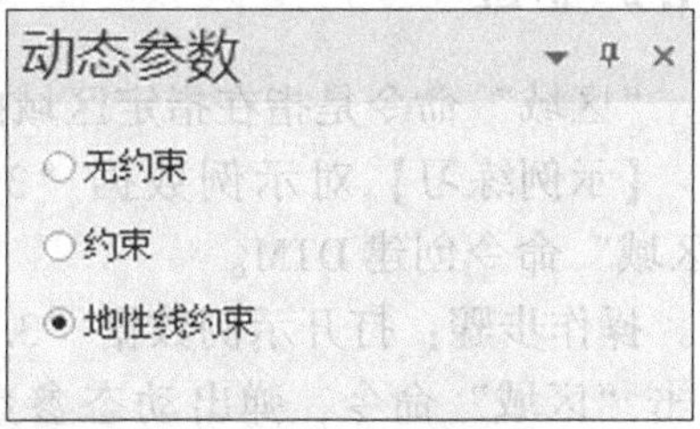

图 2-1 整体命令动态参数窗口

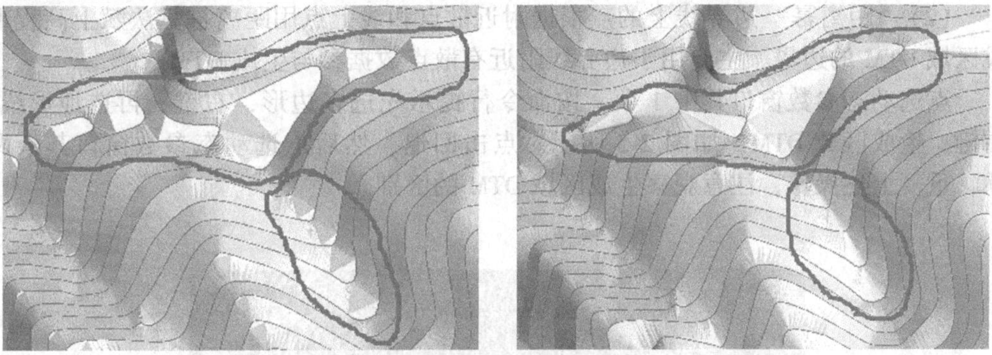

(a) (b)

图 2-2 约束和地性线约束建模的区别

(a) 约束建模（山脊有台阶状）；(b) 地性线约束建模（山脊无台阶状）

选择“地性线约束”，按命令行提示框选所有地形线，点右键确定。生成的地表模型如图 2-3 所示。

图 2-3 创建的地表模型

2.1.2 区域

“区域”命令是指在指定区域内创建 DTM。

【示例练习】对示例数据“3.1DTM-02_区域 DTM.dmf”文件中地形线使用“区域”命令创建 DTM。

操作步骤：打开示例数据“3.1DTM-02_区域 DTM.dmf”文件，如图 2-4 所示。点击“区域”命令，弹出动态参数窗口。这里有 3 个选项，分别是“边界求交”“边界求交（保留原边界）”和“距离幂”。具体解释如下：

（1）“边界求交”是指在俯视视图中将区域边界线与地形线的相交点连接起来，形成区域 DTM 的边界，用于边界线附近没有散点参与生成 DTM。

（2）“距离幂”边界线上的点根据附近散点和线上点用距离幂算法赋上高程形成区域 DTM 的边界，主要用于边界线附近有散点数据参与生成 DTM。

点选动态参数窗口其中 1 项，按命令行提示先选多边形，右键，再选地形线，右键，生成区域 DTM，如图 2-5 所示。点击回退，然后点选动态参数窗口其余两项，重复上述操作，注意观察生成区域 DTM 的区别。

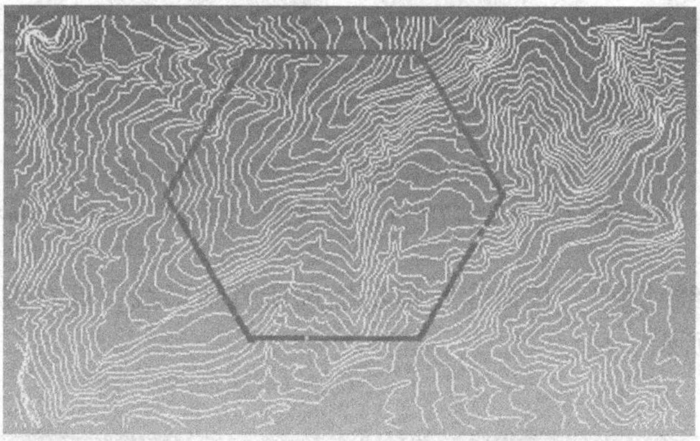

图 2-4 “区域”命令操作之前图形

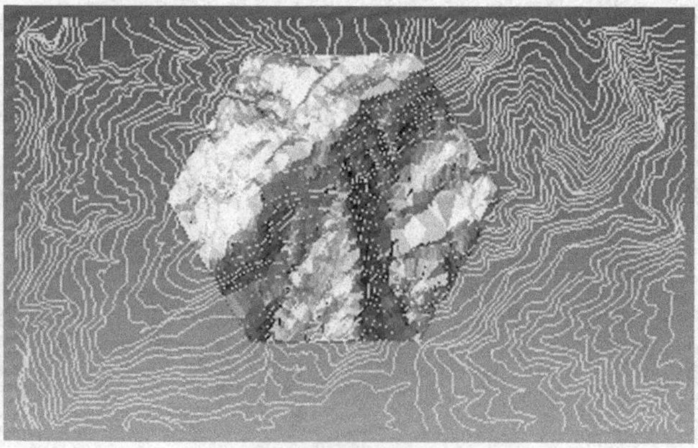

图 2-5 生成区域 DTM

2.1.3 多连域面

创建多连域面，用于等值线中存在洞、岛时的区域三角化。

【示例练习】对示例数据“3.1DTM-03_多连域面.dmf”文件中的图形创建多连域面。

操作步骤：打开示例数据“3.1DTM-03_多连域面.dmf”文件，如图2-6所示。视图窗口空白处点击右键，弹出菜单中“显示”项去掉“面”的“√”号，即不显示面，框选所有线圈，右键菜单点击“线处理”→“方向”。可以看到，外面的大线圈与里面的小线圈方向相反，如果方向不是相反，通过右键菜单点击“线处理”→“反向”进行调整。视图空白处右键菜单显示面，点击“区域”命令，框选所有线圈，右键点击确定，生成多连域面，如图2-7所示。

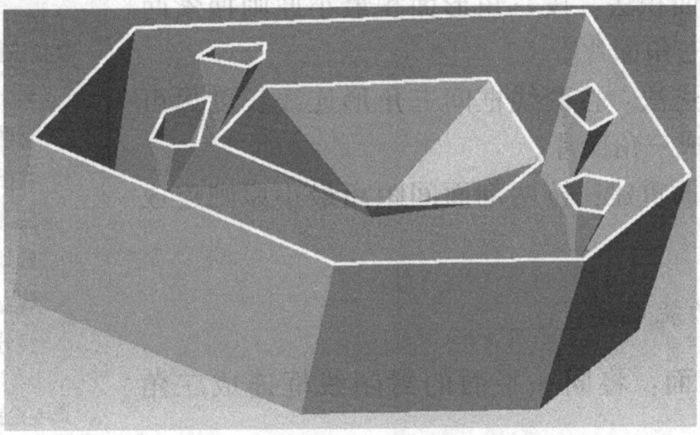

图2-6 创建多连域面前图形

图2-7 创建的多连域面图形

2.2 创建实体模型

实体模型也是数字采矿模型的重要组成部分，其中矿体模型是应用最广泛的实体模型。矿体模型具有可视化、体积计算、在任意方向上产生剖面、与来自地质数据库的数据相交以及为品位估值和块段分析提供实体约束等功能。

“创建实体”功能组中命令包括：线框、外推、多线框。

2.2.1 线框

“线框”是通过不同算法连接相邻线框、线或点来构建三维模型。

点击“线框”命令，弹出动态参数窗口，如图 2-8 所示。对窗口各部分解释如下。

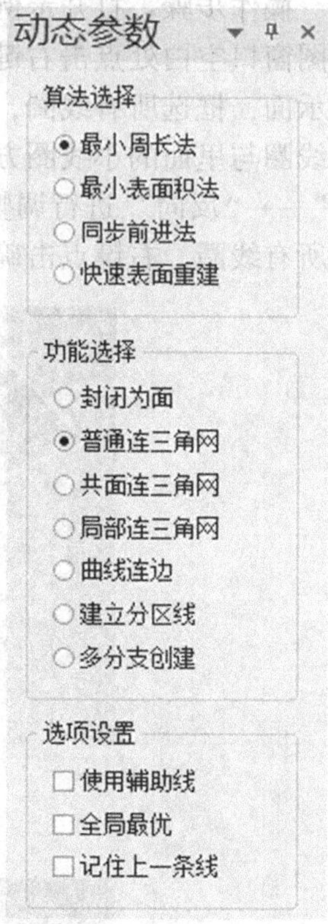

图 2-8 线框命令的动态参数窗口

2.2.1.1 算法选择

（1）最小周长法：按三角形周长最小原则搜索两剖面间的点连成三角面片。

（2）最小表面积法：按三角形面积最小原则搜索两剖面间的点连成三角面片。

（3）同步前进法：按两线框间三角形连线长度尽可能接近的原则连成三角面片。

（4）快速表面重建：按两剖面间距离最小原则连成三角面片。

2.2.1.2 功能选择

（1）封闭为面：将同一平面的封闭线框连成三角面片。

（2）普通连三角网：适用于一般情况下进行连线框操作生成三角面片。

（3）共面连三角网：处理共面线框，共面部分使用相同的三角网连接。

（4）局部连三角网：取两个线框的一部分生成三角面片。

（5）曲线连边：两线框间通过曲线连接处理，与曲线之间的部分线框一起生成三角面片。

（6）建立分区线：建立分区抛物线，与多分支创建一起使用，实现多对多连线框操作。

（7）多分支创建：选择用分区线划分的区域，分别生成三角面片。

2.2.1.3 选项设置

（1）使用辅助线：通过搭建两线框间的辅助线生成三角面片。

（2）全局最优：搜索每个点，寻找最优的对应点。

（3）记住上一条线：记住上一个线框，连续连线框。

在连线框操作过程中，还需注意以下几点：

（1）连线框过程中，闭合线框、非闭合线框、点之间可以同类连接成模型，也可相互连线框成模型，根据不同需要，可灵活运用。

（2）对于庞大复杂的数据一般使用“全局最优法”，当使用某种方法连接线框总是出错，可以尝试另一种生成实体模型的方法。

（3）使用辅助线连接线框，添加的辅助线将自动保存为线文件。辅助线要求是直线或直多段线。辅助线的功能是对三角网的连接进行人工引导和控制，将实体多边形上结构联系非常紧密的点连在一起，使其连接方式更能反映实际。注意：使用辅助线时需要在拐角处增加辅助线，这样其他辅助线才会起作用。

（4）共面连三角网功能是指选择两条轮廓线，根据轮廓线上的共面辅助线对轮廓线进行剖分并分别形成三角网，将共面部分连接三角网，分别和相邻的剖分三角网合并。

（5）局部连三角网功能是指只选择两条轮廓线的一部分构建三角网，通过分别选择两条轮廓线上的两点确定区间。

（6）曲线连边功能是指选择两条轮廓线和两条曲线辅助线，将其形成一个封闭的多段线，然后连接三角网。

（7）建立分区线功能是指使用抛物线作为不同对应轮廓的分区线，为后续建模提供依据，与多分支创建配合使用，实现多对多轮廓线的匹配连接。

（8）多分支创建功能是指选择轮廓线的相应区域连三角网，无须进行打断等线编辑预处理操作。

（9）三角面片交换功能 tfc：建模时常用的快捷命令之一。

【示例练习 1】连线框基本连法。

操作步骤：打开示例数据“3.2 创建实体_连线框 .dmf”文件，如图 2-9 所示。点击“线框”，弹出动态参数窗口，算法选择点选“最小周长法”，功能选择点选“普通连三角网”，选项设置勾选记住上一条线，依次点击轮廓线，生成模型，如图 2-10 所示。

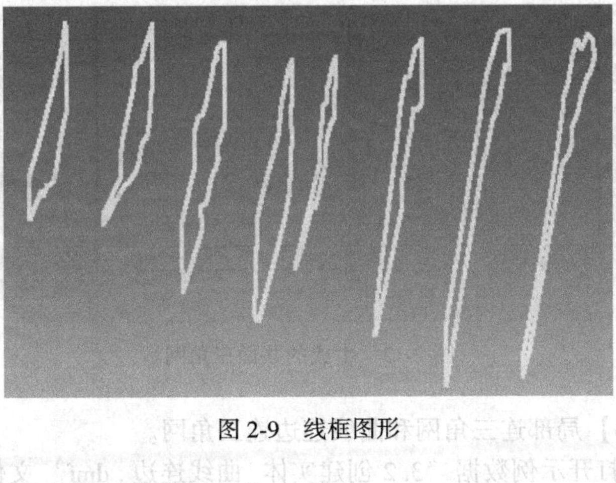

图 2-9 线框图形

【示例练习 2】共面连三角网。

操作步骤：打开示例数据“3.2 创建实体_共面连三角网 .dmf”文件，如图 2-11所示。点击“线框”，弹出动态参数窗口，算法选择点选“最小周长法”，功能

图 2-10 连线框生成的模型

选择点选“共面连三角网”，按命令行提示点选第一条轮廓线，点选第二条轮廓线，即完成共面连三角网，按 Esc 退出命令。生成的共面三角网如图 2-12 所示。

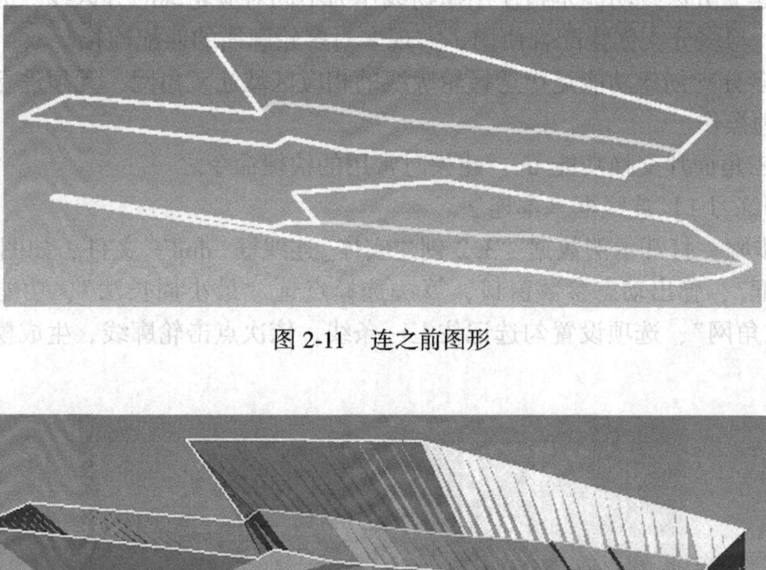

图 2-11 连之前图形

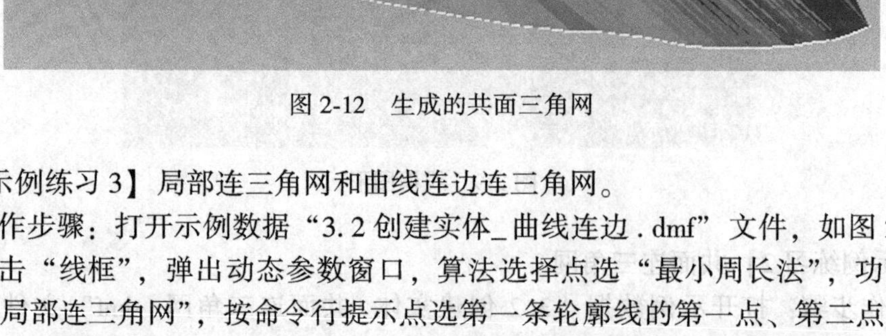

图 2-12 生成的共面三角网

【示例练习 3】局部连三角网和曲线连边连三角网。

操作步骤：打开示例数据“3.2 创建实体_曲线连边 . dmf”文件，如图 2-13 所示。点击“线框”，弹出动态参数窗口，算法选择点选“最小周长法”，功能选择点选“局部连三角网”，按命令行提示点选第一条轮廓线的第一点、第二点，然后点选第二条轮廓线的第一点、第二点，即完成局部连三角网。生成的局部三角网如

图 2-14 所示。

回退，功能选择点选“曲线连边”，按命令行提示选择第一条轮廓线、第二条轮廓线，然后选择第一条曲线边、第二条曲线边，即完成曲线连边，如图 2-15 所示。

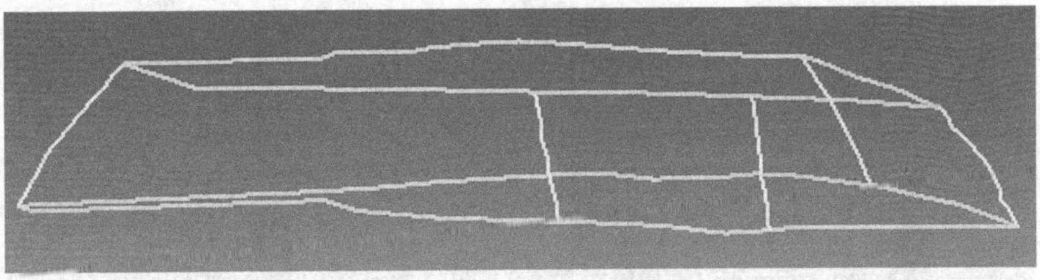

图 2-13　曲线连边原图形

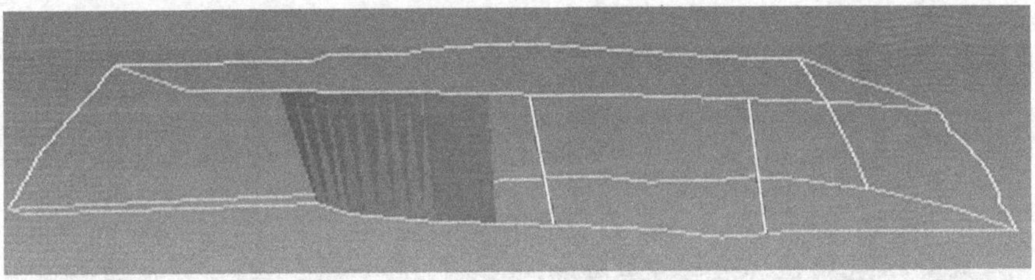

图 2-14　局部连三角网生成图形

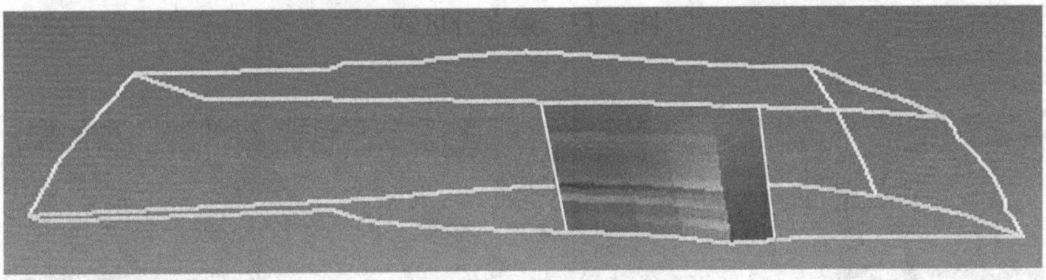

图 2-15　曲线连边生成图形

【示例练习 4】分区连三角网。

微课-分区连三角网

操作步骤：打开示例数据“3. 2 创建实体_分区连三角网 . dmf”文件，如图 2-16 所示。分区连三角网需要两个步骤完成，分别是建立分区线和多分支创建。

（1）建立分区线：如图 2-16 所示，建立分区线是在中间轮廓线上先选择两个点，向上部两个轮廓线的中间空当部分绘制抛物线，同样再向下部绘制抛物线。具体操作为：先绘制上部抛物线，点击“线框”，弹出动态参数窗口，算法选择点选“最小周长法”，功能选择点选“建立分区线”，按命令行提示选择轮廓线的第一点、第二点（两个点尽量选择在上部两个轮廓线之间空当的中部），选择两个点后，视图变为俯视图，按命令行提示向空当中间点选目标点，完成上部抛物线绘制。利用同样方法绘制下部抛物线，如图 2-17 所示。

（2）多分支创建：分区连三角网需要分步进行，否则软件容易出现误判。先隐藏下部两个轮廓线和抛物线，点击“线框”，功能选择点选“多分支创建”，按命令行提示点选中间轮廓线和上部其中一个轮廓线；然后再点选中间轮廓线和上部另一个轮廓线，完成上部多分支创建；显示所有隐藏，再隐藏上部两个轮廓线和抛物线，按同样操作生成下部多分支创建；退出命令，显示所有隐藏。生成的分区三角网如图 2-18 所示。

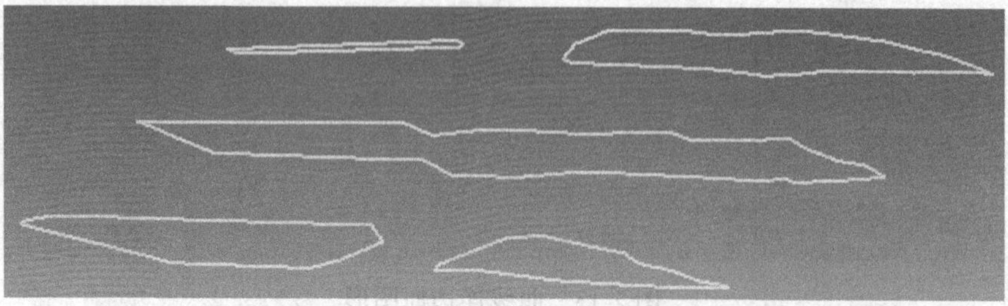

图 2-16　分区连三角网原图形

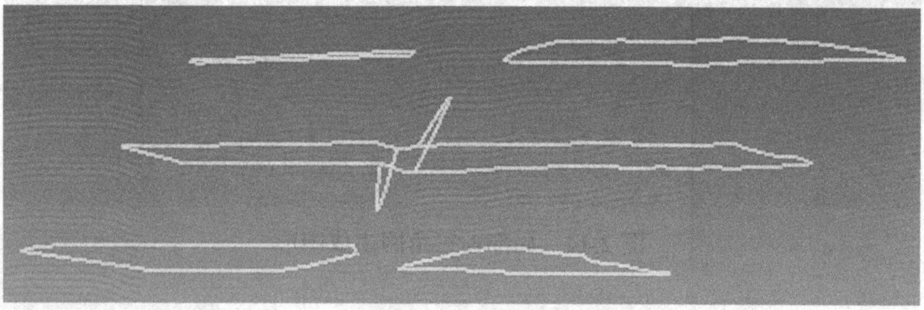

图 2-17　建立分区线

图 2-18　分区连三角网最终图形

2.2.2　外推

"外推"功能是将实体剖面轮廓线向一边或两边按指定的方位角、倾角外推一定的距离，并将轮廓线按比例进行缩放。

点击"外推"命令，选择轮廓线右键确认后，弹出外推参数设置窗口，如图 2-19 所示。

参数设置说明如下：

(1) 外推模式：矿体外推在可靠地质研究基础上，充分考虑矿体赋存形态、空间产出的地质规律下进行，分为尖推、楔推、平推 3 种模式。

（2）自动计算：勾选自动计算后，系统会根据选择的线框自动计算方位角和倾角值。

（3）外推方向：正侧表示轮廓线法向所在的方向，用红色箭头显示，反侧为正侧的相反方向，两侧表示正侧和反侧均进行外推。

（4）正侧距离：轮廓线沿正侧法线平移的距离。

（5）反侧距离：轮廓线沿反侧法线平移的距离。

（6）方位角：正侧法线的方位角。

（7）倾角：正侧法线的倾角。

（8）缩放比例：外推的轮廓线与原轮廓线的缩放百分比。

（9）封闭外推端：若勾选此选项，则外推时将外推后的轮廓线封闭与外推三角网合并形成半开放的整体三角网。

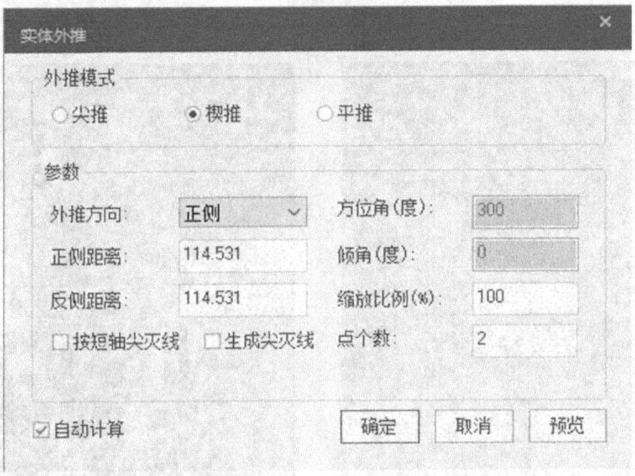

图 2-19 外推参数设置窗口

【示例练习】轮廓线外推。

操作步骤：打开示例数据“3.2 创建实体_ 连线框 . dmf”文件，如图 2-9 所示。点击“外推”命令，选择其中一个轮廓线，右键确认，弹出设置窗口，外推模式选择尖推，勾选自动计算，根据预外推方向选择正侧或反侧，并输入正侧或反侧距离，这里输入 50，设置好后点击确定，生成外推模型。同样进行楔推和平推，以及两侧外推、缩放比例和封闭外推端等操作，生成不同的外推模型，如图 2-20 所示。

微课-轮廓线外推几种模式操作

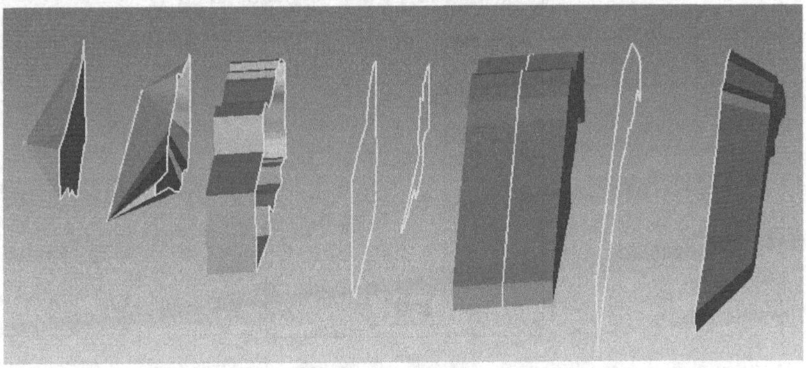

图 2-20 外推不同设置结果图形

2.2.3　多线框

“多线框”选择不同剖面或平面上的线框自动构建三维实体。当线框满足一定条件时，视图中框选所有线框自动生成实体，省略了多次连线框操作，大大减少工作量。

【示例练习】自动重建线框。

操作步骤：打开示例数据“3.2 创建实体_自动重建.dmf”文件，如图 2-21（a）所示。点击“多线框”命令，弹出参数设置窗口，如图 2-22 所示。其中，间隔容差是指当两剖面不互相平行时，剖面间的距离容差；封闭端部是指将两端线框封闭为面；格网大小是指生成三角面片的网格大小。参数设置好后，框选所有线框，右键确定。生成的实体模型如图 2-21（b）所示。

(a)　　(b)

图 2-21　自动重建线框和实体模型

（a）自动重建线框；（b）“多线框”创建的实体模型

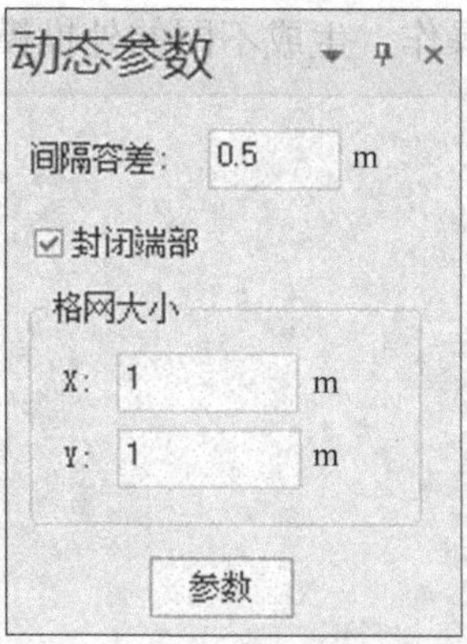

图 2-22　“多线框”参数设置窗口

2.3 编 辑

“编辑”功能组中命令包括：合并、打散、顶点、删除面、缝补以及有效性。

2.3.1 合并

“合并”是对多个实体模型或三角面片进行合并。合并实体分为确定（方向一致化）和方向不一致化两种模式。

根据需要合并的矿体模型的不同情况，合并的方法也不相同，具体为：

（1）如果是连续的一个矿体，则有效性检测通过后合并实体选择确定（方向一致化）。

（2）如果是分开的几个矿体，合并前先使用“优化”命令使所有矿体的法线方向一致向外，再使用“合并”命令进行合并，合并时选择方向不一致化。

（3）如果矿体含有夹石，则先将矿体和夹石方向处理成反向，再合并选择方向不一致化。

【示例练习】合并矿体模型。

操作步骤：打开示例数据“3.3 编辑 01_合并.dmf”文件，如图 2-23 所示。由于是分开的几个矿体模型进行合并，适合方法（2）的操作。点击“合并”，框选所有矿体模型，右键选择“方向不一致化”，生成合并的矿体模型，如图 2-24 所示。

图 2-23 合并前多个矿体模型

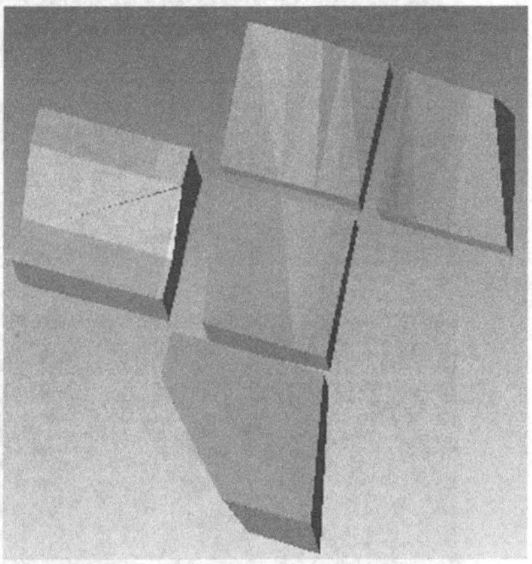

图 2-24 合并后矿体模型

2.3.2 打散

“打散”命令是把一个大的整体打散为多个小的实体，与“合并”命令相反。这个命令经常在删除多余实体或修改实体时用到。在建立的实体中，一般都是以一个整体的形式存在，当进行修改实体时，必须首先把实体打散，然后按照需要进行修改。

打散分为如下 4 种情况：

（1）分离为单个面片：把实体模型的所有三角面片全部打散。

（2）提取最大实体：把体积最大的实体分离出来。

（3）提取指定实体：提取选中的实体。

（4）分离实体：分离所有实体。

【示例练习】打散矿体模型。

操作步骤：打开示例数据“3.3 编辑 02_打散.dmf”文件，显示矿体模型为一个整体，如图 2-25 所示。为清楚显示打散结果，将数据管理窗口的“新文件_0”的 0 图层置为当前层，并打开“新数据位置设置”按钮。点击“打散”命令，选择矿体模型，依次选择“分离为单个面片”“提取最大实体”“提取指定实体”“分离实体”4 个选项，隐藏“3.3 编辑 02_打散.dmf”文件，观察打散生成的矿体模型，如图 2-26 所示。

图 2-25 打散之前实体模型

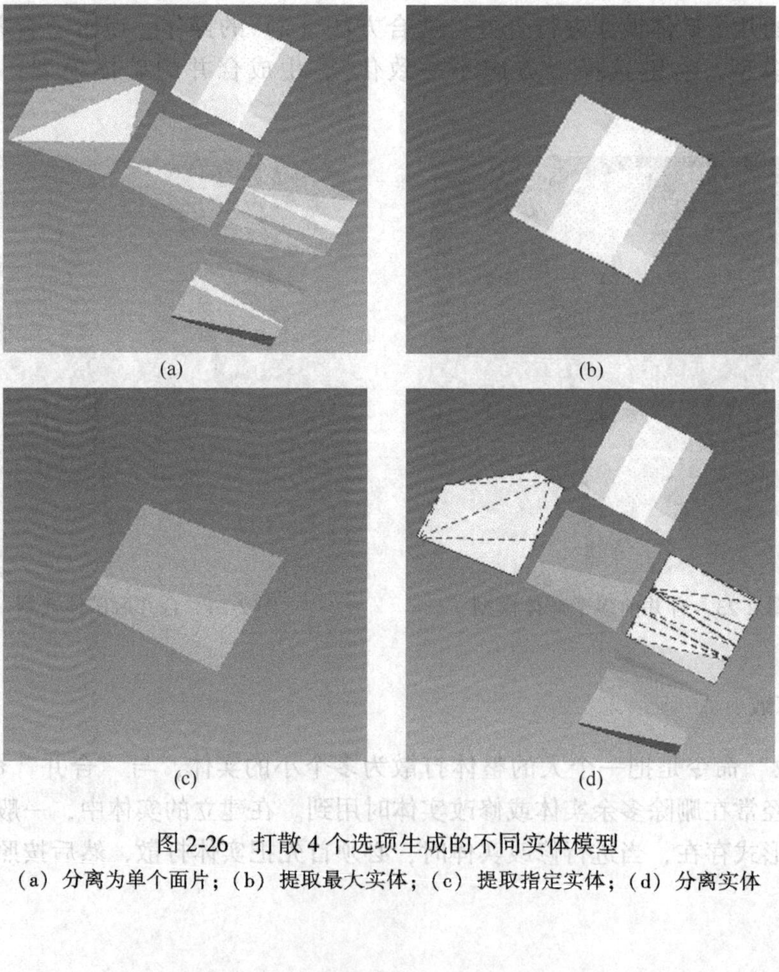

图 2-26 打散 4 个选项生成的不同实体模型

（a）分离为单个面片；（b）提取最大实体；（c）提取指定实体；（d）分离实体

2.3.3　顶点

“顶点”命令是对实体的顶点进行编辑，改变实体的形态，其编辑模式主要有添加顶点、编辑顶点和删除顶点 3 种。

【示例练习】实体顶点编辑。

操作步骤：打开示例数据“3.3 编辑 04_ 缝补面 . dmf”文件。

(1) 添加顶点。点击“顶点”命令，弹出的动态参数选择窗口如图 2-27 所示。点选“添加顶点”，按命令行提示在需要增加顶点的三角面片上单击鼠标左键，此时软件自动把状态栏“捕捉”中的“实体面”打“√”，捕捉到需要添加顶点的实体面，点击左键，生成新的顶点。需要说明的是，这个新添加的顶点仍在这个实体面上，因此添加顶点并没有改变实体的形状，只是增加了三角网的个数，如图 2-28 所示。

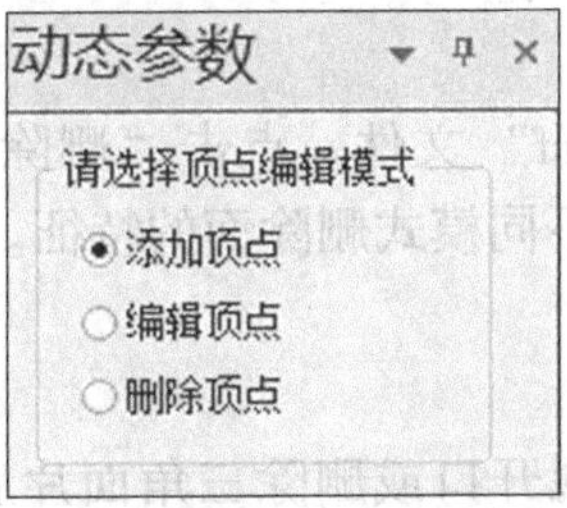

图 2-27　“顶点”命令选择窗口

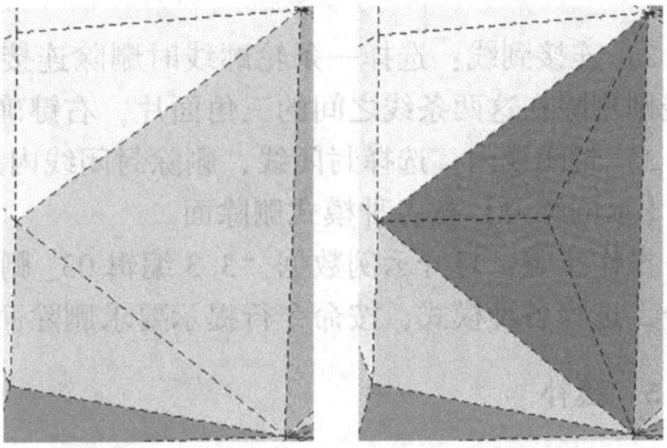

(a)　(b)

图 2-28　三角面片添加顶点前后对比

(a) 添加顶点前；(b) 添加顶点后

(2) 编辑顶点。运行“顶点”命令后点选“编辑顶点”，设置窗口如图 2-29 所示。编辑顶点有两个选择方式，分别是“位置”和“偏移”。“位置”是指编辑顶点后的绝对坐标。“偏移”是指编辑顶点后与编辑前的相对坐标。勾选锁定，只能改变顶点未锁定方向的坐标。将顶点拖动到某一位置，按住 Ctrl 键，则动态窗口的 XYZ 坐标固定，继而可以选择锁定某一个或某几个方向的坐标。

(3) 删除顶点。运行“顶点”命令后点选“删除顶点”，按命令行提示捕捉需要删除的顶点即可。删除顶点会把与该顶点相连的所有三角面片删掉。

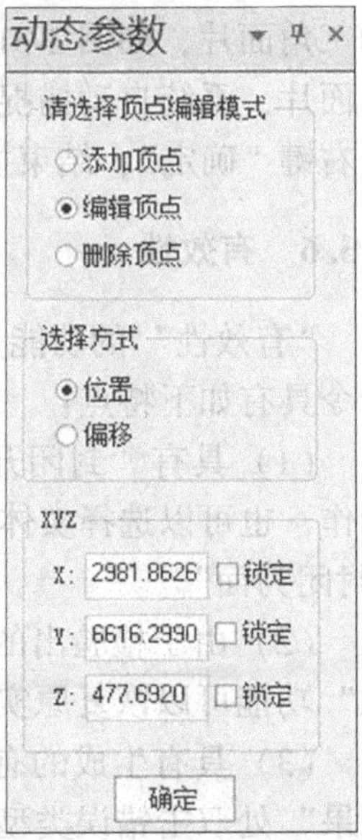

图 2-29　编辑顶点窗口

2.3.4　删除面

“删除面”命令是删除实体上的三角面片。当出现交叉三角形时，可通过删除相交的三角面，重新构建三角面。删除面有两种方式可供选择，分别是选择删面和点线删面。

点击“删除面”命令，弹出动态参数选择窗口，如图 2-30 所示。对删除面模式具体解释如下：

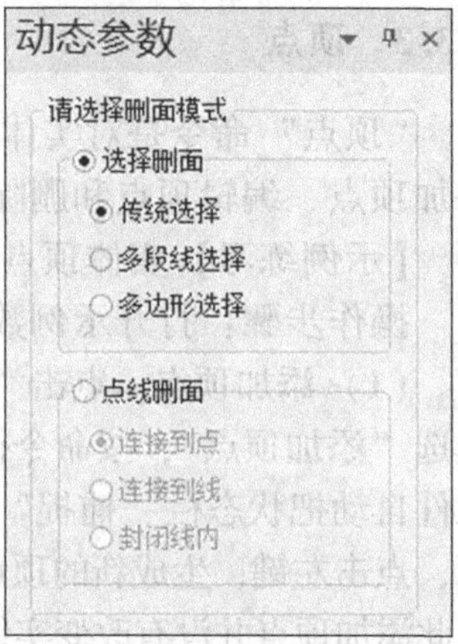

图 2-30 删除面模式选择窗口

（1）选择删面。

1）传统选择：选择要删除的三角面片，右键确认。

2）多段线选择：绘制多段线，双击左键，选择要删除的三角面片，右键确认。

3）多边形选择：绘制多边形，双击左键，选择要删除的三角面片，右键确认。

（2）点线删面。

1）连接到点：选择点，删除连接到点的三角面片。

2）连接到线：选择一条轮廓线时删除连接到这条线的三角面片，选择两条轮廓线则删除在这两条线之间的三角面片，右键确认。

3）封闭线内：选择封闭线，删除封闭线内的三角面片。

【示例练习】按各种模式删除面。

操作步骤：打开示例数据“3. 3 编辑 03_ 删除面 . dmf”文件。点击“删除面”命令，选择各种模式，按命令行提示要求删除面，注意不同模式删除面的特征。

2. 3. 5 缝补

“缝补”命令是缝补实体上的三角面片，当实体出现开口或删除三角面片后需要封闭时，可使用缝补功能。

【示例练习】缝补有缺口的三角面片。

操作步骤：打开示例数据“3. 3 编辑 04_ 缝补面 . dmf”文件，可以观察到缺失的三角面片，如图 2-31（a）所示。点击“缝补”命令，鼠标单击开口处相邻的三角面片，系统自动捕捉到该三角面片上最近的顶点，形成一个闭合线圈后，在空白处右键“确定”，结束操作。如图 2-31（b）所示，缺失的三角面片已经缝补好。

2. 3. 6 有效性

“有效性”的功能是检验实体是否有相交三角形、不封闭或无效边的情况。该命令具有如下特点：

（1）具有“封闭开口”功能，可以将检验出的不封闭的三角网快速进行封闭操作，也可以选择实体后，在右键菜单中选择“提取开口线”，再选择开口线右键“封闭为面”。

（2）由于检验出的开口和相交三角形用区别于原实体的颜色标出，“恢复原色”功能可以恢复原实体的颜色。

（3）具有生成的有效性检测定位文件的功能，可以在“输出窗口”的“查询结果”处双击错误类型，定位到实体中直接修改问题。

【示例练习】有效性检测矿体模型。

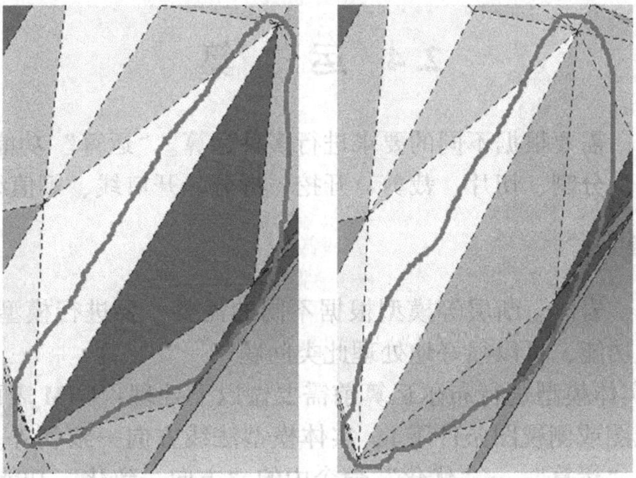

(a) (b)

图 2-31　缝补面前后对比

（a）缝补前的三角面片；（b）缝补后的三角面片

操作步骤：打开示例数据“3.3 编辑 04_缝补面 .dmf”文件，点击“有效性”命令，框选矿体模型，右键确认。在数据管理窗口生成新的文件“有效性检测定位文件”，在查询结果窗口显示检测到的问题，如图 2-32 所示。双击显示窗口查到问题，会在视图窗口显示问题图形部位。图形检测到问题用红色线显示，隐藏原文件，可清楚看到检测到错误的三角形，如图 2-33 所示。视图窗口继续点击右键可封闭开口，或恢复原色。

	实体名称	类型	点1	点2
1		不封闭边或无效边	2674.01, 6526.33, 402.492	2438.49, 6118.4, 89.623
2		不封闭边或无效边	2679.14, 6535.21, 469.167	2657.11, 6296.71, 293.261
3		不封闭边或无效边	2458.25, 6152.62, 174.24	2679.14, 6535.21, 469.167
4		不封闭边或无效边	2657.11, 6296.71, 293.261	2458.25, 6152.62, 174.24
5		不封闭边或无效边	2438.49, 6118.4, 89.623	2689.26, 6352.4, 305.13
6		不封闭边或无效边	2689.26, 6352.4, 305.13	2674.01, 6526.33, 402.492

命令行　查询结果

图 2-32　有效性检测到的问题

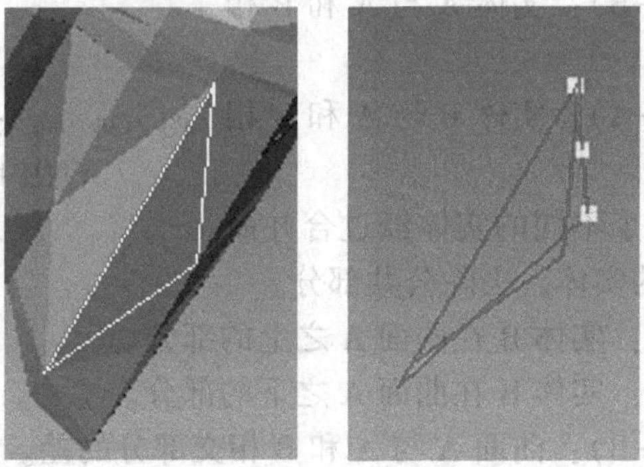

(a) (b)

图 2-33　模型检测到错误之处

（a）未隐藏原文件；（b）隐藏原文件

（扫描书前二维码看彩图）

2.4 运　　算

模型建好后，需要根据不同的要求进行多种运算。“运算”功能组中命令包括：布尔运算、交线、分割、切片、裁剪、开挖、拆分、开口线、等值线、优化。

2.4.1 布尔运算

DTM、矿体、岩体、断层等模型根据不同的需要，要进行模型间的相互运算，通过布尔运算的功能，可以很好地处理此类问题。

对 DTM 及实体模型进行布尔运算前需要做以下处理：DTM 表面模型法线方向一致朝下（正视图或侧视图条件下），实体模型法线方向一致朝外。如果不满足该条件，可以通过“运算”→“优化”命令中的“方向一致化”功能进行处理。

点击“布尔运算”命令，弹出动态参数设置窗口，如图 2-34 所示。窗口各部分功能如下：

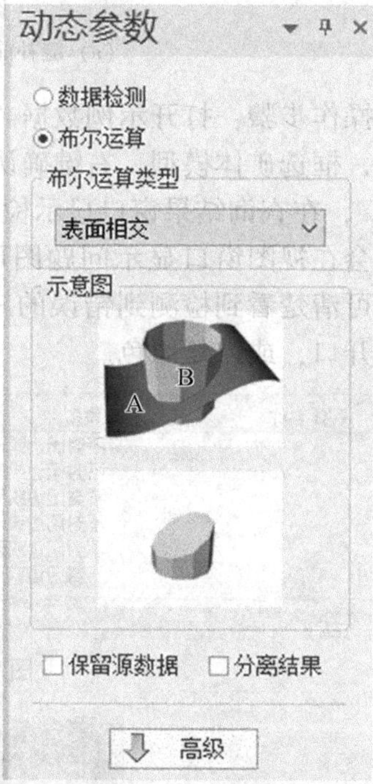

图 2-34　布尔运算动态参数设置窗口
（扫描书前二维码看彩图）

（1）数据检测：与“有效性”命令功能相同，执行布尔运算前可以对图形进行数据检测和处理。

（2）布尔运算类型：软件提供了实体模型之间、DTM 之间以及 DTM 和实体模型之间共 13 种布尔运算类型。选择每种布尔运算，会在下方示意图显示运算前图形和运算的结果。13 种布尔运算分别解释如下：

1）实体合并：两个不同的实体经过合并后，成为一个新实体，保留公共部分。

2）实体求交：两个不同的实体相交的部分。

3）实体求差（A-B）：实体 A 与 A 和 B 相交部分的差。

4）实体求差（B-A）：实体 B 与 A 和 B 相交部分的差。

5）实体联合：两个不同的实体经过合并命令后，组合成一个新的实体，去除公共部分。

6）表面上的实体：实体 B 在曲面 A 之上的部分。

7）表面下的实体：实体 B 在曲面 A 之下的部分。

8）表面求差（A-B）：曲面 A 与 A 和 B 相交部分的差。

9）表面求差（B-A）：曲面 B 与 A 和 B 相交部分的差。

10）表面联合：两个不同的曲面经过合并命令后，组合成一个新的曲面，去除公共部分。

11）表面相交：两个不同的曲面相交的部分。

12）实体内部的表面：曲面 B 在实体 A 内部的部分。

13）实体外部的表面：曲面 B 在实体 A 外部的部分。

微课-模型之间的布尔运算

（3）保留源数据：布尔运算后是否保留源数据，勾选为保留源数据。

（4）分离结果：布尔运算结果可以与原始数据对比显示。

（5）高级：点击“高级”按钮，显示窗口如图 2-35 所示，主要是用于批量处理布尔运算。

【示例练习 1】实体合并、实体求交、实体联合。

操作步骤：打开示例数据“3. 4 运算 01_ 布尔操作 1. dmf”文件，图形为柱体和球体部分重叠在一起，且是各自分开的模型，如图 2-36（a）所示。为更好地观察布尔运算后生成模型的状况，把“新文件_ 0. dmf”的“0”图层置为当前层，并打开新数据位置设置。

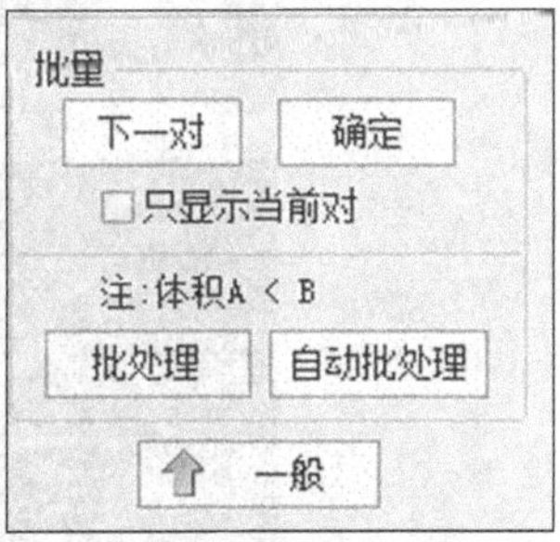

图 2-35 高级窗口

（1）实体合并。点击“布尔运算”命令，弹出动态参数窗口，其中布尔运算类型选择“实体合并”，不勾选“保留源数据”和“分离结果”。视图窗口鼠标左键先选择柱体，然后选择球体，生成实体合并模型，图形为一个整体模型，如图 2-36（b）所示。隐藏当前“0”图层，视图窗口无图形，说明源数据未保留。回退命令，勾选“保留源数据”，点选柱体和球体，隐藏当前“0”图层，原文件图形依旧在。

（2）实体求交。接续操作，回退命令，布尔运算类型选择“实体求交”，点选柱体和球体，隐藏原文件，生成的实体求交模型如图 2-36（c）所示。回退命令，勾选“分离结果”，点选柱体和球体，隐藏原文件，生成的实体求交模型如图 2-36（d）所示。可以看出，不勾选“分离结果”生成的实体求交模型为一个整体，而勾选“分离结果”生成的实体求交模型由两个部分组成，分别是柱体和球体的一部分。

（3）实体联合。接续操作，回退命令，布尔运算类型选择“实体联合”，点选柱体和球体，隐藏原文件，生成的实体联合模型如图 2-36（e）所示。从外观看，实体合并模型与实体联合模型没有区别。但如果采取勾选 X 轴进行视图限制，从左往右看，不显示切割面，能够看出实体合并模型与实体联合模型的主要区别：实体合并模型保留公共部分，而实体联合模型去除公共部分，如图 2-36（f）（g）所示。

【示例练习 2】表面联合、表面相交。

操作步骤：表面联合和表面相交在处理地表模型和露天境界模型时使用广泛，其中，把地表模型和露天境界模型整合成联合体模型时，采用表面联合命令，计算地表模型以下、露天境界模型以上的开挖体模型时，采用表面相交命令。

打开示例数据“3. 4 运算 01_ 布尔操作 3. dmf”文件，图形为曲面 DTM（相当于地表模型）和底部封闭的柱状 DTM（相当于露天境界模型），如图 2-37（a）所示。点击“布尔运算”命令，弹出动态参数窗口，布尔运算类型选择“表面联合”，鼠标左键先选择曲面 DTM，然后选择柱状 DTM，生成表面联合模型，如图

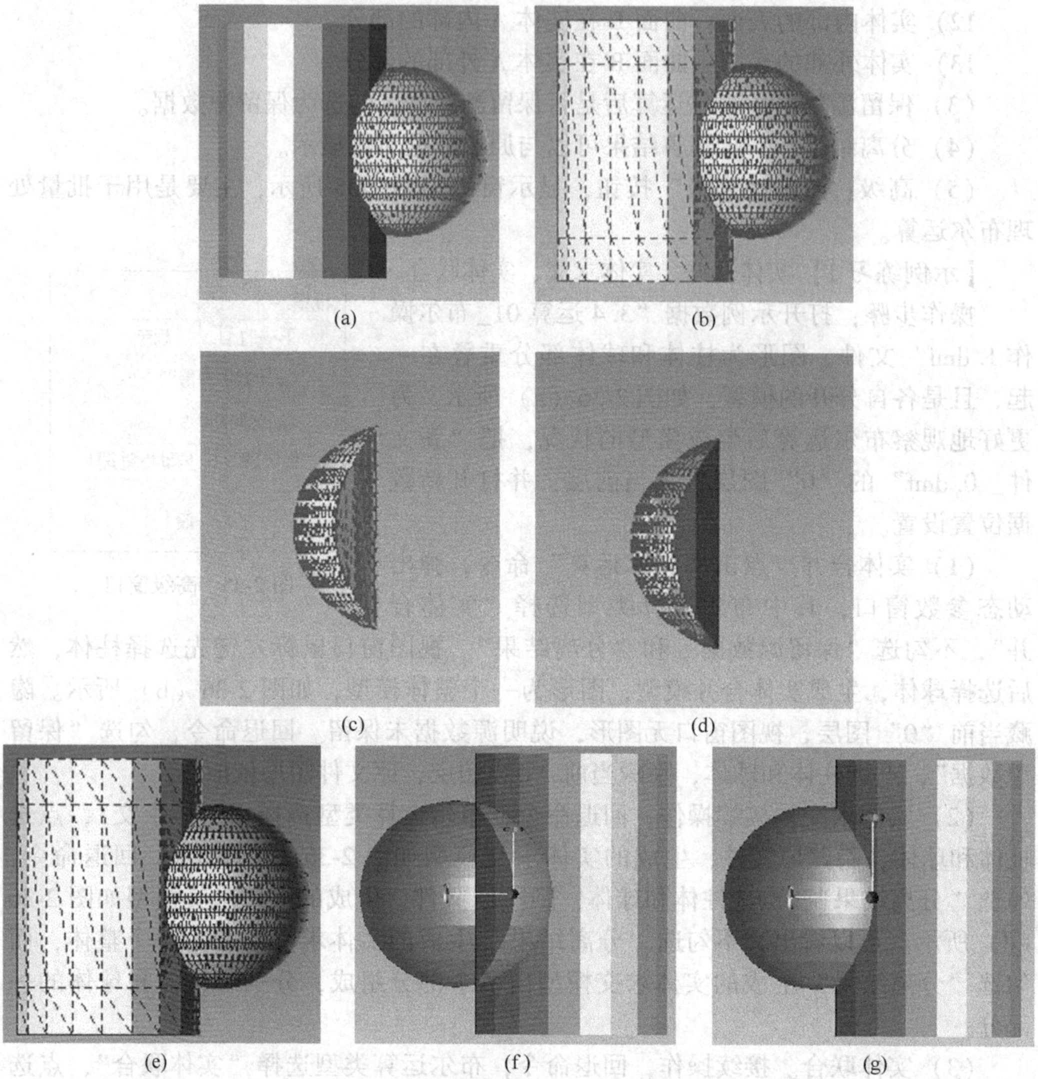

图 2-36　实体模型布尔运算

(a) 原文件图形；(b) 实体合并模型；(c) 实体求交模型（未勾选分离结果）；
(d) 实体求交模型（勾选分离结果）；(e) 实体联合模型；
(f) 实体合并模型保留公共部分；(g) 实体联合模型去除公共部分

2-37（b）所示。回退命令，运算类型选择“表面相交”，先点击曲面 DTM，再点击柱状 DTM，生成表面相交模型，如图 2-37（c）所示。

2.4.2　交线

“交线”命令用于求两个模型的外部交线。

【示例练习】两个实体模型求交线。

操作步骤：打开示例数据“3.4 运算 02_ 求交线 .dmf”文件，如图 2-38（a）

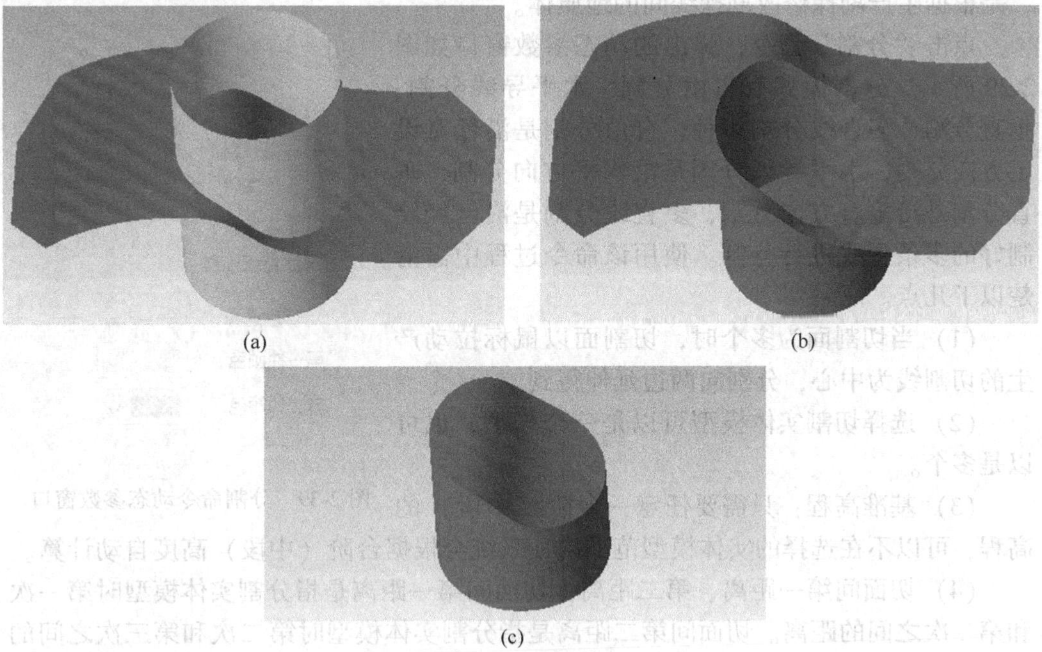

图 2-37 表面模型布尔运算

（a）原文件图形；（b）表面联合模型；（c）表面相交模型

所示。点击“交线”命令，视图窗口选择柱体模型，再选择球体模型，右键确定，生成两个模型的交线，隐藏两个实体模型，能够清楚看到交线，如图 2-38（b）所示。

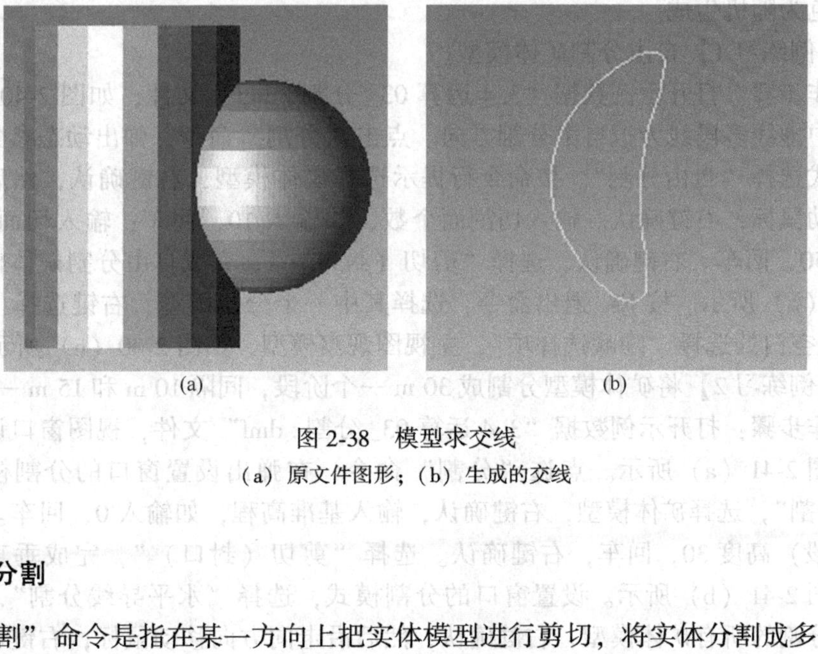

图 2-38 模型求交线

（a）原文件图形；（b）生成的交线

2.4.3 分割

“分割”命令是指在某一方向上把实体模型进行剪切，将实体分割成多个部分。分割实体模型主要有两方面用途：一是方便根据盘区、中段切割实体，进行设计；

二是根据生产勘探修改勘探线间的地质体。

点击“分割”命令，弹出的动态参数窗口如图2-39所示。分割模式有自由分割、水平导线分割、垂直分割、多直线分割4种，自由分割是沿任意设定方向分割，水平导线分割是沿水平方向分割，垂直分割是沿垂直方向分割，多直线分割是沿已经绘制好的多条直线进行分割。使用该命令过程中需清楚以下几点。

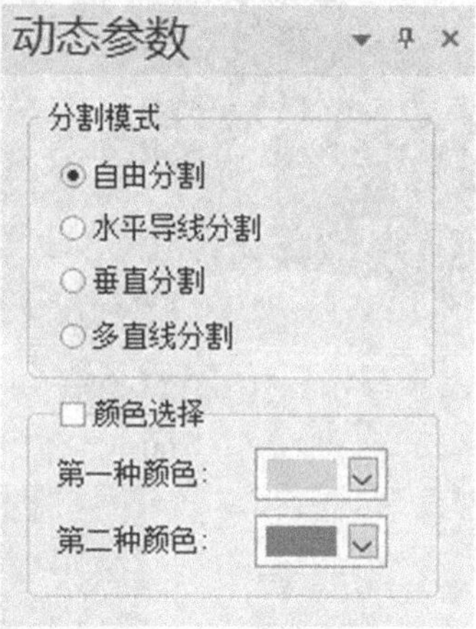

图2-39　分割命令动态参数窗口

（1）当切割面为多个时，切割面以鼠标拉动产生的切割线为中心，分别向两边延伸得到。

（2）选择切割实体模型可以是一个模型，也可以是多个。

（3）基准高程：只需要任意一台阶（中段）的高程，可以不在选择的实体模型范围内，系统会根据台阶（中段）高度自动计算。

（4）切面间第一距离、第二距离：切面间第一距离是指分割实体模型时第一次和第二次之间的距离。切面间第二距离是指分割实体模型时第二次和第三次之间的距离。切面间第一距离和第二距离可以相同，也可以不同，方便有间柱、矿房相间分布的快速切割。

（5）封口是指将切割面自动封闭为面并合并为一个封闭的实体，反之不封口则形成一个两端开口的环状壳。

（6）多直线分割：只支持直线分割，不支持多段线分割。

（7）颜色选择：对分割后的实体按照设置的颜色进行自动配色，其中多直线分割后颜色为随机生成。

【示例练习1】自由分割矿体模型。

操作步骤：打开示例数据“3.4运算03_分割.dmf”文件，如图2-40（a）所示，图中虚线多段线为拟自由分割方向。点击“分割”命令，弹出动态参数窗口的分割模式选择“自由分割”。按命令行提示选择矿体模型，右键确认，然后沿着青色线移动鼠标，右键确认。输入切割面个数，如输入10，回车；输入切面间距离，如输入50，回车。右键确认，选择“剪切（封口）”，完成自由分割矿体模型，如图2-40（b）所示。按Esc退出命令，选择其中一个分割模型，右键选择“反向选择”，在空白处选择“隐藏选择项”，主视图观察模型，如图2-40（c）所示。

微课-矿体模型分割矿块

【示例练习2】将矿体模型分割成30 m一个阶段，间隔10 m和15 m一个矿块。

操作步骤：打开示例数据“3.4运算03_分割.dmf”文件，视图窗口调为主视图，如图2-41（a）所示。点选“分割”命令，在弹出设置窗口的分割模式选择“垂直分割”，选择矿体模型，右键确认，输入基准高程，如输入0，回车。输入台阶（中段）高度30，回车，右键确认。选择“剪切（封口）”，完成垂直方向分割，如图2-41（b）所示。设置窗口的分割模式，选择“水平导线分割”，框选已经垂直分割的所有矿体模型，右键确认，然后沿走向方向移动鼠标，右键确认。命令行输入切面间第一距离10，回车；输入切面间第二距离15，回车；右键确认，

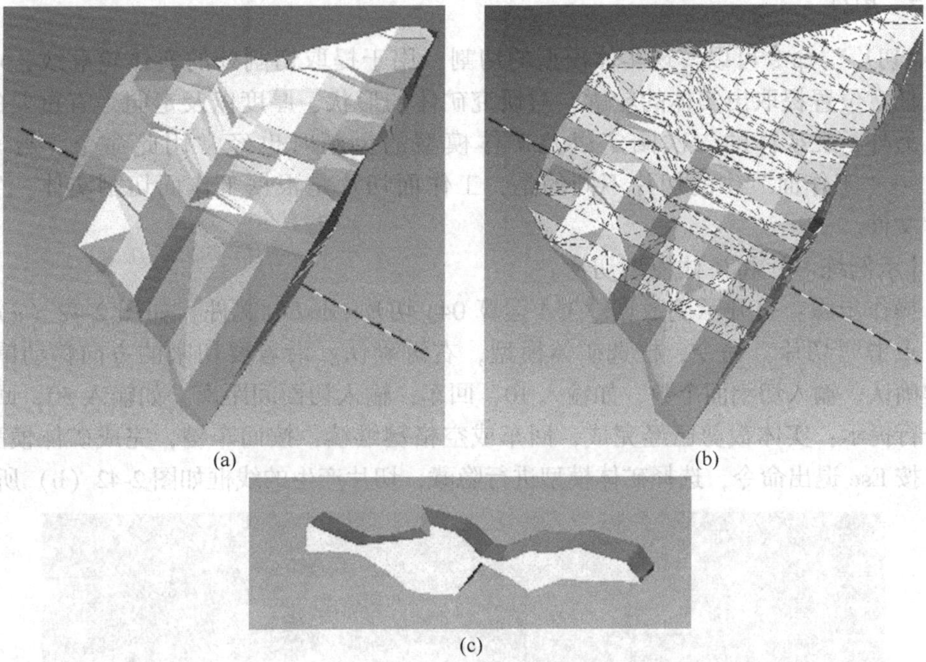

图 2-40 自由分割矿体模型

（a）分割前矿体模型；（b）自由分割矿体模型；（c）其中一个分割矿体模型

选择“剪切（封口）”，完成水平方向分割。按 Esc 退出命令，显示其中一个台阶(中段) 并间隔显示分割矿块模型，如图 2-41（c）所示。

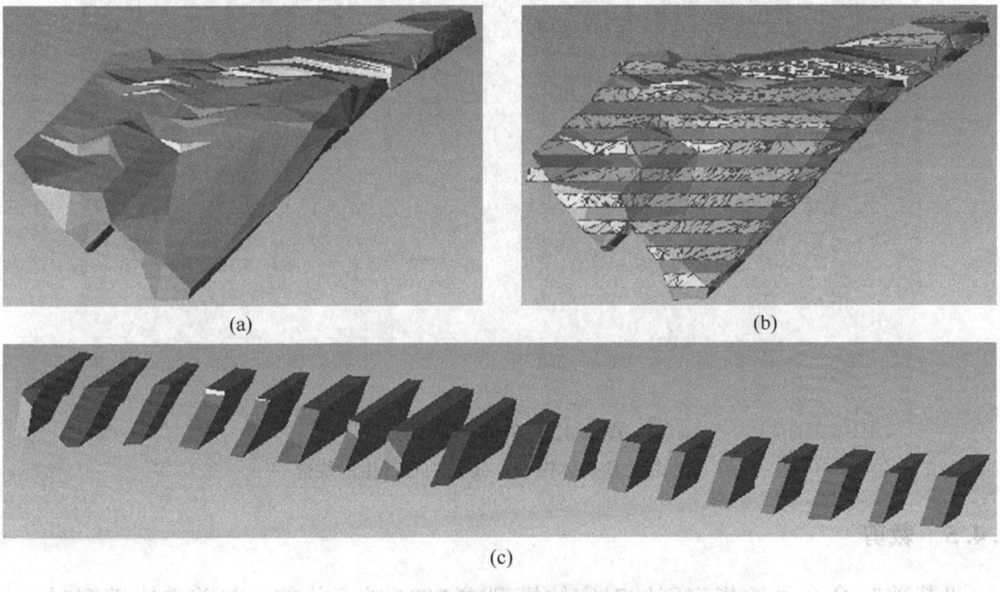

图 2-41 分割矿体模型为矿块

（a）分割前；（b）垂直分割；（c）最终分割的矿块模型

2.4.4 切片

“切片”命令可以实现实体模型的切割，用于提取切割处的实体轮廓线，可实现从任意位置提取出实体的轮廓，对研究矿体的形状、厚度以及走向等有重要的意义。另外，在矿体的二次圈定以及矿体模型的更新时也经常用此命令。与“开始”→“工作面”中的切片不同的是，工作面切片是根据工作面切割实体，生成切片文件。

【示例练习】将矿体模型切片。

操作步骤：打开示例数据“3.4 运算 04_切片 .dmf”文件，如图 2-42（a）所示。点击“切片”命令，框选矿体模型，右键确认。沿着要切割的方向移动鼠标，右键确认。输入切割面个数，如输入 10，回车；输入切面间距离，如输入 50，回车。命令行提示：实体裁剪已经完成，回车或空格键继续，按回车键，完成矿体模型切片。按 Esc 退出命令，选择矿体模型进行隐藏，切片产生的线框如图 2-42（b）所示。

(a)

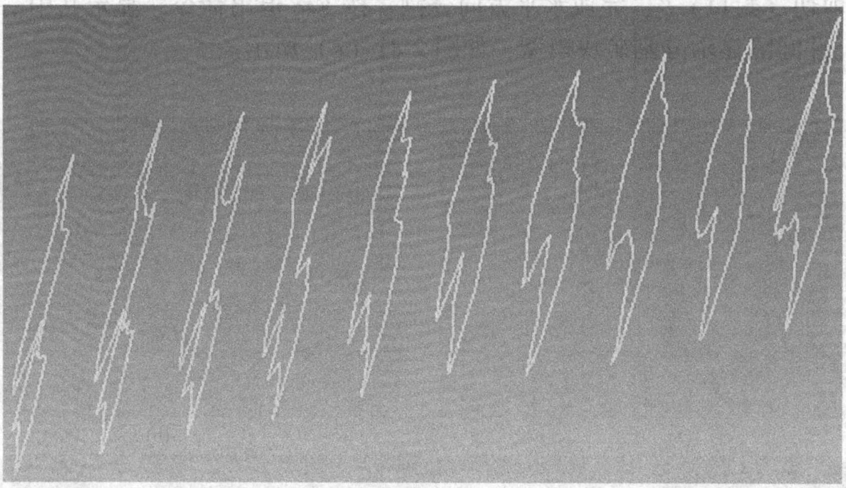

(b)

图 2-42 矿体模型切片

（a）切片前矿体模型；（b）切片产生的线框

2.4.5 裁剪

“裁剪”命令是按指定区域对实体模型或 DTM 进行裁剪。裁剪实体模型时，如果选择封闭裁剪，结果会形成封闭的模型，选择不封闭裁剪，结果则会形成开口的模型，裁剪 DTM 时两种裁剪方法的裁剪结果一致。裁剪功能可以对多个实体模型或 DTM 模型进行裁剪，用户可以按俯视视图下的范围裁剪，也可以支持任意视图角度下进行裁剪。

【示例练习】分别裁剪 DTM 和矿体模型。

操作步骤：打开示例数据“3.4 运算 05_裁剪.dmf”文件，DTM 模型裁剪前如图 2-43（a）所示，矿体模型裁剪前如图 2-44（a）所示。

（1）裁剪 DTM。点击“裁剪”命令，框选 DTM 和多边形，右键选“封闭裁剪”，生成裁剪后的 DTM，如图 2-43（b）所示。

（2）裁剪矿体模型。点击“裁剪”命令，框选矿体模型和多边形，右键选“封闭裁剪”，生成裁剪后的矿体模型，如图 2-44（b）所示。

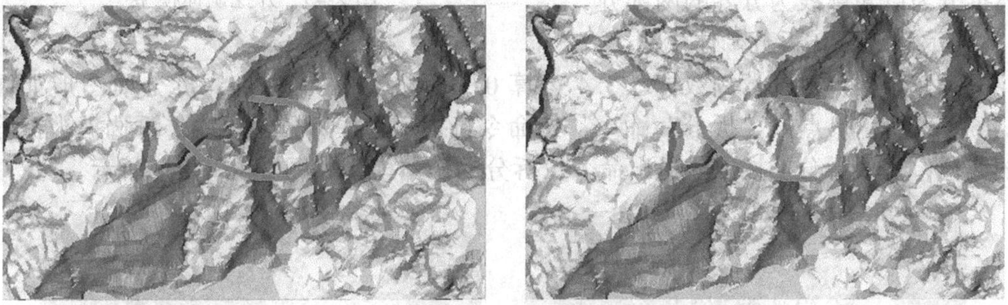

(a) (b)

图 2-43 DTM 裁剪
（a）裁剪前；（b）裁剪后

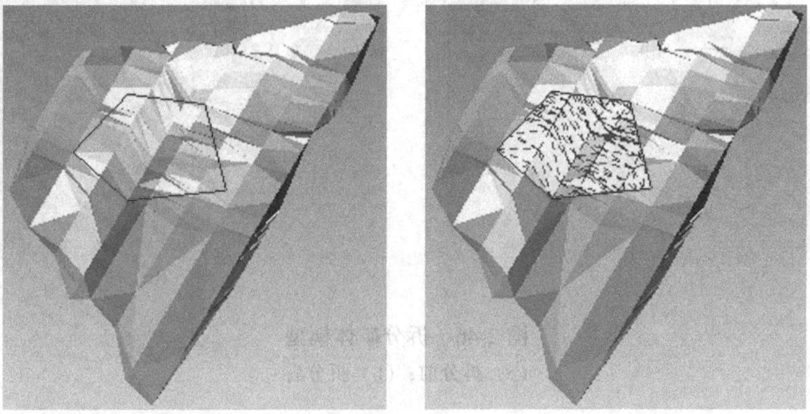

(a) (b)

图 2-44 矿体模型裁剪
（a）裁剪前；（b）裁剪后

2.4.6 开挖

“开挖”命令是在实体上任意视图绘制区域进行开挖。

【示例练习】开挖矿体模型。

操作步骤：打开示例数据“3.4 运算 06_开挖 . dmf”文件，点击“开挖”命令，按命令行提示选择要挖掘的实体，右键确认。在实体模型上画出需要挖出的区域，右键确认结束。退出命令，隐藏原矿体模型，显示开挖矿体模型，如图 2-45 所示。

图 2-45 开挖矿体模型

2.4.7 拆分

“拆分”是根据选择的轮廓线将实体拆分为以轮廓线为分界的两部分。

【示例练习】拆分矿体模型。

操作步骤：打开示例数据“3.4 运算 07_拆分 . dmf”文件，拆分前图形如图 2-46（a)所示。点击“拆分”命令，按命令行提示选择拆分轮廓线，再选择被拆分的实体，完成拆分。按 Esc 退出命令，拆分的矿体模型如图 2-46（b）所示。

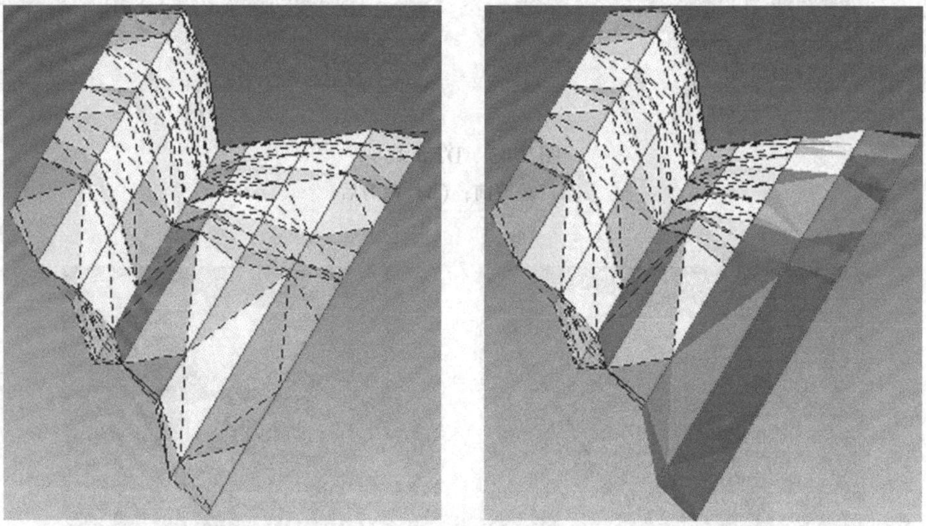

(a) (b)

图 2-46 拆分矿体模型

（a）拆分前；（b）拆分后

2.4.8 开口线

“开口线”命令用于提取实体的开口线，方便对模型的编辑。

【示例练习】提取开口线。

操作步骤：打开示例数据“3.4 运算 07_拆分 . dmf”文件，拆分前图形如图 2-47（a）所示。点击“开口线”命令，按命令行提示选择提取开口线的实体，右键确定。按 Esc 退出命令，隐藏实体模型，提取开口线，如图 2-47（b）所示。

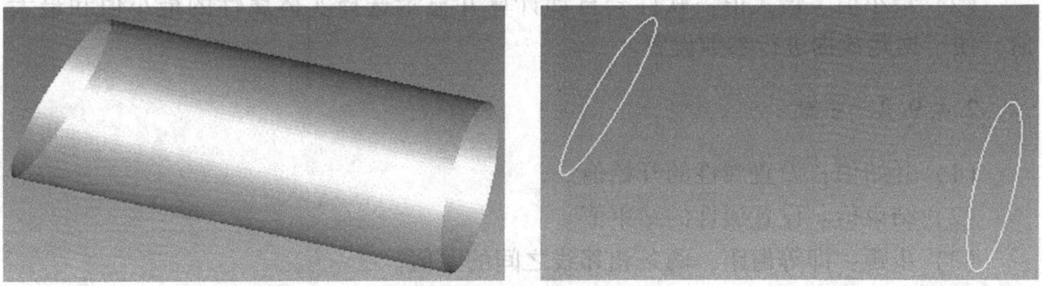

(a)　　　　　　　　　　　　(b)

图 2-47　提取开口线

（a）提取前实体模型；（b）提取的开口线

2.4.9　等值线

“等值线”命令是根据 DTM 或矿体模型的属性值提取等值线。点击“等值线”，选择 DTM 或矿体模型后，弹出等值线设置窗口，如图 2-48 所示。设置窗口各部分的解释如下。

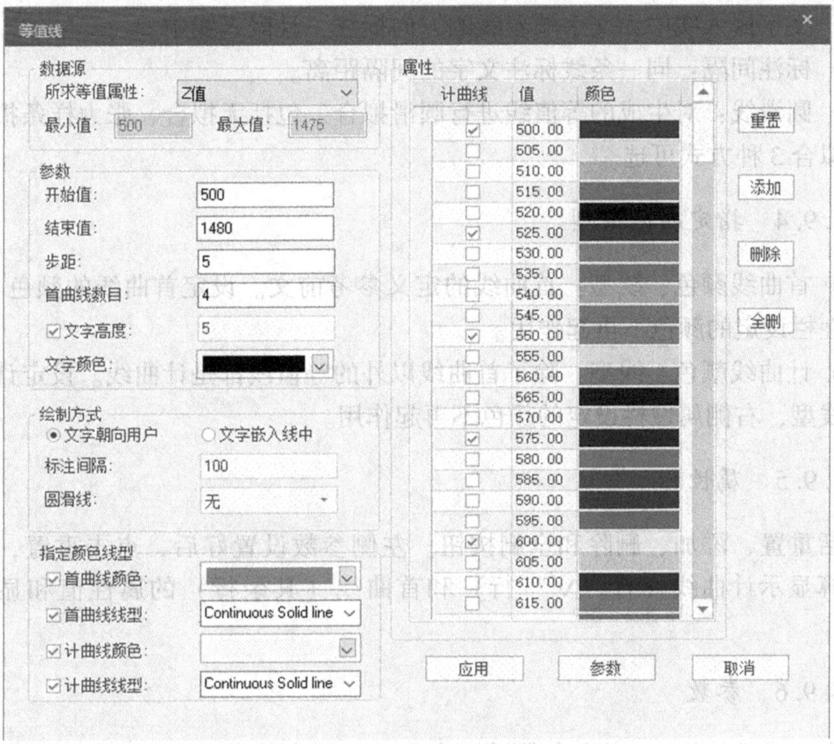

图 2-48　等值线设置窗口

2.4.9.1　数据源

（1）所求等值属性：点击下拉菜单，可以选择实体属性中参与生成等值线的属性。

（2）最小值、最大值：软件会自动计算并显示选择实体属性的最小值和最大值，便于据此数据进行参数设置。

2.4.9.2 参数

（1）开始值：设置属性的开始值。

（2）结束值：设置属性的结束值。

（3）步距：即等值距，两条相邻线之间的差值。

（4）首曲线数目：为了便于查算线的高程或者两线间的高差，从起始线开始，每隔相同数目线加粗描绘一根线，这个间隔相同的数目称为首曲线数目。首曲线也称基本等高线，按基本等高距绘制。计曲线也称加粗等高线，是在每隔4根首曲线后加粗的等高线。

（5）文字高度、文字颜色：标注文字的高度和颜色设置。

2.4.9.3 绘制方式

（1）文字朝向用户：视觉看到的标注文字正向显示。

（2）文字嵌入线中：文字顺着线的方向标注，且嵌入线中。

（3）标注间隔：同一条线标注文字的间隔距离。

（4）圆滑线：对生成的等值线进行圆滑拟合，包括无拟合、张力样条拟合和三次样条拟合3种方式可选。

2.4.9.4 指定颜色线型

（1）首曲线颜色、线型：首曲线的定义参考前文。设定首曲线的颜色和线型，右侧属性栏设定的颜色不再起作用。

（2）计曲线颜色、线型：除了首曲线以外的等值线都是计曲线。设定计曲线的颜色和线型，右侧属性栏设定的颜色不再起作用。

2.4.9.5 属性栏

包括重置、添加、删除和全删按钮。左侧参数设置好后，点击重置，在属性窗口计算显示计曲线（打“√”行）和首曲线（其余行）的属性值和显示颜色方案。

2.4.9.6 参数

点击“参数按钮”，弹出参数设置窗口。包括参数设置文件的加载、新建、保存和删除等。

2.4.9.7 应用

参数全部设置好后，点击“应用”按钮，模型生成等值线。数据管理窗口的文件生成“等值线”和“标注”两个新的图层，并把相应图元放进对应图层内。

微课-模型生成等值线

【示例练习 1】地表模型提取等值线。

操作步骤：打开示例数据“3.4 运算 08_求地表模型等值线.dmf”文件。点击“等值线”命令，选择地表模型，弹出等值线参数设置窗口，按图 2-48 所示参数进行左侧栏设置。设置好后，点击“全删”，再点击重置。点击应用，生成地表模型等值线，如图 2-49 所示。

图 2-49　生成的地表模型等值线

【示例练习 2】矿体模型提取等值线。

操作步骤：打开示例数据“3.4 运算 08_求矿体模型等值线.dmf”文件。点击“等值线”命令，选择矿体模型，弹出等值线参数设置窗口，按图 2-50 所示参数进行左侧栏设置，注意所求等值属性选“Z 值”。设置好后，点击“全删”，再点击重置。点击应用，生成矿体模型等值线，如图 2-51 所示。

2.4.10　优化

“优化”的主要功能为删除重合点、边、孤立点及进行三角化、光滑操作等。对于生成的 DTM 和实体模型，需要进行数据处理，以便进行后续的操作，也可用于模型的美观处理。

点击“优化”，弹出动态参数设置窗口，如图 2-52 所示。各设置参数解释如下：

（1）“清楚冗余数据”功能用于删除实体运算过程中的重合点、边和孤立点，减少数据量。

（2）“三角化”功能用于将所有实体面片转化为三角面。

（3）“清除非复式边”可以清除实体内存在的非复式边，将其转化为复式边。

（4）生成的地表模型和地质体由于三角面片法线的方向不一致，造成一部分三角面片显示深色，需要“方向一致化”操作。布尔运算操作前需要对实体进行

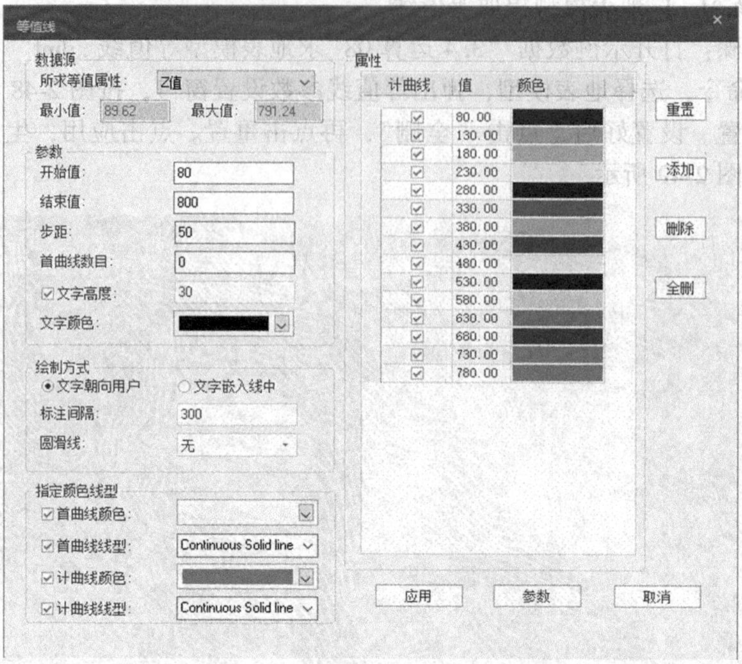

图 2-50　矿体模型等值线设置窗口

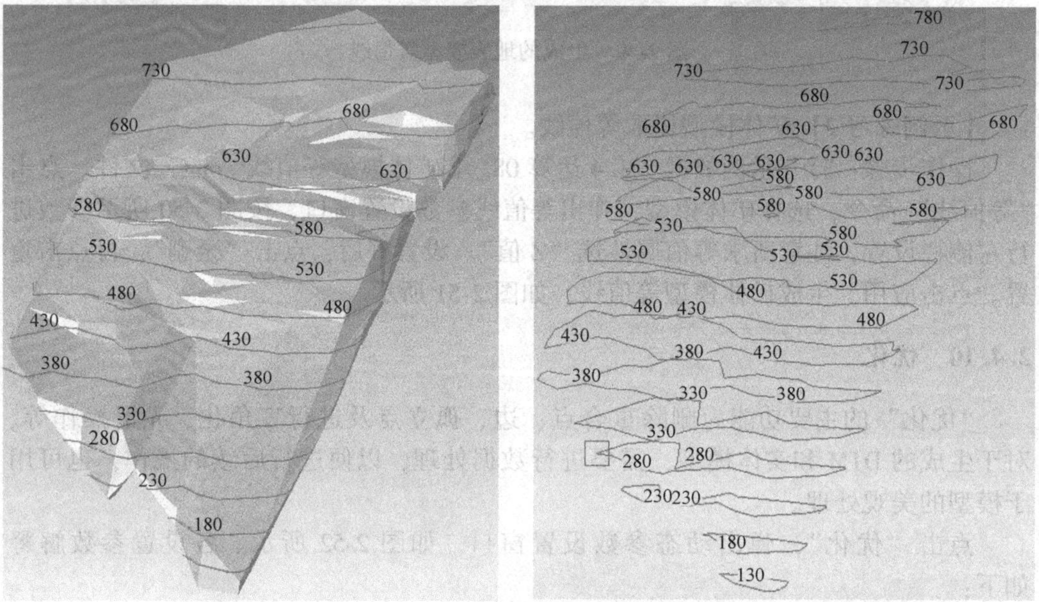

(a)　(b)

图 2-51　生成的矿体模型等值线

（a）矿体模型和生成的等值线；（b）隐藏矿体模型的等值线

“方向一致化”朝外处理、DTM“方向一致化”朝下处理。

（5）“光滑”功能主要用于修正地表模型，迭代次数越大，地表形态改变越大，收敛系数越小，地表改变越大，一般设定为0~1.0。

（6）“抽稀网格”功能是将实体上的三角面片按一定比例减少，抽稀系数即减少的百分比。

（7）“细分网格”功能是加密实体三角面片数量，使三角网密度增加。

（8）“清除奇异三角形”功能是清除三角网连接中错误的三角形并连网。

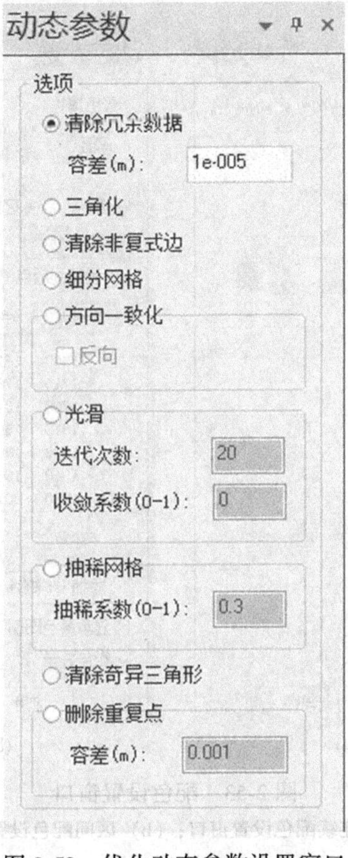

图2-52　优化动态参数设置窗口

2.5　模 型 配 色

“配色”功能可以根据不同属性值对模型进行着色。模型配色包括两种配色方案：连续配色和区间配色。

（1）连续配色：根据任一属性的范围值，设置两端的颜色，由计算机进行两个颜色之间的渐变配色。

（2）区间配色：根据任一属性的范围值，设定一个或若干个区间，并指定相应的颜色。

【示例练习】地表模型两种方法配色。

操作步骤：打开示例数据“3.5纹理_地表.dmf”文件。按两种方法配色。

（1）连续配色。点击“配色”命令，弹出动态参数设置窗口，配色方案点选“连续”，其他设置如图 2-53（a）所示。按命令行提示选择地表模型，再选择着色属性，着色属性选“Z 值”，点击应用，生成连续配色效果图，如图 2-54 所示。

（2）区间配色。配色方案点选“区间”，设置窗口如图 2-53（b）所示。按命令行提示选择地表模型，再选择着色属性，着色属性选“Z 值”，点击应用，生成区间配色效果图，如图 2-55 所示。

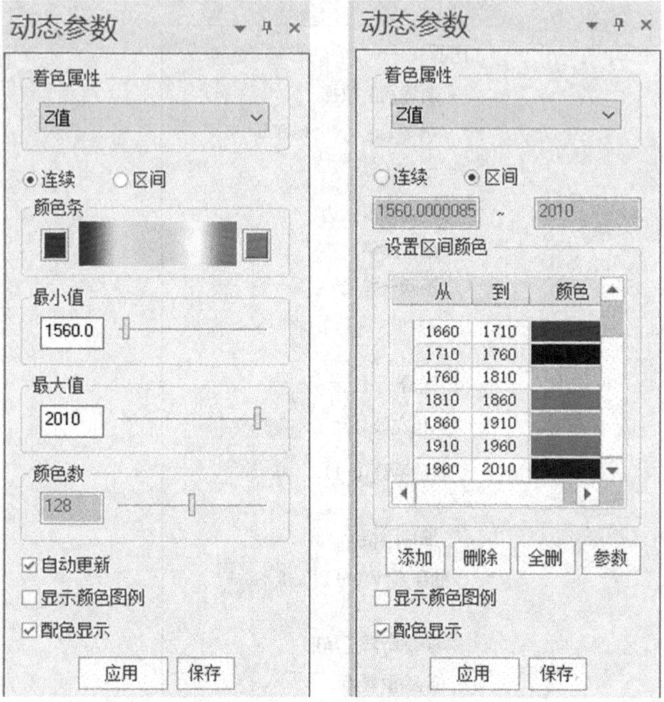

(a) (b)

图 2-53 配色设置窗口

（a）连续配色设置窗口；（b）区间配色设置窗口

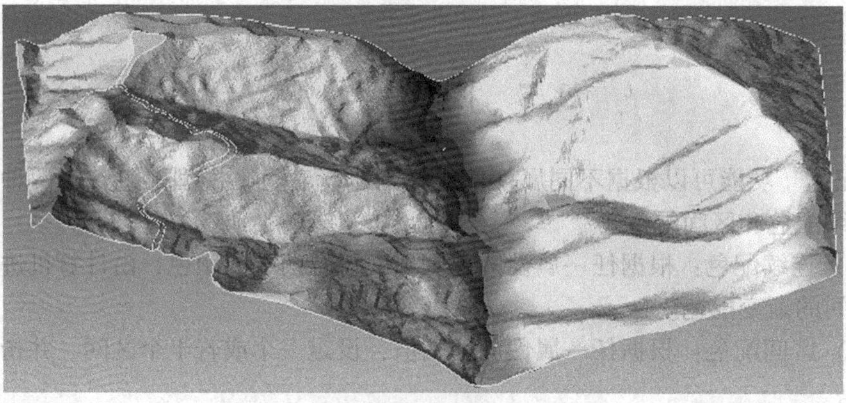

图 2-54 连续配色地表模型效果

（扫描书前二维码看彩图）

图 2-55　区间配色地表模型效果

（扫描书前二维码看彩图）

思考题

2-1　简述采矿模型种类。

2-2　什么是 DTM？DTM 有什么特点？

2-3　“整体”命令创建 DTM 有几种模式？分别适合什么情况？

2-4　“区域”命令选项中的“曲线求交”和“距离幂”有什么区别？

2-5　“多连域面”命令的功能和注意事项是什么？

2-6　建立矿体模型的作用有哪些？

2-7　“线框”命令连成模型的图形包括哪些？这些图形相互之间可以连成模型吗？使用辅助线连接线框，辅助线的要求是什么？建立分区线使用什么线作为不同对应轮廓的分区线，与哪个选项配合使用？

2-8　“外推”命令的模式有哪 3 种？外推方向有几种，分别是什么？

2-9　连续的一个矿体、分开的几个矿体和矿体含有夹石 3 种情况，“合并”矿体分别如何操作？

2-10　“打散”命令分为哪 4 种情况？

2-11　建好的模型一般要进行有效性检测，“有效性”命令的功能是什么？

2-12　在进行布尔运算之前，对 DTM 模型和实体模型的法线方向有什么规定？如果方向不对该如何处理？露天境界模型和地表模型联合成一个整体模型应选择哪种布尔运算类型？境界内开挖体模型应选择哪种布尔运算类型？

2-13　请简单叙述将示例数据矿体模型划分成 30 m 一个阶段，走向方向间隔划分 10 m 矿房和 15 m 矿柱的步骤。

2-14　请简要写出 DTM 或矿体模型根据其属性值生成对应的等值线的步骤。

思政育人

布衣院士于润沧的矿业报国志

于润沧，1930 年出生于河北张家口，中国共产党党员，金属采矿专家，中国工程院院士，中国恩菲工程技术有限公司高级顾问专家、名誉专家委员会主任。

工作上的座右铭：力争在承担和指导每一项工程设计中有所创新。

生活上的座右铭：但求生活上和周围大多数人保持同样水平。

1949年，于润沧考入哈尔滨工业大学学习土木工程专业，但看到刚成立的新中国百废待兴，有色金属工业基础薄弱，尤其缺乏采矿专业人才，他走进了校长办公室，主动要求转到采矿系学习。校长问他为什么，他回答说："我要响应国家号召，从事祖国的采矿事业。"

于润沧的主要科技成就：

（1）1985年，"金川有色金属公司采选冶联合企业设计"获评国家科学技术进步奖一等奖。

（2）1989年，"金川资源综合利用"获评国家科学技术进步奖特等奖。

（3）2001年，"膏体充填新技术的研究与工业化"获评国家科学技术进步奖二等奖。

（4）出版专著《采矿工程师手册》，分为上、下两册。

他首次提出"生态矿业工程"。一个矿业项目从开始规划、立项、设计、施工建设、生产，到最后闭坑的全过程，都要把保护生态环境与环境治理、生态修复融入矿产资源开发，组成一个有机整体。未来发展特别是实现远程遥控和自动化采矿，需要数字化矿山和信息化建设。

对于各种待遇，于润沧则不讲究。他没有秘书，不配专车，还经常自费买专业书。他和夫人一直住在距离单位不远的一处85 m^2的房子里，因为有着可随时上班的优势。于润沧笑着说："子女都劝我买个大点儿的房子，可位置偏远了不方便，位置近的，咱又没钱。我就是个布衣院士。"

3　统计学地质

软件提供地质资源储量统计分析方法分别是几何法地质和统计学地质两大类。几何法地质包括断面法和块段法两种。统计学地质包括距离幂次反比估值（以下简称距离幂估值）和克里格估值两种，克里格估值法又包括简单、普通、对数正态克里格估值3种方法。

应用统计学地质方法统计分析地质资源储量的基本步骤如下：

（1）地质原始数据的录入或导入。在数据表格中完成，包括孔口文件、测斜文件、样品文件和岩性文件。

（2）地质数据库的创建、校验和转换。

（3）地质解译。根据已有的勘探线建立一系列勘探线工程，创建一系列勘探线剖面，然后在每个勘探线剖面上根据具体的工业指标对钻孔数据库进行矿段组合及矿体轮廓线的圈定。具体步骤为：

1）勘探线剖面创建；

2）矿段组合；

3）矿体圈定。

（4）样品组合。

1）按地质解译指标组合样品，并进行动态品位组合；

2）样长组合，用于地下矿；

3）台阶组合，用于露天矿。

（5）统计分析。对样品组合文件进行统计分析。包括：柱状图、PP图和QQ图、散点图、概率图、变异函数图和交叉验证。其中，变异函数图和交叉验证用于克里格估值。

（6）块段模型的创建和估值。

1）创建空块模型；

2）距离幂估值：创建估值搜索椭球体→距离幂法对矿块估值；

3）克里格估值：求理论变异函数→克里格法对矿块估值；

4）常量赋值；

5）变量赋值。

（7）储量计算。采用“块段”或“实体”命令进行储量计算。

3.1　数据表格

数据表格是建立地质数据库的基础。地质勘探和生产勘探的初始数据往往采用数据表格的形式记载，通过软件的“数据表格”的一些功能，将初始数据进行导入和编辑，并转化成地质数据库，作为创建地质矿块模型的基础。选项卡“数据表格”的功能包括文件、剪贴板、操作、编辑、设置以及合并表格。

3.1.1 数据表格介绍

3.1.1.1 数据表格界面的打开

数据表格操作的重点为文本文件的导入与编辑，而导入文本文件必须在“数据表格”工作模式下才能导入。在功能区单击“数据表格”选项卡，进入“数据表格”界面，如图 3-1 所示。数据表格操作界面包括功能区、文件管理窗口和数据表格窗口。其中，功能区内的命令用于操作表格，文件管理区用于管理打开的数据表格文件，默认打开的数据表格文件为 .dmt 格式，选中文件单击右键，弹出菜单包括“新增表格、移除表格、保存表格、另存为”4 个功能，如图 3-2 所示。数据表格窗口一般由字段名、序号和表格数据组成。

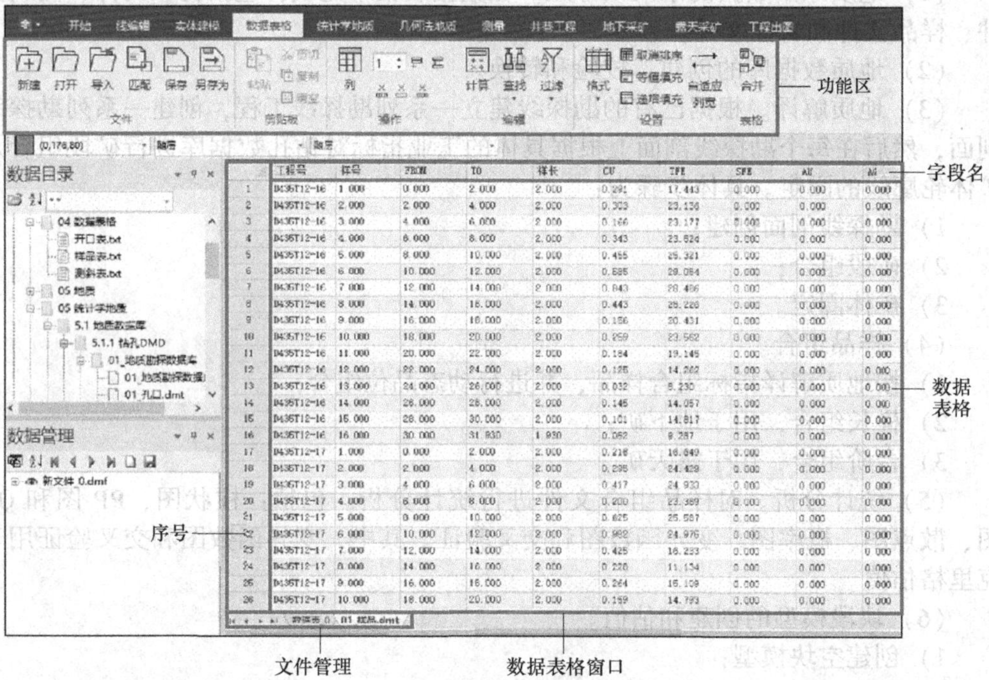

图 3-1 数据表格操作界面

3.1.1.2 钻孔数据文件

在建立地质数据库之前，需要将钻孔数据中包含的内容按照“开口信息”“测斜信息”“品位信息”“岩性信息”等分别录入不同的文件中。数据录入时，可以在记事本中进行，也可在 Excel 中进行，使用记事本录入完毕后，将其存为“. txt”格式。用 Excel 录入则存成“. csv”格式，这种格式的文件中，各列之间自动用逗号分隔。

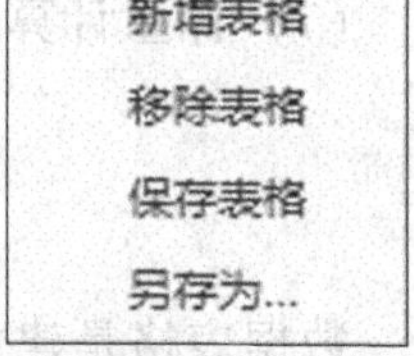

图 3-2 文件管理右键菜单

钻孔数据库文件类型为孔口文件、测斜文件、样品文件以及岩性文件。

孔口文件主要记录勘探钻孔的钻孔编号，孔口的横坐标、纵坐标和高程，以及钻孔总深度等数据。

测斜文件主要记录勘探钻孔的钻孔编号、测斜深度、方位角、倾角等数据。

样品文件主要记录勘探钻孔的钻孔编号、样号、样品段的起始和结束长度、各元素品位指标等数据。

岩性文件主要记录勘探钻孔的钻孔编号、岩性编号、岩性段的起始和结束长度、岩性名称等数据。

从以上文件结构可以看出，钻孔编号是共有字段，是联系4个文件的纽带。

3.1.2 文件

“文件”功能组中命令包括：新建、打开和导入。

3.1.2.1 新建

“新建”的功能是建立新的数据表格文件。

点击“新建”，弹出的设置窗口如图3-3（a）所示，点击“添加”，在“字段名”列输入字段名称，“字段类型”列点击下拉菜单进行选择，如图3-3（c）所示。一般钻孔编号选择字符串，数字类型的字段一般选择整型、浮点型或双精度型。设置好的窗口如图3-3（b）所示。点击“确定”，在数据表格窗口生成文件名为“数据表1”。该文件只有字段名，点击“操作”→“插入行”，可加入空格，然后根据实际情况可以进行数据的录入，如图3-3（d）所示。

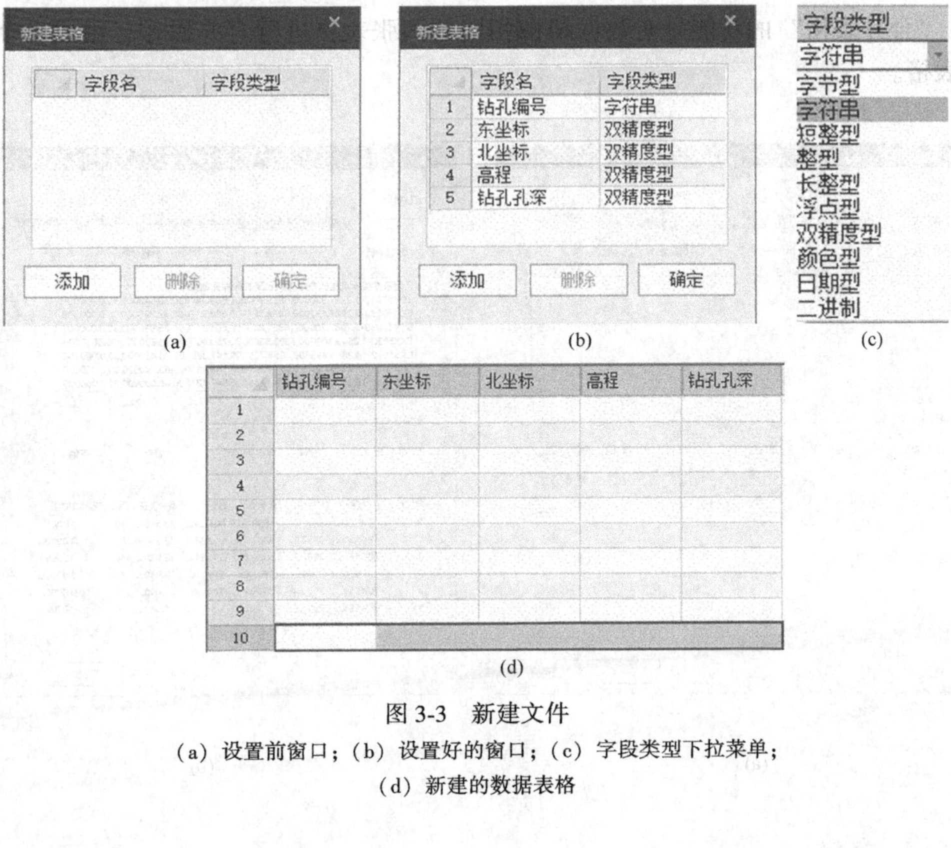

图3-3 新建文件

（a）设置前窗口；（b）设置好的窗口；（c）字段类型下拉菜单；（d）新建的数据表格

3.1.2.2 打开

“打开”的功能是在窗口中打开已有的“.dmt”格式的数据表格文件。

点击“打开”，弹出窗口，找到需要打开文件的路径，选中文件，点击“打开”，在数据表格窗口即显示打开的文件。

微课-导入勘探文件

3.1.2.3 导入

“导入”的功能是导入“.txt”或“.csv”格式的文件，转换成为“.dmt”格式文件。

【示例练习】导入孔口文件。

操作步骤：点击“导入”，弹出的窗口如图 3-4（a）所示，点击“文本文件”右侧打开图标，在弹出窗口找到需要导入的孔口文件并打开，在下方框内显示打开文件的部分数据，其中字段起始行为 1，数据起始行为 2。分隔符有 5 个选项，点选“逗号”，在下方框内显示生成的表格数据，如图 3-4（b）所示。检查无误点击“下一步”，弹出设置字段窗口，对字段类型进行修改，如图 3-4（c）所示。修改后，点击“下一步”，弹出数据预览窗口，如图 3-4（d）所示。检查无误后，点击“完成”，在数据表格窗口生成新的孔口文件，如图 3-4（e）所示。

3.1.3 合并表格

“合并表格”的功能是对数据结构相同的两张表格进行合并操作，组成一个新的表格。

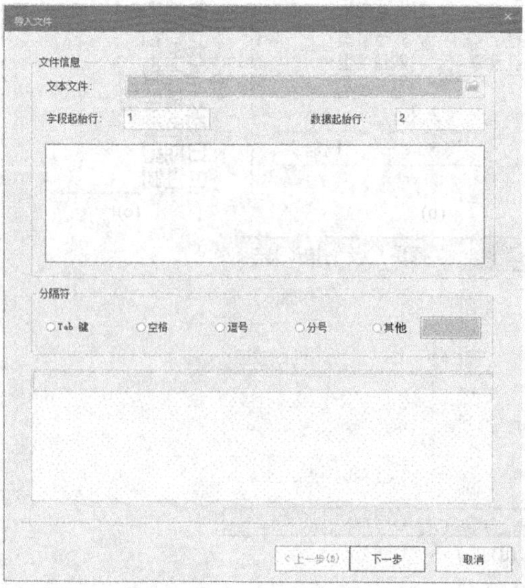

(a)

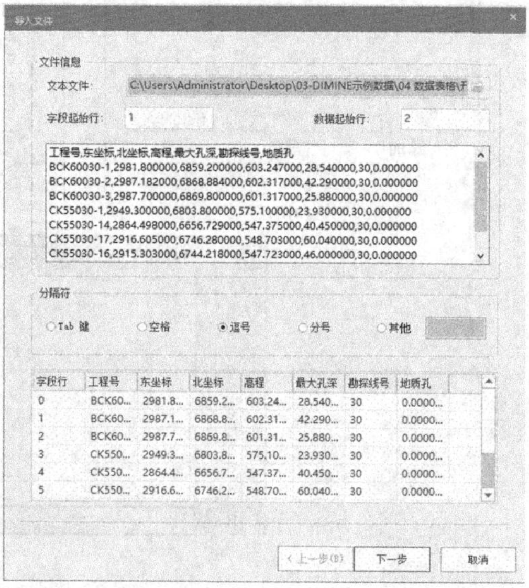

(b)

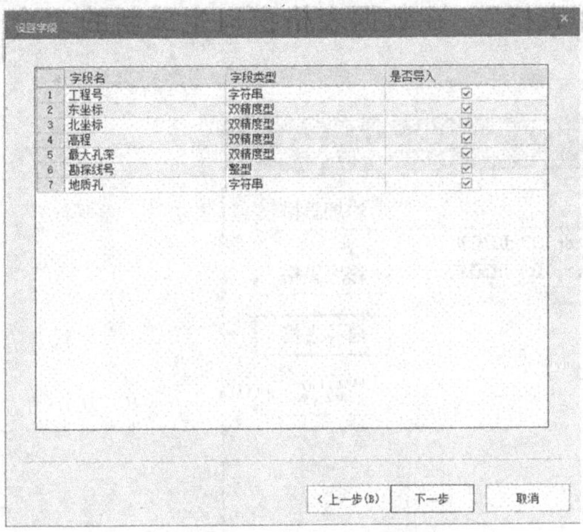

	字段名	字段类型	是否导入
1	工程号	字符串	☑
2	东坐标	双精度型	☑
3	北坐标	双精度型	☑
4	高程	双精度型	☑
5	最大孔深	双精度型	☑
6	勘探线号	整型	☑
7	地质孔	字符串	☑

(c)

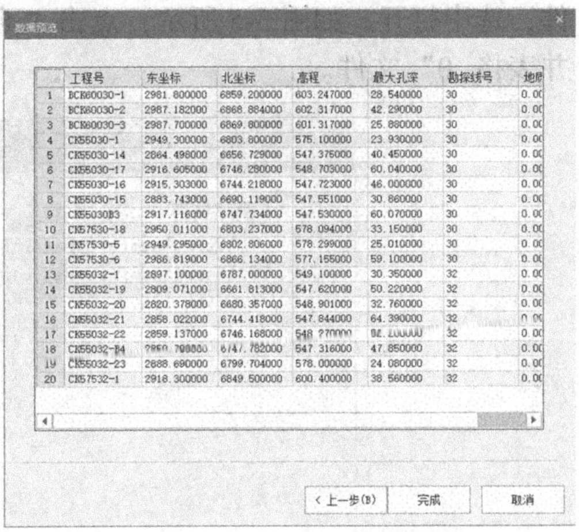

	工程号	东坐标	北坐标	高程	最大孔深	勘探线号	地质
1	BCK60030-1	2981.800000	6859.200000	603.247000	28.540000	30	0.00
2	BCK60030-2	2987.182000	6868.884000	602.317000	42.290000	30	0.00
3	BCK60030-3	2987.700000	6869.800000	601.317000	25.880000	30	0.00
4	CK55030-1	2949.300000	6803.800000	575.100000	23.930000	30	0.00
5	CK55030-14	2864.498000	6656.729000	547.375000	40.450000	30	0.00
6	CK55030-17	2916.605000	6746.280000	548.703000	60.040000	30	0.00
7	CK55030-16	2915.303000	6744.218000	547.723000	46.000000	30	0.00
8	CK55030-15	2883.743000	6690.119000	547.551000	30.860000	30	0.00
9	CK55030B3	2917.116000	6747.734000	547.530000	60.070000	30	0.00
10	CK57530-18	2950.011000	6803.237000	578.094000	33.150000	30	0.00
11	CK57530-5	2949.295000	6802.806000	578.299000	25.010000	30	0.00
12	CK57530-6	2986.819000	6866.134000	577.155000	59.100000	30	0.00
13	CK55032-1	2897.100000	6787.000000	549.100000	30.350000	32	0.00
14	CK55032-19	2809.071000	6661.813000	547.620000	50.220000	32	0.00
15	CK55032-20	2820.378000	6680.357000	548.901000	32.760000	32	0.00
16	CK55032-21	2858.022000	6744.418000	547.844000	64.390000	32	0.00
17	CK55032-22	2859.137000	6746.168000	548.270000	52.200000	32	0.00
18	CK55032-B4	2859.780000	6747.782000	547.316000	47.850000	32	0.00
19	CK55032-23	2888.690000	6799.704000	578.000000	24.080000	32	0.00
20	CK57532-1	2918.300000	6849.500000	600.400000	38.560000	32	0.00

(d)

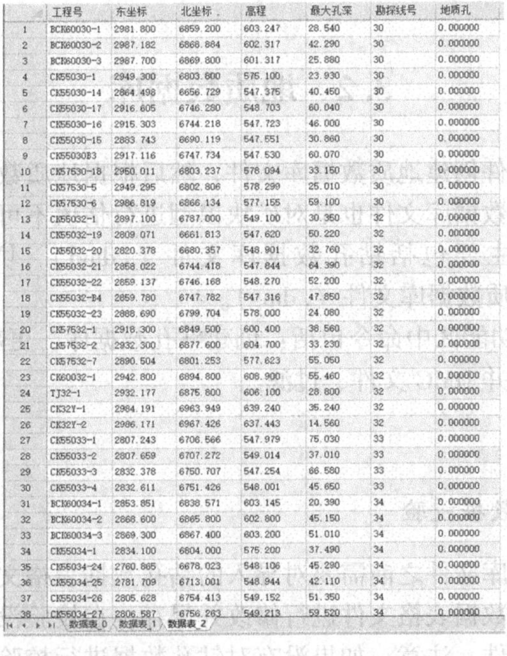

	工程号	东坐标	北坐标	高程	最大孔深	勘探线号	地质孔
1	BCK60030-1	2981.800	6859.200	603.247	28.540	30	0.000000
2	BCK60030-2	2987.182	6868.884	602.317	42.290	30	0.000000
3	BCK60030-3	2987.700	6869.800	601.317	25.880	30	0.000000
4	CK55030-1	2949.300	6803.800	575.100	23.930	30	0.000000
5	CK55030-14	2864.498	6656.729	547.375	40.450	30	0.000000
6	CK55030-17	2916.605	6746.280	548.703	60.040	30	0.000000
7	CK55030-16	2915.303	6744.218	547.723	46.000	30	0.000000
8	CK55030-15	2883.743	6690.119	547.551	30.860	30	0.000000
9	CK55030B3	2917.116	6747.734	547.530	60.070	30	0.000000
10	CK57530-18	2950.011	6803.237	578.094	33.150	30	0.000000
11	CK57530-5	2949.295	6802.806	578.299	25.010	30	0.000000
12	CK57530-6	2986.819	6866.134	577.155	59.100	30	0.000000
13	CK55032-1	2897.100	6787.000	549.100	30.350	32	0.000000
14	CK55032-19	2809.071	6661.813	547.620	50.220	32	0.000000
15	CK55032-20	2820.378	6680.357	548.901	32.760	32	0.000000
16	CK55032-21	2858.022	6744.418	547.844	64.390	32	0.000000
17	CK55032-22	2859.137	6746.168	548.270	52.200	32	0.000000
18	CK55032-B4	2859.780	6747.782	547.316	47.850	32	0.000000
19	CK55032-23	2888.690	6799.704	578.000	24.080	32	0.000000
20	CK57532-1	2918.300	6849.500	600.400	38.560	32	0.000000
21	CK57532-2	2932.300	6877.600	604.700	33.230	32	0.000000
22	CK57532-7	2890.504	6801.253	577.623	55.050	32	0.000000
23	CK60032-1	2942.800	6894.800	608.900	55.460	32	0.000000
24	TJ32-1	2932.177	6875.800	606.100	28.800	32	0.000000
25	CK32Y-1	2984.191	6963.949	639.240	35.240	32	0.000000
26	CK32Y-2	2986.171	6967.426	637.443	14.560	32	0.000000
27	CK55033-1	2807.243	6706.566	547.979	75.030	33	0.000000
28	CK55033-2	2807.659	6707.272	549.014	37.010	33	0.000000
29	CK55033-3	2832.378	6750.707	547.254	66.580	33	0.000000
30	CK55033-4	2832.611	6751.426	548.001	45.650	33	0.000000
31	BCK60034-1	2853.851	6838.571	603.145	20.390	34	0.000000
32	BCK60034-2	2868.600	6865.800	602.800	45.150	34	0.000000
33	BCK60034-3	2869.300	6867.400	603.200	51.010	34	0.000000
34	CK55034-1	2834.100	6804.000	575.200	37.490	34	0.000000
35	CK55034-24	2760.865	6678.023	548.106	45.290	34	0.000000
36	CK55034-25	2781.709	6713.001	548.944	42.110	34	0.000000
37	CK55034-26	2805.628	6754.413	549.152	51.350	34	0.000000
38	CK55034-27	2806.587	6756.263	549.213	59.520	34	0.000000

(e)

图 3-4　导入孔口文件步骤

(a) 设置前窗口；(b) 导入文件设置窗口；(c) 设置字段窗口；

(d) 数据预览窗口；(e) 生成的孔口文件数据表格

【示例练习】合并两个孔口文件。

操作步骤：点击“合并”命令，弹出窗口，点击“添加表格”，在数据表格栏内添加两行，点击“1”行右侧按钮，弹出窗口选择路径找到“地质孔 .dmt”文件，选中打开；点击“2”行右侧按钮，弹出窗口选择路径找到“生产孔.dmt”文件，选中打开。如图 3-5 所示，点击“合并表格”，在数据表格窗口生成新的“合并表格_0”文件。

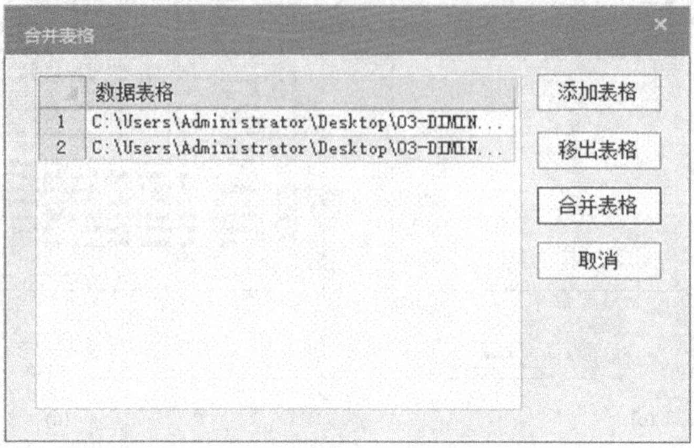

图 3-5　合并表格设置窗口

3.2　地质数据库

根据数据表格文件创建地质数据库文件，然后根据地质数据库文件进行地质解译和样品组合，地质数据库文件也是对矿块模型进行估值不可缺少的基本文件。地质数据库文件格式主要包括钻孔数据库文件（.dmd）、坑槽井探数据库文件（.dmk）和通用的地质数据库文件（.dmg）。

“地质数据库”功能区中命令包括：创建钻孔数据库、更新钻孔数据库、编辑、坑槽井探数据库、合并 DMG 文件、过滤。

3.2.1　钻孔数据库

3.2.1.1　钻孔数据校验

在创建钻孔数据库文件之前需要对导入的钻孔数据表格文件进行校验，根据校验错误信息对原钻孔数据表格文件进行修改并保存，在校验没有错误的前提下，方可创建钻孔数据库文件。注意，如果没有对钻孔数据进行校验，那么运行其他功能时可能会出现错误。

【示例练习】钻孔数据校验。

操作步骤：点击“钻孔”命令，弹出“创建钻孔数据库”窗口。在钻孔数据校验之前，需要先打开 4 个文件，分别是：孔口文件、测斜文件、样品文件和岩性文件（如果没有岩性文件可以不打开）。点击孔口文件右侧的“打开”按钮，在弹出的窗口找到“地质勘探数据库”文件夹内的“01_孔口.dmt”文件，选中该文件后点击“打开”，“孔口文件”下方的各字段右侧空格出现对应字段名，检查左右字段名是否一致，如果不一致，点击右侧字段空格边上的下拉菜单进行重新选择、修改。检查无误后，打开“01_测斜.dmt”文件，并检查字段是否一致。检查无误后，勾选“加载样品表”，打开“01_样品.dmt”文件，并检查字段是否一致。“元素列表”一般不做选择，只有当字段中有一些无效数据如-999.999等才选择，并且选择的字段之间是“且”的关系，只有选择的字段都包含无效数据系统才会过滤。文件加载完成后的对话窗口如图3-6所示。

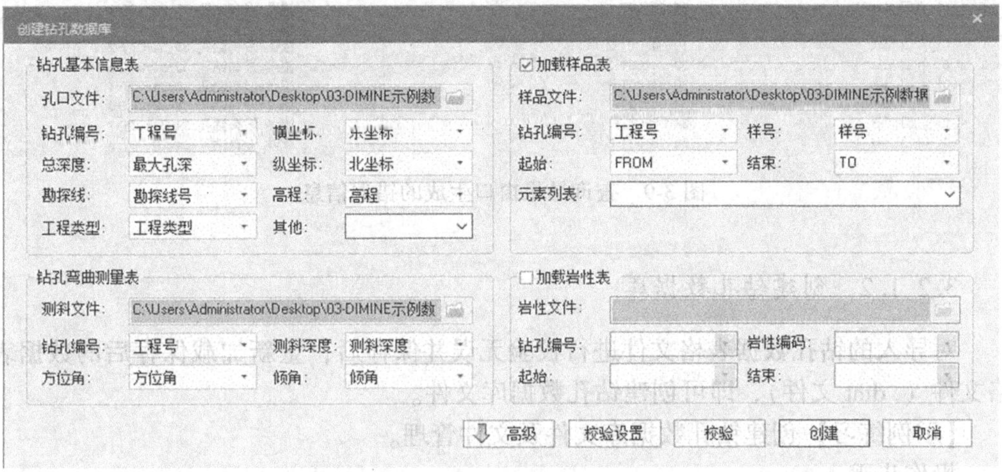

图3-6 创建钻孔数据库对话窗口

点击对话窗口的“校验设置”，弹出的设置窗口如图3-7所示。除了勾选“检查缺少钻孔”和“检查缺少样品段”以外，其余项根据情况可以不勾选。点击“高级”，校验报告栏打开报告文件右侧的“打开”按钮，设置好路径和文件名，点击“保存”，如图3-8所示。

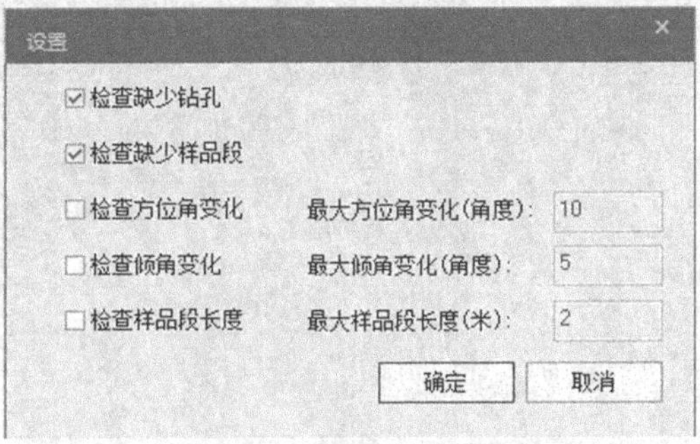

图3-7 校验设置窗口

图3-8 校验报告文件设置

微课-钻孔数据库校验及创建

以上设置好后，点击“校验”。在命令窗口的查询结果窗口生成警告和错误报告，如图3-9所示。双击错误报告某一行，会自动定位到原导入数据表格文件的错误之处，一般情况下，提示错误必须修改，提示警告可以忽略。在设置好的路径生成校验报告文件，原导入数据表格的错误全部修改完后，点击保存文件。重复以上校验操作再次校验，无错误信息后，方可进行下一步——创建钻孔数据库。

	文件	记录	工程号	FROM	TO	警告和错误
1	01_孔口.dmt		25-28-CQJ-1			错误:没有钻孔 25-28-CQJ-1
2	01_孔口.dmt		25-28-CTJ-2			错误:没有钻孔 25-28-CTJ-2
3	01_孔口.dmt		25-28-QGJ-1			错误:没有钻孔 25-28-QGJ-1
4	01_孔口.dmt		30-34-CTJ-1			错误:没有钻孔 30-34-CTJ-1
5	01_孔口.dmt		30-34-CTJ-2			错误:没有钻孔 30-34-CTJ-2
6	01_孔口.dmt		30-34-QGJ-3			错误:没有钻孔 30-34-QGJ-3
7	01_孔口.dmt		30-34-QGJ-4			错误:没有钻孔 30-34-QGJ-4
8	01_孔口.dmt		34-38-CQJ-3			错误:没有钻孔 34-38-CQJ-3
9	01_孔口.dmt		34-38-CTJ-7			错误:没有钻孔 34-38-CTJ-7
10	01_孔口.dmt		34-38-QGJ-5			错误:没有钻孔 34-38-QGJ-5

图 3-9 查询结果窗口生成的错误信息

3.2.1.2 创建钻孔数据库

对导入的钻孔数据表格文件进行校验无误并保存后，重新加载保存后的数据表格文件（. dmt 文件），即可创建钻孔数据库文件。

【示例练习】创建钻孔数据库文件及文件管理。

操作步骤：

（1）创建钻孔数据库文件。在校验 . dmt 表格文件无误并保存后，重新加载“01_孔口 . dmt”文件、“01_测斜 . dmt”文件和“01_样品 . dmt”文件，核查字段对应无误后，点击“创建”，提示“成功创建钻孔数据库”。在数据管理窗口生成“钻孔数据库 . dmd”文件，视图窗口创建的钻孔数据库如图 3-10 所示。

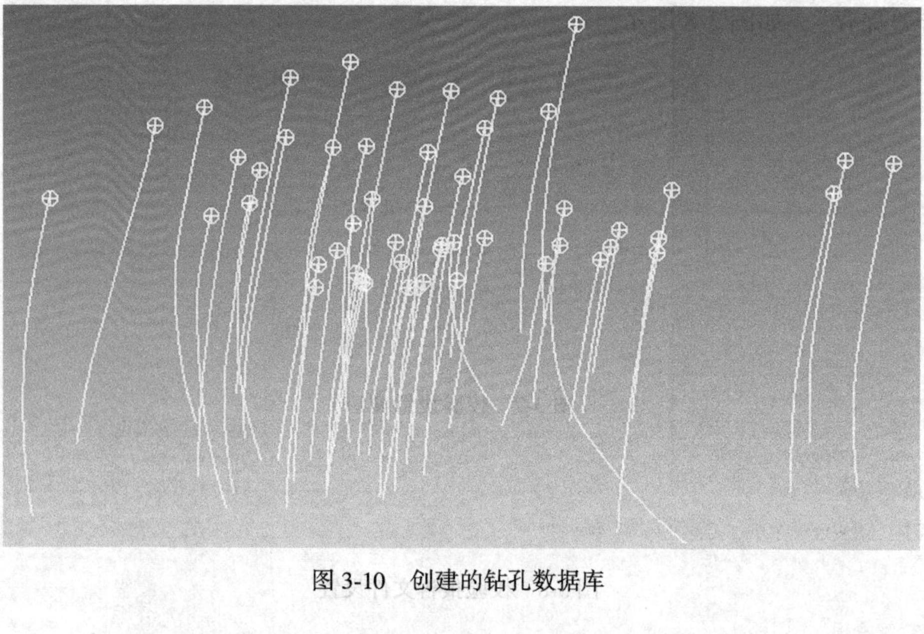

图 3-10 创建的钻孔数据库

（2）文件管理。在数据管理窗口点击该文件的“+”按钮，列出该文件的 4 个子文件（. dmt 数据表格文件），如图 3-11 所示。双击任一文件，即可在数据表格窗口打开该子文件。

在数据管理窗口选中该钻孔数据库文件，右键菜单，如图 3-12 所示，可以进行数据标准化、另存为、风格显示设置、刷新、隐藏、关闭、设置等操作。以风格显示为例讲解其具体操作步骤。

为清楚显示元素“CU”的样品段，可进行如下操作：在数据管理窗口选中钻孔数据库 . dmd 文件，右键选择“风格”，弹出钻孔显示风格设置窗口，如图 3-13 所示。点选“样品风格设置”选项卡，样品显示栏的元素名称选择“CU”，在设置元素颜色栏，将元素选择“CU”，软件会自动计算“CU”品位的最小值和最大值，点击“添加”按钮，在右侧框内增加一行，选择起始值和结束值，选择颜色。可增加多行设置不同的品位区间和颜色。设置后如图 3-13 所示，点击确定。在视图窗口就会根据不同的“CU”品位值显示不同的颜色，如图 3-14 所示。双击某样品段，在属性窗口的实体属性栏，显示该样品段的样长、各元素品位值等指标，如图 3-15 所示。

微课-钻孔数据库样品风格显示

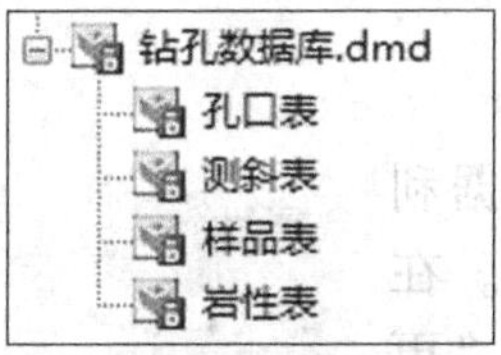

图 3-11 钻孔数据库文件的子文件

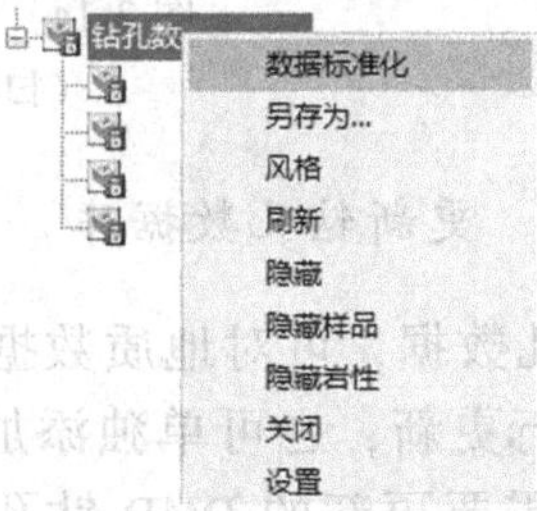

图 3-12 钻孔数据库文件右键菜单

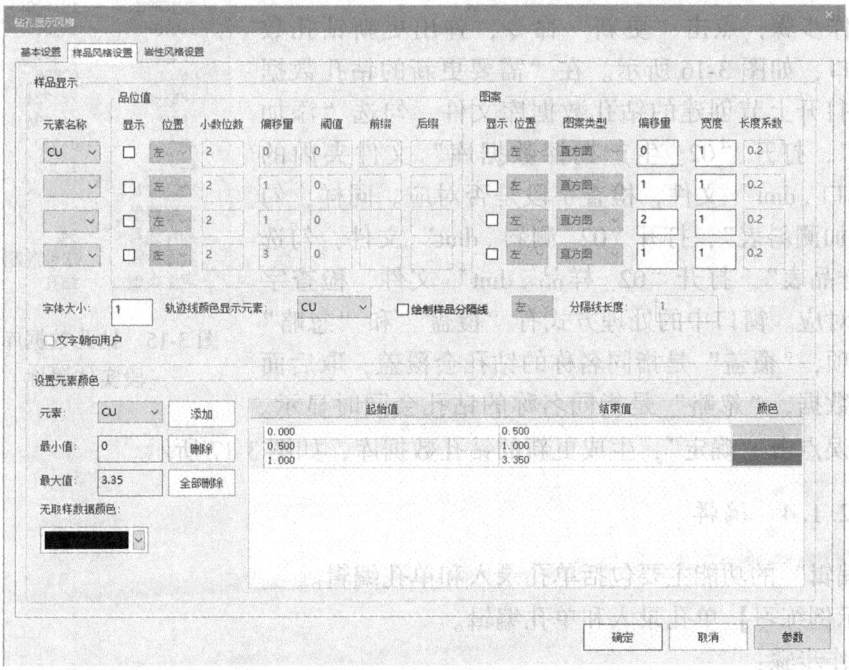

图 3-13 钻孔显示风格设置窗口

图 3-14　钻孔数据库样品风格显示
（扫描书前二维码看彩图）

3.2.1.3　更新钻孔数据库

更新钻孔数据，可对地质数据库中的整体数据利用新数据进行更新，也可单独添加表格进行更新。在窗口中打开需要更新的 DMD 钻孔数据库，点击“更新”，添加表格确定后，系统直接更新原文件。

【示例练习】更新钻孔数据库。

操作步骤：点击“更新”命令，弹出更新钻孔数据库窗口，如图 3-16 所示。在“需要更新的钻孔数据库”栏打开上节创建的钻孔数据库文件，勾选“添加孔口表”，打开“02_生产勘探数据库”文件夹内的“02_孔口 . dmt”文件，检查字段是否对应。同样，勾选“添加测斜表”，打开“02_测斜 . dmt”文件，勾选“添加样品表”，打开“02_样品 . dmt”文件，检查字段是否对应。窗口中的处理方式有“覆盖”和“忽略”两个选项，“覆盖”是指同名称的钻孔会覆盖，取后面录入的数据，“忽略”是指同名称的钻孔会同时显示。检查无误点击“确定”，生成更新的钻孔数据库，如图 3-17 所示。

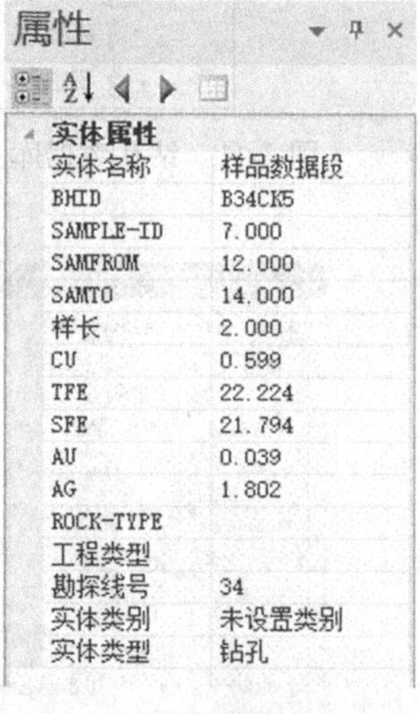

图 3-15　钻孔数据库样品段实体属性

3.2.1.4　编辑

“编辑”的功能主要包括单孔录入和单孔编辑。

【示例练习】单孔录入和单孔编辑。

操作步骤：

（1）单孔录入。打开钻孔数据库文件，绘制一条多段线，作为新录入钻孔，如

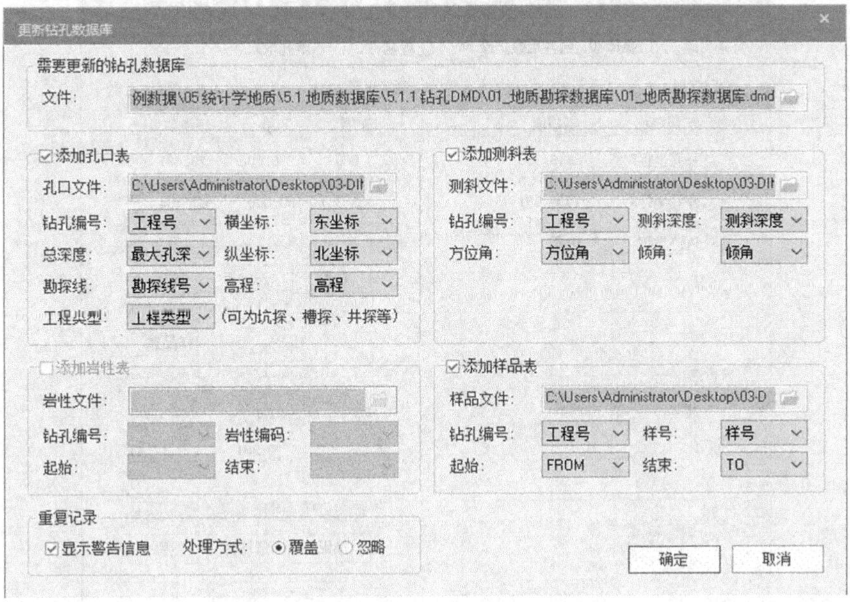

图 3-16 更新钻孔数据库对话窗口

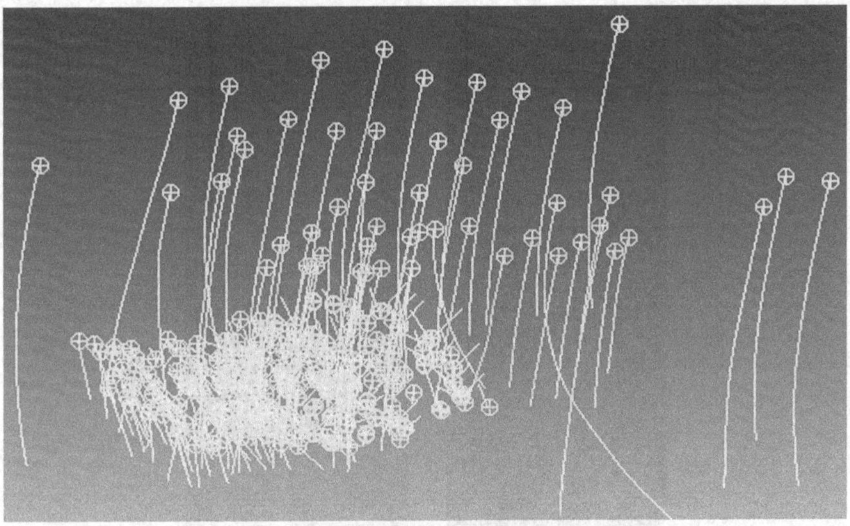

图 3-17 更新的钻孔数据库
（扫描书前二维码看彩图）

微课-单孔录入

图 3-19（a）所示。点击“编辑”，按命令行提示选择刚绘制的多段线，弹出单孔编辑窗口，窗口中孔口信息和测斜记录显示了该多段线的信息，如图 3-18 所示。首先在“工程名称”栏录入该多段线的工程名称，然后通过“粘贴”“增加行”和“删除行”可以增添或修改多段线的测斜记录和样品表。录入完成后，点击“保存”，该多段线就变成一个钻孔数据，如图 3-19（b）所示。

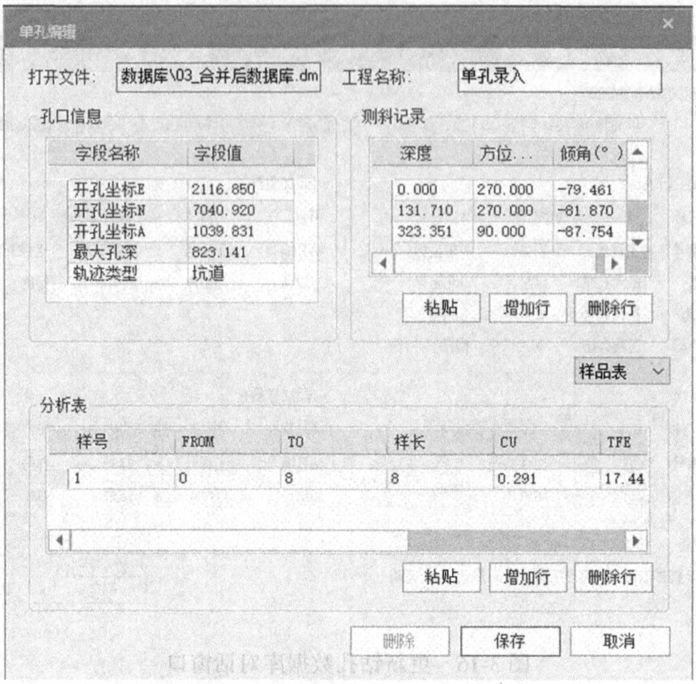

图 3-18　单孔编辑窗口

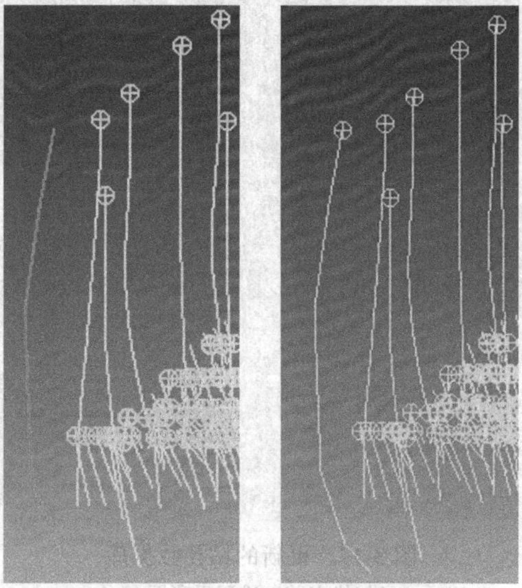

(a)　(b)

图 3-19　录入单孔数据

(a) 绘制多段线；(b) 完成录入的单个钻孔

(2) 单孔编辑。打开钻孔数据库文件，点击“编辑”，选择一条钻孔，弹出单孔编辑窗口，窗口中显示该钻孔的孔口、测斜和样品信息，可以对显示信息按要求进行编辑修改，编辑好后，点击确定即可完成该钻孔的编辑。

3.2.2 坑槽井探数据库

3.2.2.1 坑槽井探数据库文件的组成

钻孔数据库主要是通过钻探得来的数据，而坑槽井探数据库主要是由坑探、槽探和井探得来的数据。与钻孔数据库相同，坑槽井探数据库也是通过原始的“.txt”文本文件和“.csv”格式表格文件导入软件中生成“.dmt”数据表格文件，或者直接在软件中新建录入数据生成，然后再通过“坑槽井”命令生成“.dmk”坑槽井探数据库。

坑槽井“.dmt”数据表格文件主要包括工程信息表、测点信息表和样品支柱表3个文件。打开工程信息表，其主要字段包括工程编号、工程名称和工程类型等，如图3-20所示。打开测点信息表，其主要字段包括测点编码、北坐标、东坐标、高程，如图3-21所示。打开样品支柱表，其主要字段包括工程编号，样品编号，起始测点（6号点），终止测点（8号点），样品起点步距、横距、高度，样品终点步距、横距、高度，样长，各种元素品位等，如图3-22所示。样品支柱表通过字段“工程编号”和“测点”与工程信息表和测点信息表联系起来，每个样品段通过起点步距、横距、高度以及终点步距、横距、高度来确定其准确位置。样长表示该样品段的长度。

	工程编号	工程名称	工程类型
1	CM001S/175	175水平0...	坑探

图3-20 工程信息表显示内容

	测点编码	北坐标	东坐标	高程
1	6号	3117321.720	38588166...	175.29
2	8号	3117245.379	38588210...	175.56

图3-21 测点信息表显示内容

	工程编号	样品编号	起始测点	终止测点	样品起点步距	样品起点横距	样品起点高度	样品终点步距	样品终点横距	样品终点高度	样长	Co	Cu	Pb
1	CM001S/175	CM001S/1...	6号	8号	2.200	-1.000	-1.500	2.800	-1.000	-1.500	1.050	0.041	0.690	7.85
2	CM001S/175	CM001S/1...	6号	8号	2.800	-1.000	-1.400	3.700	-1.000	-1.400	0.800	0.035	0.310	0.9
3	CM001S/175	CM001S/1...	6号	8号	3.700	-1.000	-1.800	4.700	-1.000	-1.800	1.000	0.030	0.094	0.14
4	CM001S/175	CM001S/1...	6号	8号	4.700	-1.000	-1.800	5.700	-1.000	-1.800	1.000	0.050	0.240	0.27
5	CM001S/175	CM001S/1...	6号	8号	5.700	-1.000	-1.900	6.700	-1.000	-1.900	1.000	0.043	0.150	0.27
6	CM001S/175	CM001S/1...	6号	8号	6.700	-1.000	-2.100	7.800	-1.000	-2.100	1.100	0.046	0.150	0.12
7	CM001S/175	CM001S/1...	6号	8号	7.800	-1.000	-2.000	8.800	-1.000	-2.000	1.000	0.040	0.073	0.02
8	CM001S/175	CM001S/1...	6号	8号	8.800	-1.000	-2.000	9.800	-1.000	-2.000	1.000	0.065	0.064	0.11
9	CM001S/175	CM001S/1...	6号	8号	9.800	-1.000	-2.000	10.800	-1.000	-2.000	1.100	0.049	0.073	0.02
10	CM001S/175	CM001S/1...	6号	8号	10.800	-1.000	-2.000	11.750	-1.000	-2.000	1.000	0.040	0.043	0.03

图3-22 样品支柱表显示内容

3.2.2.2 坑槽井探数据库的校验和创建

坑槽井探数据库的校验和创建与钻孔数据库的校验和创建方式基本相同。

【示例练习】坑槽井探数据库的校验和创建。

操作步骤：

微课-坑槽井探数据库的校验和创建

（1）坑槽井探数据库的校验。点击“坑槽井”命令，弹出创建坑槽井探数据库窗口，在工程信息表栏打开“01_工程信息表.dmt”文件，在测点信息表栏打开“01_测点信息表.dmt”文件，在样品支柱表栏打开“01_样品支柱表.dmt”文件，然后查看对应字段是否正确，不正确则进行调整，如图3-23所示。点击“校验”，弹出没有数据错误提示窗口，如图3-24所示，点击确定，完成校验。

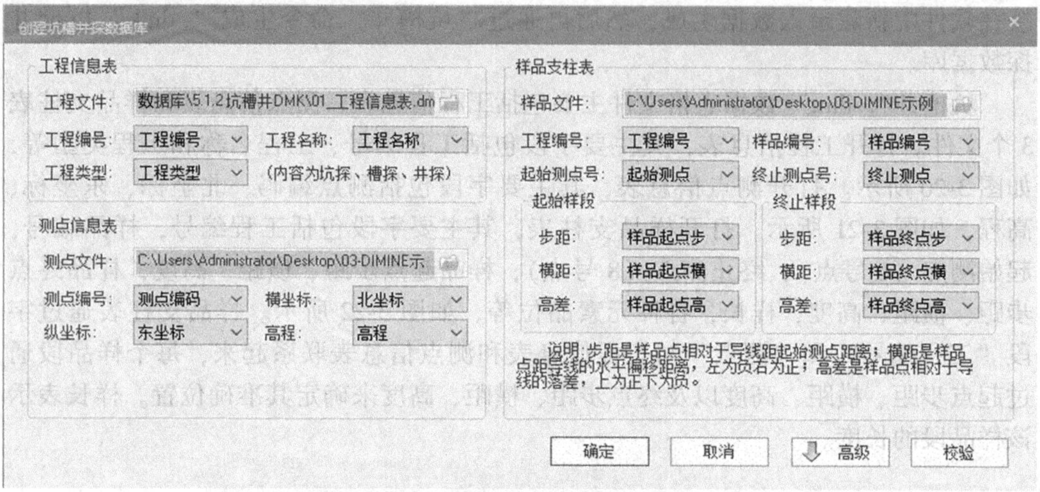

图3-23 创建坑槽井探数据库窗口

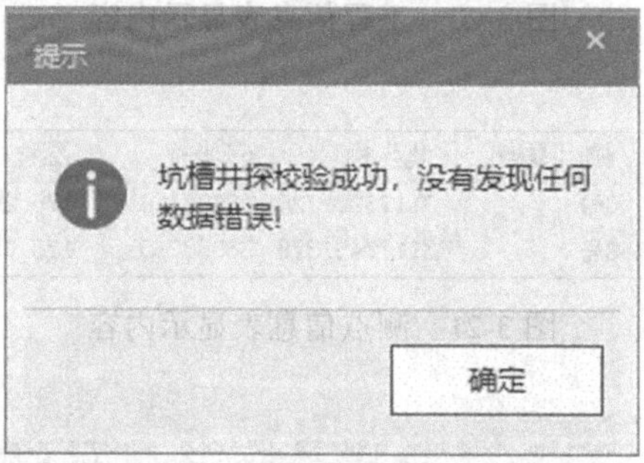

图3-24 无数据错误提示窗口

（2）坑槽井探数据库的创建。再次点击“坑槽井”命令，因为校验无数据错误，在弹出的创建坑槽井探数据库窗口直接点击“确定”，弹出窗口提示成功创建，点击确定。在数据管理窗口生成“坑槽井探数据库.dmk”文件，视图窗口生成的图形如图3-25所示。在数据管理窗口点击该文件的“+”按钮，列出该文件的3个子文件（.dmt数据表格文件），分别是“工程表”“测点表”和“样品支柱表”，双击任一文件，即可在数据表格窗口打开该子文件。数据管理窗口选中该坑槽井探数据库文件，右键菜单如图3-26所示，可以进行另存为、风格显示设置、刷新、隐藏、关闭、设置等操作。

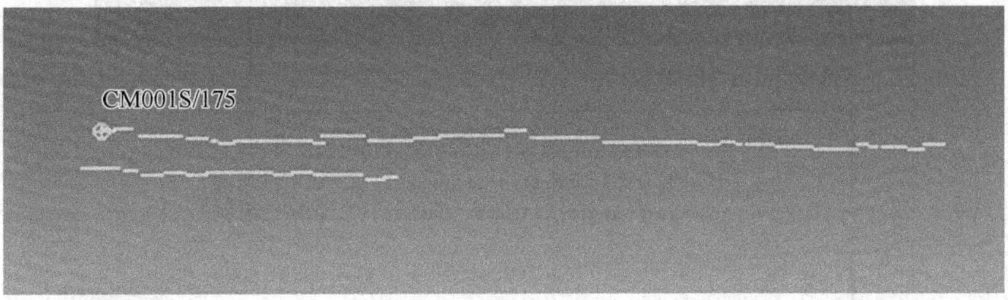

图 3-25 坑槽井探数据

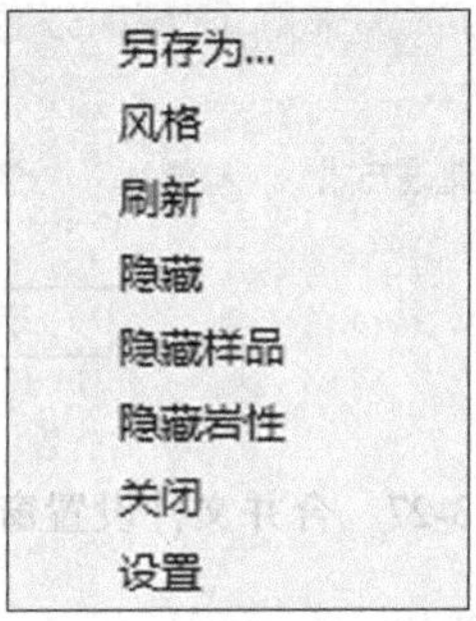

图 3-26 坑槽井探数据
文件右键菜单

3.2.3 合并 DMG 文件

“合并 DMG 文件”的功能是对多个“.dmg”格式地质数据库文件进行合并。合并地质数据库之前要先把“.dmd”格式的钻孔数据库文件和“.dmk”格式的坑槽井探数据库文件转化成“.dmg”格式的通用地质数据库文件：具体转化方法为：打开钻孔数据库文件或坑槽井探数据库文件，在数据管理窗口选中该文件，右键菜单，选择另存为，在弹出对话框窗口设置保存文件路径和文件名，保存类型选择“DiMine File（*.dmg）”，点击保存，即可生成“.dmg”格式的地质数据库文件。

【示例练习】合并“.dmg”格式的地质数据库文件。

操作步骤：点击“合并”，弹出合并文件设置窗口，如图 3-27 所示。连续点击两次“添加一行”，选中第 1 行，点击右侧按钮，弹出对话框窗口找到“5.1.3 合并”文件夹内的“01_地质勘探数据库.dmg”文件，选中点击打开。第 2 行选中“02_生产勘探数据库.dmg”文件打开。点击设置窗口的“合并后 DMG 文件”右侧按钮，设置好路径和文件名，点击保存，回到合并文件设置窗口，点击确定。即生成合并地质数据库文件，打开该文件，视图窗口图形如图 3-17 所示。

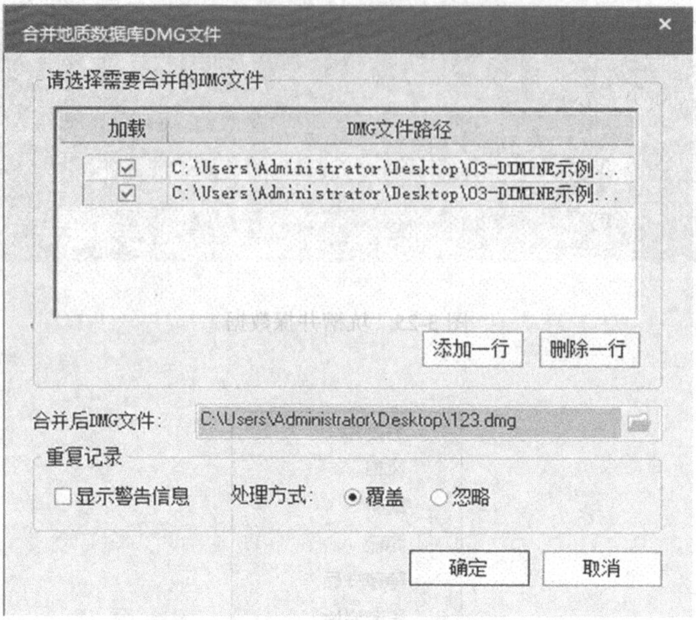

图 3-27 合并文件设置窗口

3.2.4 过滤

“过滤”的功能是利用实体模型过滤“.dmg”格式的地质数据库文件。

【示例练习】矿体模型过滤地质数据库。

操作步骤：首先打开矿体模型和地质文件“.dmg”，如图 3-28 所示；其次点击“过滤”，弹出动态参数设置窗口，如图 3-29 所示。点击“输入地质数据库 DMG 文件”右侧打开按钮，打开“地质文件.dmg”。过滤方式有 5 种，分别解释如下：

（1）实体内全部样品段：过滤时取出实体内完整样品段和用实体截断的实体内相交样品段，比较常用。

（2）实体内部和相交的样品段：过滤时取出实体内完整样品段和相交样品段，相交样品段超出实体的部分也保留。

（3）实体内完整样品段：过滤时只取出完全在实体内的样品段，相交的样品段在实体内的部分不保留。

（4）实体外完整样品段：过滤时只取出完全在实体外的样品段，相交的样品段在实体外的部分不保留。

（5）实体外全部样品段：过滤时取出完全在实体外的样品段和用实体截断的实体外相交样品段。

选择“实体内全部样品段”，按命令行提示，选择矿体模型，敲击空格键确定。在数据管理窗口生成“过滤地质数据库.dmg”文件，视图窗口生成过滤后的矿体模型和地质数据库，如图 3-30 所示。

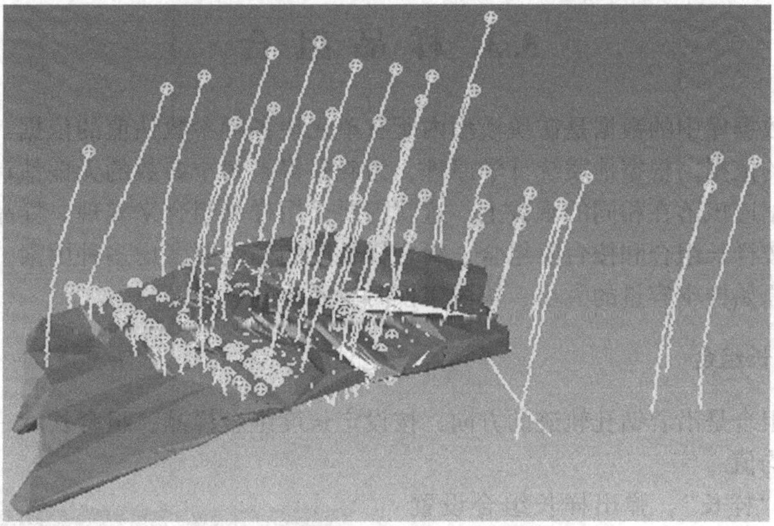

图 3-28　过滤前矿体模型和地质数据库
（扫描书前二维码看彩图）

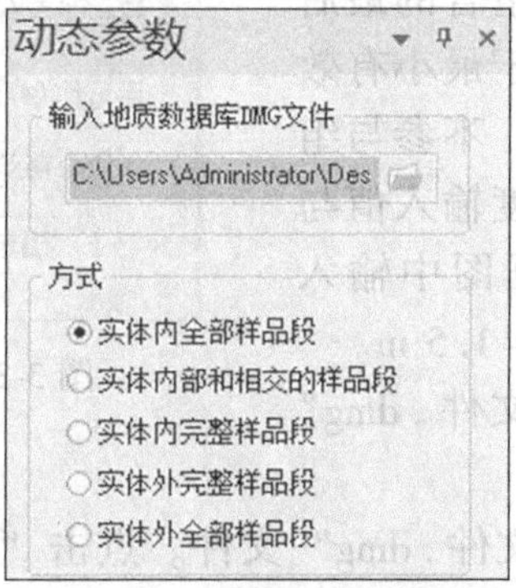

图 3-29　过滤设置窗口

图 3-30　过滤后矿体模型和地质数据库
（扫描书前二维码看彩图）

3.3 样品组合

地质数据库中的数据是矿块模型内所有单元块各种参数估值的依据，也是矿床储量计算的依据。根据地质统计学原理，为确保得到每个参数的无偏估计量，所有的样品数据应该落在相同的承载上，这就需要采用样品组合来实现。样品组合有两种方法：按样长组合和按台阶组合。组合样长度的确定要考虑多种因素，如原始样本长度、原始样本容量的大小、块段建模时单元块的尺寸等。

3.3.1 样长组合

样长组合是沿着钻孔轨迹的方向，按设定长度组合样品，组合长度一般取样段样长的平均值。

点击“样长”，弹出样长组合设置窗口，如图 3-31 所示。图中组合长度是指组合后样品段的长度（钻孔方向）。最小有效长度百分比是指当组合的最后一段剩余样的长度大于或等于最小有效长度时，参与组合，小于时，不参与组合。最小有效长度为组合长度输入值与百分比输入值的乘积，根据图中输入值，最小有效长度为 2×75%＝1.5 m。

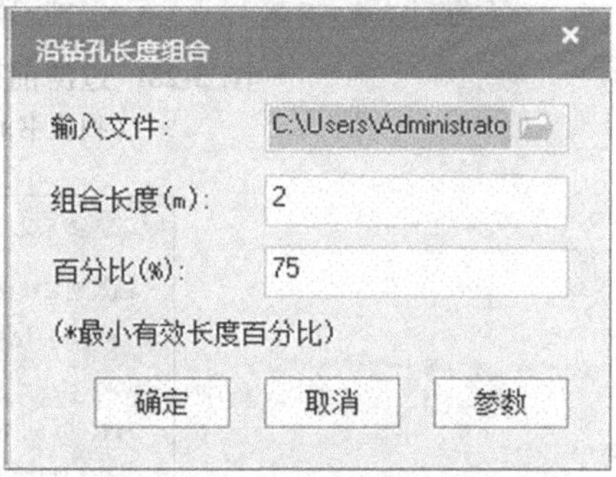

图 3-31　样长组合设置窗口

【示例练习】对“地质文件 . dmg”文件进行样长组合。

操作步骤：打开“地质文件 . dmg”文件。点击“样长”命令，弹出样长组合设置窗口，输入文件栏会直接获取窗口中已打开的地质文件，输入组合长度为“2”，输入百分比为“75”，点击“确定”。在数据管理窗口生成“样长组合文件 . dmg”新的文件。新生成的样长组合文件与原文件从视图外观角度看没有区别。通过双击样品段查看弹出的属性窗口可知：原文件的钻孔数据最末端样品段长度为小于或等于 2 m、大于 0 m，而新生成的样长组合文件的钻孔数据最末端样品段长度为小于或等于 2 m、大于或等于 1.5 m，其余部分样品段长度均为 2 m。

3.3.2 台阶组合

台阶组合是按设定台阶高度组合样品。与样长组合不同的是，台阶组合是基于基准高程按照台阶高度进行组合。需注意，倾角为 0°的钻孔为水平钻孔，不能按照台阶高度组合。

【示例练习】对“地质文件 . dmg”文件进行台阶组合。

操作步骤：打开“地质文件 . dmg”文件。点击“台阶”命令，弹出台阶组合设置窗口，如图 3-32 所示。输入文件栏会直接获取窗口中已打开的地质文件，输入台阶高度为“2”，输入基准高程为“0”，岩性字段选择“无”。如果指定了岩性字段，则每个组合均在相同的岩性段内进行，而不会将两个不同岩性的样品段组合在一起。点击“确定”，在数据管理窗口生成“台阶组合文件.dmg”新的文件。通过双击样品段查看弹出的属性窗口可知：台阶组合文件除了钻孔末端样品段以外，其余样品段的长度（几何属性线长度）大于或等于 2 m，其长度值按式（3-1）计算。

$$l = h\csc\alpha \tag{3-1}$$

式中，l 为台阶组合后样品段的长度，m；h 为设定台阶高度，设定值为 2 m；α 为样品段的倾角，(°)。

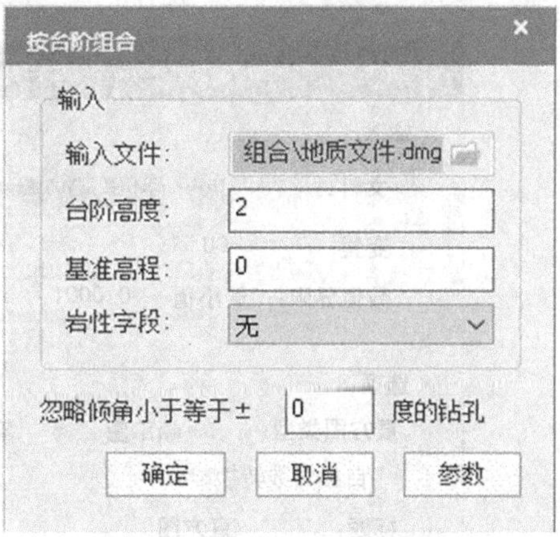

图 3-32　台阶组合设置窗口

3.4　统计分析

在地质数据库、样品组合数据库等生成后，需要知道样品的统计值与空间分布情况，以掌握矿床各元素分布规律，为确定特高值和矿块模型估值做准备。统计分析的方法包括直方图、QQ 图和 PP 图、散点图、概率图、区间统计图。另外，统计分析功能组还包括变异函数分析、交叉验证和基本操作，如图 3-33 所示。

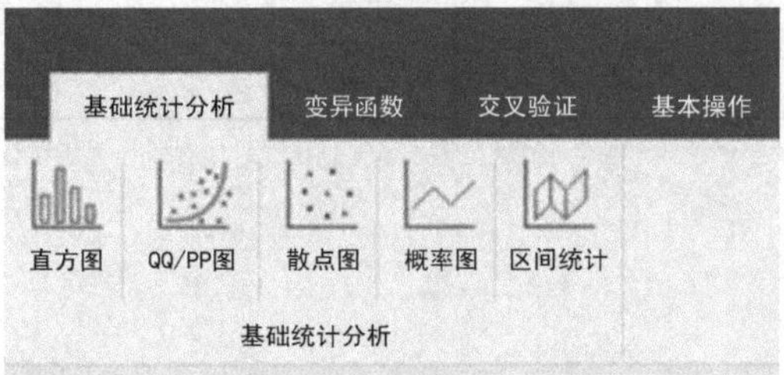

图 3-33　统计分析功能组

3.4.1　直方图

通过直方图对地质数据库或样品组合数据库进行统计分析，能够直观地分析出矿床各元素的分布情况。直方图是常用的统计方法之一。

【示例练习】对样长组合文件进行直方图分析。

操作步骤：点击“直方图”命令，弹出对话窗口如图 3-34 所示。打开样长组合文件，变量选择“CU”，直方图类型勾选“频率图”和“累积频率图”，设置好后，点击确定。输出窗口生成直方图，包括频率图（直方图部分）和累积频率图（曲线部分），下方为直方图统计分析结果。如图 3-35 所示。

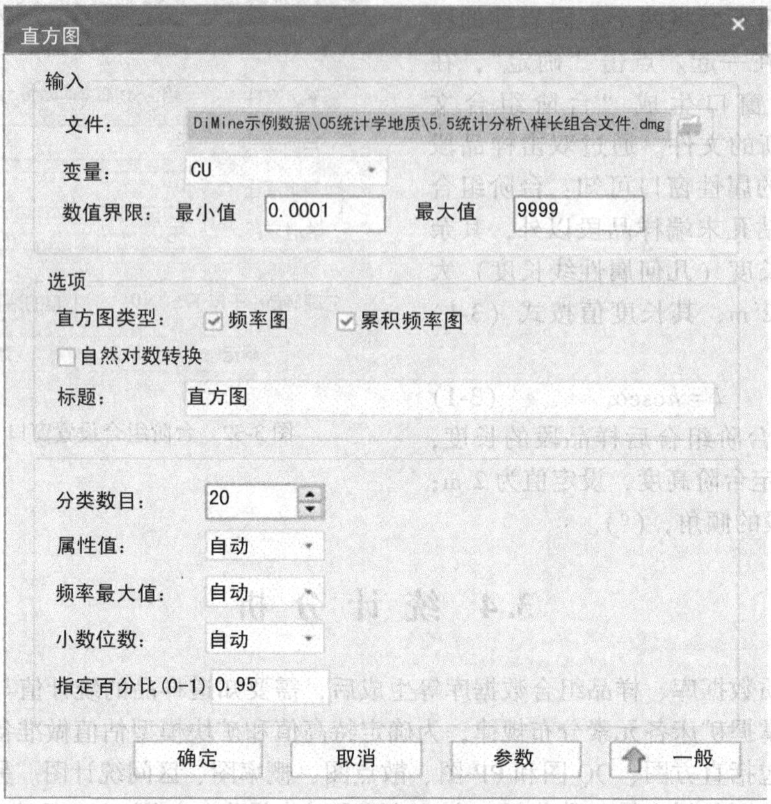

图 3-34　直方图设置窗口

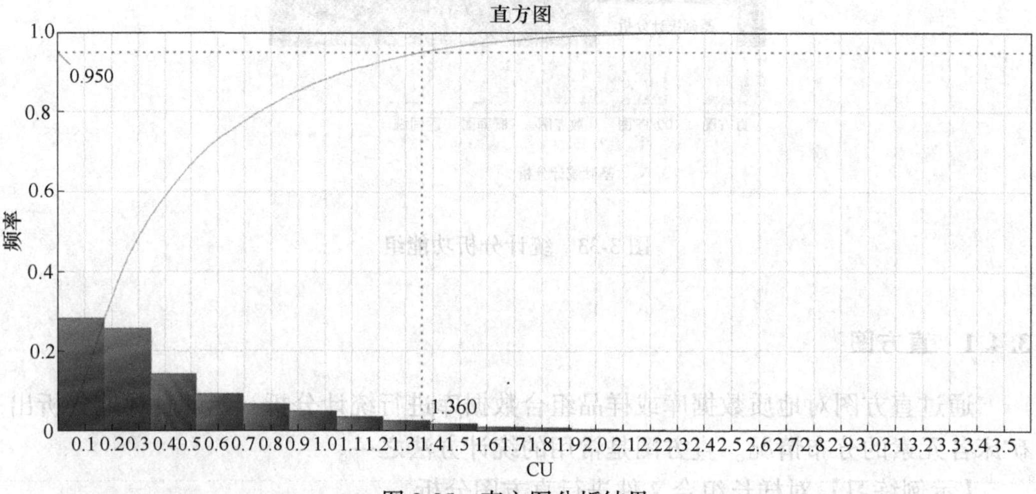

图 3-35　直方图分析结果

3.4.2　QQ 图和 PP 图

QQ 图和 PP 图的功能是判断统计的样本数据的分布类型是否正确。样本数据如果属于该分布，所有数据点应该位于一条直线上，否则将偏离直线。分布类型主要包括正态分布、指数分布和对数正态分布。

QQ 图和 PP 图的主要区别是：QQ 图用的是分布的分位数，而 PP 图是用分布的累积比来做检验。

【示例练习】分别用 PP 图和 QQ 图对样长组合文件中 CU 的分布情况进行统计检验，查看符合哪种分布。

操作步骤：点击“散点图”命令，弹出对话窗口。打开样长组合文件，变量选择“CU”，绘制类型选择“Q-Q 图”，分布类型选择“正态分布”，具体设置情况如图 3-36 所示。点击确定，输出窗口生成的图像如图 3-37 所示。其他设置不变，只改变分布类型，分别选择“指数分布”和“对数正态分布”，输出窗口生成的图像分别如图 3-38、图 3-39 所示。从 3 张图的比较分析看，样长组合文件 CU 元素的品位分布最接近指数分布，其次接近对数正态分布。

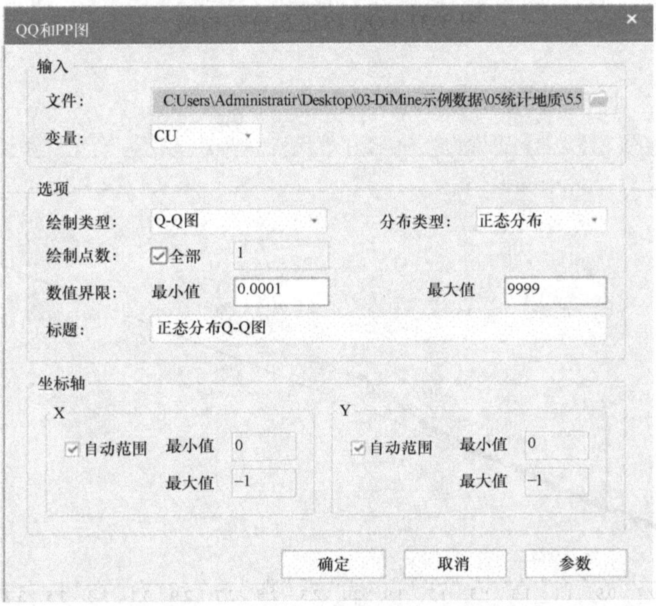

图 3-36　QQ/PP 图设置窗口

3.4.3　散点图

散点图用于分析两个统计量的相关性。例如，两种金属品位的相关性可采用多项式拟合趋势线。

【示例练习】采用散点图做出样长组合文件中 CU 和 AU 元素的分布。

操作步骤：点击“散点图”命令，弹出对话窗口，打开样长组合文件，X 轴选择“CU”，Y 轴选择“AU”，具体设置如图 3-40 所示，点击确定，生成 CU 和 AU 元素品位分布散点图，散点图下方为统计分析结果，如图 3-41 所示。

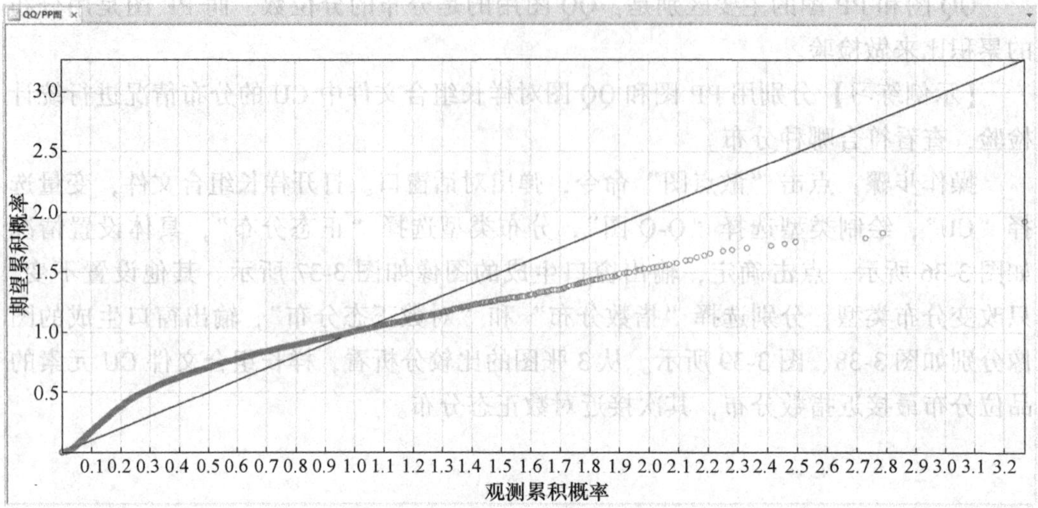

图 3-37　QQ 图正态分布检验

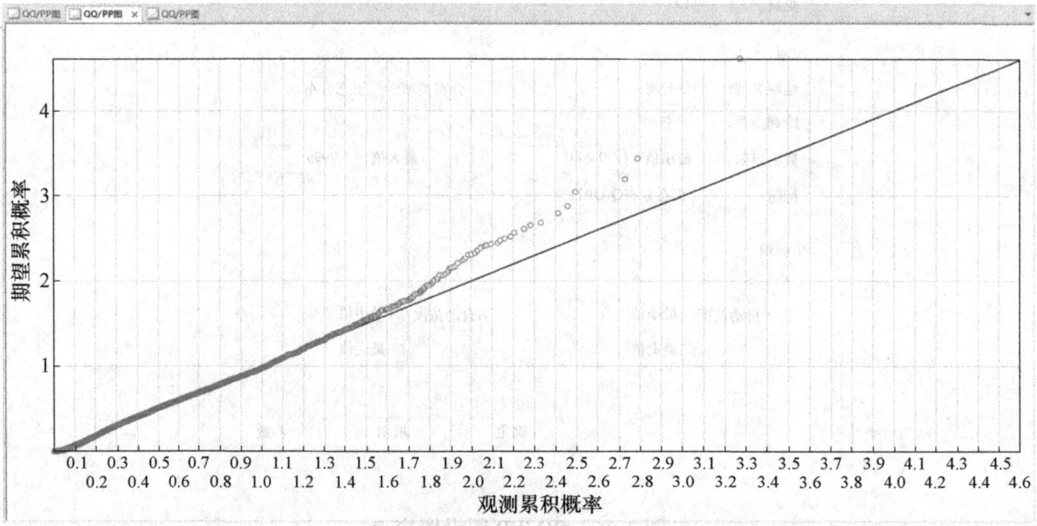

图 3-38　QQ 图指数分布检验

3.4.4　概率图

概率图可以分析矿体中元素的分布数据的累积概率。

【示例练习】采用概率图做出样长组合文件中 CU 元素的分布概率。

操作步骤：点击“概率图”命令，弹出对话窗口，打开样长组合文件，变量选择“CU”，具体设置如图 3-42 所示。点击确定，生成 CU 元素的概率分布图，如图 3-43所示。

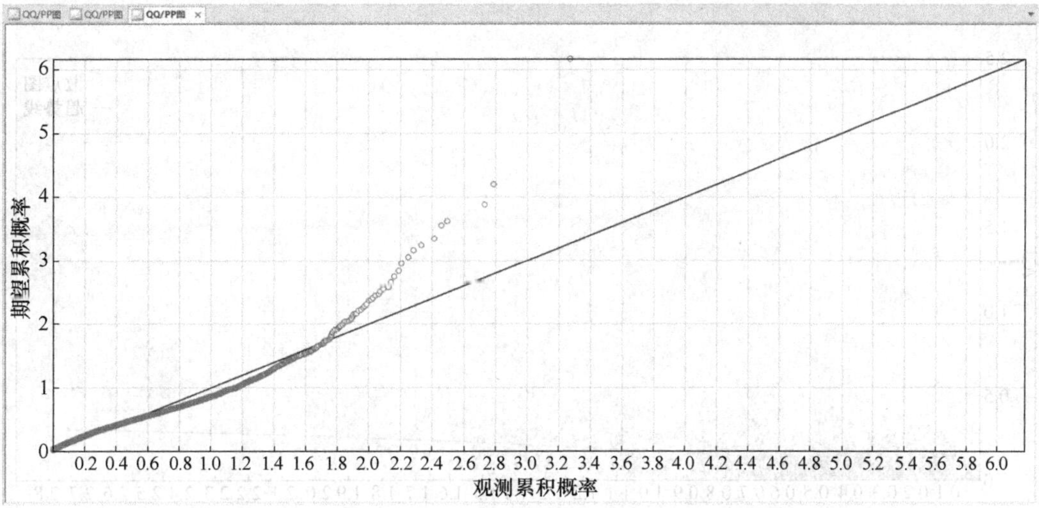

图 3-39　QQ 图对数正态分布检验

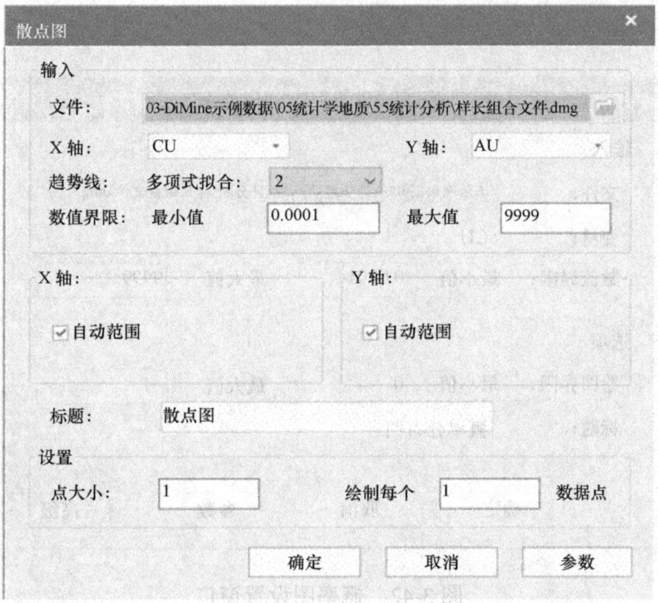

图 3-40　散点图设置窗口

3.4.5　区间统计图

区间统计图可以分析矿体中样品在每个品位区间的样品个数、平均值、标准差、方差和变化系数等。

【示例练习】做出样长组合文件中 CU 元素的区间统计图。

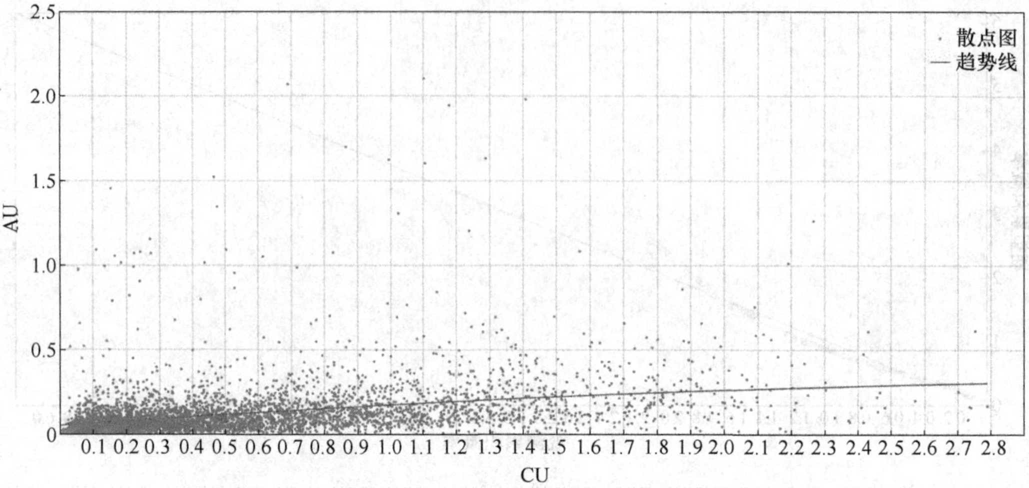

图 3-41　CU 和 AU 元素品位分布散点图

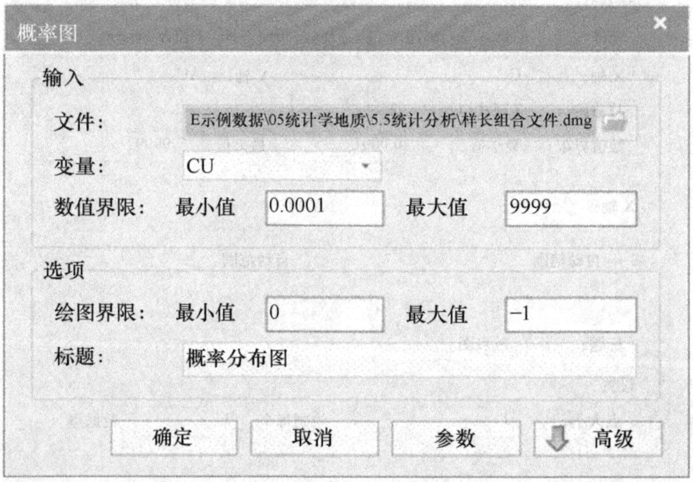

图 3-42　概率图设置窗口

操作步骤：点击“区间统计图”命令，弹出对话窗口，打开样长组合文件，变量选择“CU”，软件自动计算出 CU 元素品位的最小值和最大值，根据品位分布数值范围，设定区间选择参数。输出结果文件为 Excel 文件，点击打开按钮，设置结果文件的路径和文件名称，具体设置如图 3-44 所示。点击确定，生成 CU 元素的区间统计图，如图 3-45 所示。打开生成的结果文件，CU 元素的区间统计表如表 3-1 所示。

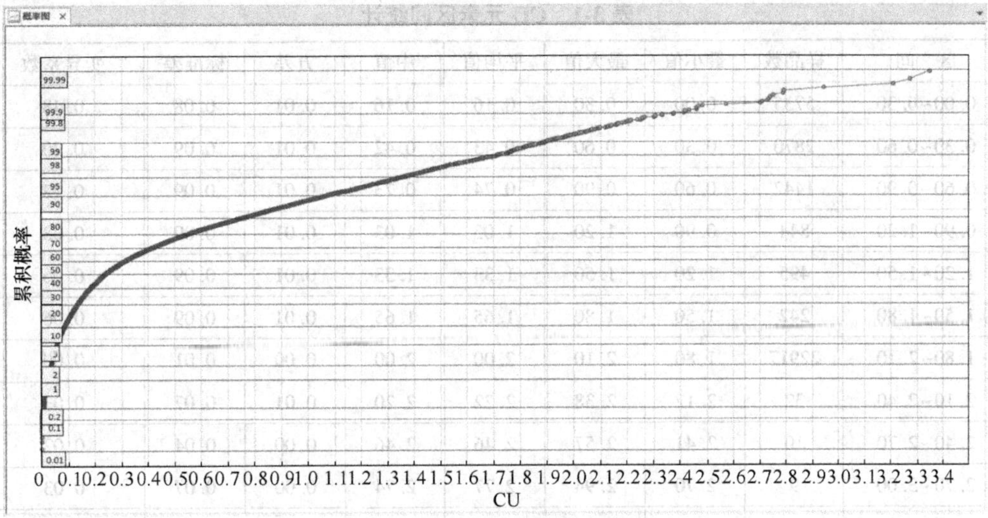

图 3-43 CU 元素概率分布图

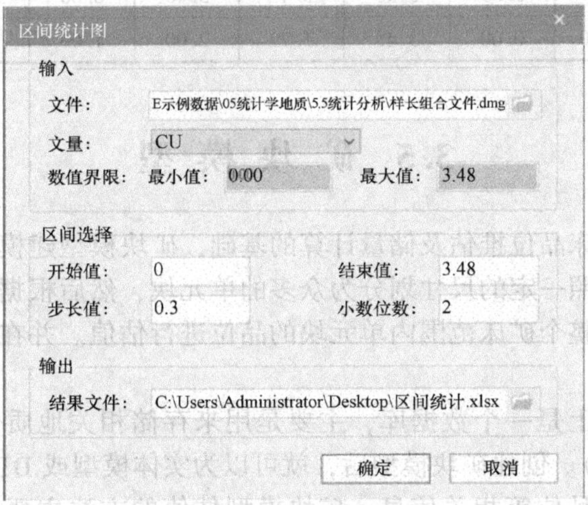

图 3-44 区间统计图设置窗口

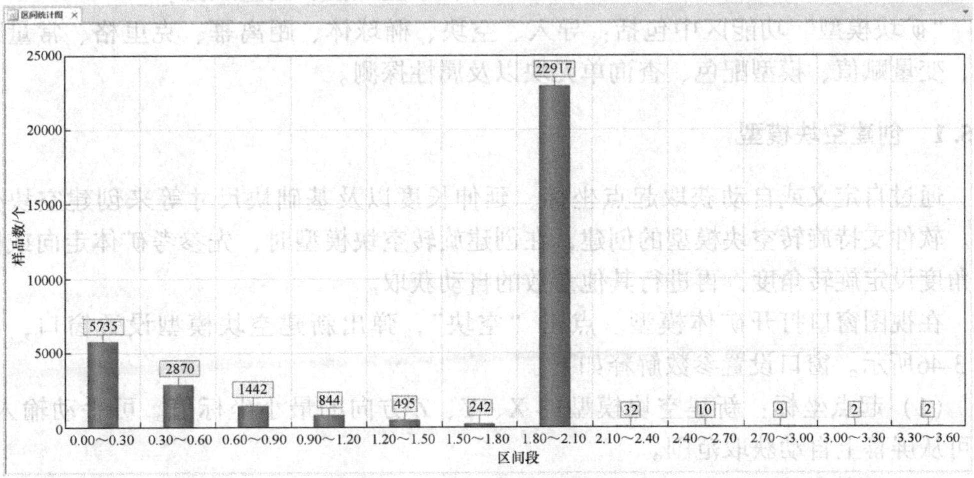

图 3-45 CU 元素的区间统计图

表 3-1 CU 元素区间统计

区 间	样品数	最小值	最大值	平均值	中值	方差	标准差	变异系数
0.00~0.30	5735	0.00	0.30	0.16	0.16	0.01	0.08	0.48
0.30~0.60	2870	0.30	0.60	0.43	0.42	0.01	0.09	0.20
0.60~0.90	1442	0.60	0.90	0.74	0.73	0.01	0.09	0.12
0.90~1.20	844	0.90	1.20	1.03	1.03	0.01	0.09	0.08
1.20~1.50	495	1.20	1.50	1.33	1.33	0.01	0.09	0.06
1.50~1.80	242	1.50	1.80	1.65	1.65	0.01	0.09	0.06
1.80~2.10	22917	1.80	2.10	2.00	2.00	0.00	0.01	0.00
2.10~2.40	32	2.12	2.38	2.22	2.20	0.01	0.07	0.03
2.40~2.70	10	2.41	2.57	2.46	2.46	0.00	0.04	0.02
2.70~3.00	9	2.70	2.94	2.77	2.74	0.00	0.07	0.03
3.00~3.30	2	3.21	3.27	3.24	3.27	0.00	0.03	0.01
3.30~3.60	2	3.35	3.48	3.41	3.48	0.00	0.06	0.02
汇总	34600	0.00	3.48	1.79	2.00	1.06	1.03	0.58

3.5 矿块模型

矿块模型是矿床品位推估及储量计算的基础，矿块模型建模的基本思路是将矿床在三维空间内按照一定的尺寸划分为众多的单元块，然后根据已知的样品点，通过空间插值方法对整个矿床范围内单元块的品位进行估值。并在此基础上进行储量的计算。

矿块模型实际上是一个数据库，主要是用来存储相关地质信息（包括矿岩类型、品位、比重等）。创建矿块模型后，就可以为实体模型或 DTM 范围内的单元块赋予岩性、层位、品位等相关信息。矿块模型估值的方法主要有：距离幂次反比法、克里格法。矿块模型赋值的方法主要有：常量赋值和变量赋值。

“矿块模型”功能区中包括：导入、空块、椭球体、距离幂、克里格、常量赋值、变量赋值、模型配色、查询单元块以及属性探测。

3.5.1 创建空块模型

通过自定义或自动获取起点坐标、延伸长度以及基础块尺寸等来创建空块模型。软件支持旋转空块模型的创建，在创建旋转空块模型时，先参考矿体走向或倾向角度设定旋转角度，再进行其他参数的自动获取。

在视图窗口打开矿体模型。点击“空块”，弹出新建空块模型设置窗口，如图 3-46所示。窗口设置参数解释如下：

（1）起点坐标：新建空块模型的 X、Y、Z 方向的最小坐标值。可手动输入，也可从屏幕上自动获取范围。

（2）延伸长度：新建空块模型自起点坐标向 X、Y、Z 方向最大延伸长度，可手动输入，也可从屏幕上自动获取范围。

（3）基础块尺寸：新建空块模型的单元块尺寸。X、Y 一般取与勘探线间距差不多的数值，Z 值一般取中段值或台阶高度值。Z 值确定后，矿块模型约束时块的大小随着级数相应发生变化。

（4）水平获取范围：勾选水平获取范围，创建的是不旋转的空块模型，为正北水平方向；不勾选水平获取范围，创建的是旋转的空块模型，可自动获取或手动输入矿体走向、倾角和倾伏角数值。

（5）从屏幕上自动获取范围：点击“从屏幕上自动获取范围”，软件根据打开的矿体模型，自动获取 X、Y、Z 三个方向的起点坐标和延伸长度。注意，勾选和不勾选水平获取范围，起点坐标和延伸长度的自动获取数值不同。

（6）字段设置：可以添加或删除字段，添加字段名称可直接输入，字段类型可选择。

（7）高级选项：点击“高级”，在窗口右侧增加一栏设置。

1）旋转角度：包括方位、倾角和倾伏角参数设置，可根据需求手动设置。

2）绕 Z 轴旋转：在不勾选水平获取范围情况下可勾选。长轴方位角可手动输入勘探线的方位角。勾选此项，点击“从屏幕上自动获取范围”，可创建只绕 Z 轴旋转的矿块模型。

3）使用总块段模型参数：块段模型合并功能中使用，先创建总矿区块段模型，再创建子矿区块段模型时调用总块段模型参数，使得基础块尺寸、基础字段都和总块段模型保持一致。

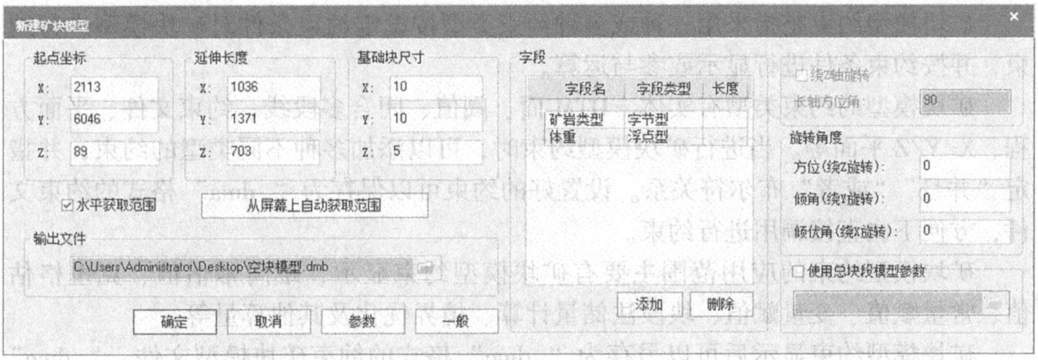

图 3-46　新建空块模型设置窗口

【示例练习】根据矿体模型创建空块模型。

操作步骤：打开“约束_矿体.dmf”矿体模型文件。点击“空块”，弹出新建空块模型设置窗口，勾选“水平获取范围”，点击“从屏幕上自动获取范围”“起点坐标”和“延伸长度”自动获取数值。输入基础块尺寸 10、10、5。字段添加“矿岩类型（字节型）”和“体重（浮点型）”。输出文件，设置文件名称“空块模型-1”和保存路径，具体设置参数如图 3-46 所示。点击确定，视图窗口生成空块模型-1，如图 3-47（a）所示。

微课-创建空块模型

不勾选“水平获取范围”，点击“从屏幕上自动获取范围”，输出文件，设置文件名称“空块模型-2”和保存路径，其他参数设置不变。点击确定，视图窗口生成空块模型-2，如图 3-47（b）所示。

不勾选“水平获取范围”，勾选“绕 Z 轴旋转”，长轴方位角输入 30，点击“从屏幕上自动获取范围”，输出文件，设置文件名称“空块模型-3”和保存路径，其他参数设置不变。点击确定，视图窗口生成空块模型-3，如图 3-47（c）所示。

(a) (b) (c)

图 3-47 新建空块模型（半透明显示，内部为矿体模型）
（a）未旋转；（b）旋转；（c）绕 Z 轴旋转

3.5.2 矿块模型约束

矿块模型约束是指采用一种或多种约束类型按设定约束条件对矿块模型进行约束，并按约束条件进行显示或参与运算。

矿块模型的约束类型有实体、DTM 面、阈值、闭合多段线、约束文件、平面方程、X/Y/Z 平面等。当进行矿块模型约束时，可以添加多种不同类型的约束，并指定“并且”“或者”布尔符关系。设置好的约束可以保存为“. dma”格式的约束文件，方便下次直接调用进行约束。

矿块模型约束的应用范围主要有矿块模型约束显示、距离幂估值、克里格估值、常量赋值、变量赋值、块段法储量计算、境界优化及其他算量等。

矿块模型约束显示后可以另存为“. dmc”格式的约束矿块模型文件。“. dmc”格式的矿块模型可以导出为质心点数据，也可用于统计某个属性字段的分布情况，还可以用于进行储量计算。

软件没有在功能区设置单独的约束命令，约束命令调用的方式有如下 5 种：

（1）数据管理窗口选中矿块模型文件，右键菜单选择“约束”。

（2）视图窗口选中闭合线，右键菜单选择“闭合线块段约束”。

（3）视图窗口选中实体，右键菜单选择“模型块段约束”。

（4）视图窗口选中 DTM 面，右键菜单选择“DTM 块段约束”。

（5）执行“距离幂估值”“克里格估值”“块段”等命令，在弹出设置窗口中，点击“约束”设置项。各种约束类型说明如下：

1）实体约束：用封闭实体进行约束，可以为矿体、岩体等。选择实体的内部或外部，设置内外边界级数，完成后点击添加。

2）DTM 面约束：用 DTM 面进行约束，可以为地表、露天境界坑、断层面、岩层面等。选择面的上部或下部，设置内外边界级数，完成后点击添加。

3）阈值约束：根据矿块模型中属性及用户给定的条件进行约束。如 CU 品位值大于或等于 0.5，矿岩类型值等于 1。比较符有等于、大于、大于或等于、小于、小于或等于、不等于，可根据实际情况灵活应用。

微课-矿块模型约束

4）闭合多段线约束：调用保存好的闭合线进行约束，可以为矿权范围线、储量级别线等。选择内部或外部，并设置 X、Y、Z 其中一个方向范围或按默认全部范围，设置内外边界级数，完成后点击添加。

5）约束文件约束：可将多种约束保存为“.dma”格式约束文件，打开文件，选择内部或外部，设置内外边界级数，完成后点击添加。

6）平面方程约束：可通过输入平面方程式进行约束，选择上部或下部进行约束，设置内外边界级数，完成后点击添加。

7）X、Y、Z 平面约束：选择一种方向，输入坐标值，如 X = 5000，用这个坐标平面进行约束。选择上部或下部，设置内外边界级数，完成后点击添加。

【示例练习 1】使用矿体模型内部约束矿块模型。

操作步骤：打开“03 _距离幂实例块段.dmb”矿块模型文件。在数据管理窗口选中该文件，右键菜单选择“约束”，弹出约束设置窗口，如图 3-48 所示。约束类型选择“实体”，打开约束矿体模型文件，范围选择“内部”，选择边界尺寸和内部尺寸，一般边界尺寸要比内部尺寸小，设置好后，点击“添加”按钮，在约束列表增加一行约束条件。点击确定，视图窗口显示约束后的矿块模型，如图 3-49 所示。

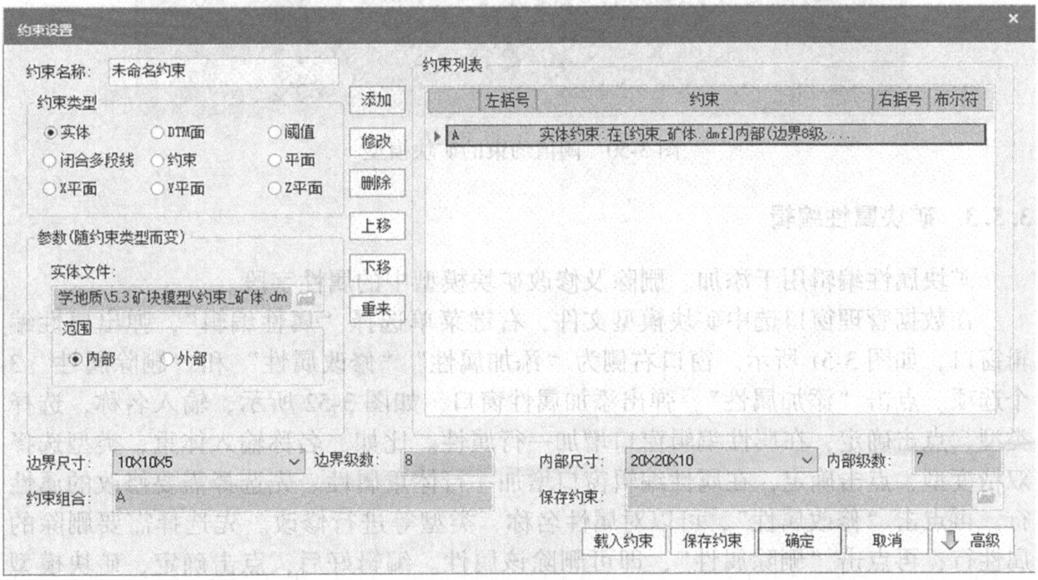

图 3-48 约束设置窗口

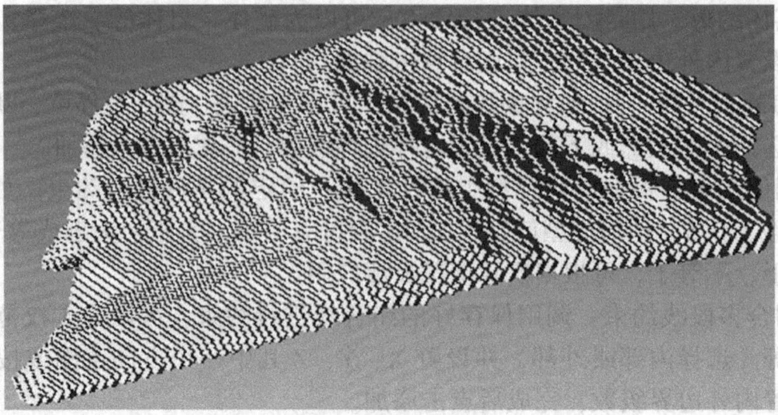

图 3-49　矿体内部约束的矿块模型

【示例练习 2】CU 元素品位阈值（≥1 且≤2）的约束矿块模型。

【操作步骤】约束类型选择“阈值”，属性选择“CU”，比较符选择“大于等于”，属性值输入“1”，设置好边界尺寸和内部尺寸，点击“添加”按钮（如果约束列表留有之前的设置，要先删除），在约束列表增加一行约束条件，在该行约束条件的布尔符对应列选择“并且”。继续设置阈值约束，比较符选择“小于等于”，属性值输入“2”，点击“添加”，约束列表又增加一行约束条件。设置好后，点击确定，视图窗口显示阈值约束后的矿块模型，如图 3-50 所示。

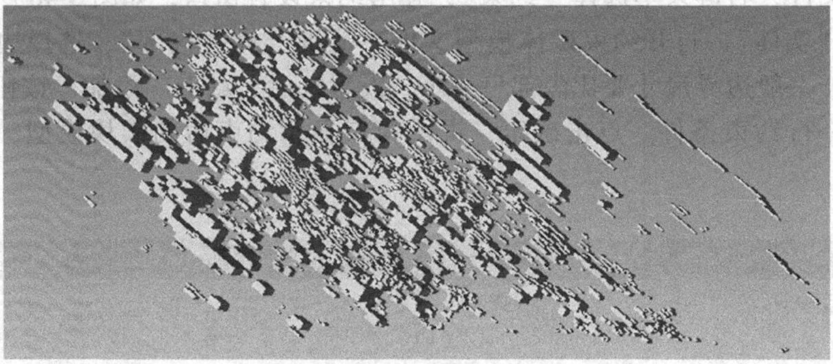

图 3-50　阈值约束的矿块模型

3.5.3　矿块属性编辑

矿块属性编辑用于添加、删除及修改矿块模型中的属性字段。

在数据管理窗口选中矿块模型文件，右键菜单选择“属性编辑”，弹出属性编辑窗口，如图 3-51 所示。窗口右侧为“添加属性”“修改属性”和“删除属性”3 个选项。点击“添加属性”，弹出添加属性窗口，如图 3-52 所示，输入名称，选择类型，点击确定，在属性编辑窗口增加一行属性。比如，名称输入体重，类型选择双精度型，点击确定，在属性编辑窗口增加一行体重属性。先选择需要修改的属性行，再点击“修改属性”，可以对属性名称、类型等进行修改。先选择需要删除的属性行，再点击“删除属性”，即可删除该属性。编辑好后，点击确定，矿块模型的属性则按要求调整好。

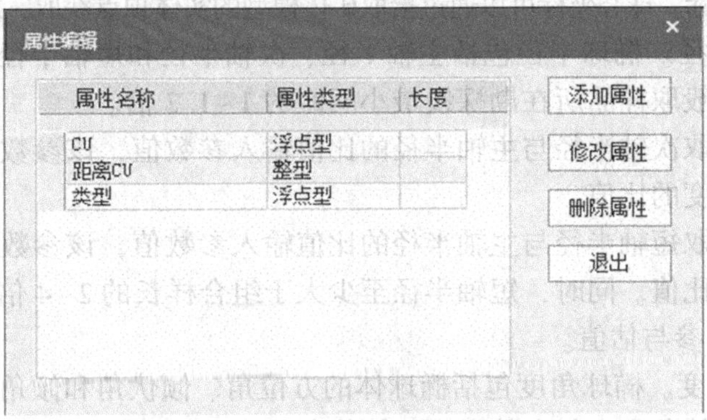

图 3-51　属性编辑窗口

3.5.4　创建搜索椭球体

搜索椭球体是为距离幂估值提供搜索范围的具体参数方案。

点击“椭球体”，弹出椭球体参数设置窗口，如图 3-53 所示。椭球体参数主要包括球心坐标、椭球半径和椭球角度。

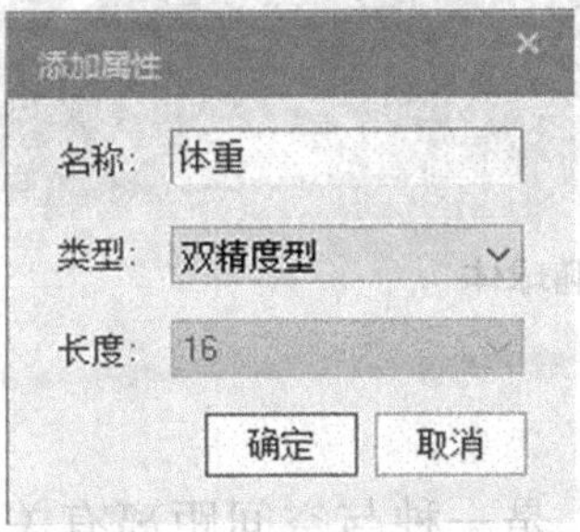

图 3-52　添加属性窗口

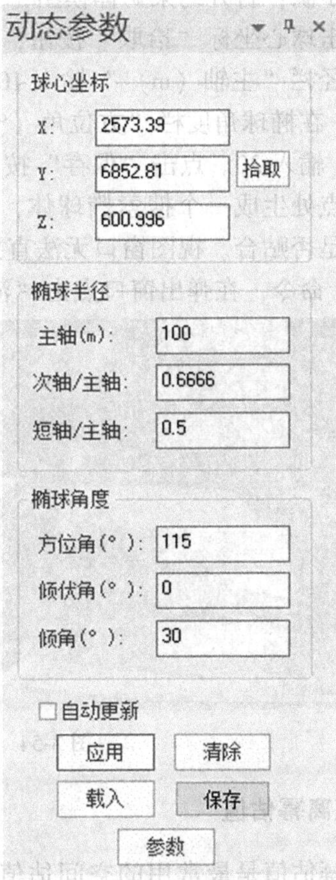

图 3-53　椭球体参数设置窗口

（1）球心坐标。球心坐标可以通过拾取矿体模型的实体顶点获取，对估值没有影响。

（2）椭球半径。椭球半径包括主轴半径、次轴半径和短轴半径。

主轴半径一般取样品所在勘探线最小间距的 1～1.2 倍。

次轴半径采取次轴半径与主轴半径的比值输入参数值，该参数值为矿体延伸长度与矿体走向长度的比值。

短轴半径采取短轴半径与主轴半径的比值输入参数值，该参数值为矿体厚度与矿体走向长度的比值。同时，短轴半径至少大于组合样长的 2～4 倍，确保在厚度方向有 2～4 个样品参与估值。

（3）椭球角度。椭球角度包括椭球体的方位角、倾伏角和倾角，椭球角度的设置要与矿体对应的角度进行参数设置。倾伏角是指矿体在走向方向（或椭球体长轴方向）的倾角，而倾角是指矿体在倾向方向（或椭球体次轴方向）的倾角。

椭球体以上参数通过椭球体参数设置窗口的“保存”按钮可以保存为“.ell”格式文件，双击该文件可以在数据表格窗口打开并查看其参数设置数据。在进行距离幂估值时，可以把保存好的椭球体参数文件直接加载到估值参数窗口，无须手动输入估值参数。

【示例练习】根据矿体模型的特征创建搜索椭球体。

微课-创建搜索椭球体

操作步骤：打开约束矿体模型，点击“椭球体”命令，在弹出的窗口进行参数设置，点击球心坐标“拾取”按钮，在视图窗口捕捉到一个实体顶点并点击左键，在椭球半径栏“主轴（m）”输入 100、“次轴/主轴”输入 0.6666、“短轴/主轴”输入 0.5。在椭球角度栏“方位角（°）”输入 115、“倾伏角（°）”输入 0、“倾角（°）”输入 30。点击“保存”按钮，保存该椭球体参数文件。点击应用，在矿体模型顶点处生成一个搜索椭球体，如图 3-54 所示。旋转视图，观察椭球体与矿体的特征是否贴合。视图窗口无法直接选中椭球体删除，删除椭球体的方法是点击“椭球体”命令，在弹出窗口点击“清除”，即可删除视图中的椭球体。

图 3-54　创建的搜索椭球体

3.5.5　距离幂估值

距离幂估值是最常用的空间估值方法之一，是一种与空间距离有关的估值方法，在计算估值点取值时按“距离越近，权重值越大”的原则，用若干临近点的线性加权来拟合估计点的值。

为方便讲解距离幂估值原理，用平面图替代三维图，如图 3-55 所示。椭圆代表搜索椭球体，其中间质心为估值点，在椭球体内搜索到若干个已知样品点，每个样品点的品位值已知，用 Z_i 表示。软件自动计算各个样品点与质心的距离，用 d_i 表示。椭球体质心品位估值按式（3-2）计算。

$$Z = \frac{\sum_{i=1}^{n} \frac{1}{(d_i)^p} Z_i}{\sum_{i=1}^{n} \frac{1}{(d_i)^p}} \tag{3-2}$$

式中，Z 为质心点品位值；p 为估值幂次，普通金属，如铜、铁等，选择 2，贵金属如金、银等，选择 3。将椭球体质心与矿块模型单元块的质心重叠，搜索椭球体内已知样品点，并按上述方法计算质心品位值。如果椭球体未搜索到已知样品点，或是样品点数量不满足设置要求，需要扩大搜索椭球体的半径，直到搜索到已知样品点满足设置数量要求，把所有单元块的质心品位计算出来。这就是距离幂估值的原理。

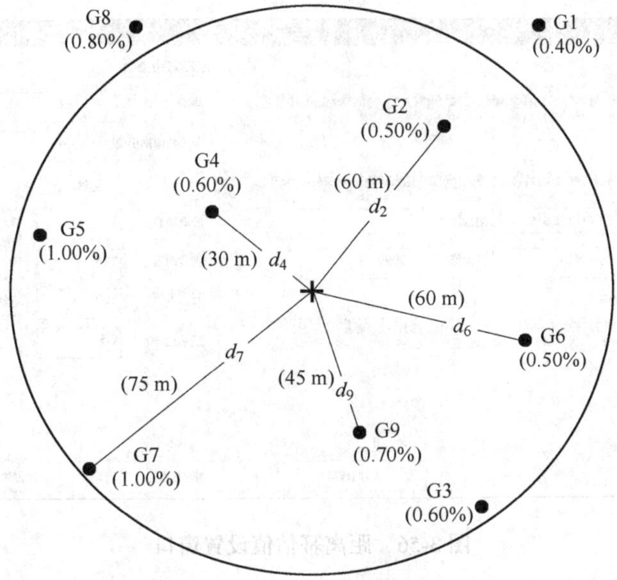

图 3-55　距离幂估值原理

距离幂估值需使用的文件包括：矿块模型、样品组合文件、矿体模型、搜索椭球体。

点击“距离幂估值”，弹出距离幂估值设置窗口，如图 3-56 所示。相关设置说明如下。

（1）搜索半径：扩大搜索半径时只需改变主轴半径，次轴和短轴均为与主轴的比值，只能输入 0~1 之间的数值。

（2）过滤样品点：当需要限制估值所用样品点的范围时，就可以使用封闭实体模型过滤样品点。

（3）幂次：取 2 或 3，一般当品位变化较大时取 3。

（4）单块估值最小值：椭球体搜索已知样品数量的最小值，小于设定值需扩大半径搜索。

（5）单元块估值最大值：椭球体搜索已知样品数量大于设定值，不参与估值。

（6）高级设置。

1）使用过滤条件：当样品点包含多种元素时，如果在估值时需要对多种元素值的范围进行限制，可以使用过滤条件过滤样品点数据。

2）重新估值、覆盖原来的值：重新对矿块进行估值时勾选，扩大搜索半径时要取消勾选。

3）八分圆最大值：对于椭球体的 8 个象限的所有工程的每个象限指定样品的最大数目，超过数目的样品不参与估值。

4）工程数最小值：如果值不为 0，则估值时椭球体内包含的钻孔数必须大于或等于设定值，否则不进行估值。

5）单工程样品最大值：如果值不为 0，则椭球体内包含的样品中，同一工程参与估值的样品数量小于或等于设定值，超过该数目的样品不参与估值。

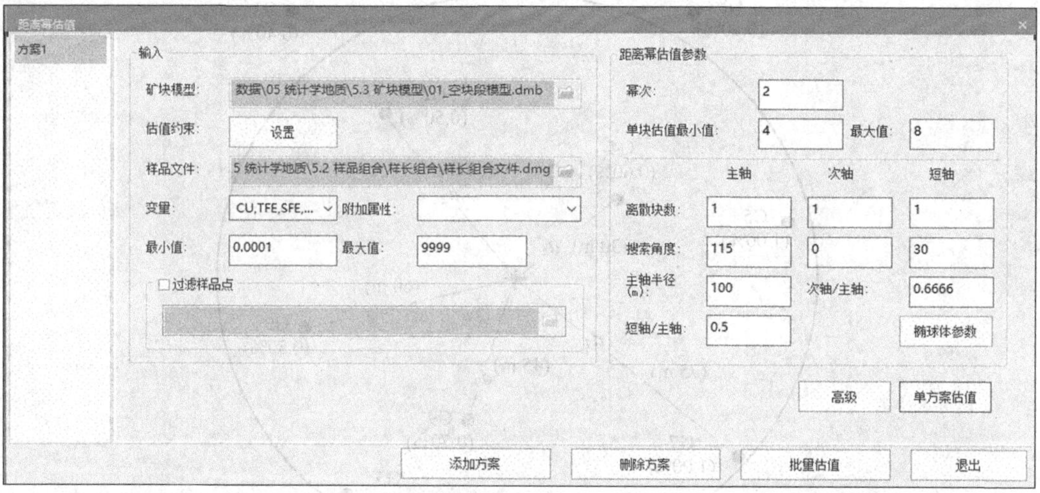

图 3-56　距离幂估值设置窗口

【示例练习】对创建的空块模型进行距离幂估值。

操作步骤：点击“距离幂估值”，弹出设置窗口，点击矿块模型的打开按钮，找到空块模型选中打开，点击估值约束的“设置”按钮，采用约束矿体内部进行约束设置，点击样品文件的打开按钮，把样长组合文件打开。变量选择“CU”元素。幂次输入 2，单块估值最小值输入 4，最大值输入 8。点击“椭球体参数”，找到椭球体参数文件选中打开，参数自动录入。参数具体设置如图 3-56 所示。设置好后点击“单方案估值”，弹出矿块模型估值第 1 次报告，如图 3-57（a）所示，未估值块数不是 0。点击确定，回到距离幂估值设置窗口，把主轴半径扩大 1 倍，输入 200，继续点击“单方案估值”，弹出矿块模型估值第 2 次报告，如图 3-57（b）所

微课-距离幂估值

示，未估值块数仍不是0。继续分别扩大主轴半径到400、800，直到估值块数为0时停止，如图3-57（c）（d）所示。退出命令，完成矿块模型的估值。

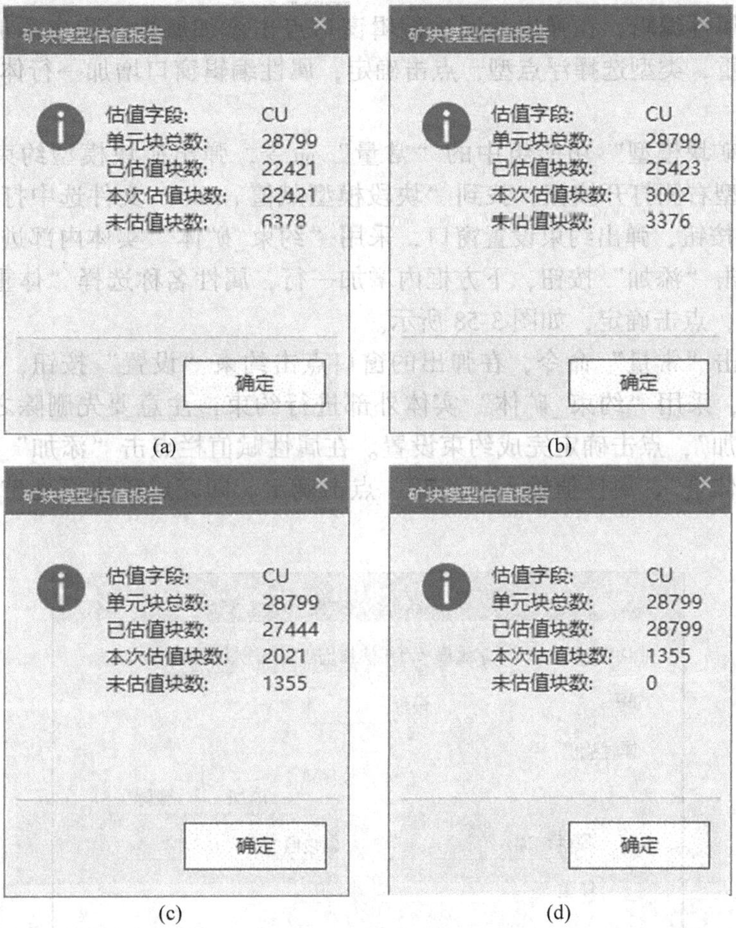

图3-57 矿块模型估值报告

（a）第1次报告；（b）第2次报告；（c）第3次报告；（d）第4次报告

3.5.6 矿块常量赋值

矿块常量赋值的功能是给矿块模型某个属性字段赋值（常量）。包括如下4种操作方式：

（1）点击“矿块模型”功能组中的“常量”命令，弹出窗口对矿块模型进行约束后常量赋值。

（2）数据管理窗口选中约束后的矿块模型文件，右键菜单选择“显示矿块赋值”，进行常量赋值。

（3）视图窗口选中约束闭合线，右键菜单选择“闭合线块段赋值”，进行常量赋值。

（4）视图窗口选中约束实体模型，右键菜单选择“模型块段赋值”，进行常量赋值。

【示例练习】为矿块模型赋矿石和岩石体重值，其中矿石体重为3.0，岩石体重为2.7。

操作步骤：打开“块段模型赋值.dmb”文件，数据管理窗口选中该文件，右键菜单选择属性编辑，在弹出的属性编辑窗口点击添加属性，弹出添加属性窗口，名称输入体重，类型选择浮点型，点击确定，属性编辑窗口增加一行体重字段，点击退出。

点击“矿块模型”功能组中的“常量”命令，弹出矿块模型约束赋值窗口，点击矿块模型右侧打开按钮，找到“块段模型赋值.dmb”文件选中打开，点击约束“设置”按钮，弹出约束设置窗口，采用“约束_矿体”实体内部进行约束。属性赋值栏点击“添加”按钮，下方框内增加一行，属性名称选择“体重”，属性值输入“3.0”，点击确定，如图3-58所示。

再次点击“常量”命令，在弹出的窗口点击约束“设置”按钮，在弹出的约束设置窗口，采用“约束_矿体”实体外部进行约束，注意要先删除之前的约束，再点击“添加”，点击确定完成约束设置。在属性赋值栏点击“添加”按钮，属性名称选择“体重”，属性值输入“2.7”，点击确定。即完成矿块模型矿石和岩石体重的赋值。

微课-常量赋值和变量赋值

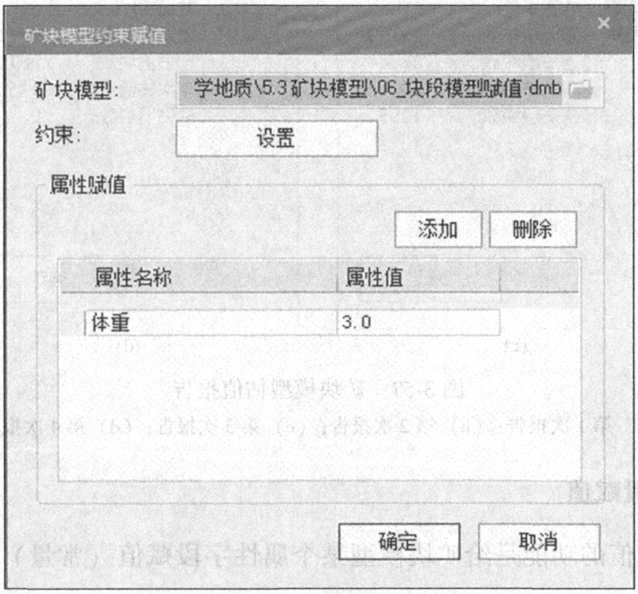

图3-58 矿块模型约束常量赋值窗口

3.5.7 矿块变量赋值

矿块变量赋值的功能是按设定的表达式对矿块模型进行赋值。

【示例练习】为矿块模型按以下要求赋体重值：当CU品位为0时，体重为2.7；当0<CU品位<2时，体重为3；当CU品位≥2时，体重为3.5。

操作步骤：打开“矿块模型赋值.dmb”文件，点击“变量”命令，弹出属性赋值窗口，按以下步骤进行操作：

（1）条件栏的属性选择“CU”，比较符选择“>”，属性值输入“0”，布尔符选择“and”，继续操作，属性选择“CU”，比较符选择“<”，属性值输入“2”。结果字段选择“体重”。点击“添加”，返回值输入3。

（2）条件栏的属性选择“CU”，比较符选择“≥”，属性值输入“2”。结果字段选择“体重”。点击“添加”，返回值输入3.5。

（3）其他条件的返回值输入“2.7”。

参数按以上步骤设置好后，如图3-59所示。点击确定，完成变量赋值。

数据管理窗口选中“矿块模型赋值”文件，右键菜单选择“约束”，弹出约束窗口的约束类型，选择“阈值”，参数栏属性选择“CU”，比较符选择“≥”，属性值输入“2”。点击“添加”，点击确定。视图窗口生成约束的矿块模型，如图3-60所示。点击矿块模型功能组的“查询”命令，选择矿块模型的单元块，在命令历史窗口观察体重值是否为3.5。

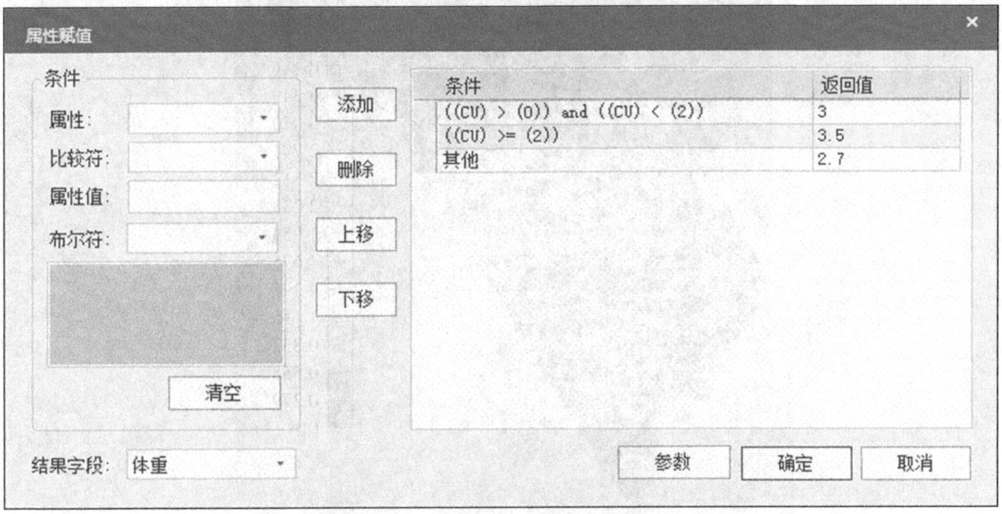

图3-59 矿块模型变量赋值窗口

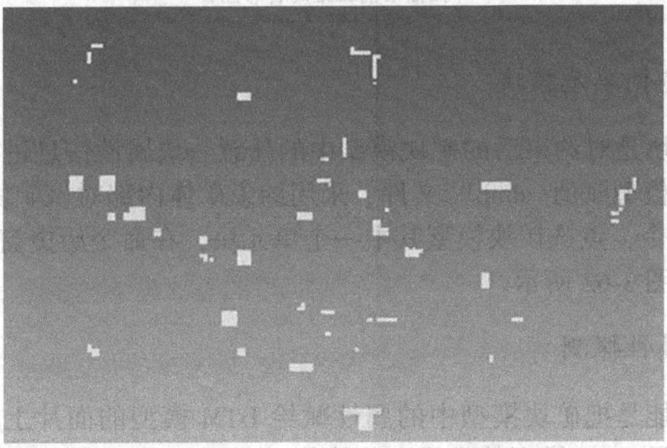

图3-60 CU品位不小于2约束显示的矿块模型

3.5.8 其他常用操作

矿块模型其他常用操作包括矿块模型配色、查询单元模块和属性探测等。

3.5.8.1 矿块模型配色

矿块模型配色可以对赋有属性的矿块进行配色，从而直观地显示单元块的品位大小。

【示例练习】为矿块模型配色。

操作步骤：打开“矿块模型赋值 . dmb”文件，采用约束矿体内部对该矿块模型进行约束。点击“配色”命令，弹出配色设置窗口，选择约束的矿块模型，着色属性选择“面片 CU”，选择“连续”配色，勾选“显示颜色图例”，点击“应用”，退出命令。矿体约束的矿块模型配色情况如图 3-61 所示，从图中能够直观看出 CU 品位的分布情况。

图 3-61 矿体约束矿块模型的 CU 面片连续配色
（扫描书前二维码看彩图）

3.5.8.2 查询单元模块

查询单元模块是对约束后的矿块模型中的任意一块属性信息进行查询。

打开“矿块模型赋值 . dmb”文件，采用约束矿体内部对该矿块模型进行约束。点击“查询”命令，点选矿块模型其中一个单元块，在命令历史窗口显示该单元块的属性信息，如图 3-62 所示。

3.5.8.3 属性探测

属性探测功能是把矿块模型中的属性赋给 DTM 模型的面片上，从而可通过属性配色直观地显示 DTM 模型的品位变化趋势，可用于露天采场现状 DTM 和地下矿井巷模型的品位变化趋势显示。

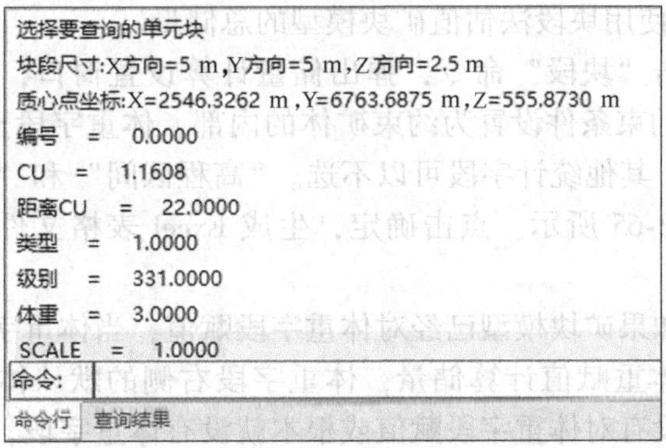

图 3-62 查询单元块的属性信息

【示例练习】为井巷模型属性探测。

操作步骤：打开“井巷探测模型 .dmf”文件，点击“探测”命令，弹出设置窗口，打开矿块模型文件，赋值字段选择“CU”，如图 3-63 所示。按命令行提示框选全部井巷模型，右键确认。井巷模型即 CU 属性赋值。点击“配色”命令，框选井巷模型，着色属性选择“顶点 CU”，点选连续配色，显示颜色图例，点击应用，生成属性探测配色井巷模型，如图 3-64 所示。

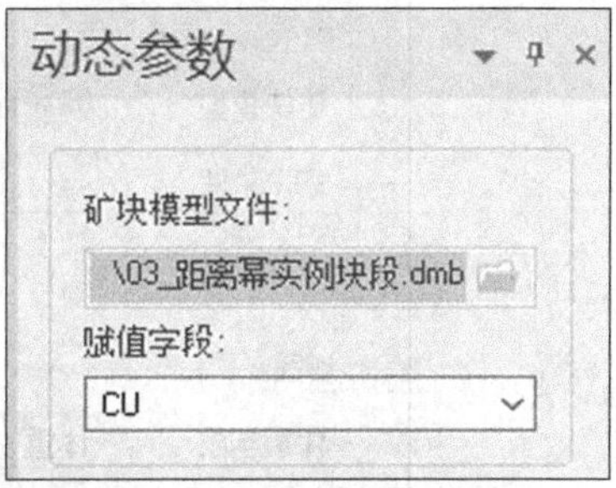

图 3-63 属性探测设置窗口

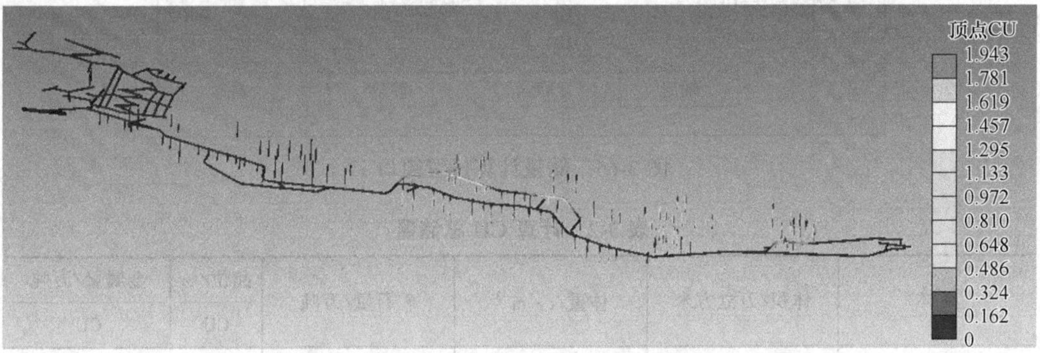

图 3-64 属性探测的井巷模型 CU 品位配色显示效果图

3.6 储 量 计 算

储量计算功能是计算模型内的储量，可以根据不同的高程和品位区间生成储量报告，并根据矿块模型估值的搜索距离不同进行储量分级。储量计算的方法包括块段法和实体法。

3.6.1 块段法

块段法可对已估好值的矿块模型中的属性进行统计，从而计算储量。

微课-块段法计算储量

【示例练习 1】使用块段法估值矿块模型的总储量。

操作步骤：点击“块段”命令，弹出储量计算设置窗口，打开“距离幂估值矿块模型”文件，约束条件设置为约束矿体的内部，体重字段选择“体重”。主统计字段选择“CU”，其他统计字段可以不选。“高程区间”和“品位区间”不要勾选，设置情况如图 3-65 所示。点击确定，生成 Excel 表格文件，储量计算数据如表 3-2 所示。

需说明的是，如果矿块模型已经对体重字段赋值，当体重字段选择体重时，软件会按照矿块模型体重赋值计算储量，体重字段右侧的默认体重输入值不参与计算；如果矿块模型没有对体重字段赋值或根本就没有体重字段，此时，体重字段应选择“无”，默认体重输入体重值，软件会按照输入的体重值计算储量。

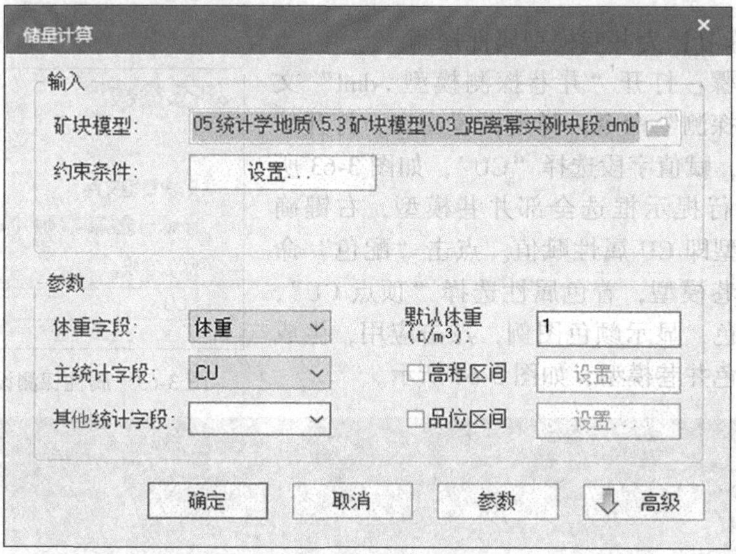

图 3-65　储量计算设置窗口

表 3-2　计算 CU 总储量

矿体	体积/万立方米	体重/t·m^{-3}	矿石量/万吨	品位/%	金属量/万吨
				CU	CU
全部矿体	4473.40	2.866	12822.26	0.4258	54.6

【示例练习 2】按高程区间和品位区间估值矿块模型储量。

操作步骤：点击“块段”命令，弹出储量计算设置窗口，打开“距离幂估值矿块模型”文件，约束条件设置为约束矿体的内部，体重字段选择“体重”。主统计字段选择“CU”，其他统计字段可以不选。勾选“高程区间”，点击右侧的“设置”，弹出高程区间设置窗口，点击下方“区间设置”，弹出小窗口，输入最小值、最大值和台阶高，如图 3-66（a）所示。点击确定，高程区间自动生成 3 组起始值和结束值，如图 3-66（b）所示，点击确定。勾选品位区间，点击右侧的“设置”，弹出品位区间设置窗口，点击下方“区间设置”，弹出小窗口，输入最小值、最大值和区间数，如图 3-66（c）所示。点击确定，品位区间自动生成 4 组起始值和结束值，如图 3-66（d）所示，点击确定。回到储量计算设置窗口，如图 3-66（e）所示。设置好后，点击确定，生成 Excel 表格文件，按高程区间和品位区间计算的 CU 储量如表 3-3 所示。

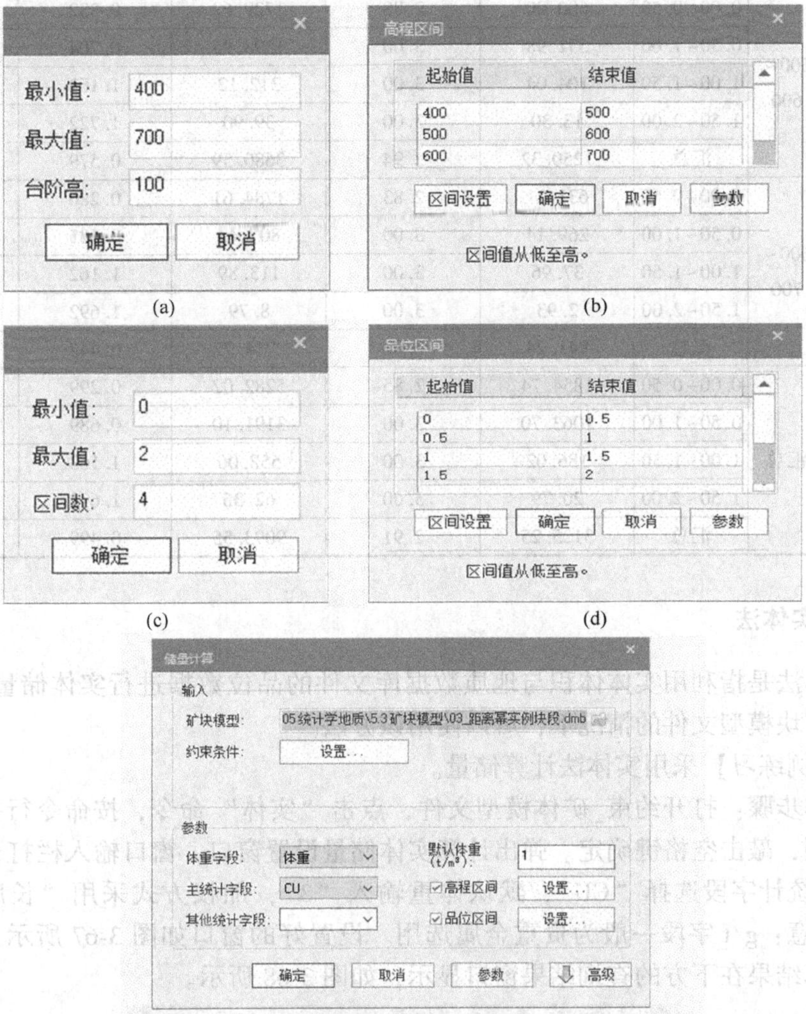

图 3-66　按高程区间和品位区间设置过程

（a）台阶区间设置；（b）高程区间设置结果；（c）品位区间设置；（d）品位区间设置结果；（e）储量计算设置窗口

表 3-3　按高程区间和品位区间计算 CU 储量

矿体	中段	矿石品级	体积/万立方米	体重/t·m^{-3}	矿石量/万吨	品位/%	金属量/万吨
						CU	CU
全部矿体	400~500	0.00~0.50	623.53	2.84	1767.79	0.286	5.05
		0.50~1.00	261.58	3.00	784.73	0.664	5.21
		1.00~1.50	44.02	3.00	132.05	1.168	1.54
		1.50~2.00	4.56	3.00	13.67	1.611	0.22
		汇总	933.68	2.89	2698.24	0.446	12.03

续表 3-3

矿体	中段	矿石品级	体积/万立方米	体重/t·m^{-3}	矿石量/万吨	品位/%	金属量/万吨
						CU	CU
全部矿体	500~600	0.00~0.50	600.00	2.88	1729.62	0.332	5.74
		0.50~1.00	532.98	3.00	1598.95	0.704	11.25
		1.00~1.50	104.04	3.00	312.12	1.162	3.63
		1.50~2.00	13.30	3.00	39.90	1.722	0.69
		汇总	1250.32	2.94	3680.59	0.579	21.30
	600~700	0.00~0.50	631.21	2.83	1784.61	0.280	5.00
		0.50~1.00	269.14	3.00	807.43	0.685	5.53
		1.00~1.50	37.96	3.00	113.89	1.162	1.32
		1.50~2.00	2.93	3.00	8.79	1.692	0.15
		汇总	941.24	2.88	2714.72	0.442	12.00
	汇总	0.00~0.50	1854.74	2.85	5282.02	0.299	15.79
		0.50~1.00	1063.70	3.00	3191.10	0.689	21.99
		1.00~1.50	186.02	3.00	558.06	1.163	6.49
		1.50~2.00	20.79	3.00	62.36	1.693	1.06
		汇总	3125.25	2.91	9093.55	0.499	45.33

3.6.2 实体法

实体法是指利用实体体积与地质数据库文件的品位数据进行实体储量的计算。在没有矿块模型文件的情况下，可以使用该方法。

【示例练习】采用实体法计算储量。

操作步骤：打开约束_矿体模型文件，点击“实体”命令，按命令行提示选择矿体模型，敲击空格键确定。弹出计算实体储量设置窗口，窗口输入栏打开“地质文件”，统计字段选择“CU”，默认体重输入“3”，加权方式采用“长度加权平均”。注意：g/t 字段一般为贵重金属选用。设置好的窗口如图 3-67 所示，点击确定，计算结果在下方的查询结果窗口显示，如图 3-68 所示。

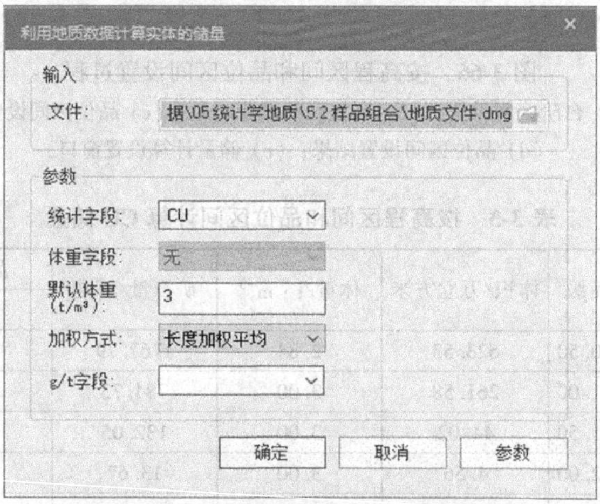

图 3-67 实体法储量计算设置窗口

	体积	体重	矿量	平均品位_CU(%)	金属量_CU(t)
1	44737901.230	3.000	134213703.689	0.528	707997.937

命令行 查询结果

图 3-68 实体法储量计算结果

思考题

3-1 数据表格可导入 4 种文件，分别是什么文件？通常导入文件的格式是什么？

3-2 数据表格中的钻孔名字段一般选择什么类型？坐标、孔深等字段一般选择什么类型？

3-3 简要写出地质资源储量现代统计分析方法的基本步骤。

3-4 创建钻孔数据库需要打开哪些文件？其中哪个文件可以不打开？

3-5 创建坑槽井探数据库需要打开哪些文件？

3-6 合并钻孔数据库文件和坑槽井探数据库文件之前，需要将文件转换成哪种格式的文件？如何转换？

3-7 “过滤”地质数据库文件有哪些方式？其中哪个方式最常用？

3-8 地质数据库的样品组合包括两种方式？二者有什么区别？

3-9 地质数据库的统计分析包括哪些种类？

3-10 矿块模型的性质是什么？估值方法和赋值方法分别包括哪些？

3-11 矿块模型的约束类型包括哪些？如何调用？

3-12 矿块模型常量赋值的操作方式有哪些？

思政育人

盛开在矿山的“铿锵玫瑰”

在煤矿综采设备维修这个“凭技术说话，靠水平立足”的行业，有这样一朵“铿锵玫瑰”。她 20 载辛勤耕耘，初心不变，把青春和汗水挥洒在综采设备维修一线，从一名普通技术员成长为实践经验丰富的机电管理人员，她就是陕西延安黄陵矿业机电公司机电总厂技术副厂长权学利。

勤奋钻研 突破自我勇攀登

“女人也顶半边天，只要肯钻研，就能干出名堂。”从青涩小姑娘到干练的中年“女汉子”，20 多年来她对事业始终抱有执着和热爱。

2015 年，随着煤炭智能化开采技术的普及与应用，煤炭开采量逐年递增，矿用托辊需求量也随之增多。为保障矿井安全生产需求，权学利牵头对生产线进行升级改造，先后设计制作了中转架、托辊下料小车、机械夹持器及托辊轴钻孔夹持器等设备。仅 2019 年当年，车间生产托辊 9 万余根，满足了矿井生产需求。

创新管理 精品机电再升级

2014 年，一号煤矿在 1001 综采工作面实现了地面远程监控无人开采化。权学利带领机电总厂技术组长期坚守在智能化综采设备维修一线，对检修技术、工艺、流程进行反复论证，编制了相关企业标准，使维修作业有章可循。同时建立了设备维修台账，为每台设备定制“身份证”，建立“病历”档案，开具维修“处方”，方便日常设备管理工作，进一步提高设备检修效率。

2016年，机电总厂首次承修液压支架电液控系统。为了保证电液控维修质量，权学利先后3次带领厂里的技术人员前往北京公司学习。在大修期间，她和技术人员一起研究探讨，确保每道工序检修完好，其间参与设计、制作了高效阀组维修工作台，极大提升了工作效率与检修质量。

“她经常跑在维修一线，和技术人员研究维修技术难题。”谈起权学利，厂长王志刚赞不绝口。

坚守初心 情洒矿山结硕果

在她的带领下，机电总厂先后完成液压支架立柱、千斤顶密封自动压装设备的设计与制作、采煤机变频器加载试验设备的设计及应用等多项科技项目，在节约人工成本的同时，极大提升了作业效率，降低了职工的劳动强度。

实干收获荣誉。权学利先后被黄陵县、黄陵矿业公司和机电公司评为“三八”红旗手和“优秀科技工作者”等荣誉称号，2020年被评为黄陵矿业劳动模范。

“作为技术副厂长，我的责任就是把技术工作干好，把技术团队带好，脚踏实地干好自己的本职工作。”面对荣誉，权学利言语里满是谦虚、质朴和淳厚。权学利钟情于矿山、扎根于煤海，钻研技术，用初心践行使命，用奋斗书写担当。

4 井 巷 工 程

井巷工程是矿山建设和生产中非常重要的工程。运输、提升、充填、通风、排水以及采场回采等生产工序环节都离不开井巷系统。井巷种类主要包括竖井、斜井、斜坡道、平巷、天井、硐室等。

软件的“井巷工程”选项卡主要功能包括巷道中心线设计、巷道断面设计、井巷实体生成、三维设计及施工图输出等。

4.1 巷道中心线设计

“中心线设计”功能组主要用于各类巷道中心线的设计，包括巷道、弯道、单岔道、双岔道、起点起岔、终点起岔和中心线。

4.1.1 巷道

“巷道”的功能是根据巷道工程的要求进行巷道中心线的设计。“巷道”与“多段线”命令绘制线的主要区别是“巷道”绘制线增加了绘制弯道的功能。

【示例练习】采用“巷道”命令绘制一条带有弯道的巷道中心线。

微课-绘制巷道中心线

操作步骤：点击“巷道”命令，命令行提示“输入基点”，可在视图窗口捕捉一点或是命令行输入点的坐标，输入“0，0，0”回车，命令行继续提示“坡度(G)/方位角、倾角，距离”，“巷道”命令绘制的第一条线必须是直线，可以选择“坡度”或“方位角、倾角，距离”两种方法绘制。在命令行输入方位角、倾角，距离数值“50，45，80”，回车。此时，命令行的提示增加了“弯道”选项，输入W，回车，弹出弯道设计窗口，如图 4-1 所示。输入半径“15”、圆心角“150”、

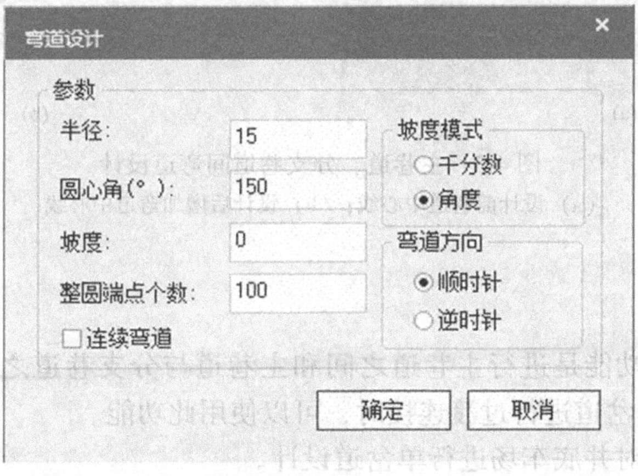

图 4-1　弯道设计窗口

坡度“0”、整圆端点个数“100”，坡度模式选择“角度”，弯道方向选择“顺时针”，点击确定，视图窗口生成弯道线，命令行提示输入距离，输入“100”，回车。右键确定并结束命令。绘制的带有弯道的巷道中心线如图 4-2 所示。双击该中心线，可在属性窗口查看其几何属性。

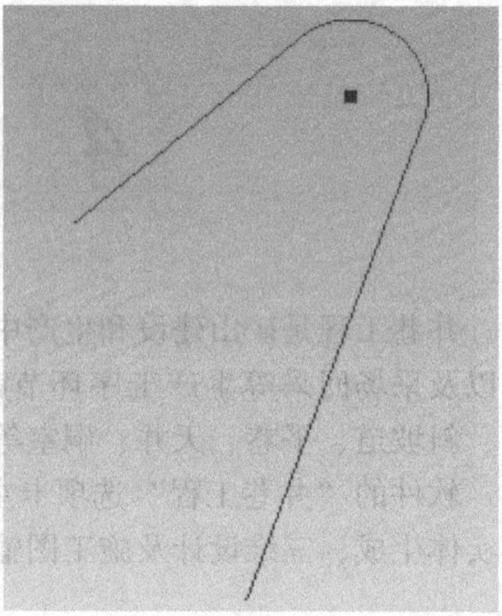
图 4-2 绘制带有弯道的巷道中心线

4.1.2 弯道

“弯道”的功能是对两条巷道中心线间的弯道进行设计。两条巷道间需要用弯道进行过渡连接时，可以使用此功能。

微课-绘制弯道中心线

【示例练习】在主巷道和分支巷道之间进行弯道设计。

操作步骤：打开“中心线设计_弯道 . dmf”文件，如图 4-3（a）所示，图中实线为主巷道中心线，虚线为分支巷道中心线。点击“弯道”命令，按命令行提示选择主巷道，选择主巷道时要靠近分支巷道那一段，选中主巷道后，中心线显示加粗，命令行提示输入半径，输入“15”，此时，要把光标挪到分支巷道中心线上，然后回车。按同样方法，绘制其他主、分支巷道间的弯道。弯道绘制完成后，要把多余线修剪掉，如图 4-3（b）所示。

(a) (b)

图 4-3 主巷道、分支巷道间弯道设计
（a）设计前巷道中心线；（b）设计后增加弯道中心线

4.1.3 单岔道

“单岔道”的功能是进行主巷道之间和主巷道与分支巷道之间的单岔道设计。在巷道间需要用单岔道进行过渡连接时，可以使用此功能。

【示例练习】对井底车场进行单岔道设计。

操作步骤：打开“中心线设计_岔道 . dmf”文件，如图 4-4（a）所示，在图中圆圈标注的位置进行单岔道设计。点击“单岔道”命令，弹出岔道参数设置窗口，按岔道型号输入参数，如图4-5所示。按命令行提示选择主巷道，输入半径“15”，光标挪至分支巷道，回车。按同样操作，设计另一条单岔道。删除多余线，如图4-4（b)所示。

微课-绘制单岔道和双岔道

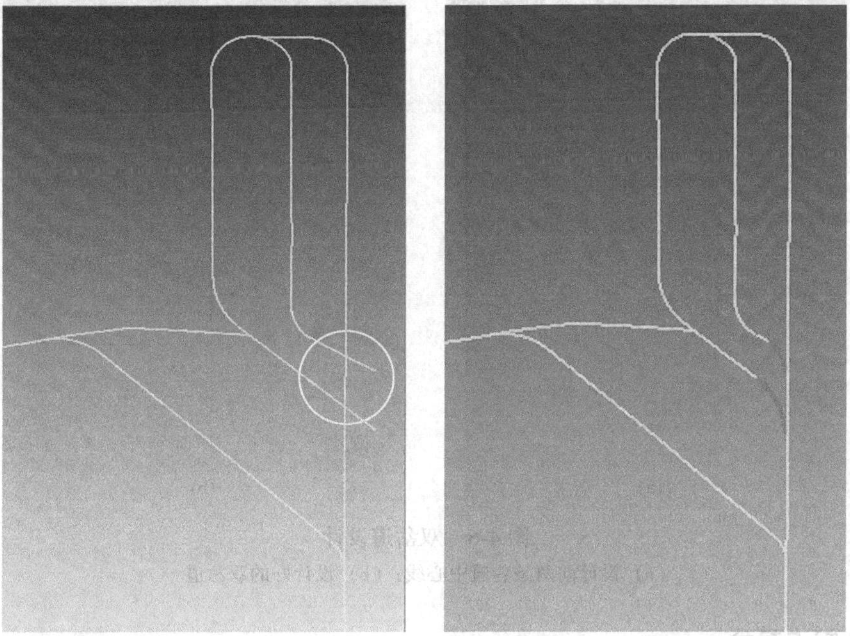

(a) (b)

图 4-4 井底车场单岔道设计

（a）设计前井底车场中心线；（b）设计好的单岔道

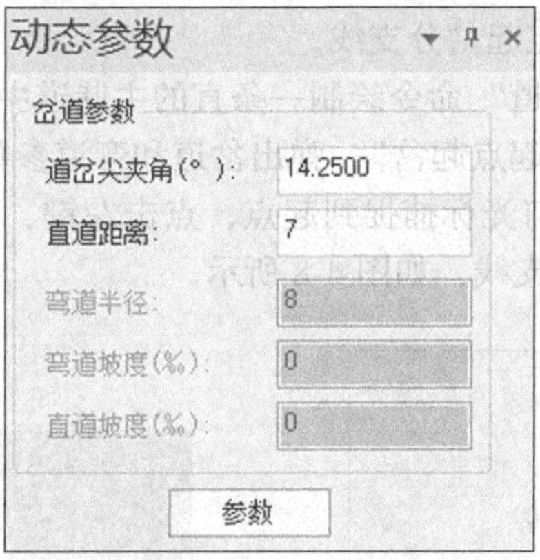

图 4-5 岔道参数设置窗口

4.1.4 双岔道

“双岔道”是对两个巷道之间进行双岔道连接设计。

【示例练习】在两条巷道之间进行双岔道设计。

操作步骤：打开“双岔道 . dmf”文件，如图 4-6（a）所示，点击“双岔道”

命令。弹出的岔道参数设置窗口与“单岔道”参数设置窗口相同，设置参数如图 4-5 所示。按命令行提示选择主巷道，输入半径“20”，光标挪至分支巷道，回车，完成双岔道设计，如图 4-6（b）所示。

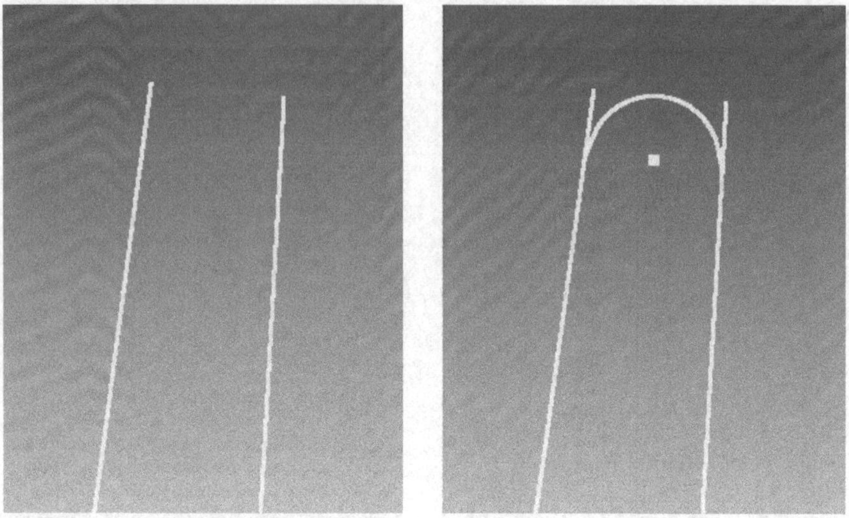

(a) (b)

图 4-6 双岔道设计

（a）设计前两条巷道中心线；（b）设计好的双岔道

4.1.5 起点起岔

起点起岔是在设计时首先确定主巷道的起点位置及起点岔道参数和弯道参数，拖动鼠标至目标点位置，生成起点起岔分支线。

【示例练习】绘制起点起岔分支线。

操作步骤：使用“巷道”命令绘制一条直的主巷道中心线，在该主巷道中心线上确定一个起点。点击“起点起岔”，弹出岔道和弯道参数设置窗口，设置好参数，如图 4-7 所示。在视图窗口光标捕捉到起点，点击左键，拖动光标至目标点，再点击左键。生成起点起岔分支线，如图 4-8 所示。

微课-起点起岔和终点起岔

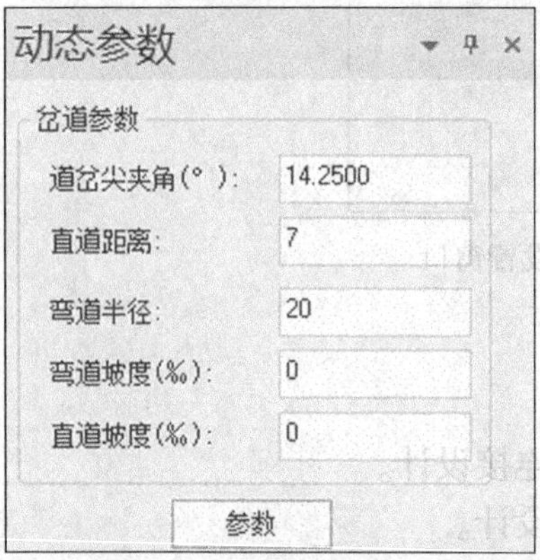

图 4-7 起点起岔参数设置窗口

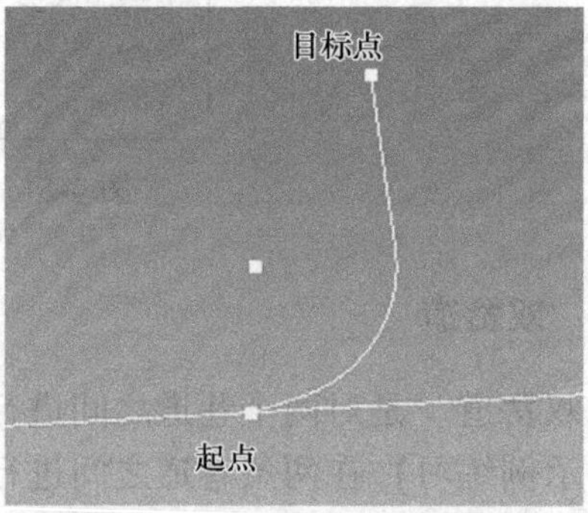

图 4-8 绘制的起点起岔分支线

4.1.6 终点起岔

终点起岔是根据分支巷道中心线终点位置以及岔道参数和弯道参数，在主巷道中心线上确定一点为岔道的起点。

【示例练习】绘制终点起岔分支线。

操作步骤：使用“巷道”命令绘制一条直的主巷道中心线，在该主巷道中心线外确定一个终点。点击“终点起岔”，弹出岔道和弯道参数设置窗口，按图 4-9 设置好参数。在视图窗口光标捕捉到终点，点击左键，然后拖动光标沿着主巷道中心线移动，确定好位置，点击左键。生成终点起岔分支线，如图 4-10 所示。

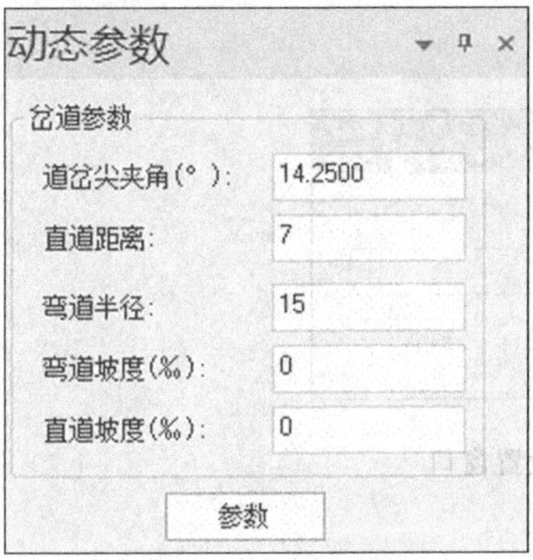

图 4-9 终点起岔参数设置窗口

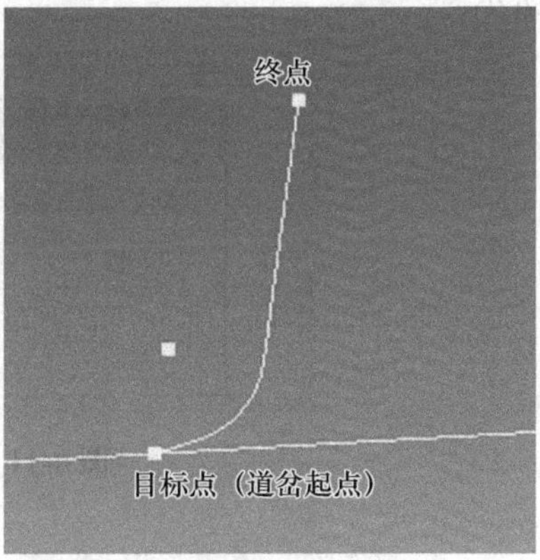

图 4-10 绘制的终点起岔分支线

4.2 井巷断面设计

井巷断面设计包括巷道断面参数和支护类型两个方面。

4.2.1 轮廓

在采用巷道中心线生成井巷实体模型之前，首先要对巷道中心线的断面参数进行设计，包括巷道的断面形状的选择及断面尺寸的设计等。

微课-巷道断面参数设计

【示例练习】创建一个三心拱巷道断面，并将其添加到巷道中心线实体属性的“断面号”上。

操作步骤：

（1）创建三心拱巷道断面。点击“轮廓”命令，弹出断面设计窗口，在窗口找到“创建”按钮并点击，弹出断面名称设置窗口，如图 4-11 所示。输入断面名称“三心拱-1”，点击确定。断面设计窗口，如图 4-12 所示，第一行断面名称变为“三心拱-1”，点击右侧“重命名”可以修改名称，点击“删除”按钮可删除名称。窗口左侧为断面设计图形预览区，调整右侧断面参数，预览图形会随之发生变化。在断面参数栏，编号是系统根据顺序自动生成的，不可修改。在形状的下拉菜单选择“三心拱”，宽度（下）输入“4”，墙高输入“3”，在拱高/宽度的下拉菜单选择“1/3”。X 偏移和 Y 偏移均输入“0”。左侧预览图的红色中心点为井巷中心线在断面轮廓的位置，通过调整 X 偏移和 Y 偏移的数值来调整中心点的位置，当两个偏移都输入 0 时，中心点在巷道底板的中点上。设置完成后一定要点击“修改”按钮，否则断面参数不会保存。点击确定，完成断面设计。

（2）巷道中心线添加断面号实体属性。点击“巷道”命令，绘制一条巷道中心线，退出命令，双击该中心线，在弹出的属性窗口切换到实体属性，点击“断面号”右侧按钮，弹出断面设计窗口，在断面名称的下拉菜单找到刚才设计的“三心拱-1”并选中，点击确定。属性窗口的断面号右侧会自动生成编号，与“三心拱-1”断面设计编号相同。巷道中心线添加断面号属性的操作完成，实体属性设置如图 4-13所示。

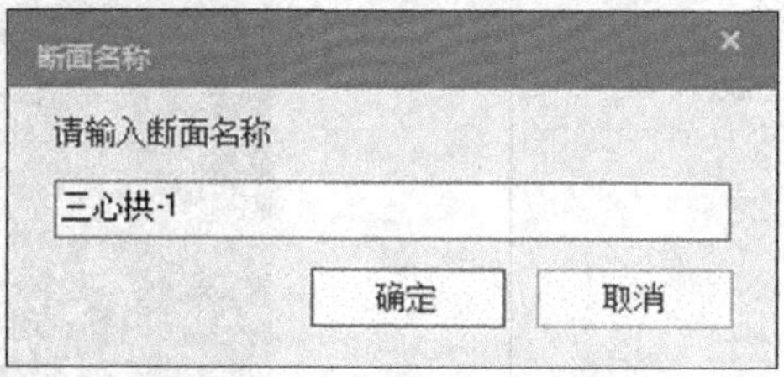

图 4-11　断面名称设置窗口

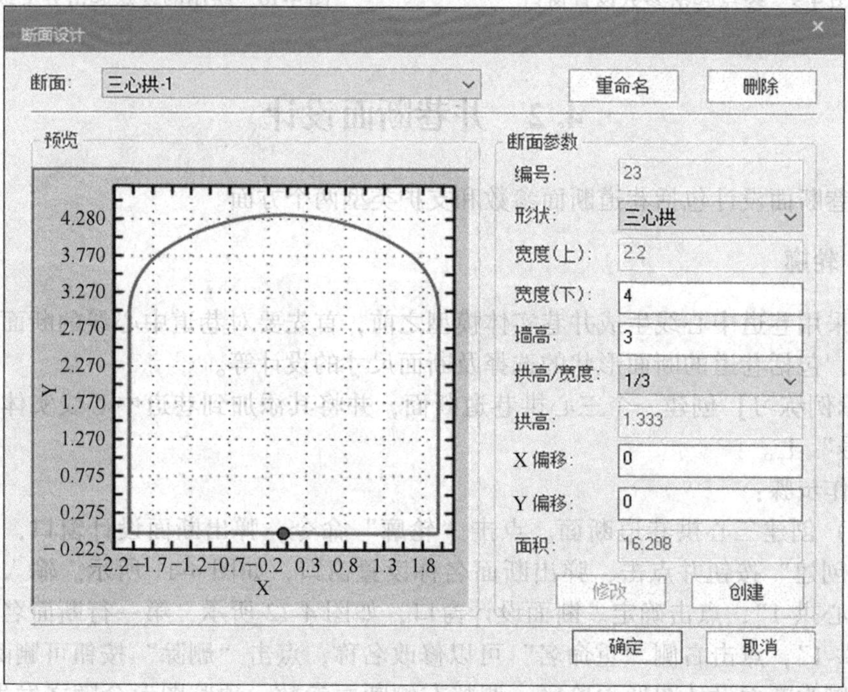

图 4-12　三心拱断面设计窗口

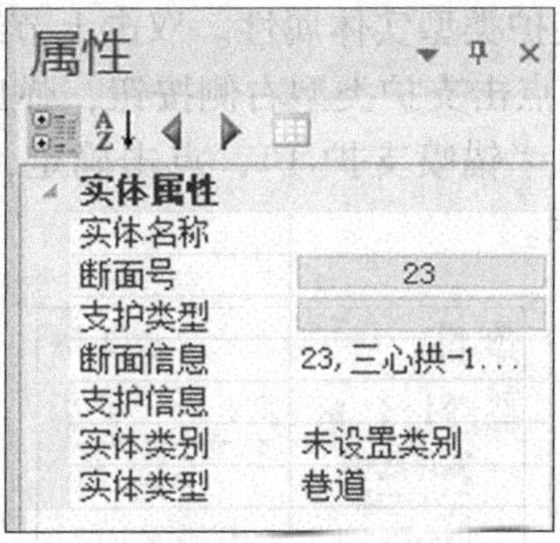

图 4-13　巷道中心线断面号设置属性窗口

4.2.2　支护

微课-井巷支护设计

“支护”用于井巷断面支护设计。

【示例练习】创建一个锚喷支护设计，并将其添加到巷道中心线实体属性的“支护类型”上。

操作步骤：

（1）创建锚喷支护设计。点击“支护”命令，弹出支护设计窗口，在窗口中点击“创建”按钮，弹出支护名称设置窗口，输入支护名称“锚喷支护-1”，点击确定，回到支护设计窗口，支护编号自动生成，支护类型的下拉菜单有多项支护类型可选，如图 4-14 所示，选择不同的支护类型，在支护设计窗口上可进行不同的设计，这里选择“锚喷”。窗口亮色输入框可进行设计，暗色则不可设计。按图 4-15 输入支护设计参数，点击“修改”按钮，点击确定，完成锚喷支护设计。

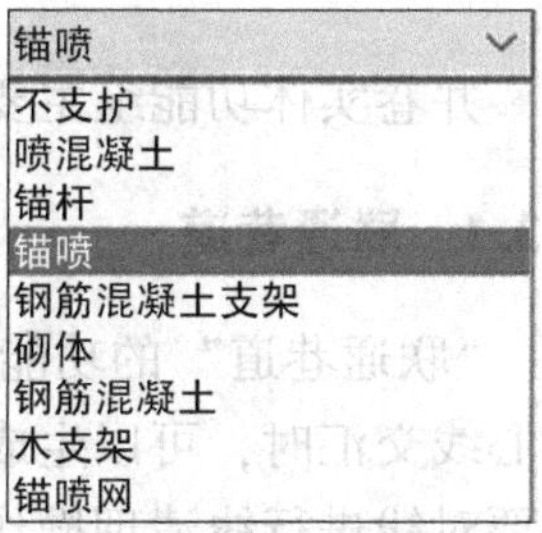

图 4-14　支护类型下拉菜单选择项

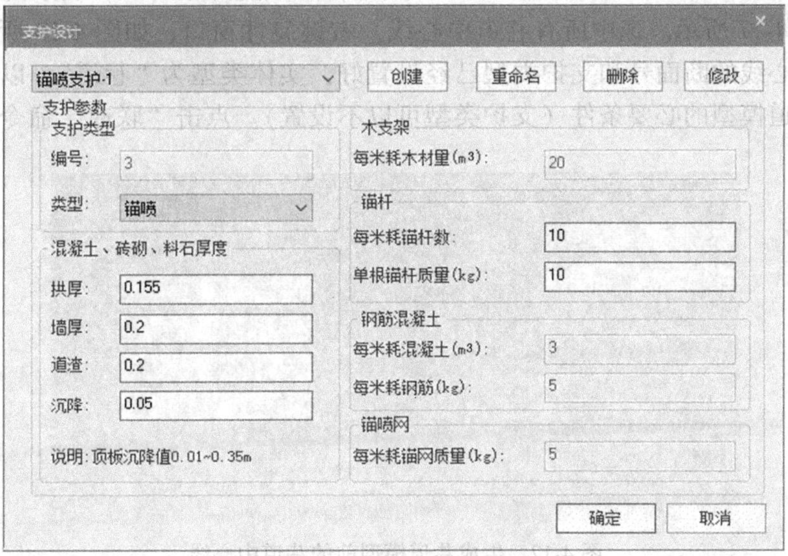

图 4-15　锚喷支护设计窗口

（2）巷道中心线添加支护类型实体属性。双击上节绘制的巷道中心线，弹出的属性窗口选择实体属性栏，点击支护类型右侧按钮，弹出支护设计窗口，在支护名称下拉菜单选择刚才设计的“锚喷支护-1”，点击确定，属性窗口的支护类型栏自动生成编号，如图 4-16 所示。

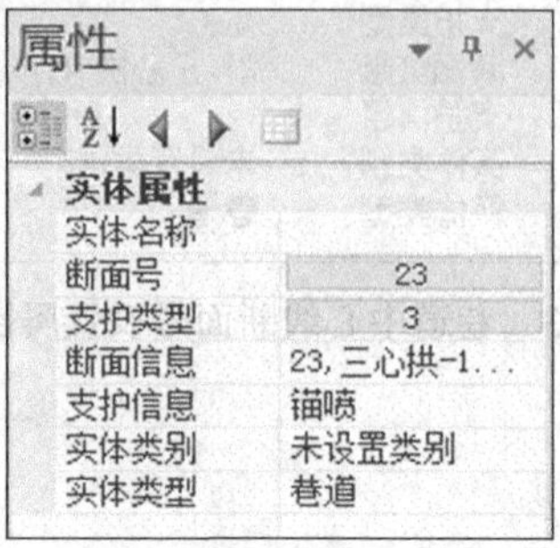

图 4-16　巷道中心线支护类型设置属性窗口

4.3　井巷实体生成

井巷实体功能组主要用于将已进行断面设计的井巷中心线生成井巷实体。

4.3.1　联通巷道

“联通巷道”的功能是根据巷道中心线来生成联通的巷道实体。当有多条巷道中心线交汇时，可以生成交叉口连通、两端封闭或不封闭的实体。联通巷道生成前需要对线进行线清理操作，处理异常线和重复线等。

微课-生成巷道模型

【示例练习】把井巷实体文件的巷道中心线生成联通巷道模型。

操作步骤：打开“井巷实体 .dmf”文件，隐藏竖井中心线，剩余为巷道中心线，如图 4-17 所示。选中所有巷道中心线，右键属性窗口，如图 4-18 所示。可以看出，中心线的断面号和支护类型已经设置好，实体类型为“巷道”，以上是中心线生成巷道模型的必要条件（支护类型可以不设置）。点击“联通”命令，弹出设

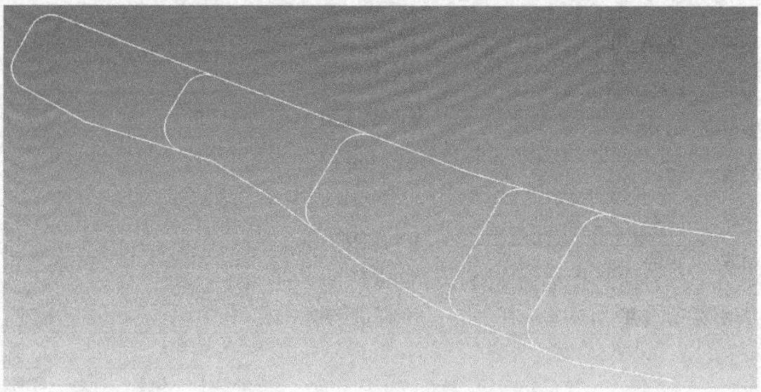

图 4-17　生成巷道模型前的巷道中心线

置窗口，如图 4-19 所示，联通巷道的生成模式为不可选项。按命令行提示框选所有巷道中心线，右键确定，生成巷道模型，如图 4-20（a）所示。选择 Z 轴视图限制，观察巷道相交部分，里面的结构是联通的，如图 4-20（b）所示。

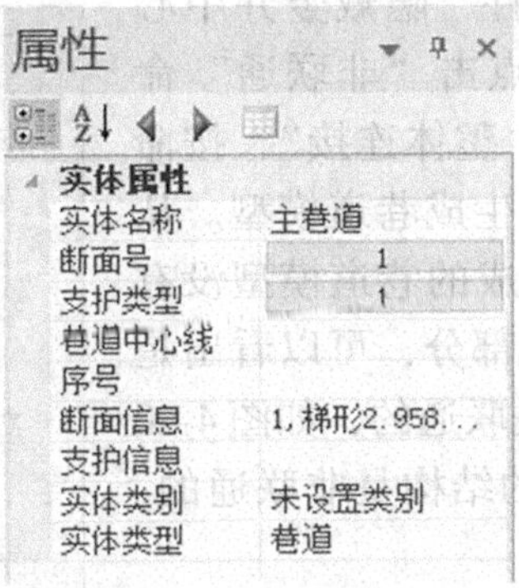

图 4-18 巷道中心线的实体属性

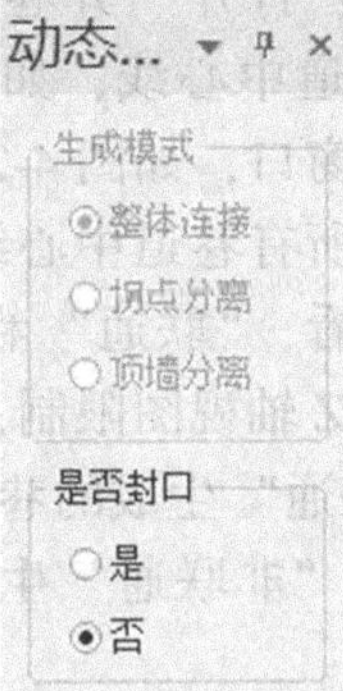

图 4-19 联通巷道设置窗口

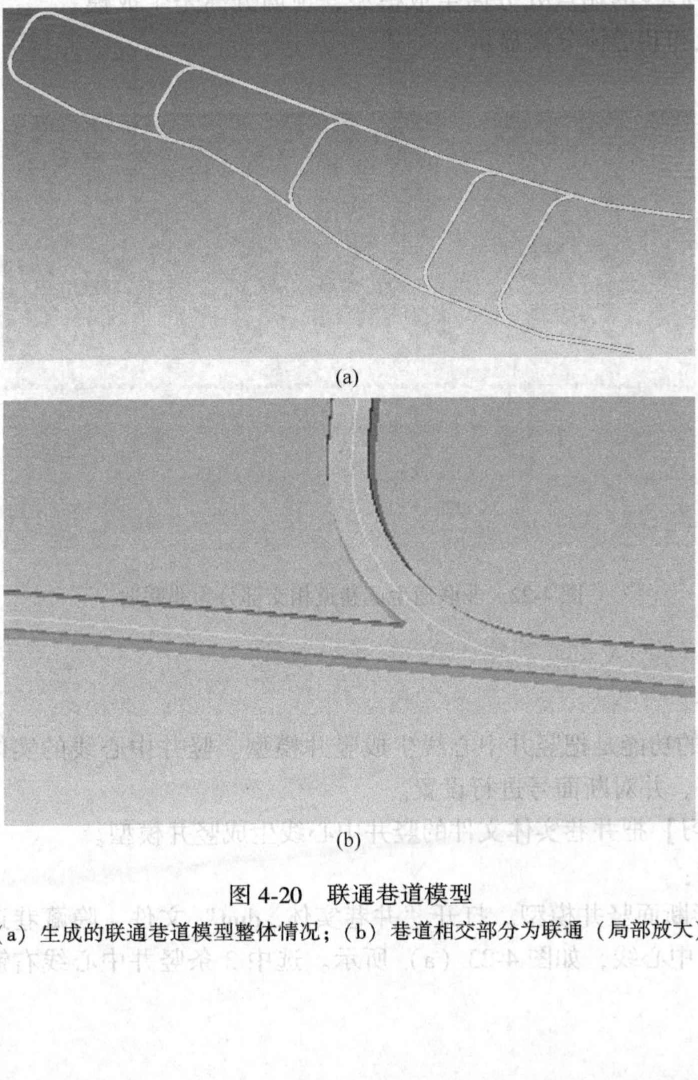

(a)

(b)

图 4-20 联通巷道模型

（a）生成的联通巷道模型整体情况；（b）巷道相交部分为联通（局部放大）

4.3.2 非联通巷道

“非联通巷道”的功能是生成非联通的巷道。

【示例练习】把井巷实体文件的巷道中心线生成非联通巷道模型。

操作步骤：打开“井巷实体 . dmf”文件，隐藏竖井中心线，剩余为巷道中心线，如图 4-17 所示。点击“非联通”命令，弹出设置窗口，如图 4-21 所示，点选“整体连接”，按命令行提示框选所有巷道中心线，右键确定，生成巷道模型。从外部整体情况看，“联通”和“非联通”生成的巷道模型没有区别，但选择 Z 轴视图限制，观察巷道相交部分，可以看出是有区别的：“联通”生成的巷道里面的结构是联通的，如图 4-20（b）所示；而“非联通”生成的巷道里面的结构是非联通的，如图 4-22 所示。

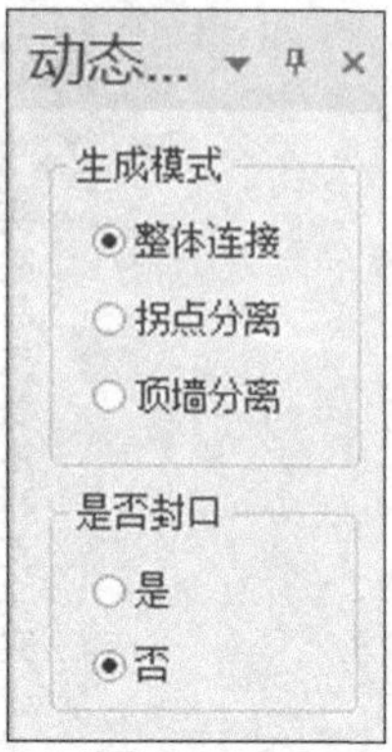

图 4-21 非联通巷道设置窗口

说明：非联通巷道的生成模式有 3 个选项，分别是整体连接、拐点分离和顶墙分离。整体连接是生成整体巷道模型，拐点分离是在中心线的端点处分离生成模型，顶墙分离是生成模型的同时顶板和巷道体分离显示。

图 4-22 非联通生成巷道相交部分为非联通

4.3.3 竖井

微课-生成竖井模型

“竖井”的功能是把竖井中心线生成竖井模型。竖井中心线的实体属性中的实体类型为井筒，并对断面号进行设置。

【示例练习】把井巷实体文件的竖井中心线生成竖井模型。

操作步骤：

（1）矩形断面竖井模型。打开“井巷实体 . dmf”文件，隐藏巷道中心线，剩余为 3 条竖井中心线，如图 4-23（a）所示。选中 3 条竖井中心线右键属性窗口如

图 4-23（b）所示。点击“断面号”右侧按钮，弹出断面设计窗口如图 4-23（c）所示，可以看出，断面形状为矩形。点击“竖井”命令，弹出窗口与“联通”命令窗口相同。按命令行提示输入旋转角度，输入“0”，回车，选中 3 条竖井中心线，右键确定，即生成矩形断面竖井模型，如图 4-24 所示。

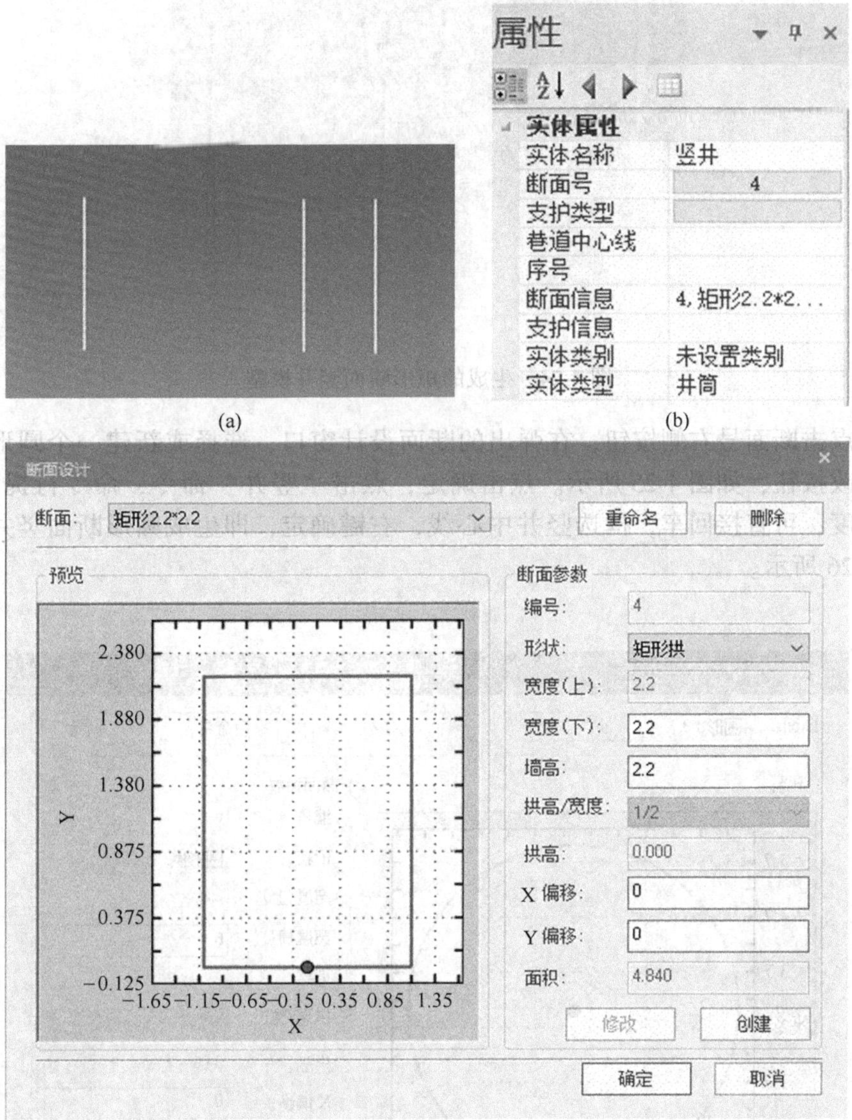

(a) (b)

(c)

图 4-23　竖井中心线图形及断面属性

（a）竖井中心线图形；（b）竖井中心线实体属性；（c）竖井中心线矩形断面设计窗口

说明：矩形断面竖井应根据其实际方位角度输入旋转角度，旋转方向为绕断面中心线逆时针旋转。对于圆形断面竖井，旋转角度的设置没有意义。

（2）圆形断面竖井模型。回退步骤（1）的操作，选择 3 条竖井中心线，右键

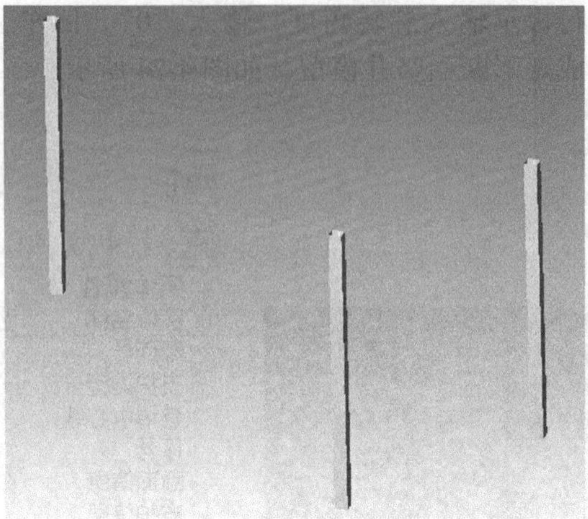

图 4-24 生成的矩形断面竖井模型

属性，点击断面号右侧按钮，在弹出的断面设计窗口，选择或新建一个圆形断面，点击修改按钮，如图 4-25 所示。点击确定，点击“竖井”命令，命令行提示输入旋转角度，可直接回车，框选竖井中心线，右键确定，即生成圆形断面竖井模型，如图 4-26 所示。

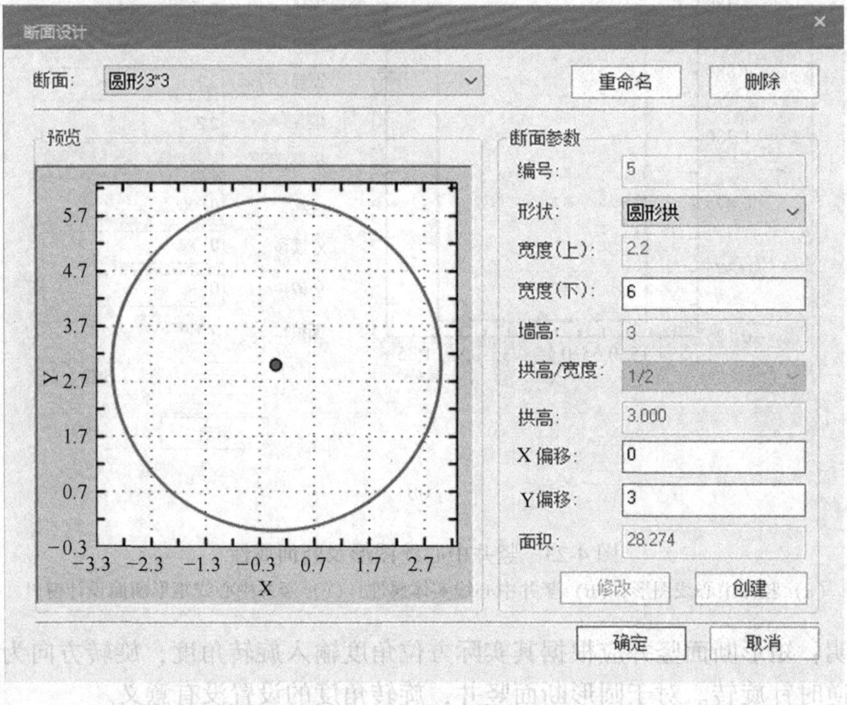

图 4-25 竖井圆形断面设计

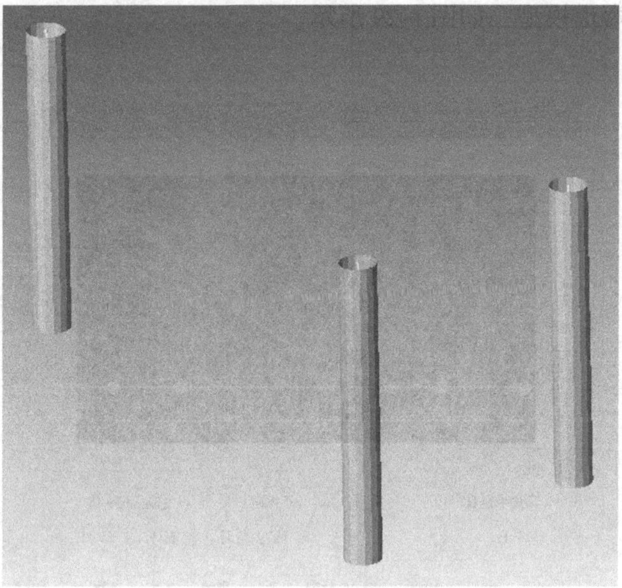

图 4-26 生成的圆形断面竖井模型

4.4 三维设计

“三维设计”的功能是在几种不同的情况下分别生成巷道中心线、帮线和实体。该功能组包括“直巷”“弯道”和“岔道”命令。

4.4.1 直巷

“直巷”的功能主要是在巷道断面不变的情况下，直接生成巷道中心线、帮线和实体。

点击“直巷”命令，弹出设置窗口，如图 4-27 所示。点击“断面号”右侧按钮可以对巷道断面设计进行修改，勾选“生成三维实体”，可在视图窗口直接绘制巷道模型，绘制方法与绘制多段线类似。勾选“选择中心线”，在视图窗口选择巷道中心线，右键可生成巷道模型。

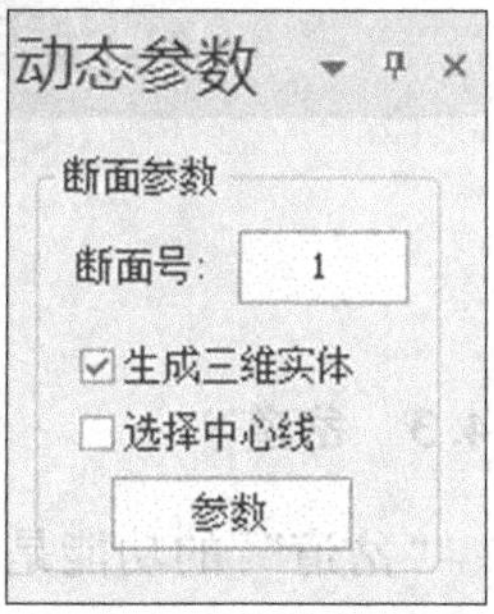

图 4-27 直巷设置窗口

微课-三维设计

4.4.2 弯道

“弯道”的功能主要是在主巷道与分支巷道间用弯道连接时直接生成巷道帮线及巷道实体。

【示例练习】在主巷道和分支巷道之间进行三维弯道设计。

操作步骤：打开“中心线设计_弯道 . dmf”文件，如图 4-3（a）所示。点击“弯道”命令，点击“设置”按钮，弹出弯道三维设计窗口，对参数进行设置，断面号设置为“三心拱”，如图4-28所示，点击确定。选择主巷道，再选择分支巷道，即生成三维弯道模型，如图4-29所示。

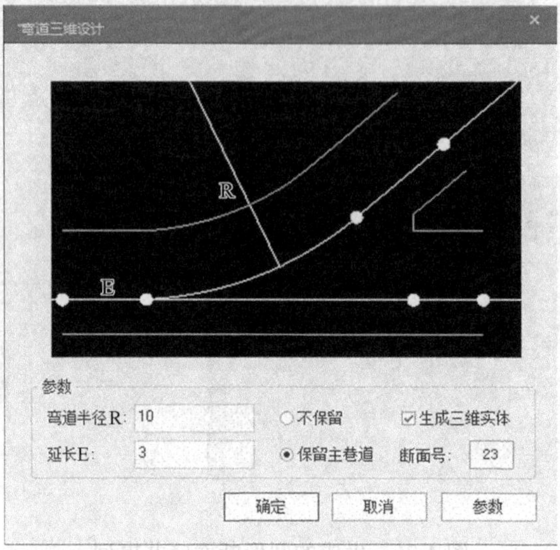

图4-28 弯道三维设计窗口

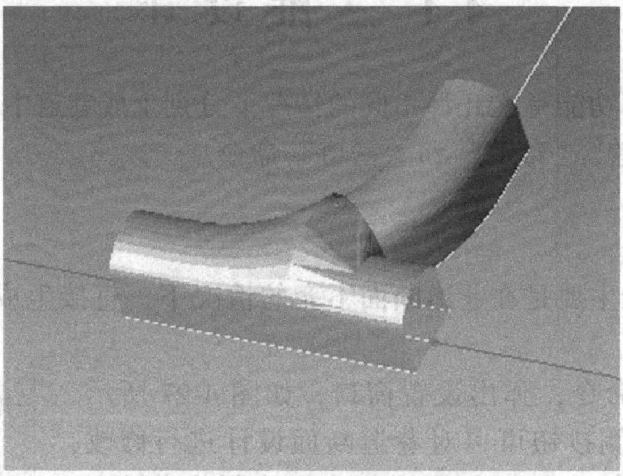

图4-29 三维弯道设计模型

4.4.3 岔道

“岔道”的功能是对两条相交的巷道中心线生成岔道中心线、帮线和模型。

【示例练习】对井底车场进行岔道三维设计。

操作步骤：打开“中心线设计_岔道.dmf”文件，如图4-4（a）所示。点击“岔道”命令，点击“设置”按钮，弹出岔道三维设计窗口，选择道岔型号，自动生成参数，设置断面号为“三心拱”，勾选生成三维实体，如图4-30所示，点击确定。选择主巷道，再选择分支巷道，即生成三维岔道模型，如图4-31所示。

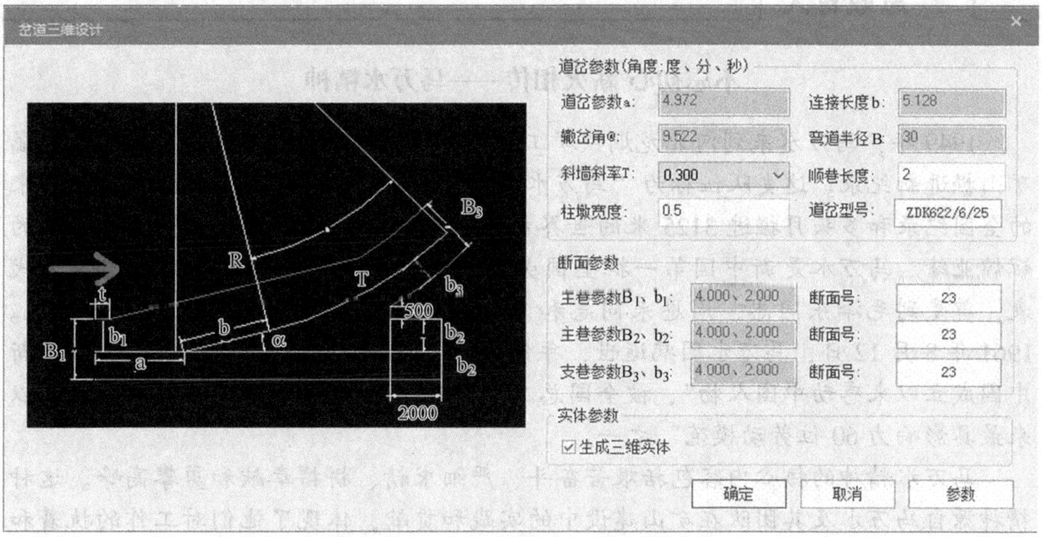

图 4-30 岔道三维设计窗口

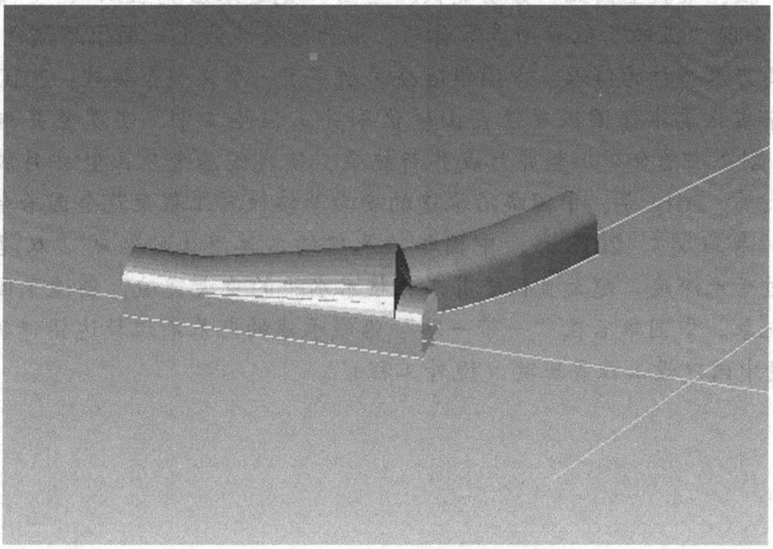
图 4-31 三维岔道设计模型

思考题

4-1 分别列出“巷道”“弯道”“单岔道”“双岔道”“起点起岔”“终点起岔”命令的功能区别。

4-2 简述创建一个三心拱断面设计的具体步骤。

4-3 简述锚杆支护设计的具体步骤。

4-4 井巷的中心线在生成井巷实体之前需要进行哪些操作?

思政育人

不忘初心 薪火相传——马万水精神

1949 年，马万水来到河北龙烟铁矿工作，带领小组先后多次创造全国黑色金属矿山掘进新纪录。这支队伍称为“马万水小组”，创造了平巷独头月掘进 1403.6 米的全国纪录和多头月掘进 3125 米的世界纪录，做出了无愧于人民、无愧于时代的辉煌业绩。马万水是新中国第一批全国劳动模范，也是第一、第二届全国人大代表，曾受到毛泽东同志、周恩来同志和朱德同志等党和国家领导人的亲切接见。1961 年 8 月 12 日，马万水因病逝世，年仅 38 岁。2009 年，马万水当选“100 位新中国成立以来感动中国人物”，被全国总工会评为“时代领跑者——新中国成立以来最具影响力 60 位劳动模范”之一。

马万水精神的核心内容包括艰苦奋斗、严细求精、拼搏奉献和勇攀高峰。这种精神源自马万水及其团队在矿山建设中的实践和贡献，体现了他们对工作的执着和奉献精神。昔日的马万水英雄集体加入中国华冶并发展为其下属的马万水分公司。马万水分公司秉承马万水精神，积累了丰富的矿山施工管理经验，具有自主创新能力的知识产权，荣获全国五一劳动奖状、全国“先进基层党组织”、全国“模范职工小家”、全国“五四”红旗团委等称号，成为冶金战线上一面永不褪色的红旗。

有了马万水精神的传承，中国华冶公司创下了一个又一个辉煌：2010 年，中国华冶在辽宁省北票市保国铁矿铁蛋山矿区副井工程施工中，实现竖井施工月成井 205.6 米，创全国冶金矿山竖井月成井新纪录，使我国冶金矿山竖井月成井首次突破 200 米大关。2014 年，中国华冶承建的安徽草楼铁矿工程荣获全国冶金矿山建设行业首枚“鲁班奖”。2018 年，中国华冶承建的本溪思山岭铁矿“双超”工程竣工，是超过千米深度、超大直径竖井工程技术水平的重大突破，创造了国内冶金矿山行业新纪录。中国华冶在“一带一路”沿线承建的巴基斯坦杜达铅锌矿项目荣获“2020 年度中国建设工程鲁班奖（境外工程）”。

建模篇

5 DTM 建模

DTM 建模的主要数据有 AutoCAD 软件绘制的相关图纸文件、现场测量或扫描的数据、相关文本文件和 Excel 文件，以及其他数字矿山软件格式的 DTM 等。这些文件和数据通过一定方式导入 DiMinc 软件中，经过一定处理最终生成 DTM。其中，AutoCAD 软件绘制的相关图纸文件导入 DTM 进行建模比较常见。原始图纸文件包括地形地质图、露天终了境界设计图、采场现状图、排土场设计或现状图、工业场地等。建好的 DTM 具有广泛用途，比如，虚拟仿真模拟演示、量的计算、生成等值线、矿块模型的约束条件、参与模型的编辑和运算等。本章将结合 AutoCAD 绘制的地形图和露天开采终了境界原始图文件，讲解 DTM 建模的方法和步骤。

5.1 地表模型建模

5.1.1 原始图件

原始图件地形图为 AutoCAD 软件绘制。图形图元主要包括地形线、测量散点和高程标注、坐标网格线和坐标等，如图 5-1 所示。图中相邻等高线高程差为 5 m。

5.1.2 建模方法和步骤

5.1.2.1 上机项目训练目标

通过本次上机项目训练，掌握将 AutoCAD 图导入 DiMine 软件的方法、赋高程的方法、创建 DTM 方法、DTM 配色、文件和图层的创建及管理等操作。

5.1.2.2 建模步骤

DTM 地表模型建模的基本步骤如下：

（1）图形导入和赋高程。将 AutoCAD 地形图导入 DiMine 中，导入设置时可以设置高程值为 0。将导入的地形图全部选中，右键转换为多段线。点击“线编辑”→“梯度赋高程”，将所有地形线赋上高程。对于地形图中的散点进行处理，点击“线编辑”→“散点赋高程”，选中所有的散点和注释，右键确定。

微课-地表模型建模步骤演示

（2）生成地表模型。点击“实体建模”→“整体”，选中所有地形线和散点，选择“地性线约束”，右键确定。

（3）地表模型的有效性检测。有效性检测是必需的步骤，对于有效性检测有问题的地表模型，后期进行模型运算会出现错误。点击“实体建模”→“有效性”，选择地表模型右键确认，如果提示“有非 0 对三角形相交”，必须处理；如果提示“有非 0 条边不封闭或无效边”，可视情况处理，如果不封闭边或无效边出现在地表模型边缘，无须处理，属于正常情况；如果出现在地表模型中间，视情况进行处理。

（4）地表模型法向方向的显示和调整。选中DTM模型右键，点击“显示面片法线方向”，箭头应该向下。如果法线方向向上，点击“运算”→“优化”命令，点选“方向一致化”，勾选“反向”，选中DTM模型，右键确定。

（5）地表模型配色。点击“材质纹理”→“配色”，选中地表模型，对Z值进行配色显示。

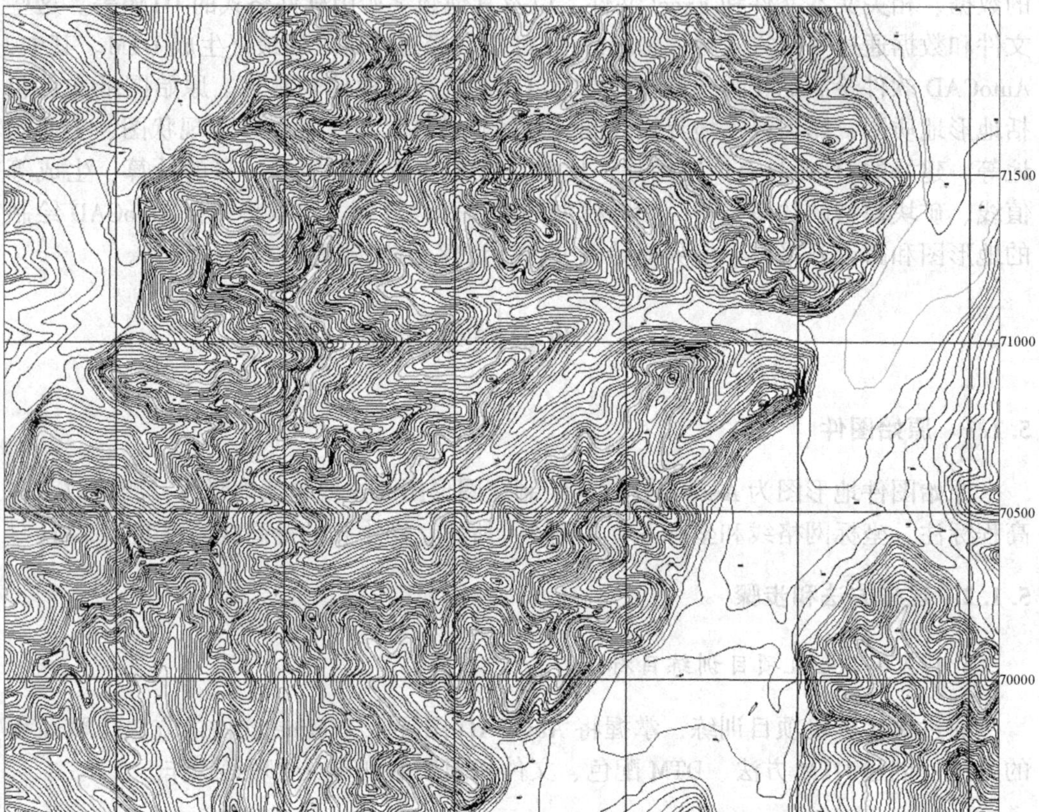

图5-1　AutoCAD地形原始图

5.1.2.3　具体操作

（1）地形图的导入和文件保存。

点击“开始”选项卡的“导入导出设置”命令，弹出设置窗口的导入方式勾选“设置高程”（切勿勾选剖面图!），高程值输入“0”，如图5-2所示。点击确定。

在文件夹中找到文件名为“地形图（DTM）.dwg”的AutoCAD文件，选中该文件，按住鼠标左键将其拖入软件视图窗口中，在数据管理窗口生成“地形图（DTM）.dmf”文件，视图窗口显示该地形图。在数据管理窗口选中该文件，点击“保存”按钮，弹出文件保存窗口，设置好保存路径、文件名，点击保存。在设定路径查找到该保存好的文件。

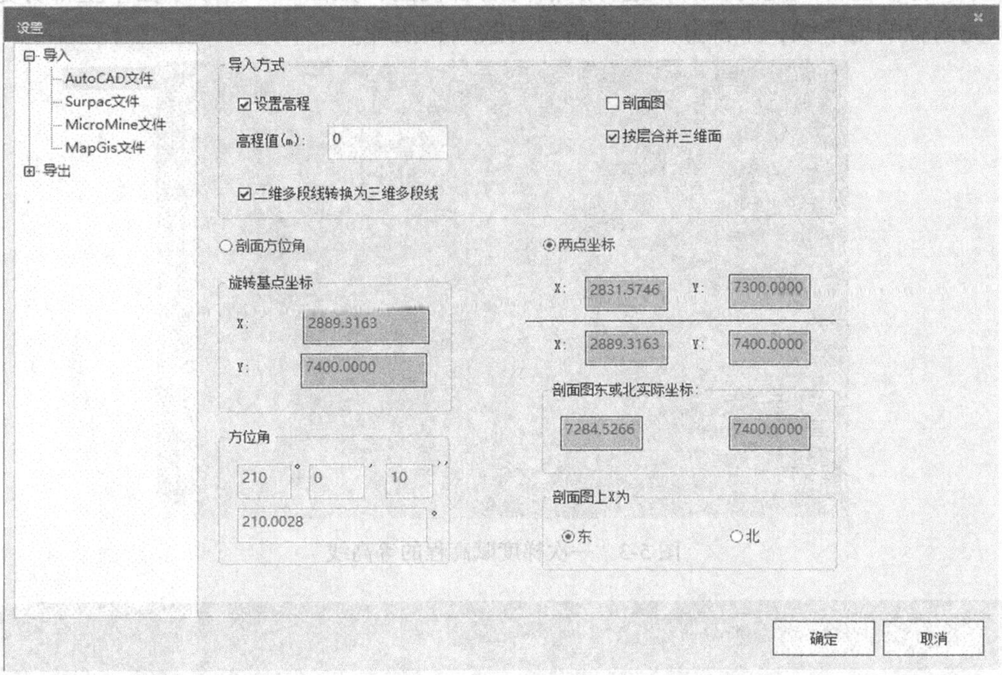

图 5-2　导入设置窗口

（2）赋高程。

赋高程之前，首先把该文件的“坐标线”图层进行隐藏。框选所有图形，右键菜单选择“转换为”→“多段线”，如果已经是多段线，则无须转换。

1）地形线梯度赋高程。

在给地形线赋高程之前先研究好地形线，掌握地形线高程标注和相邻等高线高程差等情况，然后进行赋高程。

点击“线编辑”→“梯度赋高程”命令，按命令行提示输入基线高程和高程差，比如，起始赋高程等高线的高程为 200，高程差递增赋高程，即输入“200,5”，回车，命令行提示“起点”，在起始赋高程等高线之外选择一点，点击左键，命令行提示目标点，移动鼠标会拉一条线与等高线相交。这里需注意，与线相交的等高线必须是递增的，不能是既有递增又递减的，最好向一个大的山峰方向拉线。选中目标点，点击左键，与线相交的等高线被选中，再点击右键，选中的等高线赋上高程，且线的颜色变成粉色，放大可以查看等高线的高程值，如图 5-3 所示。旋转视图可以看出，粉色的等高线已经改变高程。按同样方法，可以把其他等高线全部赋上高程。

这里需注意，双击等高线可以在属性窗口观察线高程，未赋高程的等高线的高程值可以根据与其相邻的已赋高程的等高线的高程值计算出来。这条未赋高程的等高线可以作为下次梯度赋高程的基线，其余等高线赋高程时应注意高程差是递增还是递减，递增的高程差需输入 5，递减的高程差需输入-5。个别的等高线也可以在属性窗口直接修改线高程（修改线高程而不是 Z 值），修改好后颜色变换成粉色，便于区分。全部赋完高程后，选择从前向后看视图，如图 5-4 所示。图中上部分是赋完高程的地形线，下部分是未赋高程的散点和注释。

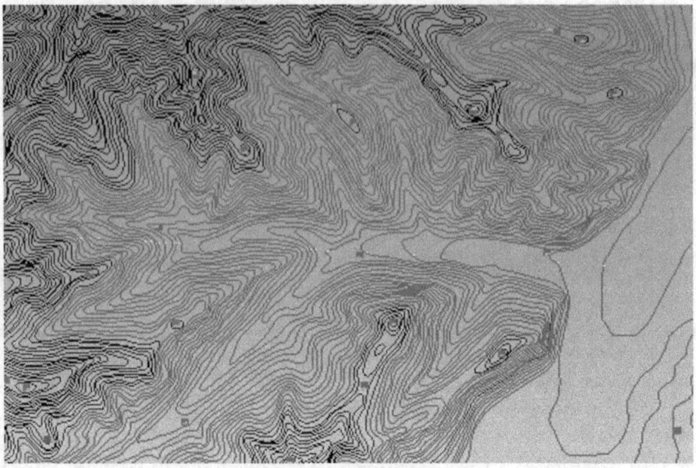

图 5-3　一次梯度赋高程的等高线

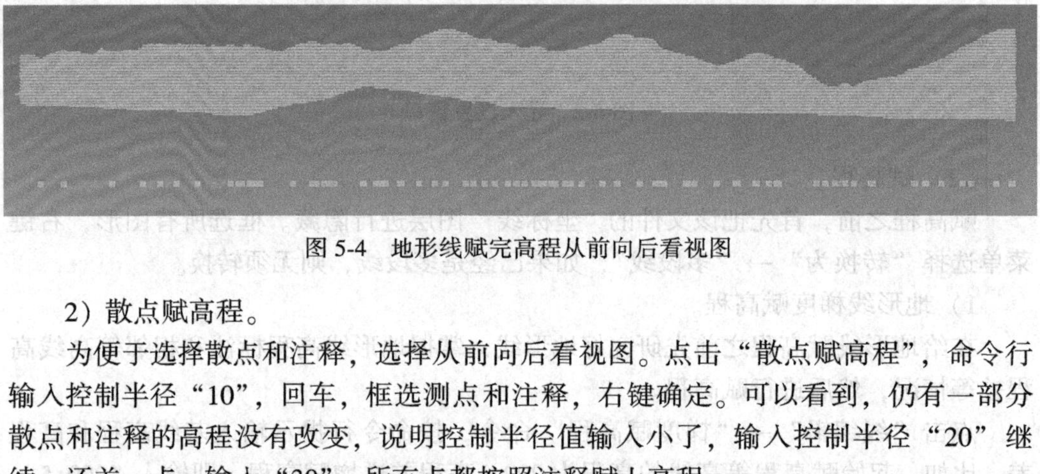

图 5-4　地形线赋完高程从前向后看视图

2）散点赋高程。

为便于选择散点和注释，选择从前向后看视图。点击“散点赋高程”，命令行输入控制半径“10”，回车，框选测点和注释，右键确定。可以看到，仍有一部分散点和注释的高程没有改变，说明控制半径值输入小了，输入控制半径“20”继续，还差一点，输入“30”，所有点都按照注释赋上高程。

(3) 创建地表模型。

新建一个“地表模型”图层，数据管理窗口选中“地形图（DTM）.dmf”文件，右键菜单选择“添加图层”，弹出窗口输入“地表模型”，点击确定，点击文件左侧“+”号，文件下方增加“地表模型”图层，双击该图层，置为当前层。

点击“实体建模”→“整体”命令，弹出设置窗口选择“地性线约束”，视图窗口框选所有地形线和散点，右键确定。由于图形文件比较大，需耐心等待一段时间，生成的地表模型如图 5-5 所示。

(4) 地表模型有效性检测。

点击“实体建模”→“有效性”命令，选择地表模型，右键确认。在数据管理窗口生成“有效性检测定位文件”，命令行提示“有 0 对三角形相交；有 532 条边不封闭或无效边”。在查询结果窗口通过表格列出存在问题，双击每一行提示，会在视图窗口定位存在问题的三角形或边。由于无三角形相交问题，只需查看不封

图 5-5 生成的地表模型

闭边或无效边的问题。隐藏地表模型文件，只显示有效性检测定位文件，在视图窗口会看到沿着地表模型的边缘的边线，中间没有边线。实际上，这些边线是由 532 条边组成，由于地表模型是开放的模型，边缘不封闭，因此产生边不封闭或无效边属于正常现象。以上说明地表模型有效性检测是成功的，没有问题需要处理。

（5）地表模型法线方向调整。

选择地表模型，右键菜单选择“显示面片法向”，如果法向方向向上，需要点击“实体建模”→“运算”→“优化”，弹出菜单点选“方向一致化”，并勾选“反向”，选择模型右键确定。再检查法向方向是否向下。

数据管理窗口选中“地形图（DTM）.dmf”文件，点击保存按钮。

（6）地表模型配色。

点击“配色”命令，弹出动态参数窗口，选择模型，在着色属性选择“Z 值”，点选连续配色。渲染的地表模型效果如图 5-6 所示。

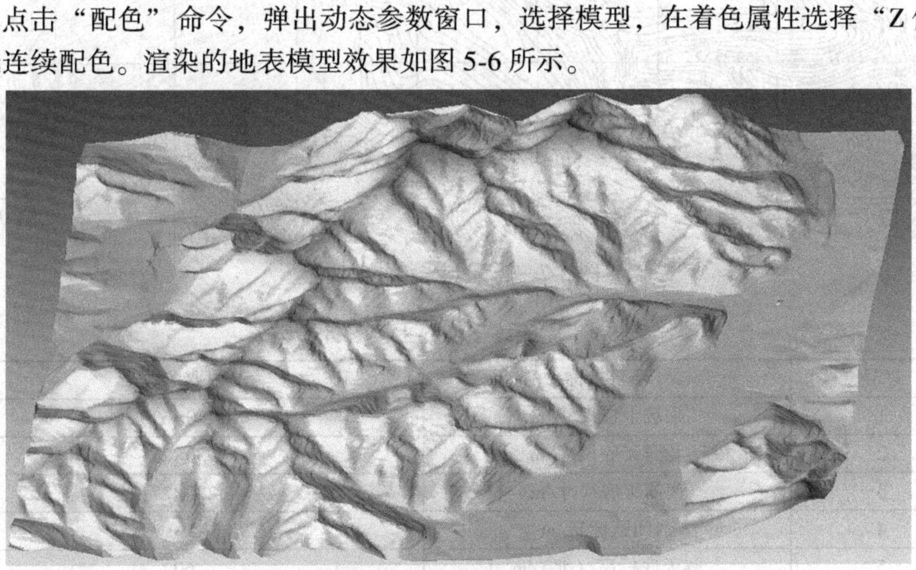

图 5-6 地表模型配色显示

（扫描书前二维码看彩图）

5.2 露天终了境界模型建模

5.2.1 原始图件及处理

5.2.1.1 露天开采终了境界设计简介

上节创建的地表模型是龙泉铁矿的原始地貌，其下方富含大型铁矿床，对 Fe1 矿体进行露天开采设计，露天终了境界由 AutoCAD 软件绘制，绘制结果如图 5-7 所示。露天终了境界的主要设计参数如表 5-1 所示。

图 5-7 露天开采终了境界

表 5-1 露天终了境界主要设计参数

序号	项目名称	主要参数
1	采场上口尺寸/m	1740×620
2	北露天底尺寸/m	650×27
3	南露天底尺寸/m	280×27
4	封闭圈标高/m	210
5	露天底标高（北）/m	60
6	露天底标高（南）/m	40

续表 5-1

序号	项目名称	主要参数
7	境界边坡最大高度/m	415
8	阶段高度/m	10
9	并段高度/m	20
10	阶段坡面角/(°)	65
11	安全平台/m	5
12	清扫平台/m	10
13	运输平台/m	12
14	边坡平台布置要素	2 个安全平台+1 个清扫平台

5.2.1.2 露天终了境界图处理

如果使用露天终了境界图直接进行 DTM 建模，难度相对大一些，尤其是境界线与地表地形线结合部位，处理起来相对困难。如果把露天终了境界自封闭圈线开始，按表 5-1 所示参数向上扩展至超出地表最大高度（415 m），此时再生成境界模型与地表模型进行布尔运算就容易许多，也不会出错。按上述方法采用 AutoCAD 软件处理的向上扩展境界如图 5-8 所示。

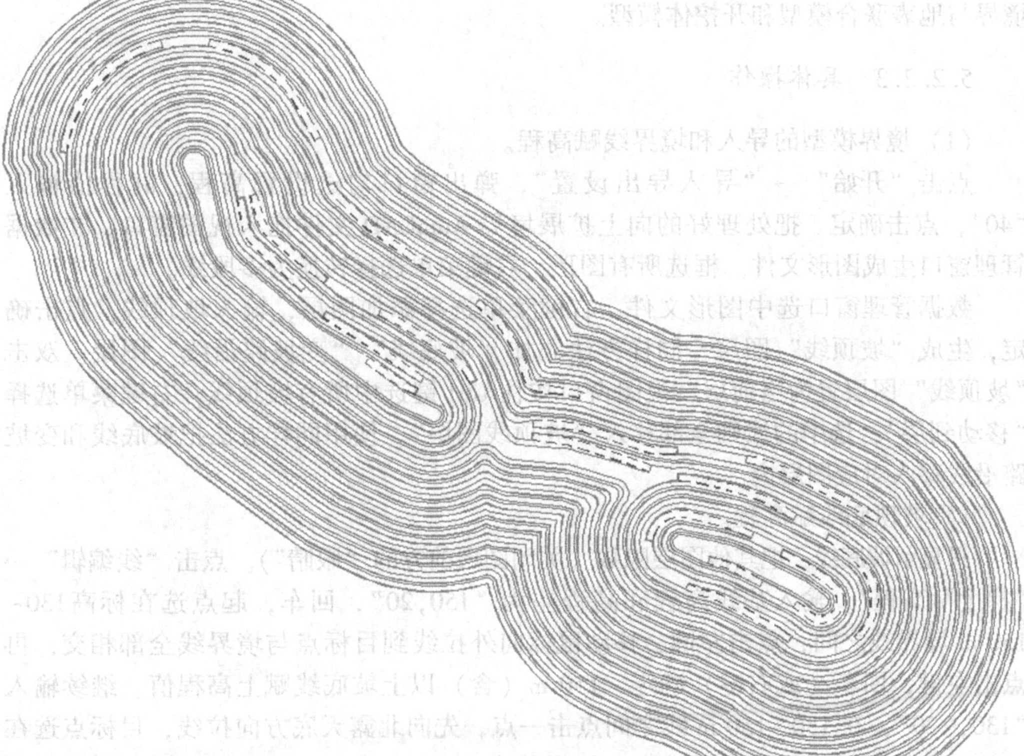

图 5-8 向上扩展境界

5.2.2 建模方法和步骤

5.2.2.1 上机项目训练目标

通过本次上机项目训练，掌握 AutoCAD 境界图导入 DiMine 软件的方法、境界线赋高程的方法、创建境界模型方法、多个 DTM 模型之间布尔运算方法等。

5.2.2.2 建模步骤

DTM 境界模型建模基本步骤如下：

（1）原设计境界的向上扩展境界处理，见 5.2.1 节已讲解的处理方法。

（2）把向上扩展境界 AutoCAD 文件导入 DiMine 软件，为境界线赋高程（境界线包括坡顶线、坡底线和变坡路沿线）。

（3）创建境界模型。把赋好高程的境界线使用“实体建模”→“整体”命令创建境界模型。

（4）境界模型的有效性检测。

（5）检查和处理境界模型法线方向向下。

（6）地表模型和境界模型的布尔运算。打开上次上机项目创建的地表模型，使用“实体建模”→“布尔运算”命令，选择表面联合和表面相交运算类型，生成境界与地表联合模型和开挖体模型。

5.2.2.3 具体操作

微课-露天境界模型建模步骤演示

（1）境界模型的导入和境界线赋高程。

点击“开始”→“导入导出设置”，弹出窗口勾选设置高程，高程值输入“40”，点击确定。把处理好的向上扩展境界 AutoCAD 文件拖入视图窗口，在数据管理窗口生成图形文件。框选所有图形，右键菜单选择转换为多段线。

数据管理窗口选中图形文件，右键菜单选择添加图层，输入坡顶线，点击确定，生成“坡顶线”图层。同样方法添加“坡底线”“变坡路沿线”图层。双击“坡顶线”图层置为当前层，视图窗口按住 Ctrl 键选中所有坡顶线，右键菜单选择“移动到层”，选中的线则全部移入“坡顶线图层”。使用同样方法把坡底线和变坡路沿线移入对应图层内。

1）坡顶底线赋高程。

只显示坡底线，把其他图层隐藏（关闭图层前方的“眼睛”）。点击“线编辑”→“梯度赋高程”，输入基线高程和高程差为“150,20”，回车，起点选在标高130~150 m 境界线之间，点击左键，移动鼠标向外拉线到目标点与境界线全部相交，再点击左键，回车（或右键）确定，150 m（含）以上坡底线赋上高程值。继续输入“130,-20”，在 130~150 m 线之间点击一点，先向北露天底方向拉线，目标点选在 60~70 m 境界线之间，右键确定。同样输入“130,-20”，在 130~150 m 线之间点击一点，再向南露天底方向拉线，目标点选在 40~50 m 境界线之间，右键确定。完成以上操作，只差露天底境界线未赋高程，其余坡底线均赋好高程。分别双击两个露天底境界线，在属性窗口分别修改高程值为 60、40 即可。

按上述方法为坡顶线赋高程。

2）变坡路沿线赋高程。

变坡路沿线是指露天境界内斜坡路的顶底线，如图 5-8 所示的虚线部分。变坡路沿线要先把起点和终点的高程按实际赋值，再使用“线编辑”→“坡度”→“平滑”命令把线按一个坡度平滑处理。具体操作为：把“坡顶线”和“坡底线”图层隐藏，只显示“变坡路沿线”图层，如图 5-9（a）（b）所示。

首先修改变坡路沿线的起点和终点高程，具体方法为：双击打开状态栏的捕捉按钮，捕捉右键菜单勾选端点。回到视图窗口，捕捉到一条变坡路沿线的起点（或终点）的端点图标，双击左键打开属性窗口，窗口中显示的端点 X、Y、Z 值就是刚才捕捉点的坐标，修改 Z 值为该点附近注释的高程值。同样方法修改其余起点（或终点）的高程值。

其次平滑线坡度，具体方法为：点击“平滑”命令，按命令行提示操作，先选择目标线，再分别点选线的起点和终点，完成线的平滑处理。

按以上方法处理完所有的变坡路沿线。视图从前向后看，所有变坡路沿线如图 5-10所示。

显示文件所有图层，视图从前向后看，赋完高程的境界线如图 5-11 所示。

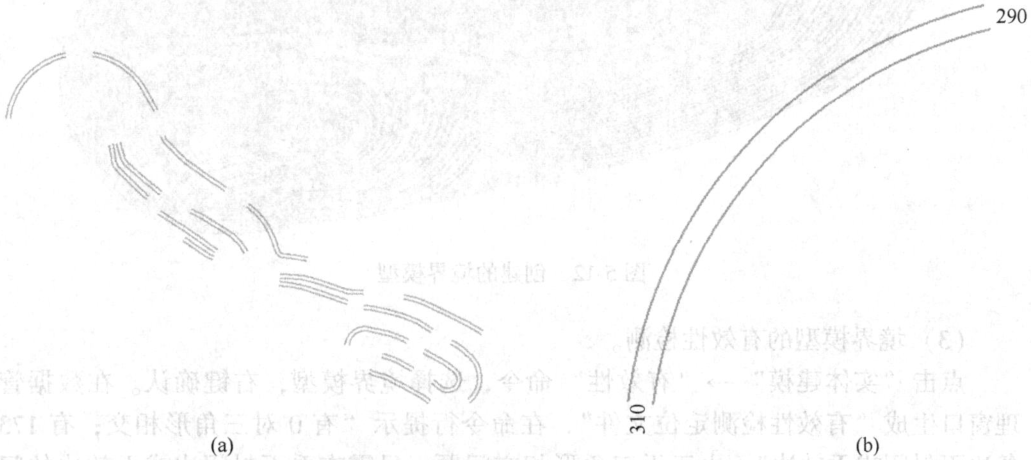

(a)　(b)

图 5-9　单独显示的变坡路沿线（从上往下看）

（a）整体图；（b）局部放大图

图 5-10　平滑处理完的变坡路沿线（从前向后看）

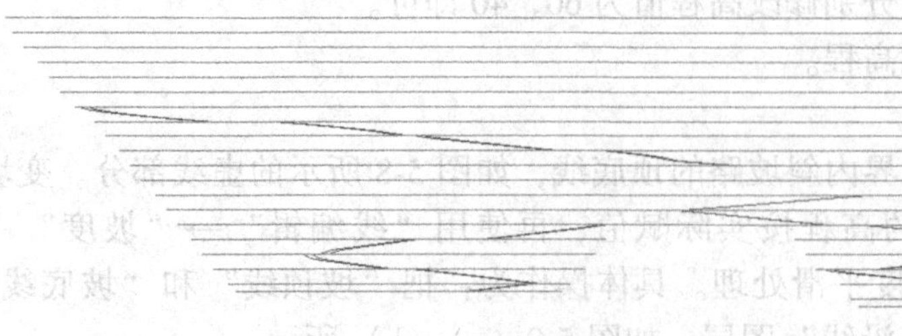

图 5-11 赋完高程的境界线（从前向后看）

（2）创建境界模型。

在数据管理窗口为文件添加“境界模型”图层，双击该图层置为当前层。点击“实体建模”→“整体”，弹出窗口，点选“约束”，框选所有境界线，右键确定，生成境界模型，如图 5-12 所示。

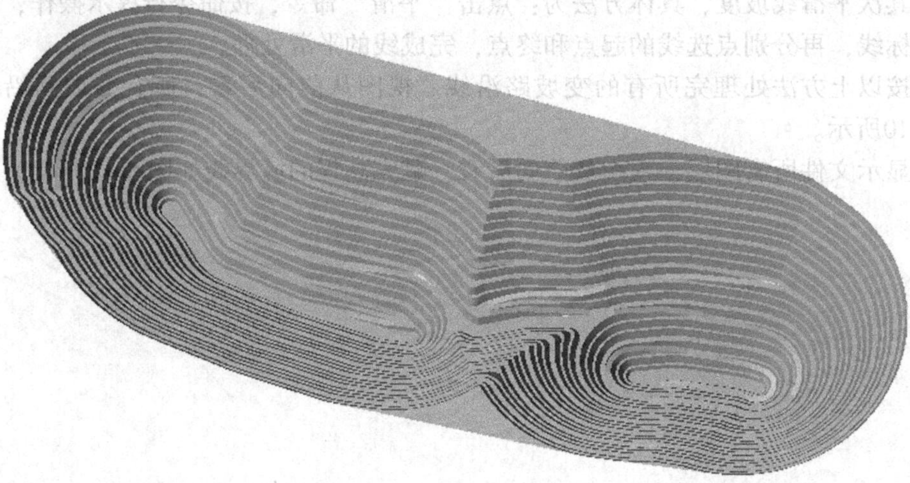

图 5-12 创建的境界模型

（3）境界模型的有效性检测。

点击“实体建模”→“有效性”命令，选择境界模型，右键确认。在数据管理窗口生成“有效性检测定位文件”，在命令行提示“有 0 对三角形相交；有 173 条边不封闭或无效边”。由于无三角形相交问题，只需查看不封闭边或无效边的问题。隐藏境界模型文件，只显示有效性检测定位文件，在视图窗口会看到沿着境界模型边缘的边线，中间没有边线，说明境界模型有效性检测是成功的，没有问题需要处理。

（4）检查和处理境界模型法线方向。

选中模型右键菜单选择显示面片法线方向，如果法线方向向上，通过优化命令调整为方向向下。

（5）地表模型和境界模型的布尔运算。

打开上节创建的地表模型，两个模型重合在一起，如图 5-13 所示。可以看出，境界模型向上扩展部分已全部超出对应地表模型的高程。

图 5-13 地表模型和境界模型重合显示
(扫描书前二维码看彩图)

实际上，境界模型高出地表模型（X、Y 坐标值对应部分）的部分是不存在的，通过布尔运算的表面联合命令，可以把境界模型高出地表模型部分和境界模型以内的地表模型去除，称为地表境界联合模型，它是露天开采结束的状态模型。另外，通过表面相交命令，生成开挖体模型，它是露天开采境界内开挖矿岩总体积模型。具体操作如下：

(1) 地表境界联合模型。数据管理窗口选中境界模型添加“联合模型”图层，双击该图层置为当前层，并打开“新数据位置设置”按钮。点击“实体建模”→“布尔”命令，弹出设置窗口，布尔运算类型选择“表面联合”，勾选“保留源数据”。在视图窗口先选择地表模型，再选择境界模型，退出命令。先隐藏地表模型和境界模型文件，再单独打开境界模型文件的联合模型图层，视图显示地表境界联合模型，对该模型进行配色，如图 5-14 所示。

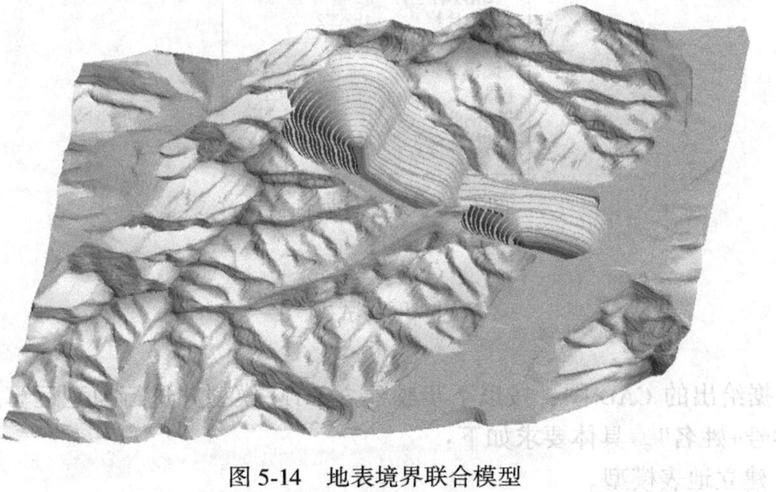

图 5-14 地表境界联合模型
(扫描书前二维码看彩图)

(2) 开挖体模型。数据管理窗口选中境界模型添加“开挖体”图层，双击该图层置为当前层，并打开“新数据位置设置”按钮。点击“实体建模”→“布尔”命令，弹出设置窗口，布尔运算类型选择“表面相交”，勾选“保留源数据”。在视图窗口先选择地表模型，再选择境界模型，退出命令。先隐藏地表模型和境界模型文件，再单独打开境界模型文件的开挖体图层，视图显示开挖体模型，如图 5-15 所示。双击该模型，在属性窗口查看其体积，即为露天境界内开挖矿岩的总体积，如图 5-16 所示。

提示：如果开挖体的源模型（地表模型或境界模型）有效性检测有问题而没有进行处理，生成的开挖体模型的体积数值可能是 0，可见有效性检测的重要性。

图 5-15 生成的开挖体模型

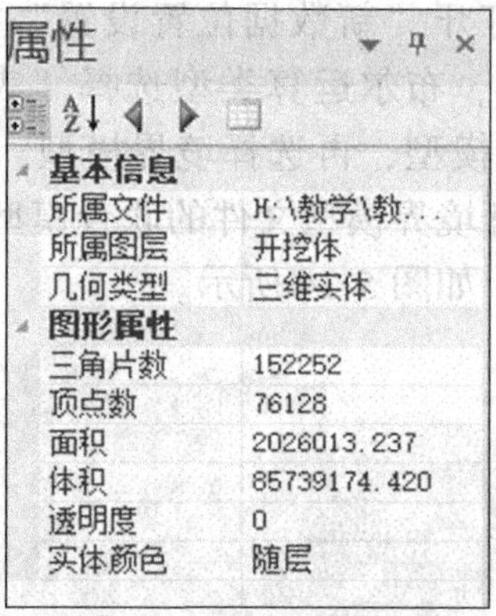

图 5-16 开挖体属性窗口

上机测试题

请根据给出的 CAD 图，按以下步骤建立 DTM 模型并进行模型运算。保存文件名为“学号+姓名”。具体要求如下：

（1）建立地表模型。

将给出的 CAD 图导入 DiMine 软件中，将图中的地形线按以下要求赋高程：图中红色地形线高程为最低、洋红地形线高程为最高。红色最低地形线高程为×××，×××值为答题学生学号最后 3 位数，相邻等高线高程差为答题学生学号最后 3 位数之和（如学号最后 3 位数是 116，其和为 8）。赋高程后选择地形线建立地表模型，要求地表模型法线方向向下。在答题文件添加“地表模型”图层，把地形线和地表模型放入该图层。

（2）建立露天境界模型。

图 5-17 中小的封闭线为露天底部周线，大的封闭线为露天顶部周线。将露天底部周线高程设为×××-20，将露天顶部周线高程设为已赋高程地形线的最高高程值。然后根据露天底、顶部周线建立露天境界模型，要求露天境界模型法线方向向下。在答题文件添加“露天境界模型”图层，将露天底、顶部周线和露天境界模型放入该图层。

（3）创建地表境界联合模型。

在答题文件添加“地表境界联合模型”图层，使用布尔运算的“表面联合”命令生成地表模型和露天境界模型的联合模型，并将其放入“地表境界联合模型”图层。

（4）运算境界内开挖体。

在答题文件添加“境界内开挖体”图层，使用布尔运算的“表面相交”命令生成露天境界内开挖体，并将其放入“境界内开挖体”图层。

图 5-17　CAD 图

思政育人

聚焦我国绿色矿山建设

“坚持绿水青山就是金山银山”是习近平生态文明思想的核心要义之一。

《绿色矿山评价通则》国家标准获批发布，于 2025 年 2 月 1 日正式实施。该标准提出符合矿业发展需求的绿色矿山评价通用要求，为发展绿色矿业、建设绿色矿山提供技术和管理支撑。以下介绍我国聚焦绿色矿山建设的成功案例。

案例一 金徽矿业：奏响“绿色圆舞曲”

走进甘肃金徽矿业，眼前的一切，会颠覆人们的传统认知——满目青翠，鸟语花香，美景如画。这座高标准建设的绿色矿山，同时也是国家4A级工业旅游景区、国家工业旅游示范单位、“绿水青山就是金山银山”实践创新基地。金徽矿业股份有限公司郭家沟铅锌矿入选全国首批生产矿山生态修复典型案例。

金徽矿业郭家沟铅锌矿掠影

案例二　江西寻乌：废弃矿山的“绿色蝶变”

遗留下的14 km^2的废弃稀土矿山，寻乌总投资9.55亿元的废弃矿山治理修复工程，治理区又重现出绿水青山的本来面目。生态+工业、生态+光伏、生态+农业、生态+文旅，绿水青山真的变成了金山银山，在共圆绿色中国梦的道路上砥砺前行！

治理前

治理后

废弃矿山治理前后对比

6 矿体建模

实体模型是封闭的模型，其图形属性不但有表面积值，还有体积值；而 DTM 是开放的模型，图形属性只有表面积值，体积值为 0，这是二者最大区别。实体模型应用种类包括矿体模型、岩体模型、回采矿块模型、开挖体模型、填方体模型等。其中，矿体模型应用最为广泛。矿体模型的主要功能有可视化、体积计算、在任意方向上产生剖面、与来自地质数据库的数据相交运算、品位估值和块段计算提供线框约束等。

创建矿体模型的原始数据来源是地质勘探和生产勘探过程中对矿体勘探得到的数据和图件，通过处理，按照一定方法导入数字矿山软件中生成系统图形文件，再使用软件实体建模命令，按选定选项设置创建矿体模型。创建好的矿体模型还要进行一些必要的编辑和运算，扩大其应用范畴。

矿山地质勘探图形文件广泛采用 AutoCAD 软件绘制的平面图和剖面图的形式。本章重点讲解 AutoCAD 平面图和剖面图的导入，以及导入后创建矿体模型，并进行矿体模型常用的编辑和运算。基本步骤如下：

（1）对 AutoCAD 平面图和剖面图的处理，重点是按标注坐标的移动。

（2）平面图和剖面图的导入以及导入文件的合并。

（3）矿体轮廓线的处理、创建矿体模型、有效性检测、调整法线方向和属性查看。

（4）矿体模型的运算。包括境界内矿体模型的生成以及矿体模型分层轮廓线的生成。

6.1 创建矿体模型的原始图件和处理

6.1.1 原始图件

龙泉铁矿 Fe1 矿体勘探图纸包括平面图和剖面图，平面图由坐标网格和勘探线组成，如图 6-1 所示。剖面图分别由 0 线、1 线、2 线、3 线、4 线、6 线、8 线、10 线和 11 线共计 9 张图组成。剖面图由矿体轮廓线、钻探孔数据线、坐标线、高程线等组成。其中，0 线和 6 线剖面图如图 6-2 所示。

6.1.2 图件处理

为正确把 AutoCAD 图件导入软件中，需要对原始图件进行必要处理，包括图件比例的核定、图件数据校核和处理等，其中最重要的是对图形坐标的核对和移动。对于平面图，首先要捕捉到坐标网格的交点，查看其坐标与标注坐标是否一一对

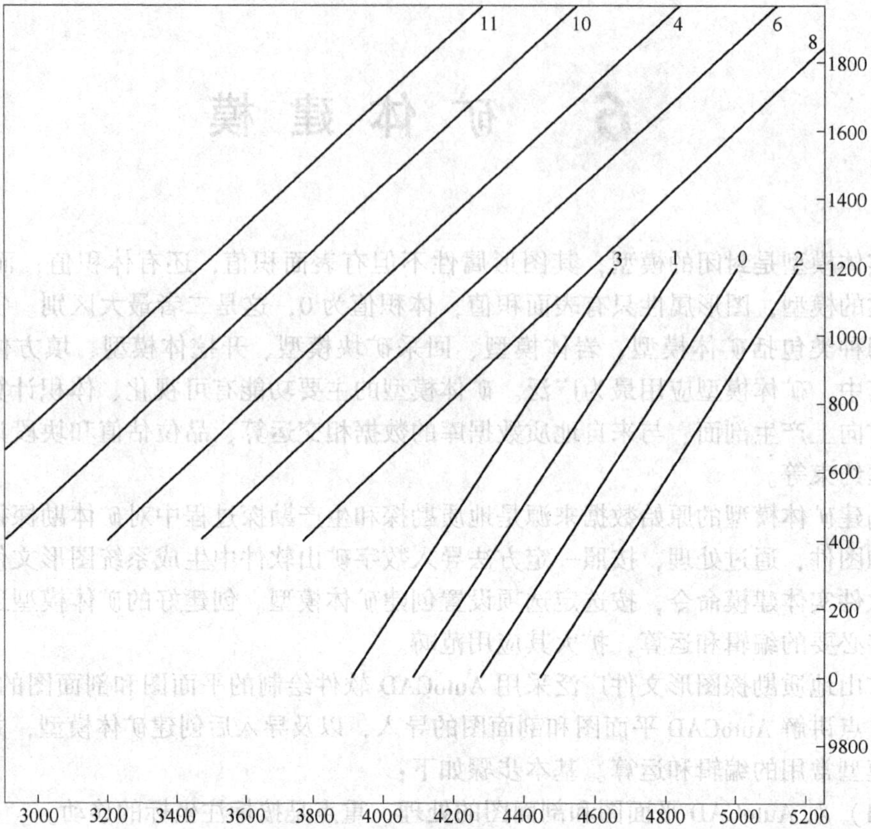

图 6-1 勘探平面图

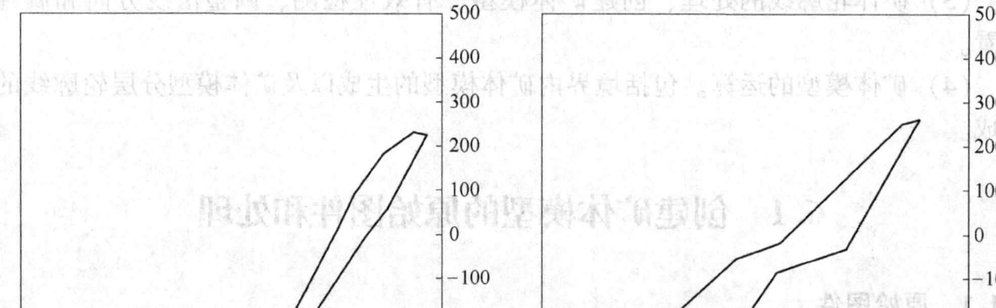

图 6-2 勘探线剖面图

（a）0 勘探线；（b）6 勘探线

应，如果对应不上，需要使用“移动”命令，选中所有图形，捕捉其中一个坐标网格交点点击，输入该点的标注坐标，回车确定，双击滚轮复位图形，再次查看坐标网格的坐标是否对应。对于剖面图，要先在平面图上确定导入基点，即坐标线与勘探线的交点。从剖面图的坐标线看，0 线、1 线、2 线和 3 线剖面图的坐标线为 x 坐标线，4 线、6 线、8 线、10 线和 11 线剖面图的坐标线为 y 坐标线。所以这里选择平面图上 x1000 坐标线与 0、1、2、3 勘探线的交点，以及 y4000 坐标线与 4、6、8、10、11 勘探线的交点作为导入基点。移动剖面图的方法为：以 0 线剖面图为例，选中 0 线剖面图所有图形，点击“移动”命令，捕捉到 x1000 坐标线与 800 高程线的交点，命令行输入坐标“1000，-800”，回车，结束命令。如果图形在视图窗口看不到，双击滚轮复位图形，查看基点坐标是否正确。按此方法把其他勘探线剖面图进行移动处理。

6.2 平面图和剖面图的导入

微课-平面图、剖面图导入步骤演示

6.2.1 平面图导入

点击“开始”→“导入导出设置”，弹出窗口勾选“设置高程”，高程值输入“-800”，点击确定，如图 6-3 所示。

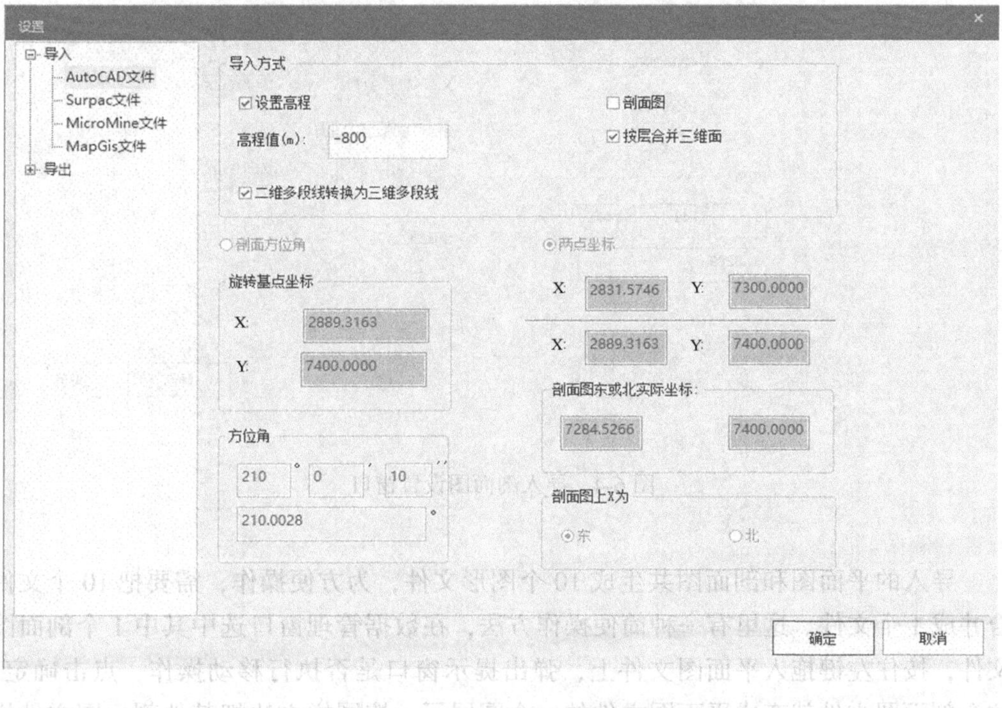

图 6-3 导入平面图设置窗口

把 AutoCAD 平面图文件拖入软件视图窗口，在数据管理窗口生成“平面图 . dmf”文件，视图窗口生成的图形与图 6-1 所示图形相同。

6. 2. 2 剖面图导入

以 0 线剖面图导入为例。打开 AutoCAD 平面图文件，查询 x1000 线与 0 勘探线的交点坐标，并标注 0 勘探线与正北坐标线的夹角。点击导入导出设置，弹出窗口勾选剖面图，点选“剖面方位角”选项。旋转基点坐标和方位角，分别输入前面在 AutoCAD 平面图上查询的交点坐标和标注的夹角，点击确定，如图 6-4 所示。然后，把 0 线剖面图拖入视图窗口，旋转视图至合适观察角度，如图 6-5 所示。按同样方法把其他勘探线剖面图导入软件中，需注意 4、6、8、10、11 勘探线是与 y4000 坐标线的交点，如图 6-6 所示。

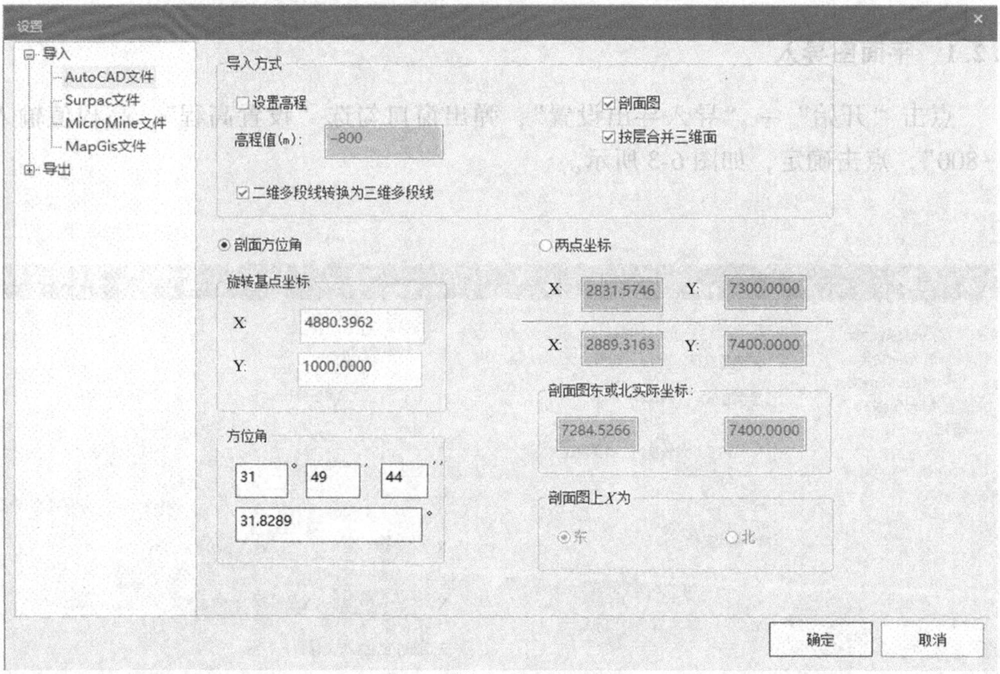

图 6-4 导入剖面图设置窗口

导入的平面图和剖面图共生成 10 个图形文件，为方便操作，需要把 10 个文件合并成 1 个文件。这里有一种简便操作方法，在数据管理窗口选中其中 1 个剖面图文件，按住左键拖入平面图文件上，弹出提示窗口是否执行移动操作，点击确定，这个剖面图文件就变成平面图文件的一个图层了。按同样方法把其他剖面图文件拖入平面图文件中。合并为 1 个平面图文件的图层，如图 6-7 所示。

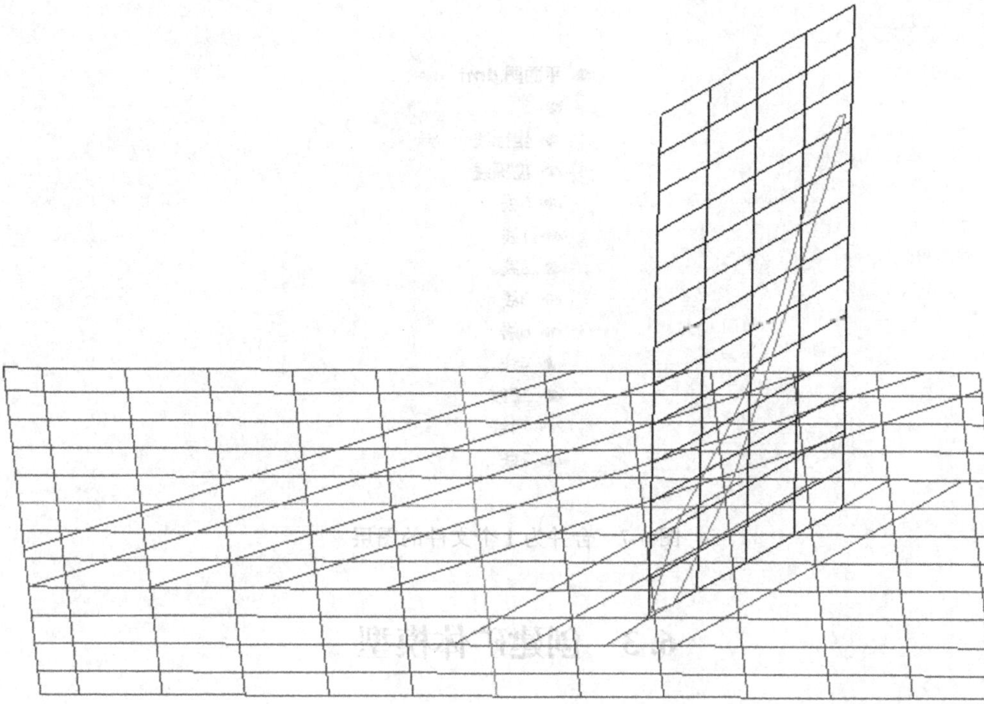

图 6-5 导入的 0 线剖面图与平面图对照

图 6-6 导入全部勘探线剖面图

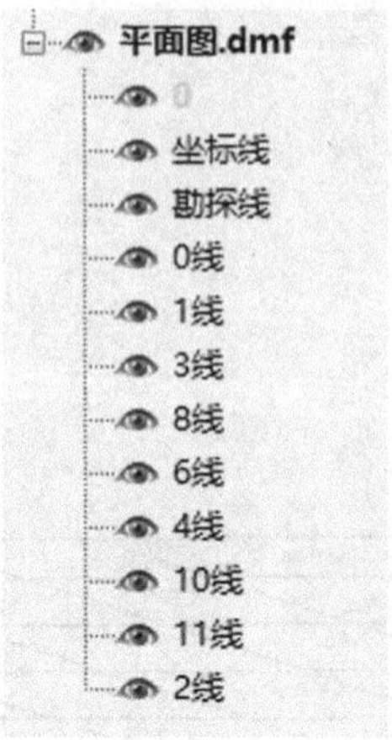

图 6-7 合并为 1 个文件的图层

6.3 创建矿体模型

微课-创建矿体模型步骤演示

6.3.1 矿体轮廓线的处理

在数据管理窗口把平面图文件名称修改为“矿体建模”，修改方法为：选中该文件，点击保存按钮，弹出窗口，修改名称和保存路径。

选中刚刚保存的文件添加“轮廓线图层”，双击该图层置为当前层，在视图窗口按住 Ctrl 键点选所有矿体轮廓线，右键菜单选择“复制到当前层”，隐藏该文件，再单独打开轮廓线图层，视图窗口只显示矿体轮廓线，如图 6-8 所示。

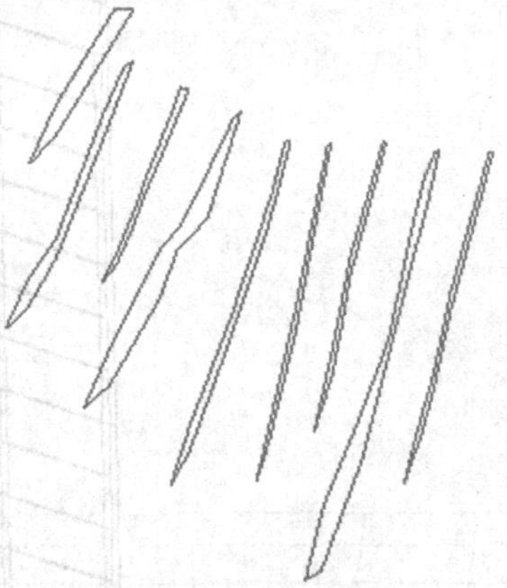

图 6-8 视图窗口只显示的矿体轮廓线

框选所有矿体轮廓线，右键菜单选择“转换为”→“多段线”，如果已经转换为多段线，无须转换，不要转换为变宽多段线。

框选所有矿体轮廓线，右键菜单选择“线处理”→“方向”，观察 9 条轮廓线的法向方向是否朝向一个方向，如果不是，就调整为一个方向。调整方法为：选中需要调整方向的轮廓线，右键菜单选择“线处理”→“反向”。

方向调整好后，框选所有轮廓线，右键菜单选择“线处理”→“光顺闭合”。

6.3.2 创建矿体模型

按以下步骤创建矿体模型。

（1）添加图层。在数据管理窗口给“矿体建模”文件添加“矿体模型”图层，双击该图层置为当前层。

（2）连线框。点击“实体建模”→“线框”命令，弹出窗口，算法选择点选“最小周长法”，功能选择点选“普通连三角网”，选项设置勾选“记住上一条线”。回到视图窗口把所有轮廓线按顺序连起来，连好后退出命令。

（3）外推。点击“实体建模”→“外推”命令，按命令行提示选择其中一个边部轮廓线，右键确定，弹出实体外推设置窗口。视图显示箭头方向为外推方向，如果外推方向不正确，在设置窗口的外推方向的下拉菜单选择相反的方向。外推模式按要求选择，这里点选“楔推”，输入正确外推方向的距离，一般外推距离为勘探线间距的1/4～1/2之间。勾选自动计算，软件会自动计算出外推法线方向的方位角和倾角，其他参数设置如图6-9所示。点击确定，生成外推模型。同样生成另一侧边部轮廓线外推模型。

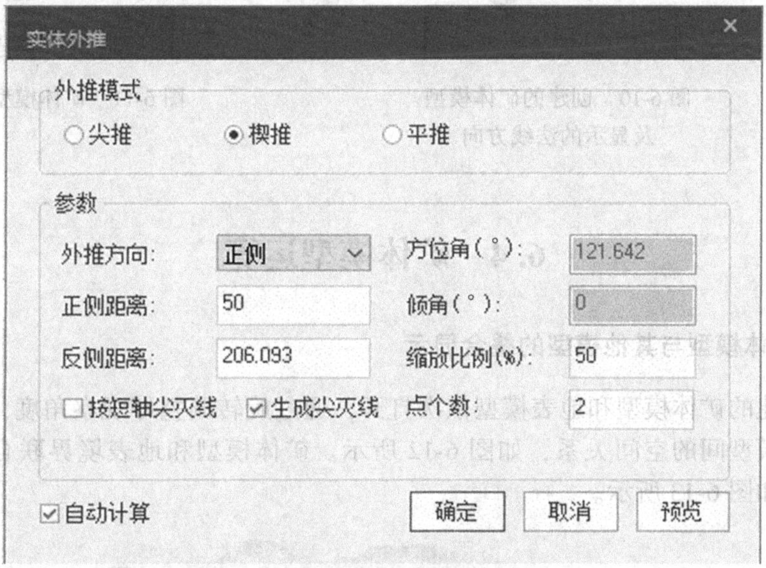

图6-9　外推设置窗口

（4）合并。点击“合并”命令，框选所有生成的模型，右键确定，退出命令。

（5）有效性检测。点击“有效性”命令，选择矿体模型，查看检测结果。如果没有问题，会在命令历史窗口提示“有0对三角形相交，有0条边不封闭或无效边”。

（6）显示调整法线方向。选中矿体模型，右键菜单选择“显示面片法线方向”，如果箭头向外，无须调整，如果向内，需通过“优化”命令调整法线方向，如图6-10所示。

（7）属性查询。双击矿体模型，在弹出的属性窗口可以查看矿体模型的体积，如图6-11所示。

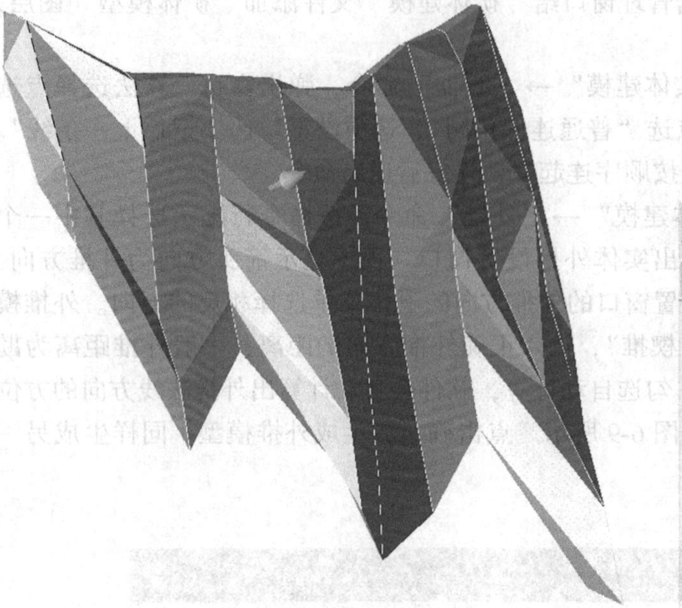

图 6-10　创建的矿体模型
及显示的法线方向

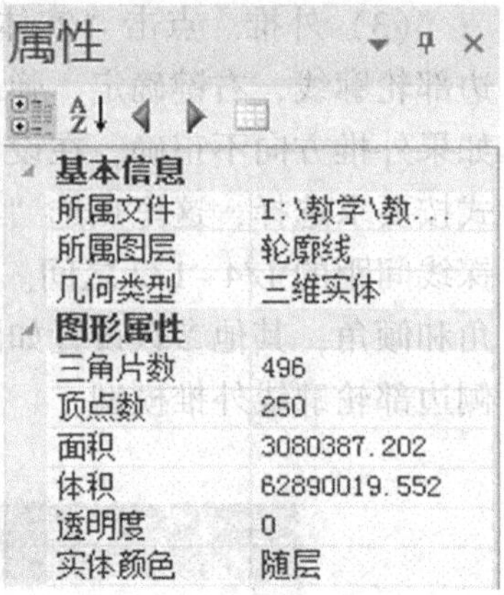

图 6-11　矿体模型属性窗口

6.4　矿体模型运算

微课-矿体模型运算演示

6.4.1　矿体模型与其他模型的叠合显示

把创建的矿体模型和地表模型依次打开，通过旋转调整好观察角度，可以清晰看出两个模型间的空间关系，如图 6-12 所示。矿体模型和地表境界联合模型间的空间关系如图 6-13 所示。

图 6-12　矿体模型和地表模型空间关系
（扫描书前二维码看彩图）

图 6-13 矿体模型和地表境界联合模型空间关系
（扫描书前二维码看彩图）

6.4.2 矿体模型的运算

6.4.2.1 境界内矿体模型的生成

依次打开地表境界联合模型和矿体模型，新建境界内矿体模型文件，并把文件下图层置为当前层，打开新数据位置设置。点击“实体建模”→“布尔”，弹出设置窗口，布尔运算类型选择“表面上的实体”，勾选“保留源数据”，先点选地表境界联合体模型，再点选矿体模型，即生成境界内矿体模型，如图 6-14 所示。保存境界内矿体模型文件。双击境界内矿体模型可查看体积属性，与整个矿体模型体积可做对比分析。

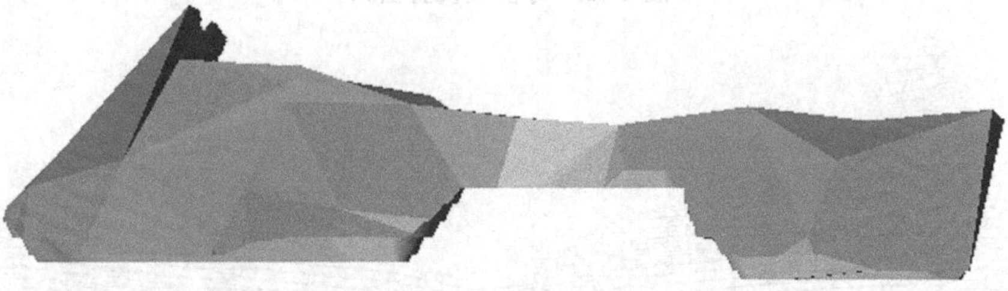

图 6-14 境界内矿体模型

6.4.2.2 矿体模型分层轮廓线的生成

使用 AutoCAD 软件进行露天开采设计，往往需要作出各台阶分层平面图，分层平面图包括台阶坡顶底线、坡路线、分层矿体轮廓线等。其中，各分层矿体轮廓线需要根据多个剖面图量取作出，比较烦琐。而采用 DiMine 软件可根据境界内矿体模型采用“等值线”命令一次生成，比较快捷方便。具体操作为：点击等值线，选择境界内矿体模型，弹出等值线设置窗口，所求等值属性选择“Z 值”，参数设置的开始值和结束值按软件计算的最小值和最大值输入，即最小值输入“40”，最大值输入“370”，步距输入“10”，首曲线数目输入“0”。点击属性栏右侧“重置”按钮，其他参数设置如图 6-15 所示，点击应用，即生成境界内矿体模型分层轮廓线，如图 6-16 所示。

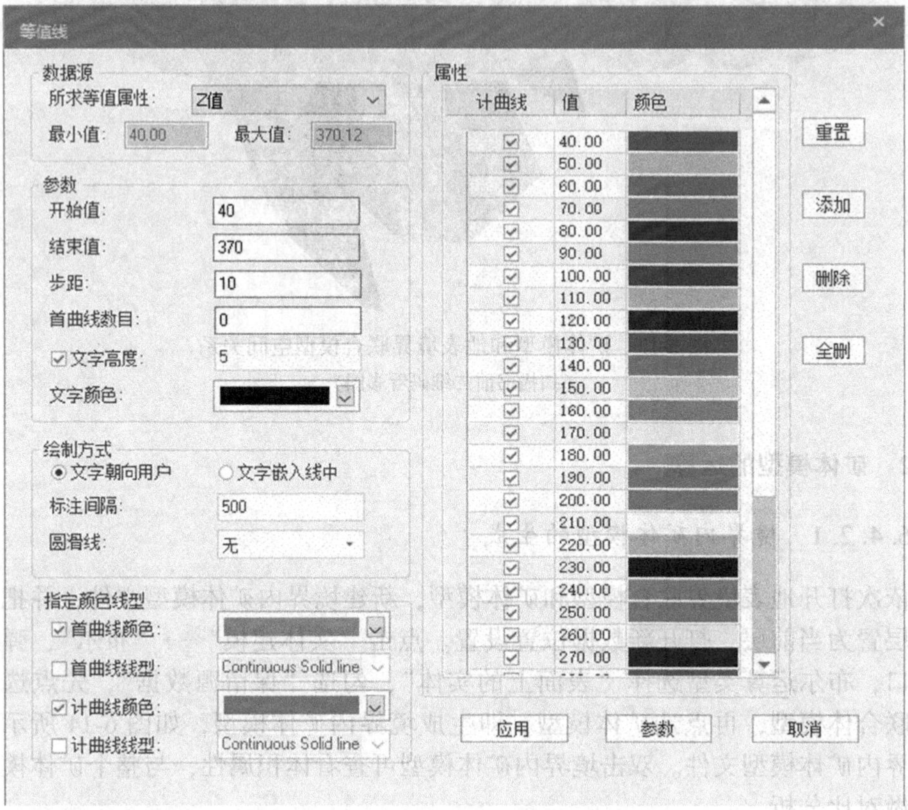

图 6-15　等值线设置窗口

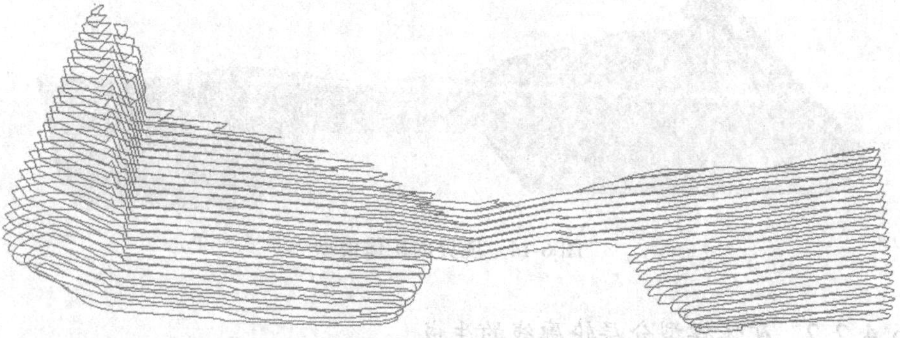

图 6-16　生成的境界内矿体模型分层轮廓线

上机测试题

请根据给出的 CAD 平面图和 4 个 CAD 剖面图（见图 6-17），利用 DiMine 软件建立矿体实体模型，保存文件名为“学号后两位+姓名+测试二”。

要求：矿体两端采取楔推方式，外推距离为“70+学号后两位数”，缩放比例为“50+学号后两位数”，生成尖灭线；将生成的矿体模型合并、优化方向一致化，面片法线方向向外。生成的矿体模型文件要建立不同的图层（如建立平面图、剖面图、矿体模型等图层），并把生成的图形放到对应的图层内。

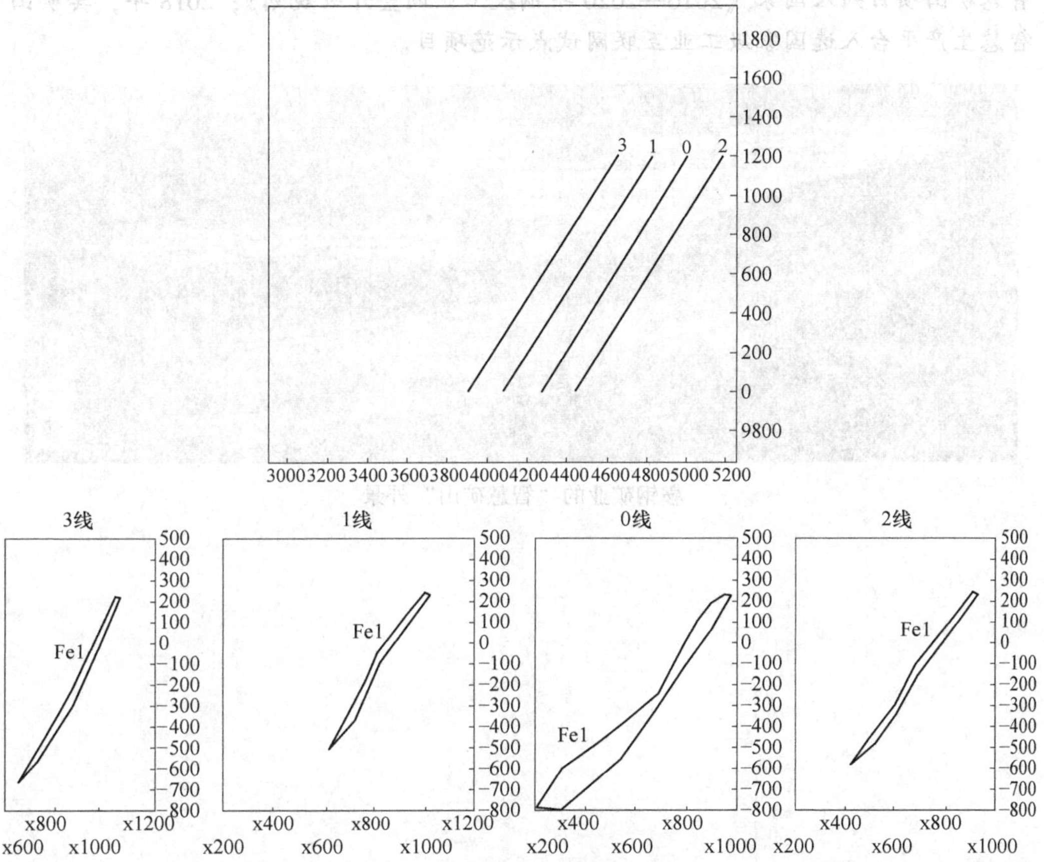

图 6-17　CAD 平面图和 4 个剖面图

思政育人

鞍钢矿业打造智慧矿山

鞍钢矿业有限公司被评为国家第二批 11 家智能制造标杆企业之一，是冶金系统唯一获该奖项的企业。

在智能生产方面，该公司强化基础自动化与管理信息化融合，制订矿山“无人化”操作整体解决方案，逐步推行远程集中操控模式，实现智能排产及调度管控。近 3 年矿产品成本降低 18%，提升了生产管理效率和效益。

在智能管理方面，该公司建成 EAM 设备资产管理平台，从设备转固开始到设备报废全过程进行信息化管控，将点检—检修—维修工程—物资等业务有机关联，为设备系统稳定运行提供决策依据。

在智能服务方面，该公司在优化完善卡拉拉矿业信息化一期建设的基础上，启动二期信息化建设，重点强化库房管理和采购管理等系统建设，优化人力资源管理，助力卡拉拉矿业从稳定生产向经济生产转变。

2015 年，鞍钢矿业有限公司荣获国家级智能制造试点示范企业；2016 年，其智慧矿山项目列入国家《2016—2020 年钢铁工业调整升级规划》；2018 年，其矿山智慧生产平台入选国家级工业互联网试点示范项目。

鞍钢矿业的“智慧矿山”外景

7　地质矿块建模

建立矿块模型是矿床品位推估及储量计算的基础，矿块模型的基本思想是将矿床在三维空间内按照一定的尺寸划分为众多的单元块，然后根据已知的样品点，通过空间插值方法对整个矿床范围内的单元块的品位进行推估，并在此基础上进行储量的计算。

矿块模型实际上是一个数据库，主要是用来存储相关地质信息（包括矿岩类型、品位、比重等）。创建矿块模型后，就可以为实体或 DTM 范围内的单元块赋予岩性、层位、品位等相关信息。

矿块模型估值主要通用的方法有：距离幂次反比法和克里格法。

矿块模型赋值的方法主要有：常量赋值和变量赋值。

本章建模主要内容包括：

（1）将钻孔和槽探文件导入 DiMine 软件中，转变成地质数据库文件。

（2）对地质数据库文件进行校验、修改、创建、合并、过滤和样长组合。

（3）建立空块模型，采用距离幂次反比法进行估值，为矿块模型赋值。

（4）采用块段法进行储量计算。

7.1　原始数据文件及导入

7.1.1　原始数据文件

龙泉铁矿的地质勘探原始数据文件主要包括钻孔文件和槽探文件两大类。钻孔文件包括孔口文件、测斜文件和样品文件。所有的勘探钻孔布置于 0、1、2、3、4、6、8、10、11 共 9 条勘探线上，总计 33 个勘探钻孔。槽探文件包括工程信息表、测点信息表和样品支柱表，探槽分别布置于 9 条勘探线上。钻孔文件和槽探文件均为 . csv 格式数据表格文件。

微课-勘探数据导入演示

7.1.2　生成 . dmt 格式数据表格文件

7.1.2.1　生成钻孔数据表格文件

点击“数据表格”→“导入”命令，弹出导入文件窗口，打开孔口文件，分隔符点选“逗号”，观察预览窗口数据是否正常，如图 7-1（a）所示；点击“下一步”，在弹出设置字段窗口，修改字段类型，如图 7-1（b）所示；点击下一步，弹出数据预览窗口，如图 7-1（c）所示。点击完成，在数据表格窗口生成孔口数据表格，选中表格下方文件，右键菜单选择“保存表格”，弹出窗口设置文件名称为“孔口文件”，设置路径，点击保存。应用同样方法可生成测斜文件和样品文件。

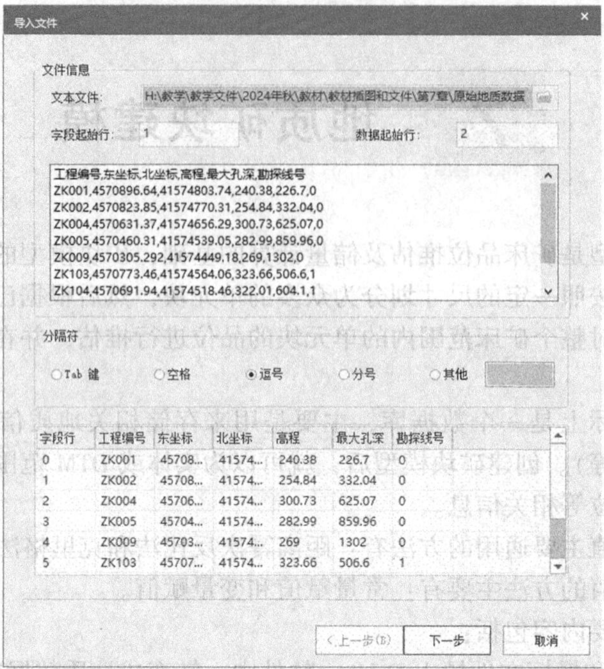

(a)

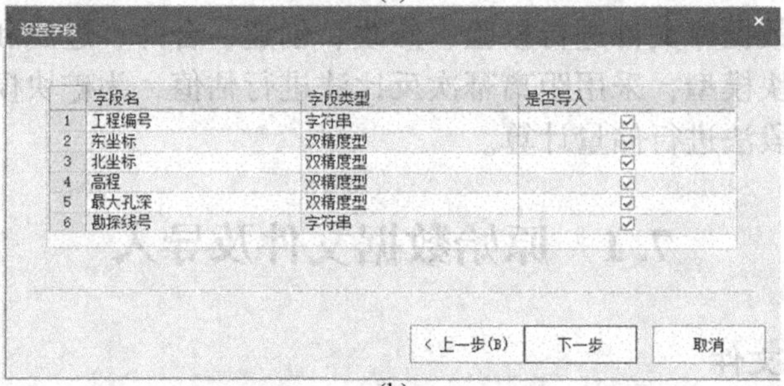

(b)

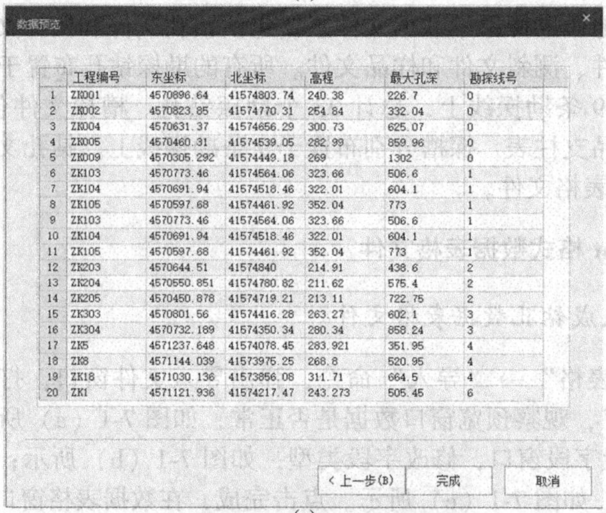

(c)

图 7-1 导入孔口文件操作步骤

(a) 导入文件；(b) 设置字段；(c) 数据预览

7.1.2.2 生成坑槽井探数据表格文件

以样品支柱表为例讲解操作步骤。点击“数据表格”→“导入”命令，弹出导入文件窗口，打开“样品支柱表”文件，分隔符点选“逗号”，观察预览窗口数据是否正常；点击“下一步”，在弹出设置字段窗口，修改字段类型，如图 7-2 所示；点击下一步，弹出数据预览窗口，点击完成。在数据表格窗口生成样品支柱数据表格，选中表格下方文件，右键菜单选择“保存表格”，弹出窗口设置文件名称为“样品支柱表”，设置路径，点击保存。应用同样方法可生成工程信息表文件和测点信息文件。

图 7-2 样品支柱表字段类型设置

7.2 地质数据库的创建和处理

本节主要讲解地质数据库创建前的校验和修正、地质数据库的创建，以及后续的合并、过滤、样品组合等处理。

7.2.1 地质数据库的校验、修正和创建

7.2.1.1 钻孔数据库的校验、修正和创建

微课-地质数据库创建和处理演示

点击“统计学地质”→“钻孔”，弹出创建钻孔数据库窗口，分别打开孔口文件、测斜文件和样品文件，并检查字段名是否一一对应，如图 7-3 所示。点击窗口下方“校验设置”，弹出窗口，只勾选“检查缺少钻孔”和“检查缺少样品段”，如图 7-4 所示。点击确定，回到创建钻孔数据库窗口，点击“校验”。提示检测到错误，在查询结果窗口可以查看检测到的错误和警告，警告根据情况可以不处理，错误需要进行修正。双击错误行，会自动打开错误在 .dmt 数据表格文件的具体位置，根据错误提示和判断进行修正。修正一般从查询结果窗口最下面一行开始，逐

条向上修正，这样可以避免因为修正（如删除行）使后面的行数序号发生变化，双击下一个错误行时对应不上。修正后，一定要保存打开的数据表格文件，再次运行“钻孔”命令进行校验，查看是否还有错误。如果没有错误，可以点击创建，弹出窗口提示“成功创建钻孔数据库”，点击确定，在视图窗口生成钻孔数据库，如图 7-5 所示。在数据管理窗口生成“钻孔数据库 . dmd”文件，选中并保存该文件。

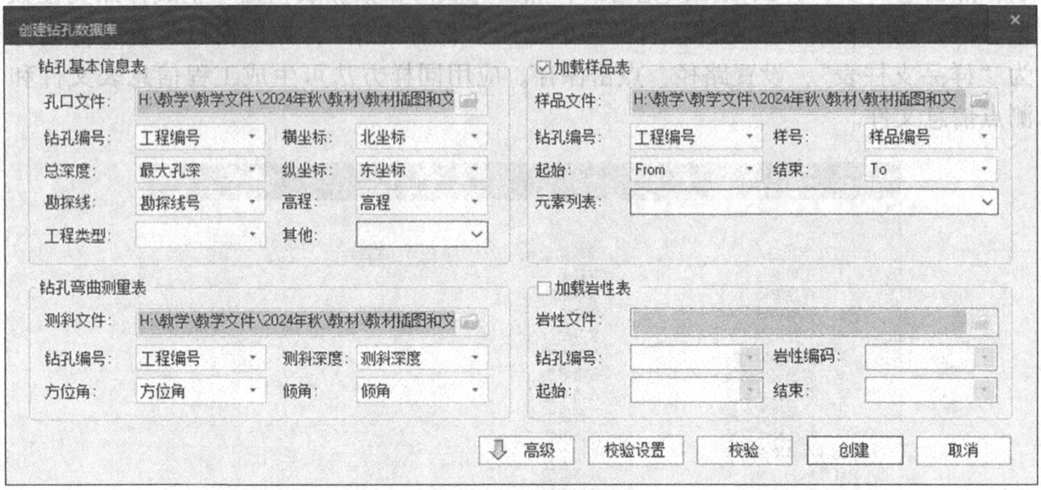

图 7-3 创建钻孔数据库窗口

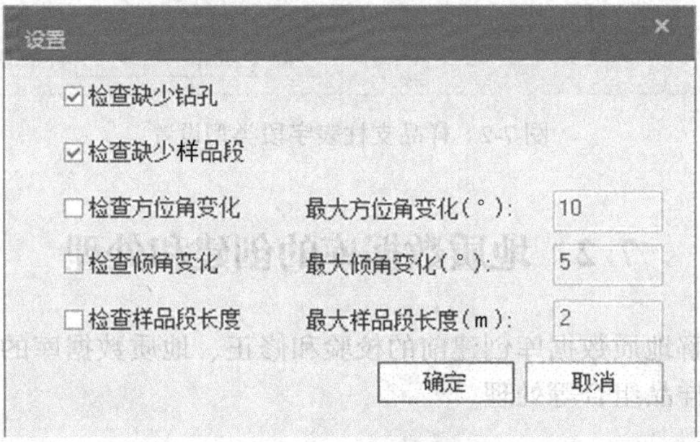

图 7-4 校验设置

7.2.1.2 槽探数据库的校验和创建

点击“坑槽井”命令，弹出坑槽井探数据库设置窗口，分别打开工程信息表、测点信息表和样品支柱表 3 个文件，并查看调整字段名称，如图 7-6 所示。点击校验，弹出窗口提示：坑槽井探校验成功，没有发现任何数据错误。点击确定，再次点击“坑槽井”命令，弹出窗口，点击确定，弹出窗口提示：成功创建坑槽井探数据库。点击确定，在视图窗口生成槽探数据库，如图 7-7 所示。在数据管理窗口生成“坑槽井探数据库 . dmk”文件，选中并保存该文件。

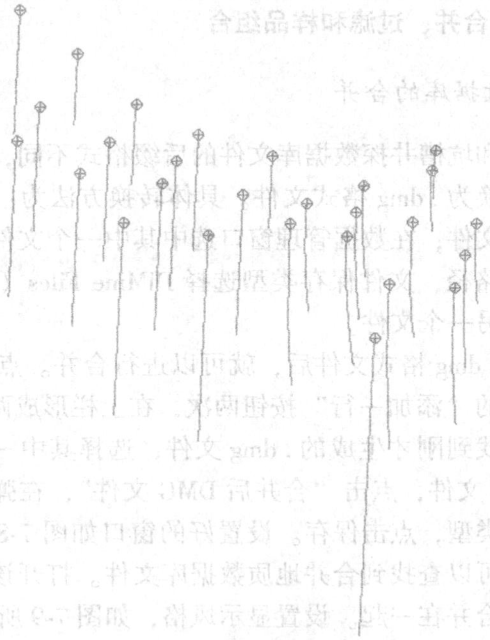

图 7-5 生成的钻孔数据库

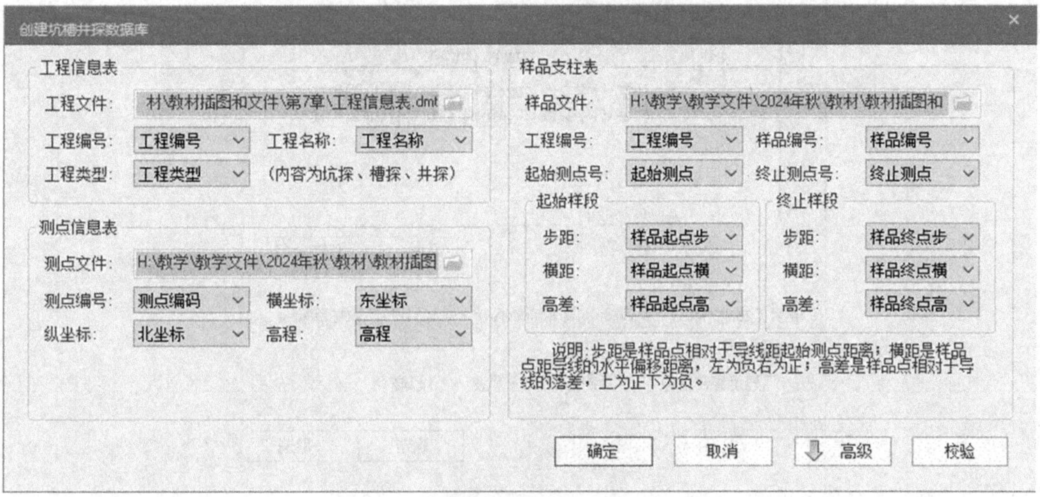

图 7-6 坑槽井探数据库设置窗口

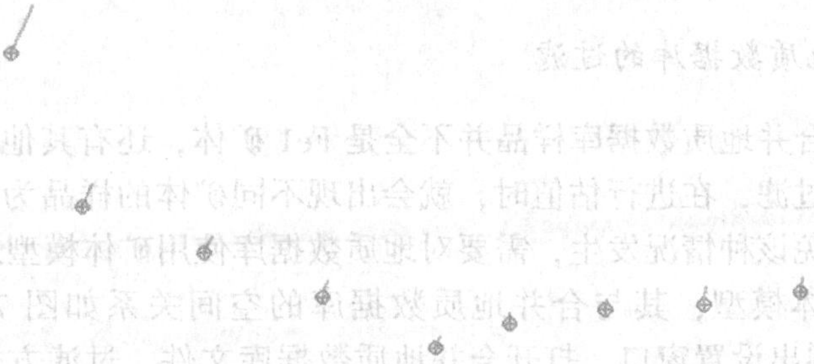

图 7-7 生成的槽探数据库

7.2.2 地质数据库的合并、过滤和样品组合

7.2.2.1 地质数据库的合并

由于钻孔数据库和坑槽井探数据库文件的后缀格式不同，不能直接合并，合并之前需要先将文件转换为 .dmg 格式文件。具体转换方法为：打开前文生成的钻孔数据库和槽探数据库文件，在数据管理窗口选中其中一个文件，右键菜单选择另存为，在弹出窗口设置路径，文件保存类型选择 DiMine Files（ *.dmg），点击保存。应用同样方法，保存另一个文件。

两个文件转换为 .dmg 格式文件后，就可以进行合并。点击“合并”命令，弹出窗口，点击窗口上的“添加一行”按钮两次，在上栏形成两行加载文件条，点击其中一行右侧按钮，找到刚才生成的 .dmg 文件，选择其中一个，点击打开。在另一行打开另一个 .dmg 文件，点击“合并后 DMG 文件”，在弹出窗口设置文件保存路径、文件名和文件类型，点击保存。设置好的窗口如图 7-8 所示。点击确定，在设置的文件保存路径可以查找到合并地质数据库文件。打开该文件，可以看出钻孔数据库和槽探数据库合并在一起。设置显示风格，如图 7-9 所示。

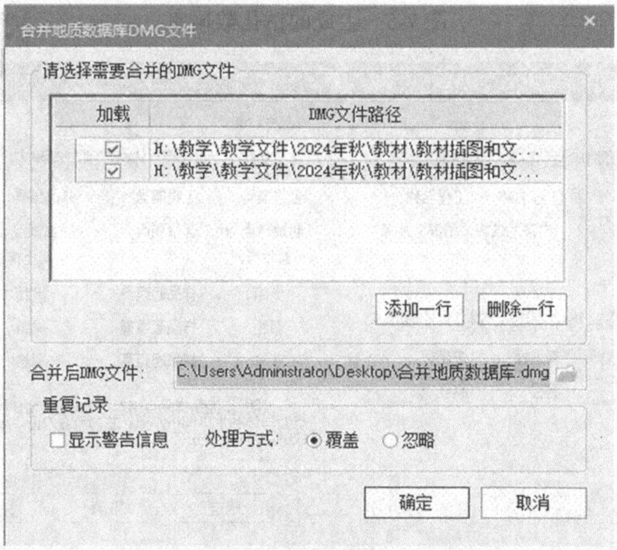

图 7-8 合并地质数据库设置窗口

7.2.2.2 地质数据库的过滤

由于生成的合并地质数据库样品并不全是 Fe1 矿体，还有其他矿体的样品。如果不对样品进行过滤，在进行估值时，就会出现不同矿体的样品为同一矿体进行估值的情况，为避免该种情况发生，需要对地质数据库使用矿体模型进行过滤。

打开 Fe1 矿体模型，其与合并地质数据库的空间关系如图 7-10 所示。点击“过滤”命令，弹出设置窗口，打开合并地质数据库文件，过滤方式点选“实体内全部样品段”，如图 7-11 所示。按命令行提示选择矿体模型，敲击空格键确定。在

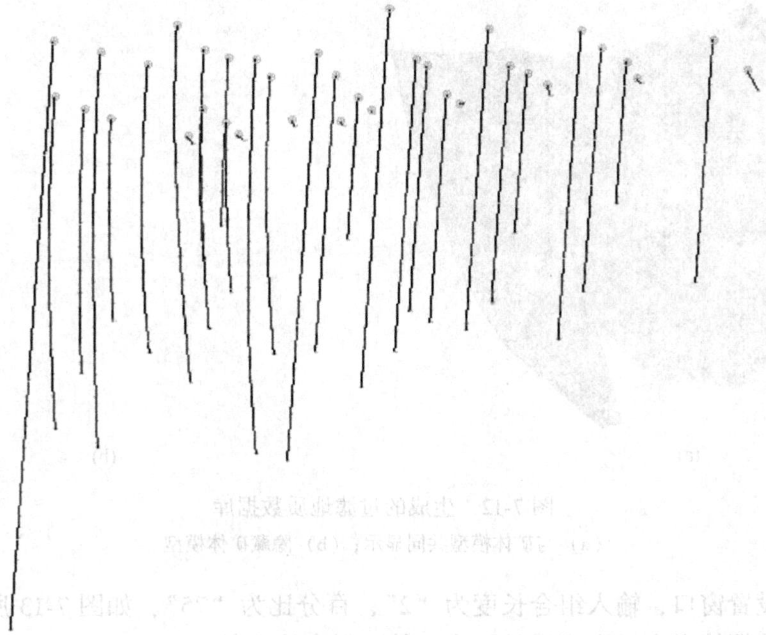

图 7-9　合并地质数据库

数据管理窗口生成“过滤地质数据库 . dmg”文件，退出命令，保存过滤地质数据库文件。选中合并地质数据库文件，右键菜单选择隐藏，视图窗口图形显示如图 7-12（a）所示。隐藏矿体模型，视图窗口图形显示如图 7-12（b）所示。

图 7-10　Fe1 矿体模型与合并地质数据库空间关系

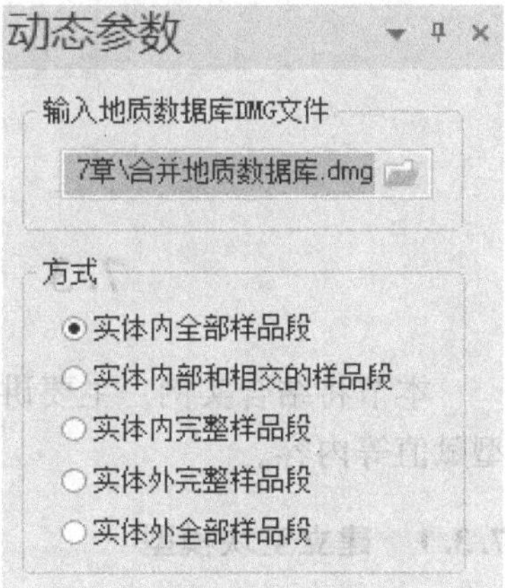

图 7-11　过滤设置窗口

7. 2. 2. 3　地质数据库的样品组合

对过滤地质数据库进行样品组合。点击“样长”命令，选择过滤地质数据库文

(a) (b)

图 7-12 生成的过滤地质数据库

（a）与矿体模型共同显示；（b）隐藏矿体模型

件，弹出设置窗口，输入组合长度为“2”，百分比为“75”，如图 7-13 所示。点击确定，在数据管理窗口生成样长组合文件，保存该文件。

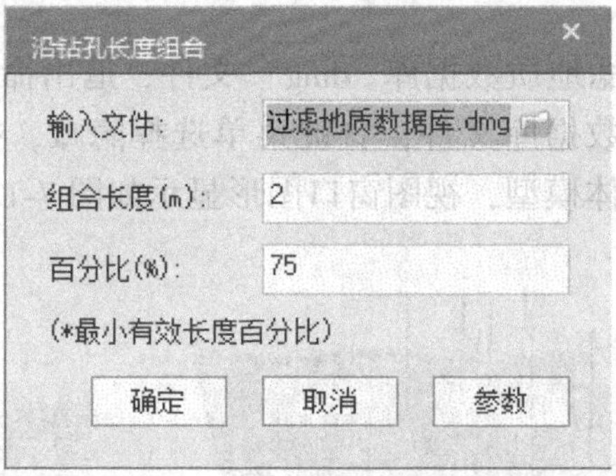

图 7-13 样长组合设置窗口

7.3 矿块模型的建立和估值

微课-矿块模型的建立和估值演示

本节将结合实例，主要讲解建立空块模型、生成椭球体、距离幂估值、矿块模型赋值等内容。

7.3.1 建立空块模型

建立空块模型所要考虑的内容主要是模型整体尺寸以及基础块尺寸大小，整体尺寸大小要考虑矿块模型的用途，如果用于露天境界的运算，整体尺寸要把露天境界包含进来，否则对境界无法进行全部运算。基础块尺寸大小也要考虑其实际运算用途，如果用于露天台阶算量，基础块（单元块）尺寸的 Z 值要是台阶高度值的整数倍数或整数约数，这样可以保证台阶算量的准确性。

由于前面创建的地表模型和境界模型太大，因此在建立空块模型之前需先进行裁剪处理。打开地表模型和境界模型，在露天境界周围绘制一个矩形线框（绘制时选择俯视图，关闭捕捉），如图 7-14 所示。点击“实体建模”→“裁剪”命令，框选模型和矩形线框，右键确定。删除矩形线框外部模型，将地表模型和境界模型范围缩小，如图 7-15 所示。

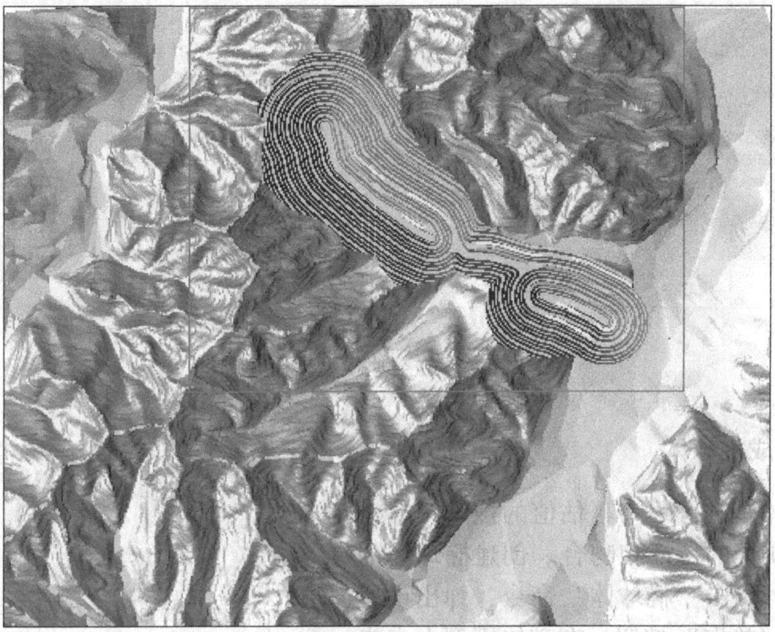

图 7-14 在露天境界周围绘制矩形线框

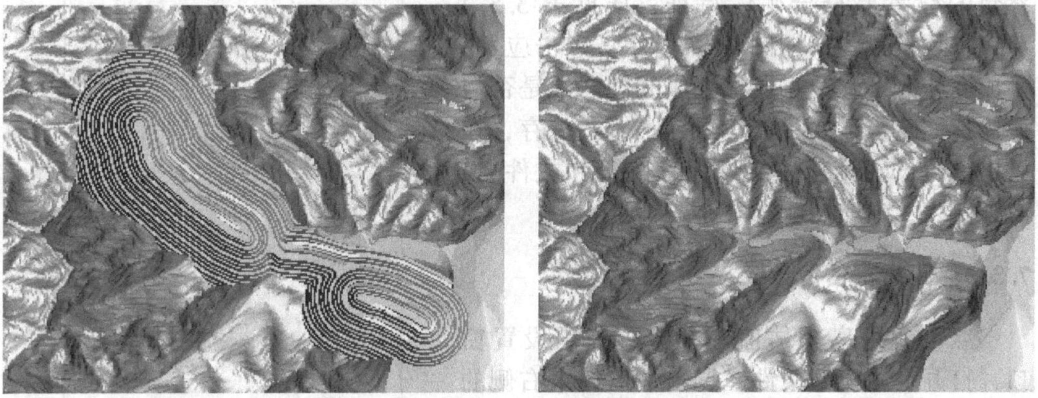

(a) (b)

图 7-15 裁剪缩小范围的模型

（a）境界模型；（b）地表模型

打开矿体模型，显示地表模型。点击“空块”命令，弹出窗口，勾选“水平获取范围”，点击“从屏幕上自动获取范围”按钮。对输出文件进行设置，基础块尺寸输入“10、10、5”，因为台阶高度为 10 m，所以 Z 值输入“5”可行。窗口参数设置如图 7-16 所示。点击确定，生成空块模型。该空块模型包含矿体模型、境界模型和地表模型。

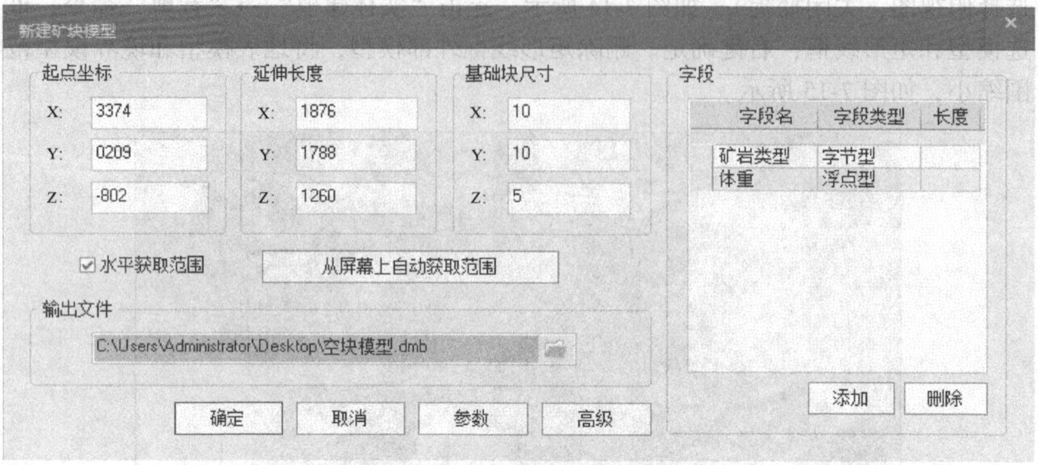

图 7-16　建立空块模型设置窗口

7.3.2　生成椭球体

椭球体是进行距离幂估值的搜索策略，其参数要与矿体的特征相吻合。创建椭球体的具体步骤为：点击“椭球体”命令，弹出设置窗口，点击“拾取”按钮，在矿体模型上点击一个实体顶点，软件将自动获取球心坐标，其他参数的设置要符合矿体特征，详见第 3.5.4 节，参数设置窗口如图 7-17 所示。点击应用，生成椭球体，旋转并观察生成的椭球体是否与矿体特征吻合，如图 7-18 所示。点击保存，在弹出窗口设置椭球体文件保存路径和文件名，点击保存，生成椭球体文件。

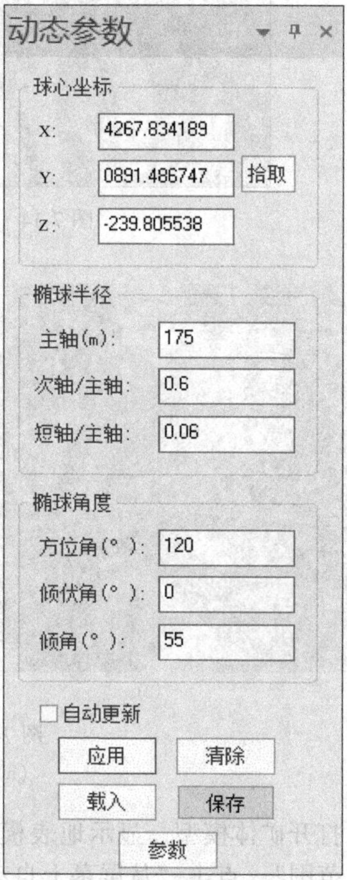

图 7-17　椭球体设置窗口

7.3.3　距离幂估值

点击“距离幂估值”命令，弹出设置窗口，打开空块模型文件，点击估值约束右侧的“设置”按钮，弹出约束设置窗口，如图 7-19 所示。约束类型选择“实体”，打开矿体模型文件，点选内部约束，设置好边界尺寸和内部尺寸，删除原有约束，添加新的约束，点击确定。

样品文件打开样长组合文件，变量勾选

图 7-18　生成的椭球体

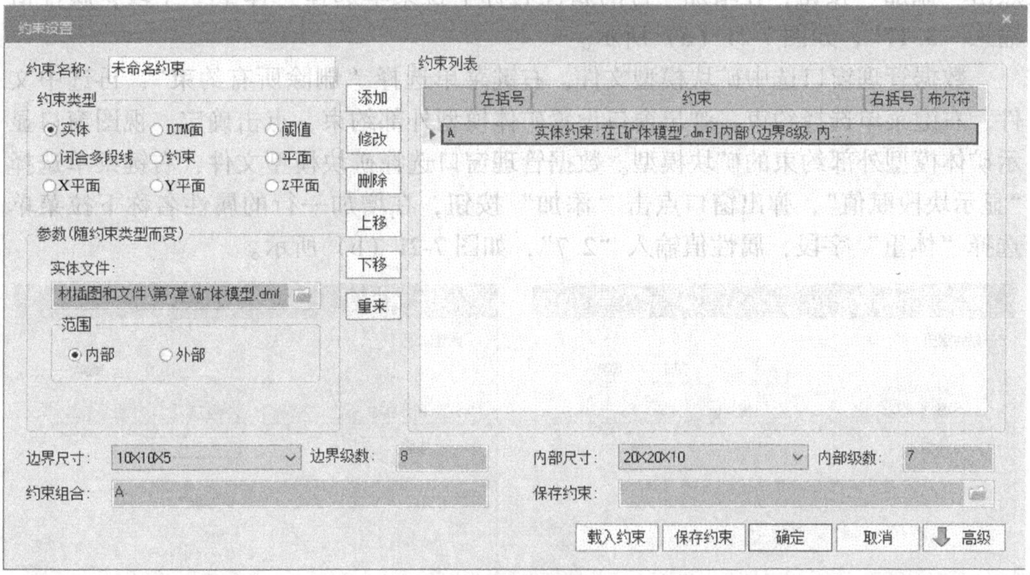

图 7-19　矿体模型约束窗口

“TFe” 和 “mFe”，点击 “椭球体参数” 按钮，弹出窗口找到 “椭球体 . ell” 文件，选中打开，设置参数自动输入，其他参数如图 7-20 所示。点击 “单方案估值” 按钮，弹出估值报告窗口，未估值块数不是 0，点击确定。按以上方法，把主轴半径依次扩大 1 倍，分别输入 350、700、1400，点击 “单方案估值” 按钮，直到未估值块数为 0 时停止。点击退出，完成估值。

7.3.4　矿块模型赋值

打开估值的矿块模型，数据管理窗口选中该文件，右键菜单点击约束，弹出窗口设置矿体模型内部约束，点击确定。视图窗口显示矿体模型内部约束的矿块模型。数据管理窗口选择矿块模型文件，右键菜单选择 “显示块段赋值”，弹出窗口

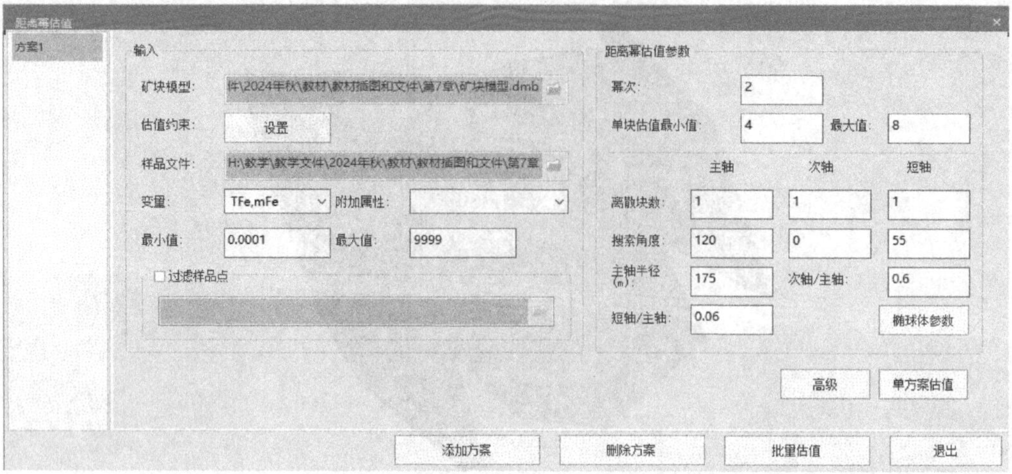

图 7-20 距离幂估值设置窗口

点击"添加"按钮，在增加一行的属性名称下拉菜单选择"体重"字段，属性值输入"3.17"，如图 7-21（a）所示。

数据管理窗口选中矿块模型文件，右键菜单选择"删除所有约束"，再选中文件，右键菜单选择约束，弹出窗口设置矿体模型外部约束，点击确定。视图窗口显示矿体模型外部约束的矿块模型。数据管理窗口选择矿块模型文件，右键菜单选择"显示块段赋值"，弹出窗口点击"添加"按钮，在增加一行的属性名称下拉菜单选择"体重"字段，属性值输入"2.7"，如图 7-21（b）所示。

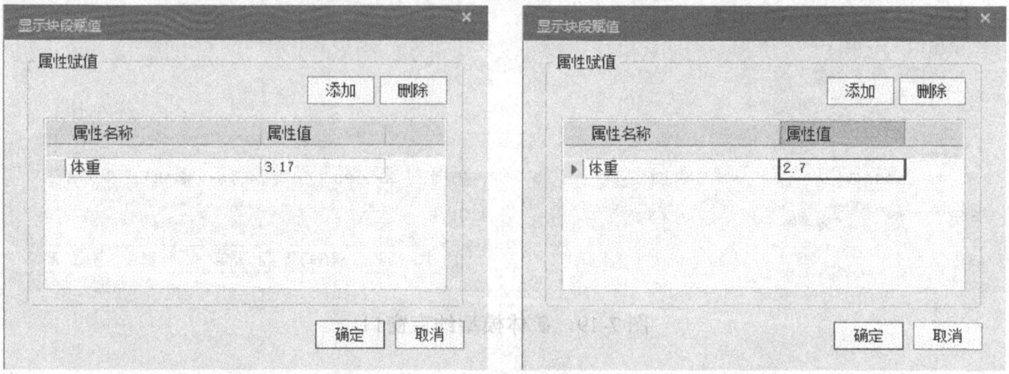

(a)　　(b)

图 7-21 矿块模型的体重字段赋值

（a）矿石内部约束体重字段赋值；（b）矿石外部约束体重字段赋值

微课-块段法储量计算演示

7.4 块段法储量计算

7.4.1 矿体总储量

点击"块段"命令，弹出储量计算窗口，打开矿块模型，点击约束条件设置按钮，在弹出窗口采用矿体模型内部约束，体重字段选择"体重"，主统计字段选择

"TFe"，其他统计字段选择"mFe"，不勾选高程区间和品位区间。设置窗口如图7-22所示。点击确定，计算矿体总储量情况如表7-1所示。

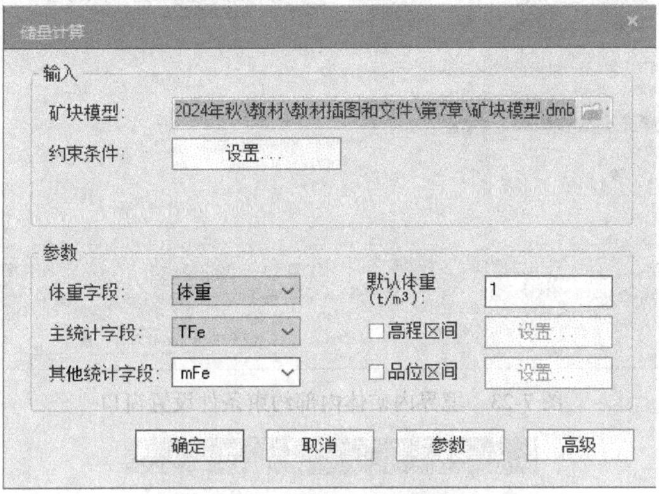

图7-22　矿体总储量计算设置窗口

表7-1　矿体总储量计算结果

矿体	体积/万立方米	体重/t·m^{-3}	矿石量/万吨	品位/%		金属量/万吨	
				TFe	mFe	TFe	mFe
全部矿体	6289.07	3.17	19936.35	18.46	10.57	3680.55	2107.28

7.4.2　境界内矿岩量

7.4.2.1　境界内矿石量计算

点击"块段"命令，弹出储量计算窗口，打开矿块模型，点击约束条件设置按钮，弹出约束设置窗口，先点选DTM面约束，打开地表模型，范围选择下部，约束列表先删除再添加，在添加约束第一行的布尔符选择"并且"。重新打开境界模型文件，范围选择上部，点击添加，第二行的布尔符选择"并且"。约束类型点选"实体"，实体文件打开矿体模型，范围选择内部，点击添加。设置后的约束窗口如图7-23所示，点击确定。

回到储量计算窗口，体重字段选择"体重"，主统计字段选择"TFe"，其他统计字段选择"mFe"。勾选高程区间，点击设置，弹出高程区间设置窗口，点击"区间设置"按钮，最小值设置为40，最大值设置为430，台阶高设置为10，点击确定，设置好的高程区间设置窗口如图7-24所示，点击确定。储量计算窗口设置好，如图7-25所示。点击确定，计算的境界内矿石储量如表7-2所示。

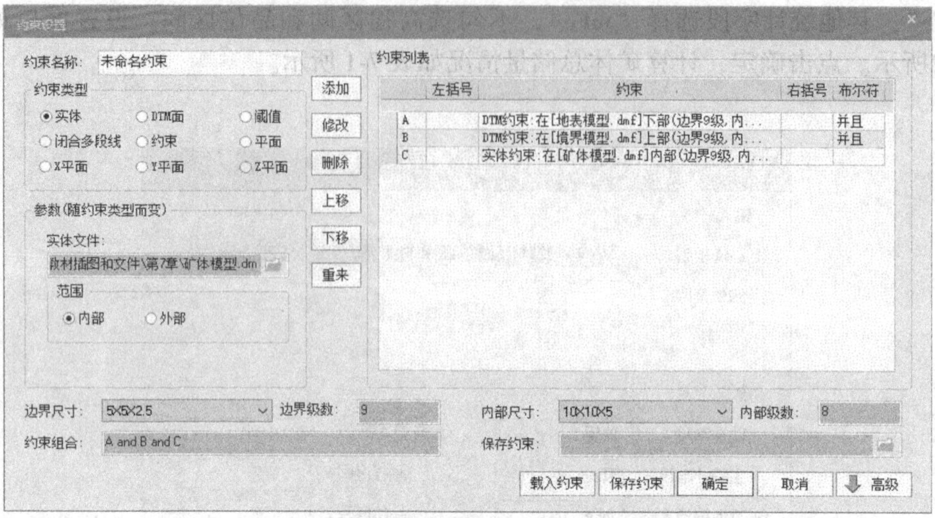

图 7-23　境界内矿体内部约束条件设置窗口

图 7-24　台阶设置窗口

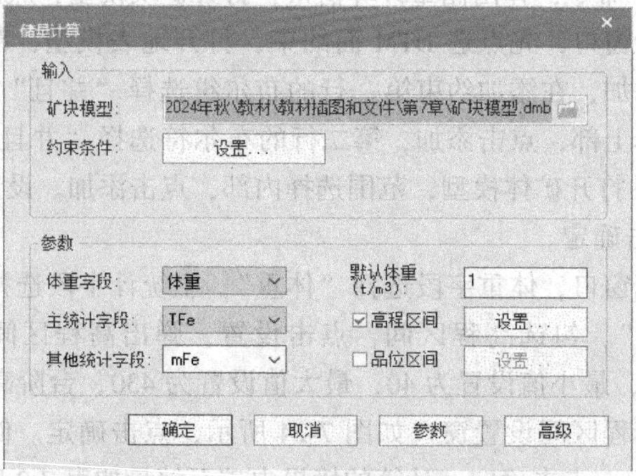

图 7-25　境界内矿石储量计算设置窗口

表 7-2 境界内矿石储量

中段	体积/万立方米	体重/t·m^{-3}	矿石量/万吨	品位/%		金属量/万吨	
				TFe	mFe	TFe	mFe
40~50	9.45	3.17	29.96	19.60	10.92	5.87	3.27
50~60	15.50	3.17	49.13	19.40	10.98	9.53	5.39
60~70	36.75	3.17	116.49	18.98	11.94	22.11	13.91
70~80	51.69	3.17	163.85	18.77	11.88	30.76	19.47
80~90	57.28	3.17	181.57	18.61	11.61	33.79	21.09
90~100	65.22	3.17	206.75	18.62	11.45	38.51	23.67
100~110	66.54	3.17	210.94	18.78	11.48	39.62	24.21
110~120	68.00	3.17	215.57	18.82	11.43	40.57	24.64
120~130	67.95	3.17	215.39	19.02	11.56	40.97	24.89
130~140	68.50	3.17	217.14	19.04	11.48	41.35	24.92
140~150	67.75	3.17	214.76	19.22	11.55	41.28	24.80
150~160	74.78	3.17	237.06	19.53	11.60	46.29	27.50
160~170	74.36	3.17	235.73	20.12	11.78	47.42	27.77
170~180	73.43	3.17	232.78	20.54	11.63	47.81	27.08
180~190	70.55	3.17	223.63	20.66	11.41	46.21	25.52
190~200	68.19	3.17	216.16	20.63	11.21	44.59	24.23
200~210	64.39	3.17	204.12	20.63	11.11	42.12	22.68
210~220	61.77	3.17	195.81	20.62	10.99	40.38	21.51
220~230	55.08	3.17	174.62	20.34	10.77	35.52	18.80
230~240	40.77	3.17	129.23	19.96	10.66	25.80	13.78
240~250	31.56	3.17	100.05	19.79	10.65	19.80	10.66
250~260	29.05	3.17	92.07	19.81	10.60	18.24	9.76
260~270	25.54	3.17	80.95	19.87	10.52	16.08	8.51
270~280	23.13	3.17	73.33	19.77	10.67	14.50	7.82
280~290	20.09	3.17	63.68	19.90	11.06	12.67	7.04
290~300	15.37	3.17	48.71	20.20	11.45	9.84	5.58
300~310	10.07	3.17	31.93	19.58	10.90	6.25	3.48
310~320	7.65	3.17	24.25	19.22	10.94	4.66	2.65
320~330	4.80	3.17	15.21	19.12	11.25	2.91	1.71
330~340	3.08	3.17	9.76	19.47	12.81	1.90	1.25
340~350	1.29	3.17	4.09	19.99	13.71	0.82	0.56
350~360	0.55	3.17	1.73	17.58	11.78	0.30	0.20
360~370	0.10	3.17	0.31	14.94	9.92	0.05	0.03
370~380	0.00	0	0.00	0	0	0.00	0.00

续表 7-2

中段	体积/万立方米	体重/t·m^{-3}	矿石量/万吨	品位/%		金属量/万吨	
				TFe	mFe	TFe	mFe
380~390	0.00	0.00	0.00	0.00	0.00	0.00	0.00
390~400	0.00	0.00	0.00	0.00	0.00	0.00	0.00
400~410	0.00	0.00	0.00	0.00	0.00	0.00	0.00
410~420	0.00	0.00	0.00	0.00	0.00	0.00	0.00
420~430	0.00	0.00	0.00	0.00	0.00	0.00	0.00
汇总	1330.21	3.17	4216.75	19.65	11.34	828.54	478.39

7.4.2.2 境界内岩石量计算

境界内岩石量计算操作步骤与矿石量计算大同小异，最大区别是约束条件设置。约束条件中 DTM 面的约束相同，不同的是矿体模型约束，矿石量计算是矿体模型内部约束，岩石量计算是矿体模型外部约束。境界内岩石量计算的约束条件如图 7-26 所示。

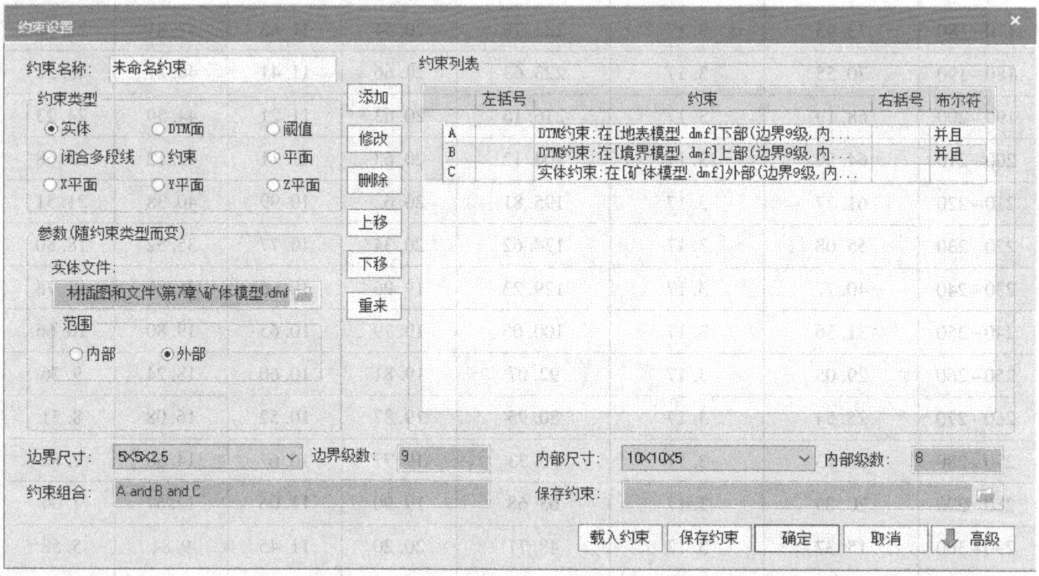

图 7-26 境界内矿体外部约束条件设置窗口

计算境界内岩石量情况如表 7-3 所示。

表 7-3 境界内岩石量

中段	体积/万立方米	体重/t·m^{-3}	岩石量/万吨	品位/%		金属量/万吨	
				TFe	mFe	TFe	mFe
40~50	0.26	2.7	0.71	4.74	2.32	0.03	0.02
50~60	2.92	2.7	7.87	1.49	0.94	0.12	0.07

续表 7-3

中段	体积/万立方米	体重/t·m^{-3}	岩石量/万吨	品位/%		金属量/万吨	
				TFe	mFe	TFe	mFe
60~70	8.07	2.7	21.79	1.04	0.56	0.23	0.12
70~80	18.99	2.7	51.28	1.26	0.75	0.65	0.38
80~90	27.21	2.7	73.47	0.99	0.59	0.72	0.44
90~100	57.86	2.7	156.23	0.71	0.43	1.11	0.67
100~110	72.16	2.7	194.83	0.62	0.39	1.21	0.76
110~120	101.18	2.7	273.18	0.45	0.28	1.24	0.76
120~130	117.49	2.7	317.22	0.41	0.25	1.29	0.80
130~140	148.39	2.7	400.65	0.34	0.22	1.36	0.86
140~150	166.19	2.7	448.71	0.30	0.19	1.35	0.85
150~160	215.86	2.7	582.82	0.27	0.17	1.59	0.97
160~170	236.69	2.7	639.07	0.28	0.17	1.82	1.10
170~180	275.29	2.7	743.28	0.27	0.16	2.00	1.20
180~190	298.27	2.7	805.34	0.24	0.14	1.96	1.15
190~200	341.87	2.7	923.05	0.19	0.11	1.78	1.03
200~210	348.14	2.7	939.98	0.20	0.12	1.91	1.09
210~220	367.98	2.7	993.54	0.19	0.11	1.92	1.08
220~230	368.83	2.7	995.84	0.19	0.11	1.87	1.06
230~240	379.16	2.7	1023.73	0.16	0.09	1.68	0.92
240~250	365.63	2.7	987.20	0.10	0.06	0.97	0.56
250~260	357.03	2.7	963.99	0.09	0.05	0.91	0.52
260~270	333.61	2.7	900.74	0.10	0.05	0.86	0.49
270~280	325.08	2.7	877.71	0.09	0.05	0.75	0.42
280~290	295.11	2.7	796.80	0.09	0.05	0.72	0.40
290~300	277.76	2.7	749.95	0.10	0.05	0.76	0.41
300~310	255.92	2.7	690.98	0.06	0.04	0.45	0.25
310~320	237.13	2.7	640.24	0.05	0.02	0.31	0.15
320~330	211.25	2.7	570.37	0.04	0.02	0.21	0.11
330~340	196.57	2.7	530.74	0.04	0.02	0.20	0.11
340~350	171.54	2.7	463.16	0.03	0.02	0.12	0.08
350~360	151.92	2.7	410.19	0.01	0.01	0.03	0.02
360~370	130.20	2.7	351.53	0.01	0.01	0.03	0.02
370~380	109.84	2.7	296.56	0.00	0.00	0.00	0.00

续表 7-3

中段	体积/万立方米	体重/t·m^{-3}	岩石量/万吨	品位/%		金属量/万吨	
				TFe	mFe	TFe	mFe
380~390	86.17	2.7	232.65	0.00	0.00	0.00	0.00
390~400	66.86	2.7	180.51	0.00	0.00	0.00	0.00
400~410	46.69	2.7	126.07	0.00	0.00	0.00	0.00
410~420	29.98	2.7	80.96	0.00	0.00	0.00	0.00
420~430	17.32	2.7	46.75	0.00	0.00	0.00	0.00
汇总	7218.40	2.7	19489.67	0.16	0.10	32.16	18.88

上机测试题

本次测试给出 3 个文件，分别是矿体模型文件、样长组合文件、椭球体参数文件。请根据给出的 3 个文件建立矿块模型文件，并用距离幂估值法进行估值，变量选择 TFe 和 mFe 两个指标，并按给出的椭球体参数文件输入参数。然后用块段命令进行矿石储量计算，要求矿石体重为：“3+(学号后两位数之和/10)”，主统计字段为 TFe，其他统计字段为 mFe，无须设置高程区间和品位区间。

按以上步骤和要求，提交两个文件，分别是矿块模型文件（距离幂估值的 dmb 文件）和储量报告文件（Excel 文件），将两个文件放在一个压缩文件内提交，压缩文件名为“学号后 3 位+姓名”。

思政育人

“矿业传奇”古德生院士

古德生，著名矿业工程科学技术专家，中国工程院院士，中南大学教授、博士生导师。古德生院士发明了颠振型振动出矿机，研制成功 11 种多功能的新型振动设备，创新了 6 种采矿方法，并发明了 7 项采矿新工艺，他的成就无疑是卓越的。

毕业后，古德生留校任教。这三尺讲台，他挥洒了毕生的心血。从教 60 周年，古德生对“教师”这一职业有着自己深刻的解读。他说：“好的教师应该是热心人，是在教学中能体验到快乐的人，是有科学知识、富有创造精神、有良好素养的人。”对于研究生的培养质量，古德生院士认为主要体现在学术研究能力和创新精神上。他说，一个人的成长过程，很容易形成思维定势，创新则需要善于运用逆向思维，学会多角度、全方位思考问题，不但要敢于反思甚至否定自己从前的思路、想法，更要敢于向权威挑战，跳出传统求飞跃，而不能投机取巧，从人家的论文里找漏洞，或是证明前人的命题、方法正确。他就是用这种方法，促使学生去思考，并挖掘他们的创新能力。

从 1986 年科研立项到 1990 年工程结束，古德生先后到安徽铜陵狮子山矿 20 多次，每次在矿山待的时间，少则一个星期，多则一个月。矿山成了他的第二个家。学校放寒暑假的时间，是他投身科研的黄金时间。榜样的力量是巨大的，工人们目睹他的执着和投入，忍不住打心眼里敬佩："古教授德高望重，都跟我们一样干，没有半点架子，我们不拼命干行吗？"

1992 年，"地下矿连续开采工艺技术与装备研究"荣获国家科技进步奖一等奖。评奖之前要进行答辩，古德生院士带病坚持要去，医生对他说："你硬要去，那你就要缺席人生了。"最后另一个参与者代替他去答辩，并顺利通过。

在过去 60 多年中，古德生把自己的生命融入了中国矿业的建设。中南大学采矿楼，一栋坐落在岳麓山下的红砖楼，见证了古德生致力于中国矿业科研和教育的漫长岁月，以及他对中国矿业发展的激情和投注的心血。2017 年 10 月，古德生撰写了《矿业天下记》一文，该文被刻在了采矿楼前草坪中的一块巨石上。

8 井巷建模

井巷模型是由井巷中心线进行断面设计后，使用井巷实体命令生成的模型。生成井巷模型的中心线文件必须是巷道文件，且进行了巷道断面设计。井巷模型的主要功能是虚拟仿真演示、开拓和采切设计、地下矿爆破设计等。

开拓系统设计是地下矿山设计的重要内容，很多矿山和设计院使用 AutoCAD 软件进行开拓系统设计，其最大缺陷是不能很好地对整个开拓系统进行可视化虚拟仿真演示。

本章讲解的主要内容是：根据某地下矿山使用 AutoCAD 软件针对开拓系统的平面设计，导入 DiMine 软件建立井巷模型，并进行可视化虚拟仿真演示。

8.1 原始文件处理及建模内容

8.1.1 原始文件处理

某铁矿为地下开采矿山，分为东、西两个矿段开采，采用竖井开拓。AutoCAD 软件绘制主要开拓系统包括：东矿段-255 m阶段运输水平平面布置图、东矿段-205 m阶段回风水平平面布置图、西矿段-455 m 阶段运输水平平面布置图、西矿段-405 m 阶段回风水平平面布置图、西矿段-505 m 阶段水平车场平面布置图、东区分段巷道和斜坡道、西区分段巷道和采区斜坡道、-540 破碎水平、-566 皮带道水平、-618 粉矿清理水平等。对以上图纸文件进行处理，只保留巷道中心线和竖井标记。东矿段-255 m 阶段运输水平平面布置图处理后如图 8-1 所示，西矿段-455 m阶

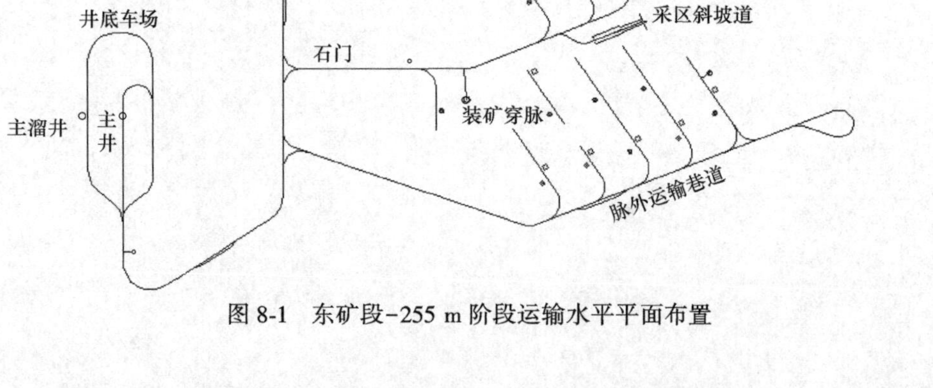

图 8-1 东矿段-255 m 阶段运输水平平面布置

段运输水平平面布置图处理后如图 8-2 所示。

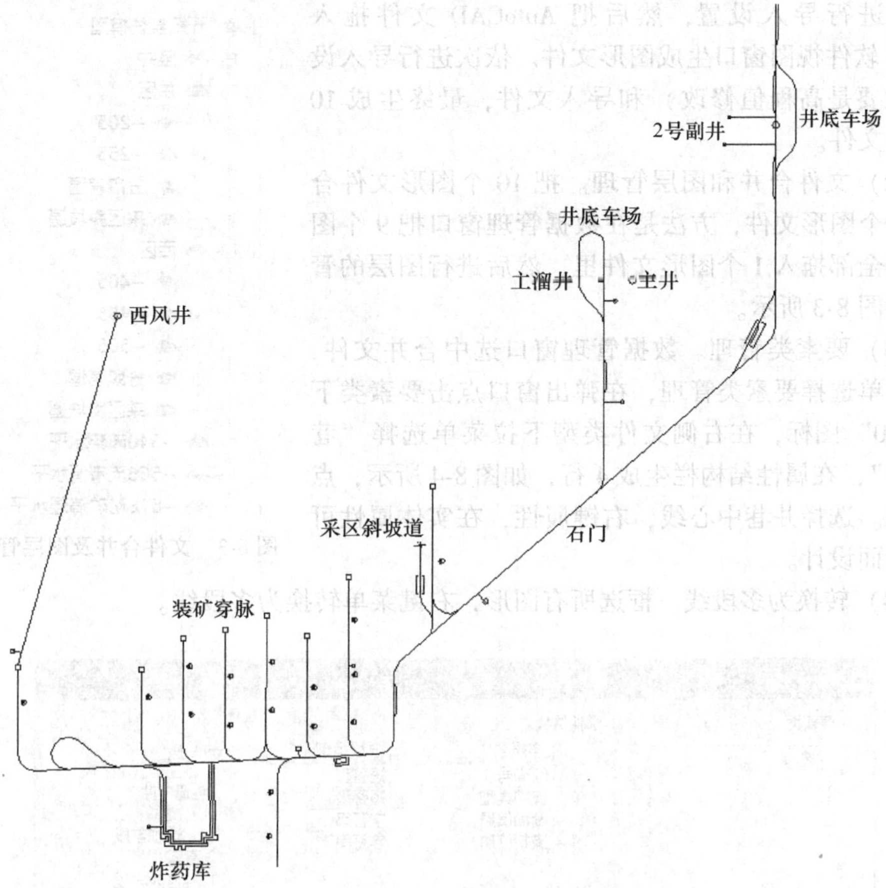

图 8-2 西矿段-455 m 阶段运输水平平面布置

8.1.2 建模内容

建模内容如下：

（1）AutoCAD 绘制开拓系统文件（上述 10 个文件）导入 DiMine 软件，进行要素类巷道文件设置。

（2）对巷道中心线进行断面设计。

（3）生成巷道实体。

（4）竖井中心线绘制、断面设计和生成竖井模型。

（5）斜坡道中心线坡度调整、断面设计和生成斜坡道模型。

微课-平面图导入及巷道建模

8.2 建模方法和步骤

8.2.1 开拓系统 AutoCAD 文件的导入

（1）导入设置和导入。导入的 10 个 AutoCAD 文件均是平面图，导入设置时，勾选设置高程，高程值输入平面图所在高程。对于分段巷道和采区斜坡道，由于巷道高程是变化的，需先输入一个高程值，导入后再修改高程。

先进行导入设置，然后把 AutoCAD 文件拖入 DiMine 软件视图窗口生成图形文件。依次进行导入设置（主要是高程值修改）和导入文件，最终生成 10 个图形文件。

（2）文件合并和图层管理。把 10 个图形文件合并成 1 个图形文件，方法是在数据管理窗口把 9 个图形文件全部拖入 1 个图形文件里，然后进行图层的管理，如图 8-3 所示。

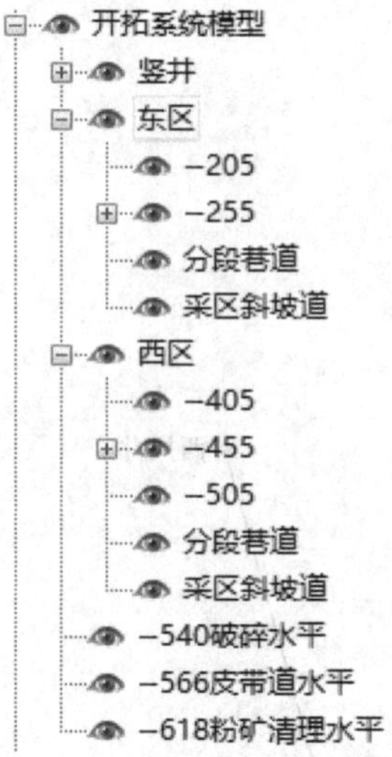

图 8-3 文件合并及图层管理

（3）要素类管理。数据管理窗口选中合并文件，右键菜单选择要素类管理，在弹出窗口点击要素类下栏的“0”图标，在右侧文件类型下拉菜单选择“巷道文件”，在属性结构栏生成 4 行，如图 8-4 所示，点击确定。选择井巷中心线，右键属性，在实体属性可进行断面设计。

（4）转换为多段线。框选所有图形，右键菜单转换为多段线。

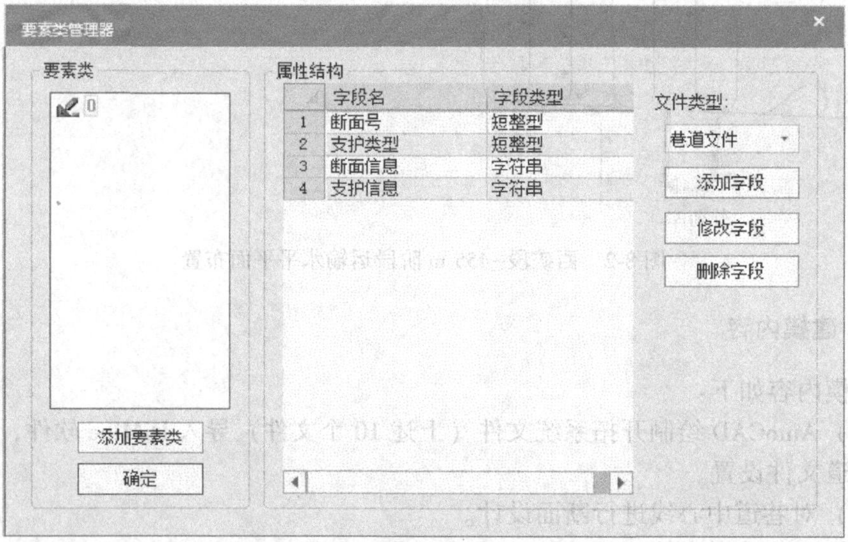

图 8-4 文件要素类管理设置窗口

8.2.2 创建平面图巷道模型

除了东区分段巷道和斜坡道、西区分段巷道和采区斜坡道，其余 8 个均为平面图。其生成巷道模型的方法基本上是一样的，下面以东矿段-255 m 阶段运输平面图为例，讲解创建巷道模型方法。

（1）巷道中心线断面设计。先隐藏图形文件，再打开东区-255 m 图层，只保留巷道中心线，其余图形选中右键隐藏，如图 8-5 所示。

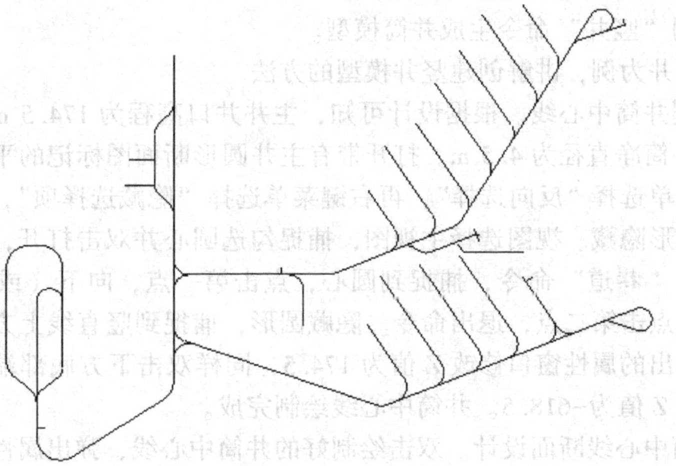

图 8-5 东区-255 m 巷道中心线

框选所有中心线，右键菜单选择属性，弹出属性窗口，在实体属性栏点击断面号，弹出断面设计窗口，按要求进行断面设计，设计后点击修改，再点击确定。属性窗口自动生成断面号。

（2）生成巷道模型。生成巷道模型有联通巷道和非联通巷道 2 个选项，由于联通巷道生成前需要进行线清理操作，包括处理异常线和重复线等，比较烦琐，如果生成联通巷道有异常，可选择生成非联通巷道。

点击“非联通”命令，框选所有中心线，右键确定，即生成巷道模型，如图 8-6 所示。

按同样方法，生成其他平面图巷道模型。

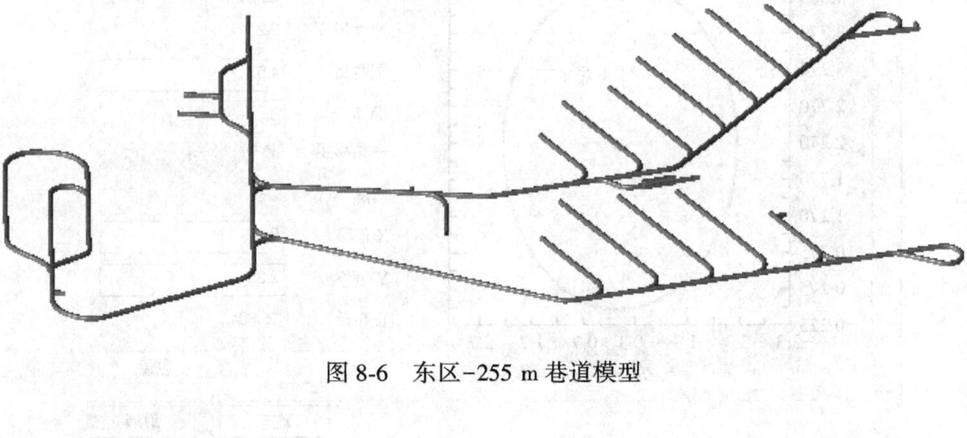

图 8-6 东区-255 m 巷道模型

8.2.3 创建竖井模型

微课-竖井建模

竖井模型主要包括主井、副井、主溜井、东风井、西风井、充填钻孔、输浆孔等模型。创建竖井模型的步骤为：

（1）根据竖井井口和井底高程以及井筒圆心位置绘制井筒中心线；

（2）对井筒中心线进行断面设计；

（3）使用“竖井”命令生成井筒模型。

下面以主井为例，讲解创建竖井模型的方法。

（1）绘制井筒中心线。根据设计可知，主井井口高程为 174.5 m，井底高程为 -618.5 m，井筒净直径为 4.5 m。打开带有主井圆形断面图标记的平面图，选择该圆形，右键菜单选择“反向选择”，再右键菜单选择“隐藏选择项”，此时视图只有圆形，其他图形隐藏。视图选择主视图，捕捉勾选圆心并双击打开，同时，双击打开正交。点击“巷道”命令，捕捉到圆心，点击第一点，向下（或向上）画竖直线，一定距离点击第二点，退出命令。隐藏圆形，捕捉到竖直线上方顶部端点，双击左键，在弹出的属性窗口修改 Z 值为 174.5，同样双击下方底部端点，在弹出的属性窗口修改 Z 值为-618.5。井筒中心线绘制完成。

（2）井筒中心线断面设计。双击绘制好的井筒中心线，弹出属性窗口，在实体属性栏点击“断面号”，弹出断面设计窗口，形状选择“圆形拱”，宽度输入“4.5”，通过调整 X 偏移和 Y 偏移数值，把预览图的中心点调到圆心位置。点击修改，点击确定，如图 8-7 所示。

（3）生成主井模型。点击“竖井”命令，弹出窗口，在是否封口栏选择“否”，单击回车，选择主井中心线，右键生成主井模型。

应用同样方法，创建其他竖井模型。

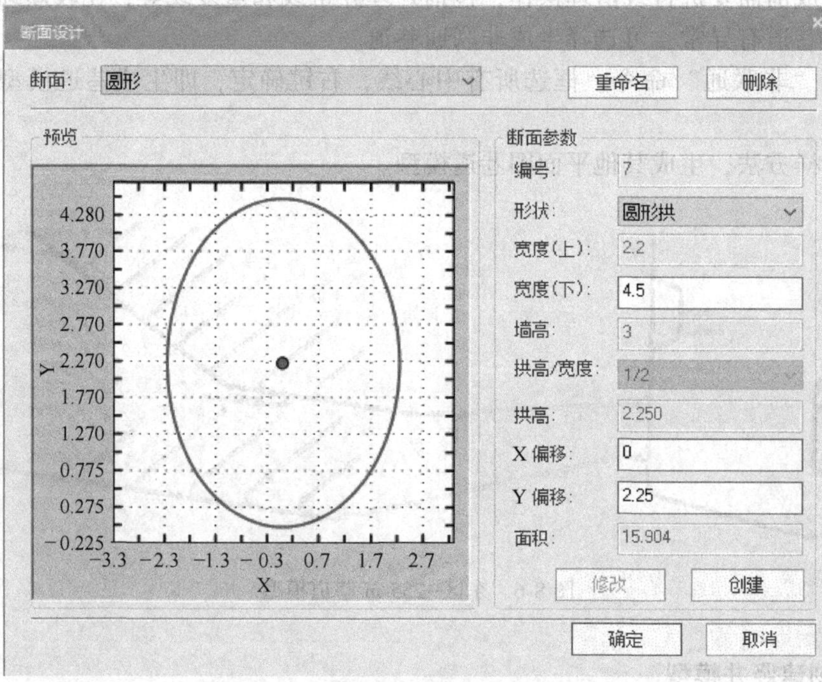

图 8-7 主井圆形断面设计窗口

8.2.4 创建分段巷道和斜坡道模型

本节以东区分段巷道和斜坡道为例进行讲解。打开东区分段巷道和斜坡道中心线图层，关闭其他图层。视图窗口显示的中心线都在一个水平上，如图 8-8 所示。

微课-分段巷道和斜坡道建模

（1）调整分段巷道中心线高程。双击其中一个分段巷道中心线，弹出属性窗口，按中心线实际高程修改图形属性的线高程值。注意：是线高程而不是 Z 值。按同样方法修改其他分段巷道中心线的高程。

（2）平滑斜坡道中心线。平滑斜坡道中心线与平滑露天境界边坡路沿线的方法相同。为了容易捕捉到线的端点，平滑一段斜坡道时，可以把其他中心线隐藏。平滑方法参考第 5. 2. 2. 3 节。调整好的东区分段巷道和斜坡道中心线如图 8-9 所示。

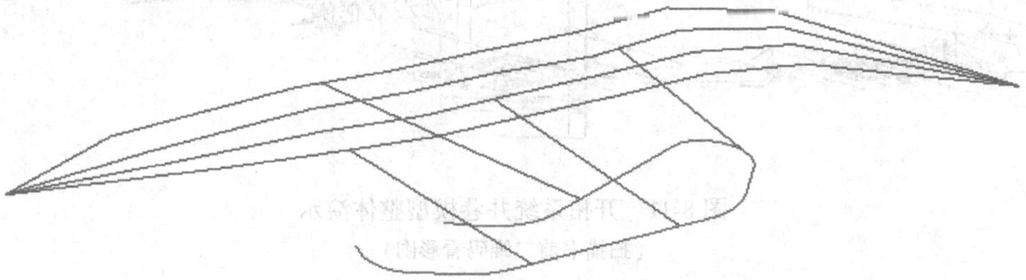

图 8-8　在一个水平的分段巷道和斜坡道中心线

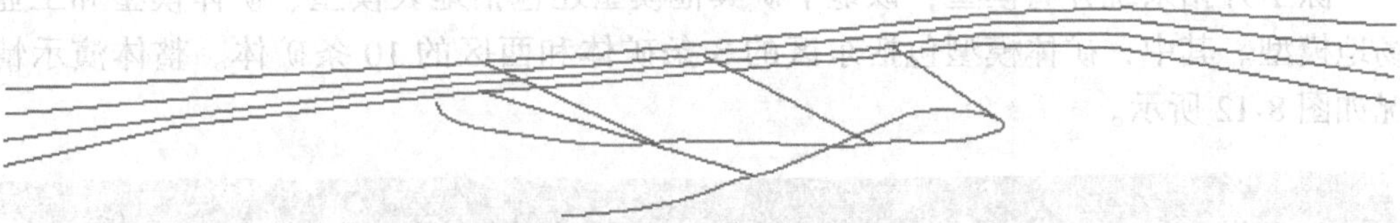

图 8-9　调整好的东区分段巷道和斜坡道中心线

（3）中心线断面设计和生模型。斜坡道和分段巷道断面形状一般为拱形，断面设计方法与前文平面图巷道中心线相同。

中心线断面设计后，即可使用“非联通”命令生成模型，如图 8-10 所示。

图 8-10　东区分段巷道和斜坡道模型

8. 2. 5　创建其他模型

其他模型包括天井、采区溜井、炸药库等，可参考前文的方法创建模型。

8. 3　开拓系统井巷模型整体演示

8. 3. 1　井巷模型整体演示

开拓系统井巷模型整体情况如图 8-11 所示。

动画-开拓系统井巷模型演示

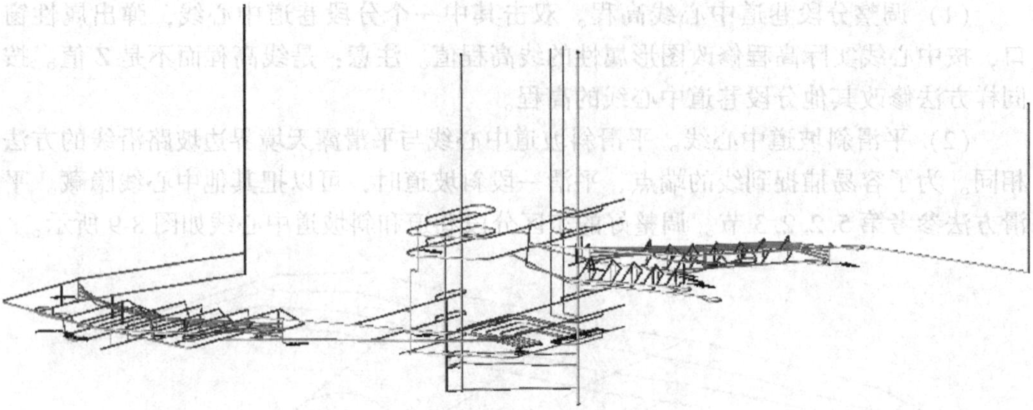

图 8-11　开拓系统井巷模型整体演示
（扫描书前二维码看彩图）

8.3.2　地下矿山模型演示

除了开拓系统井巷模型，该地下矿其他模型还包括地表模型、矿体模型和工业场地模型。其中，矿体模型包括东区的 3 条矿体和西区的 10 条矿体。整体演示情况如图 8-12 所示。

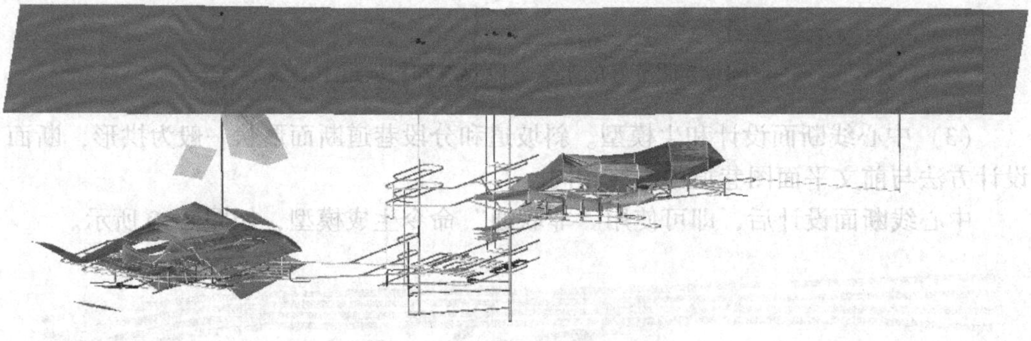

图 8-12　地下矿多个模型整体演示
（扫描书前二维码看彩图）

上机测试题

请根据给出的 CAD 巷道中心线文件，创建井巷实体模型，要求如下：

按照给出的“高程”要求，将 CAD 巷道中心线文件导入 DiMine 软件中建立巷道模型，并根据竖井的具体位置和高程，创建竖井模型。

巷道断面要求：断面形状为三心拱、宽度为 4.5、墙高 3、高跨比为 1/4；

竖井断面要求：断面形状为圆形、直径分别为主井 5.5、副井 6。具体要求为：

（1）CAD 图中高程×××值为答题学生学号后 3 位数。

（2）保存文件名为“学号后 3 位+姓名+测试 4”提交。

思政育人

世界500强——紫金矿业

紫金矿业是一家在全球范围内从事铜、金、锌、锂、银、钼等金属矿产资源勘查、开发及工程设计、技术应用研究的大型跨国矿业集团，在香港H股和上海A股整体上市。

该公司在中国17个省（区）和境外15个国家拥有重要矿业投资项目，其主要指标中国领先、全球前10位。其中矿产铜产量破百万吨大关，位居全球前5，紫金矿业也是头部矿企中矿产铜、金产量增长最快的企业之一。2023年度实现营业收入2934亿元，利润总额313亿元。

紫金矿业位列2024年《福布斯》全球上市公司第267位，全球黄金企业第1位；位列《财富》世界500强第364位、《财富》中国500强第91位。

紫金矿业作为全球矿业市场的重要参与者，致力于打造“绿色高技术超一流国际矿业集团”，以优质矿物原料为中国及全球经济增长和可持续发展助力。

紫金矿业的创始人和核心领导人陈景河先生是教授级高级工程师，享受国务院政府特殊津贴，现任公司董事长，低品位难处理黄金资源综合利用国家重点实验室主任，兼任中国矿业联合会副会长，中国有色金属工业协会副会长，中国黄金协会副会长，中国职业安全健康协会副理事长，世界黄金协会董事会成员。陈景河先生发表论文近60篇，出版专著1部，获国家科技进步奖一等奖1项，省部级科技奖特等奖2项、一等奖16项，国家级教学成果奖二等奖1项。

应用篇

9　露天数字采矿应用

9.1　露天境界优化

9.1.1　LG 图论法优化境界

DiMine 软件提供的露天矿境界优化功能，是通过调用赋值后的块段模型，结合输入的采矿成本、剥离成本、贫化率、损失率、复垦成本、销售成本等经济参数，将块体模型转换为价值模型，再结合设定帮坡角等工程技术参数进行约束，采用 LG 图论法优化生成一个露天坑模型。

LG 图论法是具有严格数学逻辑的最终境界优化算法，只要给定价值模型，在任何情况下都可以求出总价值最大的最终开采境界。LG 算法流程如图 9-1 所示。

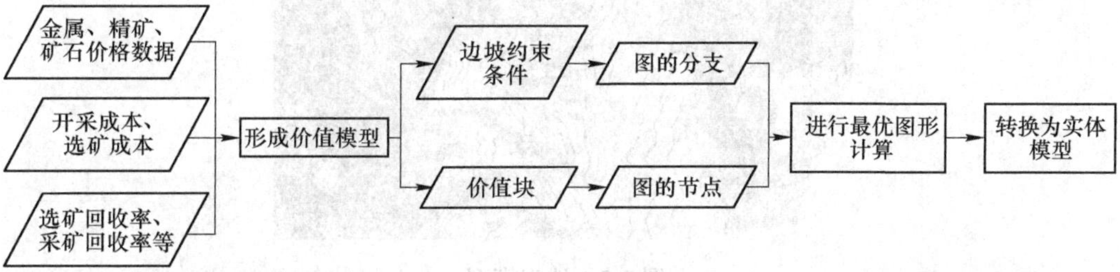

图 9-1　LG 算法流程

LG 算法的基础是将所有的价值块作为节点，每个节点之间用弧进行连接，当前被采节点和哪些节点相连接决定于露天边坡角度。如图 9-2（a）所示，假设在各个方向上的最大允许的边坡角度为 45°，为了开采价值块 1，应事先开采价值块 2、3、4；为了开采价值块 2、3、4，又要开采出价值块 5、6、7、8、9。这种开采顺序关系，用有向弧表示，如图 9-2（b）所示，按照这种格式由下向上发展，直到地表。

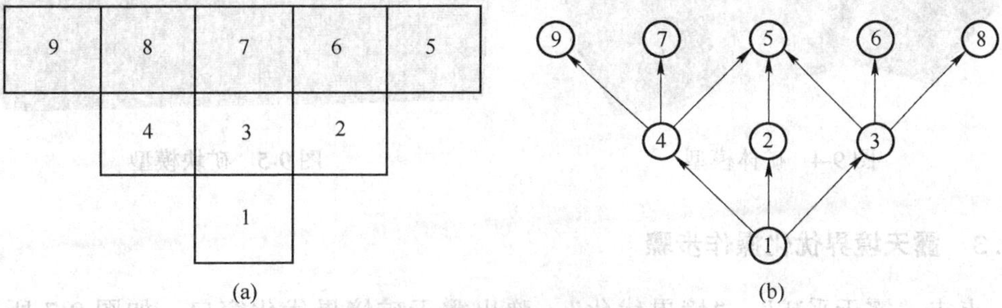

图 9-2　LG 算法基础
（a）价值块约束关系；（b）有向弧开采

9.1.2 矿山模型文件

本章使用的模型文件包括地表模型、矿体模型、已经估值的矿块模型和露天采场现状模型等。其中，矿块模型把地表模型和矿体模型全部包含在内。各种模型分别如图 9-3～图 9-6 所示。

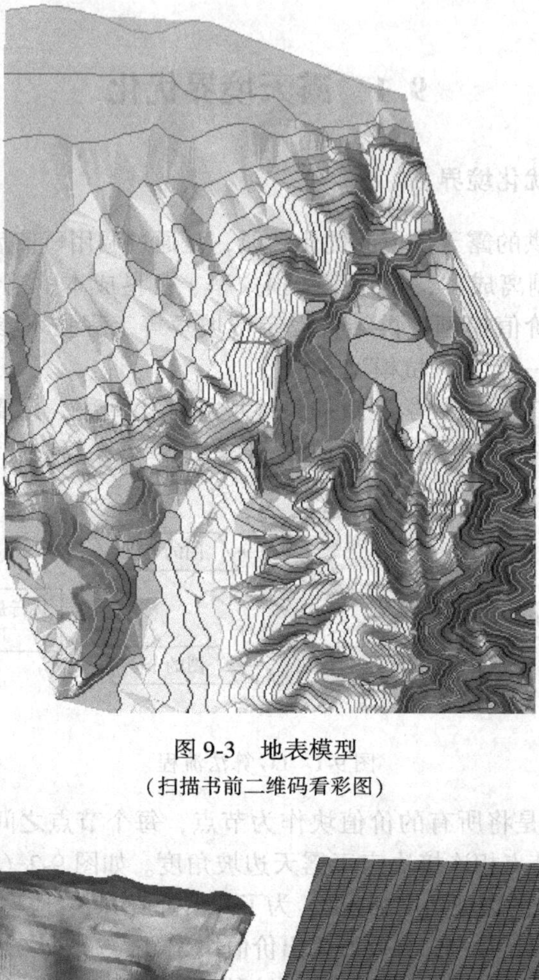

图 9-3 地表模型
（扫描书前二维码看彩图）

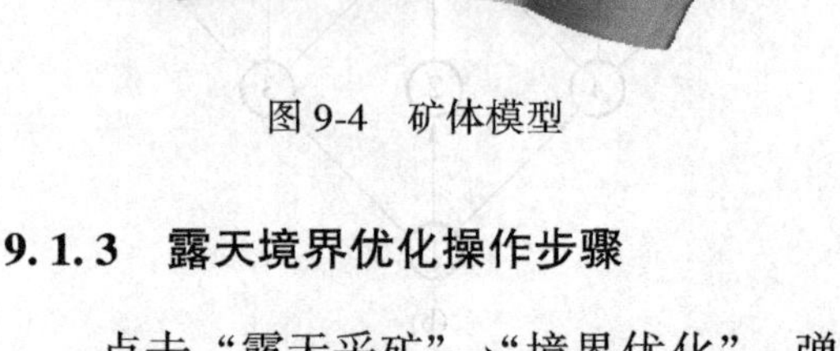

图 9-4 矿体模型

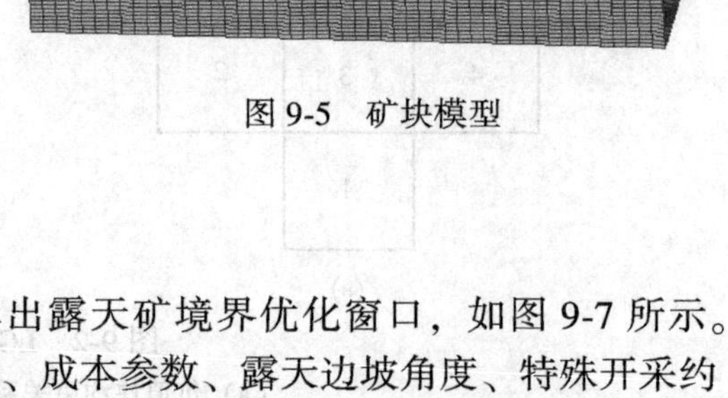

图 9-5 矿块模型

9.1.3 露天境界优化操作步骤

点击“露天采矿”→“境界优化”，弹出露天矿境界优化窗口，如图 9-7 所示。窗口由 5 个选项卡组成，分别是价值模型、成本参数、露天边坡角度、特殊开采约

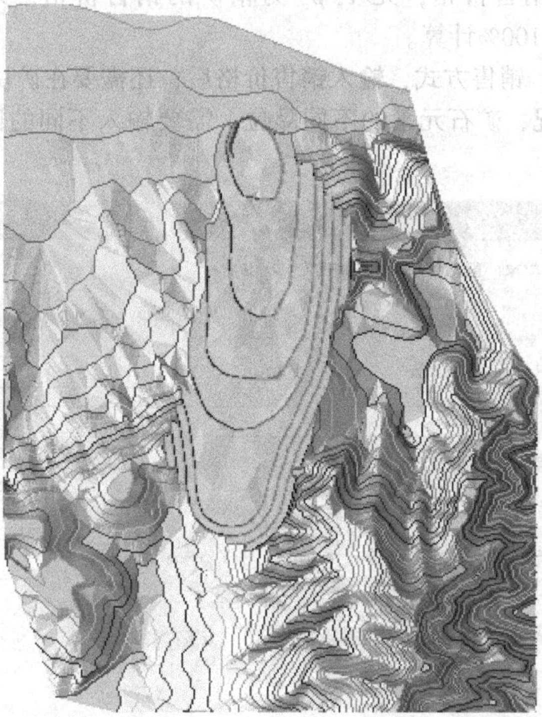

图 9-6 露天采场现状模型

(扫描书前二维码看彩图)

微课-露天境界优化操作演示

束和输出，点击每个选项卡，会弹出不同的设置界面。以下分别介绍 5 个选项卡界面设置方法。

(1) 价值模型。

1) 打开矿块模型。点击右侧打开按钮，弹出窗口找到矿块模型文件，选中打开。

2) 矿岩区分字段。下拉菜单选择“矿岩类型”，矿石值下拉菜单选择“1”。

3) 选择元素。下拉菜单选择“TFe”。

4) 价值模型范围。由于矿块模型整体范围已覆盖整个矿体模型和地表模型，无须增减范围，范围增减均为 0。

5) 矿石类型和矿块参数。当矿岩区分字段选择参数后，会在矿石类型栏自动生成一行参数，点击销售方式下拉菜单，有 3 个选项，分别是“金属”“矿石”和“精矿”。选择不同的销售方式，参数设置方法也各不相同。

① 选择“金属”销售方式。当选择“金属”销售时，需要输入对应矿石类型的选矿成本和每种元素的金属价格。这里需说明一点：金属的销售价格只包含采选成本和销售利润，而不包含冶炼成本。也就是说，金属的销售价格是根据精矿销售价格折算出来的，并不是真正的金属价格。金属销售价格的计算方式为：

$$p_m = \frac{p_c}{\beta} \times 100\% \tag{9-1}$$

式中，p_m 为金属的销售价格，元/t；p_c 为精矿的销售价格，元/t；β 为精矿的品位，%，金属品位按 100%计算。

当选择“金属”销售方式，输入销售价格后，还需要在矿块参数栏输入金属回收率。根据实际情况，矿石元素的不同品位，需要输入不同的回收率值，如图 9-7 所示。

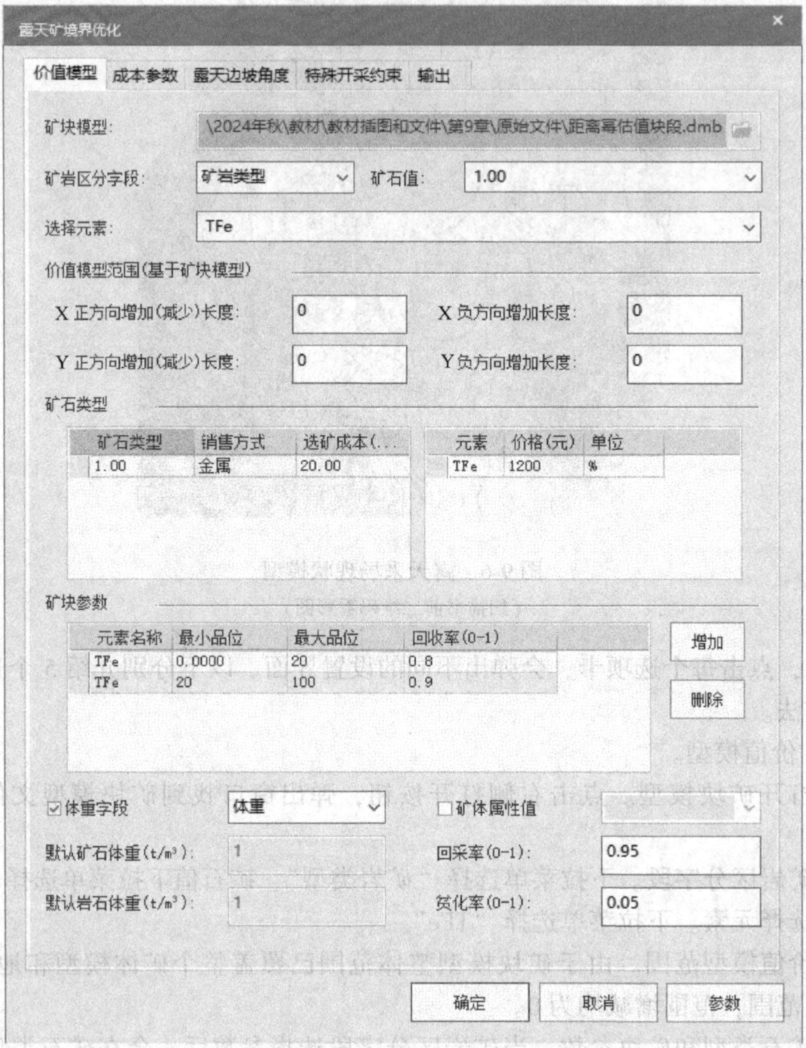

图 9-7 价值模型设置

② 选择“精矿”销售方式。当选择“精矿”销售时，需要输入对应矿石类型的选矿成本、每种元素的精矿价格，以及精矿品位。输入销售价格后，还需要在矿块参数栏输入金属回收率。

③ 选择“矿石”销售方式。当选择“矿石”销售时，需要在矿块参数栏输入原矿的价格，根据矿石品位的不同，销售价格也不同，可输入多行品位和价格参数。

6）体重字段。勾选体重字段，在下拉菜单选择“体重”。如果矿块模型的体重字段没有赋值，则不勾选体重字段，在其下方分别输入矿石体重和岩石体重。

7）矿体属性值。如果在矿块模型中，添加“净价值”属性，通过变量赋值功能，用品位与价值的表达式计算出每个块的净价值，软件根据该净价值进行境界优化。如果没有添加“净价值”属性，则无须勾选。

8）回采率和贫化率。界面下方的回采率和贫化率是指采矿的回采率和贫化率，按实际指标值输入即可。

价值模型参数设置详见图 9-7。

（2）成本参数。

成本参数有 2 种成本计算模式，分别是固定成本和成本随高程变化。

1）固定成本。固定成本是通过输入矿石开采成本、岩石开采成本和复垦成本 3 种成本的固定值，形成价值块的开采成本。

2）成本随高程变化。成本随高程变化是指，对于某些露天矿，随着采深的增加，运输成本也会随之提高，通过输入某些高程及对应的成本，形成成本随高程变化的曲线，系统会判断价值块所在的高程，进行成本计算。

成本参数设置详见图 9-8。

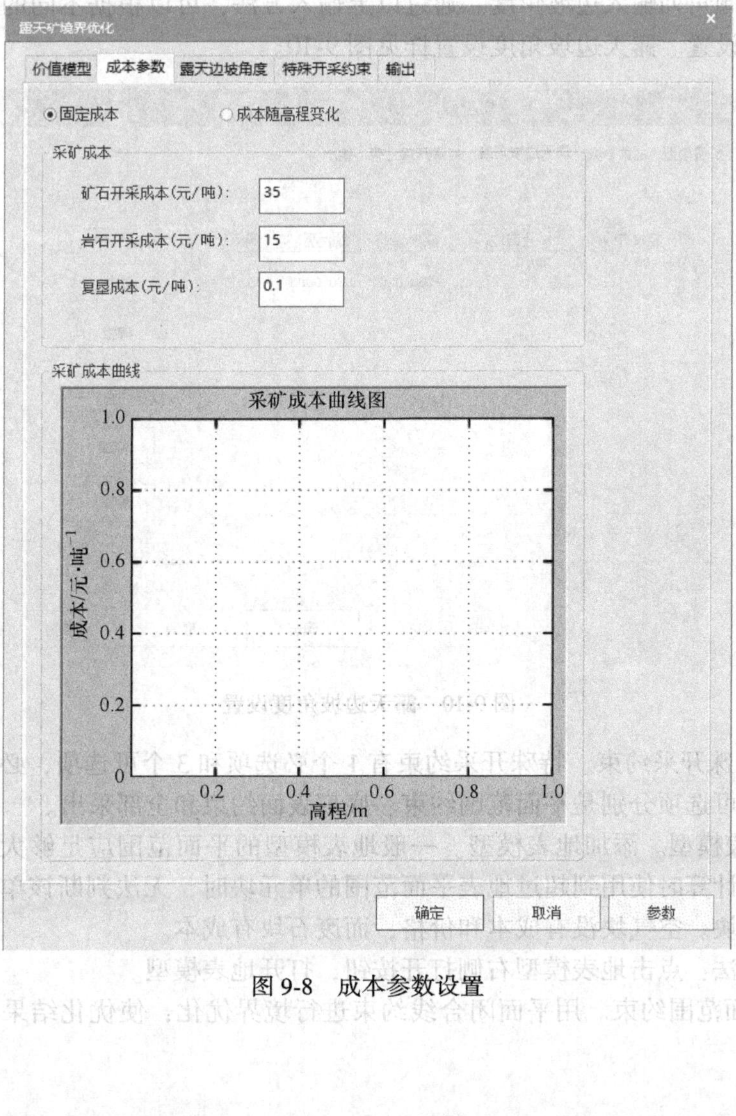

图 9-8　成本参数设置

（3）露天边坡角度。

露天矿的最终边坡角度与边坡的方位角、高度、岩性、含水性、节理裂隙特征及产状等诸多因素有关。在设计最终边坡角度时，往往在平面上按方位角自0°至360°把边坡划分成若干区域，每个区域的设计边坡角度并不相同。在高程上，随着岩性的变化，即使相同的平面区域，不同高程边坡角也会发生变化。该软件是基于这种思路，对露天边坡角度进行设置。

点击方位角范围的“添加”按钮，弹出方位角设置窗口，输入方位角范围，点击确定，如图9-9所示。如果需要添加高程约束，先在输入窗口选中需要添加高程的行，再点击高程约束的“添加”按钮，软件会根据矿块模型的最小高程和最大高程自动输入高程值；如果对高程值需要修改，可直接点击需要修改的高程值进行修改。修改好后，在右侧倾角列输入边坡角度。通过以上输入方法，可以根据不同的边坡设计要求进行任意设置。露天边坡角度设置详见图9-10。

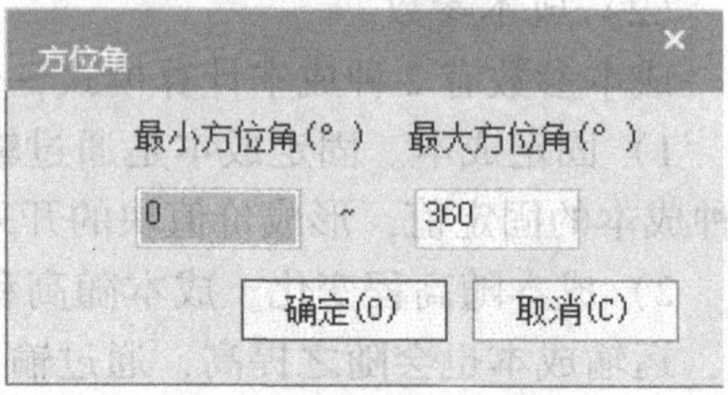

图9-9 方位角设置

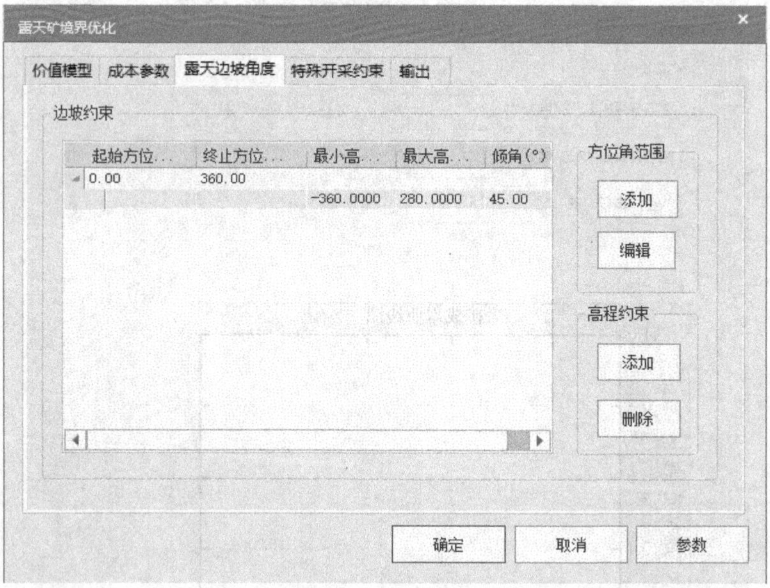

图9-10 露天边坡角度设置

（4）特殊开采约束。特殊开采约束有1个必选项和3个可选项，必选项是地表模型约束，可选项分别是平面范围约束、底部表面约束和全部采出。

1）地表模型。添加地表模型。一般地表模型的平面范围应足够大，否则，该软件在优化计算时使用到超过地表平面范围的单元块时，无法判断该单元块是空气块还是废石块。空气块没有成本和价格，而废石块有成本。

操作方法：点击地表模型右侧打开按钮，打开地表模型。

2）平面范围约束。用平面闭合线约束进行境界优化，使优化结果的平面范围不超过该闭合线的范围。一般用于对地表使用有限制的情况，比如矿界范围。

操作方法：勾选平面范围约束，打开范围线图形文件。

3）底部表面约束。约束方式有两种，一是通过输入底部标高，使境界优化的底部不低于该标高，即大于或等于该标高。二是底部 DTM 约束，通过指定 DTM，使境界优化的底部不低于该 DTM 面，即大于或等于该 DTM 面。

4）全部采出。指将矿体全部采出得到的境界，该境界可能不是经济效益最优的境界。

本次设置打开地表模型，然后勾选底部表面约束，点选指定标高范围以上，输入 0。输入 0 的目的是考虑境界优化运行时间问题，如果不对高程限制，运行时间会太长，目的主要是练习。特殊开采约束设置见图 9-11。

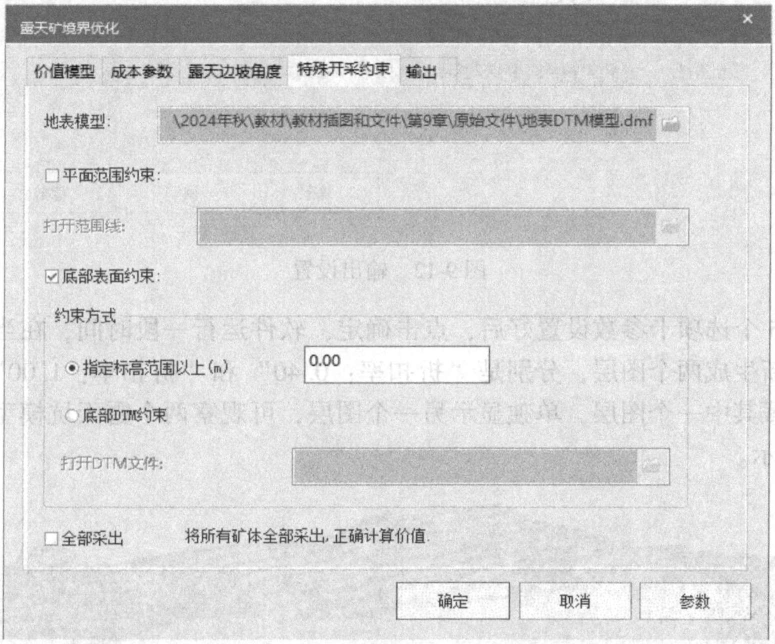

图 9-11　特殊开采约束设置

（5）输出。输出选项卡有 3 个设置项，分别是细分级数、嵌套坑（折扣率）和报告文件。

1）细分级数，指的是价值模型的块的大小，在一定的境界优化的范围内细分级数越大，所细分的价值块越小，计算越精确，但是计算时间也会越长。当块数非常大的时候，会导致内存不足，此时需要适当调小级数。

2）嵌套坑（折扣率）。软件通过输入不同的折扣率来实现一次优化多个露天坑模型，输入的不同折扣率之间用英文逗号隔开。比如，价值模型选项卡输入的销售价格为 1200，当输入折扣率为 1 时，销售价格仍为 1200；当输入 0.4 时，销售价格为 480；当输入 1.2 时，销售价格为 1440。一次输入多个折扣率，可以输出不同的露天坑模型。这样做有两个目的，一是折扣率较小的露天坑，可以作为首采区境界或一期境界，可快速获取较好的经济效益，后期再通过扩帮过渡开采，加大露天坑范围；二是根据矿产品市场销售价格涨落趋势判断未来销售价格，通过采取不同折扣率来缩小或者扩大露天坑供决策选择，目标是矿山经济效益最大化。

3）报告文件。输出文件主要是 .csv 格式报告文件。

本次输出设置细分级数输入“8”；嵌套坑（折扣率）输入“0.4,1”；报告文件设置好输出路径。如图 9-12 所示。

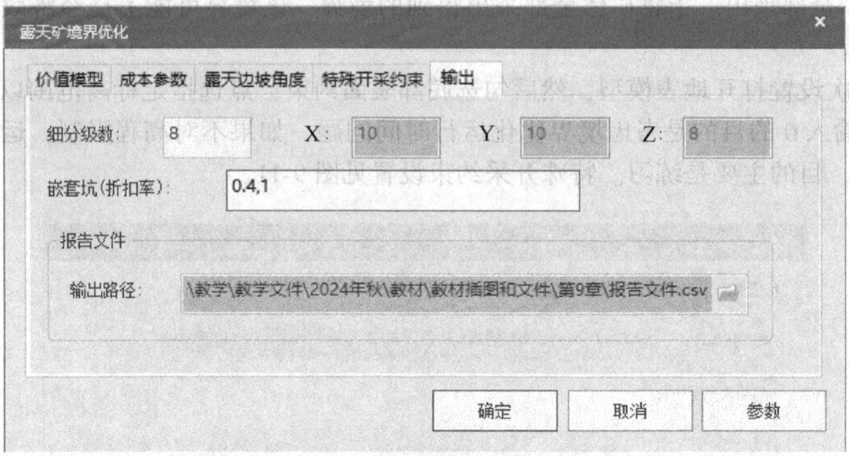

图 9-12　输出设置

上述 5 个选项卡参数设置好后，点击确定，软件运行一段时间，在当前文件图层的下方新生成两个图层，分别是“折扣率：0.40”和“折扣率：1.00”，保存该文件。隐藏其中一个图层，单独显示另一个图层，可观察两个露天坑模型状态，如图 9-13 所示。

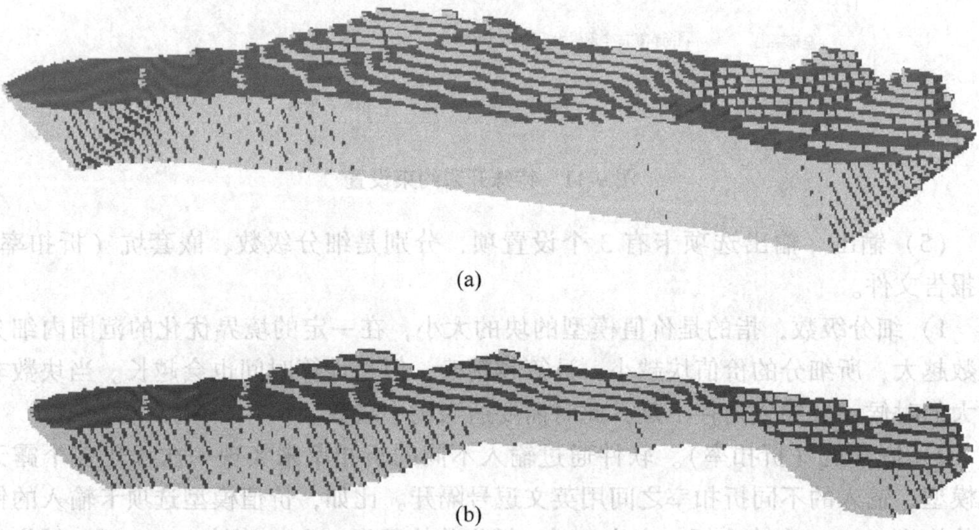

(a)

(b)

图 9-13　优化露天坑模型

(a) 折扣率为 1；(b) 折扣率为 0.4

境界优化报告见表 9-1。

表 9-1　境界优化报告

矿岩类型	销售方式	矿石量/万吨	"TFe"金属量/万吨	"TFe"平均品位/%	"TFe"收入/亿元	矿石开采成本/亿元	废石量/万吨	废石开采成本/亿元	选矿成本/亿元	复垦成本/亿元	盈余/亿元	剥采比
折扣率：0.4												
矿石	金属	1756.30	337.44	19.21	16.197	6.147			3.513	0.018	6.520	
废石							1617.13	2.426		0.016	2.442	
总计		1756.30	337.44	19.21	16.197	6.147	1617.13	2.426	3.513	0.034	4.078	0.92
折扣率：1.0												
矿石	金属	2844.83	546.89	19.22	65.626	9.957			5.690	0.028	49.951	
废石							7076.35	10.615		0.071	10.685	
总计		2844.83	546.89	19.22	65.626	9.957	7076.35	10.615	5.690	0.099	39.266	2.49

9.2　露天境界数字化设计

9.2.1　基本思路

露天境界数字化设计的基本思路如下：

(1) 根据软件优化的露天境界系列结果选定最终境界模型。需要进行分区和分期开采的矿山，要确定首采区境界和一期境界。

(2) 根据设计最终边坡角和设备初步选型，确定初次境界边坡要素（平均平台宽度和台阶坡面角）及露天底最小宽度和长度等参数值。

(3) 根据 (1) 和 (2) 的设计结果，用数字采矿软件绘制露天底部周界，并按平均平台宽度和台阶坡面角设计数值扩展平台至地表（注意每个台阶坡底线与境界模型的对应台阶等值线吻合），生成初次境界模型并与地表模型进行表面联合。

(4) 在初次境界模型与地表模型的联合模型的线文件上布置开拓系统初步线条设计。并据此确定终了境界的边坡要素，包括并段高度和台阶坡面角，安全平台、清扫平台和运输平台宽度及布置方式等。确定终了境界的边坡要素的原则是最终设计边坡角略小于最大允许稳定边坡角，二者之差一般控制在 0.5°以内。

(5) 根据初次境界、终了境界的边坡要素和布置的开拓系统进行初步线条设计，自露天底开始使用数字采矿软件进行终了境界设计，完成后生成终了境界模型。

(6) 终了境界模型与地表模型表面联合生成联合模型，表面相交生成开挖体模型。利用矿块模型计算境界内各台阶矿岩量。

说明：这里提到的初次境界是未布置开拓运输系统的境界，而终了境界是已布置开拓运输系统的境界。按境界边坡要素生成初次境界的目的是确定境界与地表的衔接关系，确定出入沟口位置，地表运输与境界内运输的合理连接，以及境界内开拓运输系统的布置。当上述开拓系统形成思路并进行线条设计后，才能准确进行终了境界的设计。

9.2.2　基本步骤

以折扣率为 0.4 的优化露天坑模型为例讲解露天境界数字化设计基本步骤。

9.2.2.1 生成等值线

点击“实体建模”→“等值线”，选择露天坑模型，弹出等值线设置窗口，等值属性选择“Z 值”。根据最小值和最大值参数，开始值输入“0”，结束值输入“216”，步距输入“12”，首曲线数目输入“0”，属性右侧点击“全删”按钮，再点击“重置”按钮。具体设置如图 9-14 所示。点击应用，生成的等值线如图 9-15 所示。

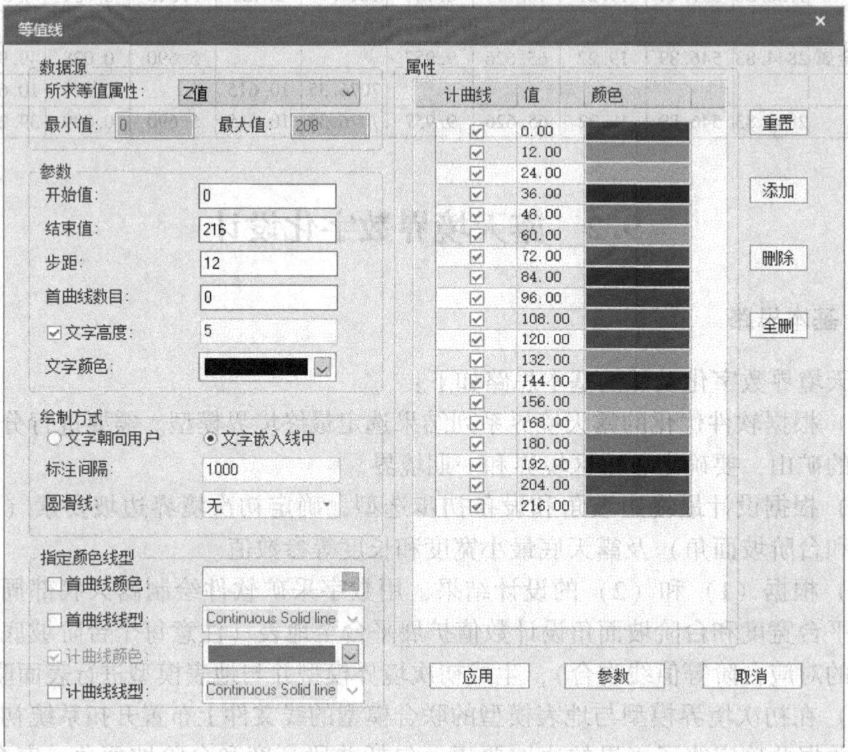

图 9-14 等值线设置窗口

9.2.2.2 初次境界线设计

(1) 确定初次境界边坡要素和露天底最小尺寸参数。

根据设计最终边坡角确定初次境界边坡要素：平台平均宽度计算为 7 m、台阶坡面角取 65°。平均平台宽度的表达式为：

$$W = \frac{H\cot\beta - H\cot\alpha}{\dfrac{H}{h} - 1} \tag{9-2}$$

式中，W 为平台平均宽度，m；H 为最终边坡高度，m；h 为台阶高度或并段台阶高度，m；β 为最终边坡角，(°)；α 为台阶坡面角，(°)。

按设备初步选型确定露天底最小尺寸参数，露天底最小宽度为 20、最小长度 200。

(2) 绘制露天底境界线。

选中高程为 0 的等值线，反向选择并隐藏，选择俯视图，沿等值线外围轮廓用

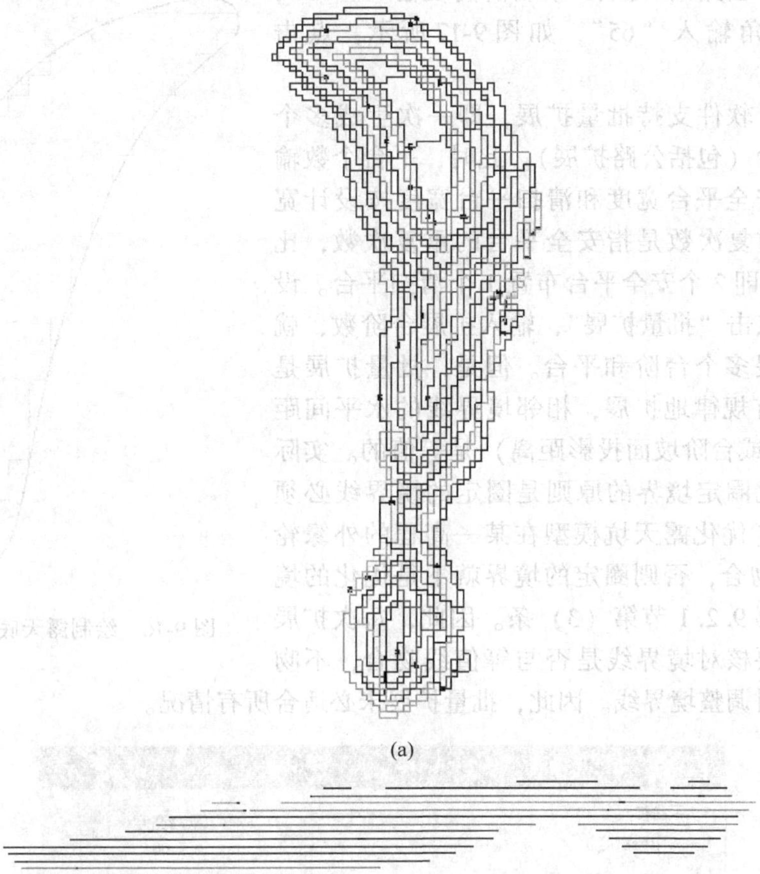

(a)

(b)

图 9-15　生成等值线
(a) 从上向下看；(b) 从左向右看
(扫描书前二维码看彩图)

多段线绘制并封闭，将封闭等值线右键多次光滑，如图 9-16 所示，也可用多段线命令绘制直线段，然后用圆角命令把相邻直线段圆弧连接，效果更好。

微课-初次境界线设计讲解演示

(3) 向上扩展一次境界线。

1) 参数设置。参数设置包括扩展参数设置和台阶参数设置两项。

① 扩展参数设置。是对露天矿坑扩展的公路参数、坡度方式、扩展方向和缓冲路段等参数的设置。

由于初次境界不考虑开拓运输系统，所以可不设置扩展参数。

② 台阶参数设置。是对露天矿坑的平台参数、台阶参数、扩展的方向等参数的设置。

点击“露天矿设计”→“台阶参数”命令，弹出台阶参数设置窗口。平台个数输入“1”，点选“安全平台宽度”，输入“7”，清扫平台宽度输入“7”，重复次数输入“7”。点击重置，右侧列出 1 行平台宽度。因为不考虑设计运输道路，所以不要勾选“带公路出口扩展”。台阶高度输入“12”，默认坡面角输入“65”，如图9-17所示，点击确定。

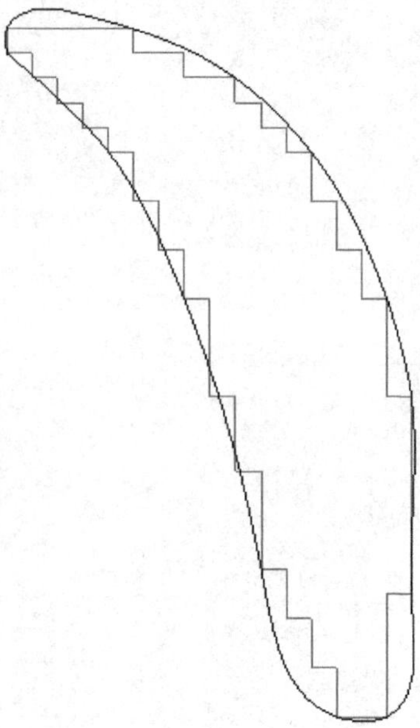

图9-16　绘制露天底境界线

说明：软件支持批量扩展，即一次生成多个台阶和平台（包括公路扩展）。此时，平台个数输入多个，安全平台宽度和清扫平台宽度按设计宽度输入，重复次数是指安全平台的重复次数，比如输入2，即2个安全平台布置1个清扫平台。设置好后，点击“批量扩展”，输入扩展台阶数，就可一次扩展多个台阶和平台。但是，批量扩展是对境界线有规律地扩展，相邻境界线的水平间距（平台宽度或台阶坡面投影距离）是等值的。实际上，数字化圈定境界的原则是圈定的境界线必须与等值线（优化露天坑模型在某一高程的外缘轮廓线）相吻合，否则圈定的境界就不是优化的境界，详见第9.2.1节第（3）条。因此，每次扩展平台，都要核对境界线是否与等值线吻合，不吻合就要随时调整境界线。因此，批量扩展未必适合所有情况。

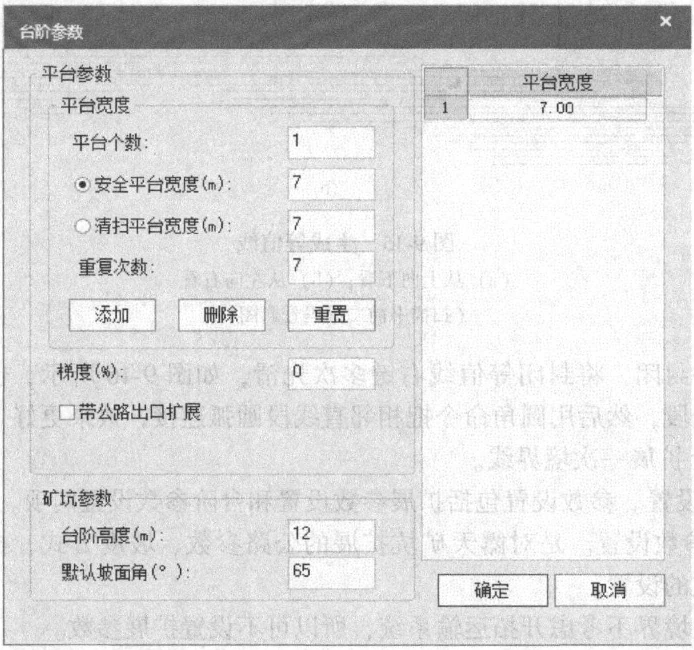

图9-17　台阶参数设置窗口

2）扩展平台时的对照处理。台阶参数设置好后，点击“扩展台阶”命令，选择露天底境界线（0 m坡底线），右键确定，生成12 m坡顶线。再点击“扩展平台”命令，选择12 m坡顶线，右键确定，生成12 m坡底线。打开12 m等值线，观察其是否与 12 m 坡底线吻合，如图 9-18（a）所示，除了南北两端稍多出一些外，其余部分是吻合的，由于多出部分太小，无须调整。

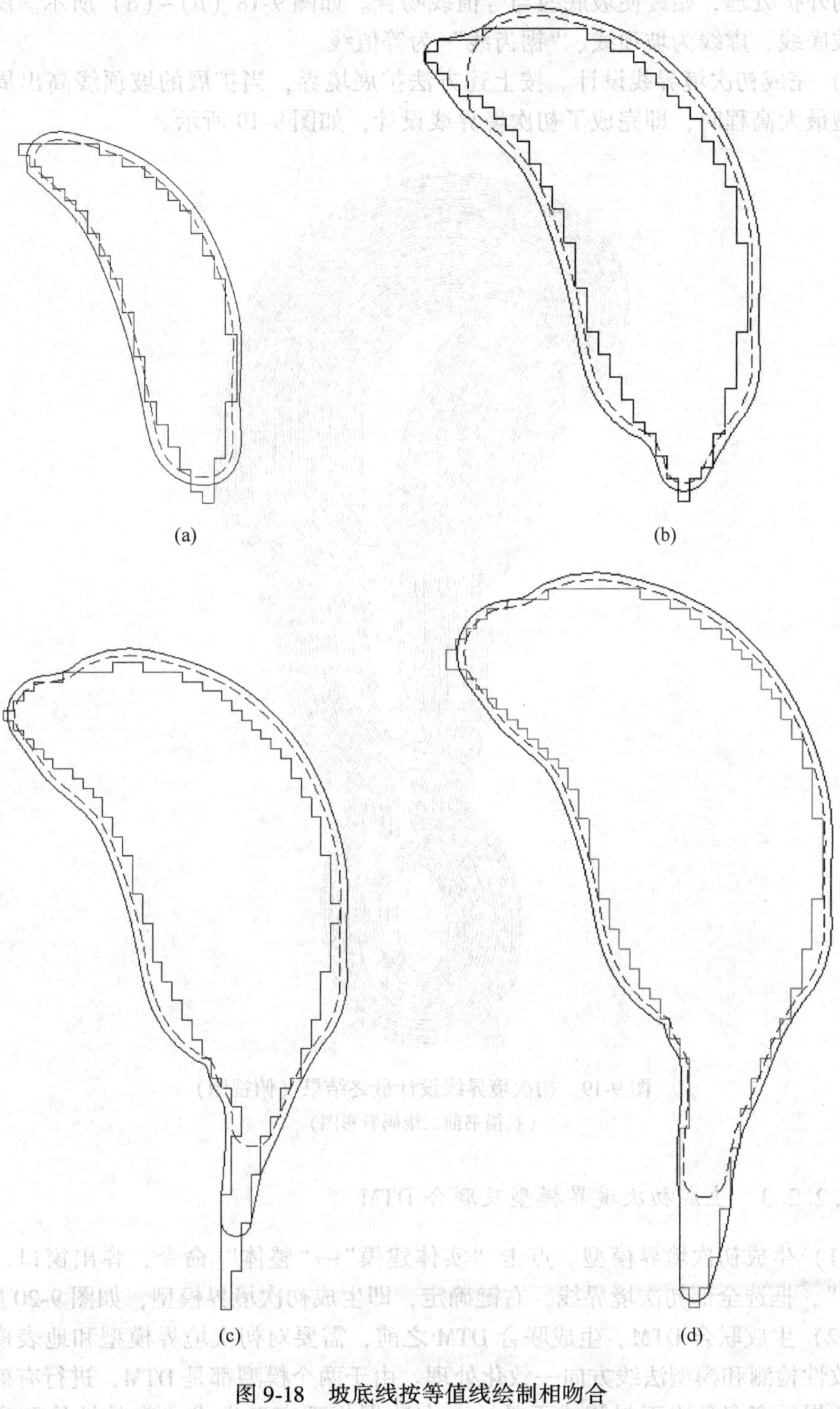

图 9-18　坡底线按等值线绘制相吻合
（a）12 m 线；（b）48 m 线；（c）72 m 线；（d）84 m 线

点击“扩展台阶”和“扩展平台”命令继续扩展坡顶线和坡底线，并逐个对照坡底线与高程相等的等值线是否吻合，如果等值线超出坡底线，需对坡底线进行相应的外扩处理，始终使坡底线与等值线吻合。如图 9-18（b）~（d）所示。图中实线为坡底线、虚线为坡顶线、“锯齿线”为等值线。

3）完成初次境界线设计。按上述方法扩展境界，当扩展的坡顶线高出周围地表模型最大高程时，即完成了初次境界线设计，如图 9-19 所示。

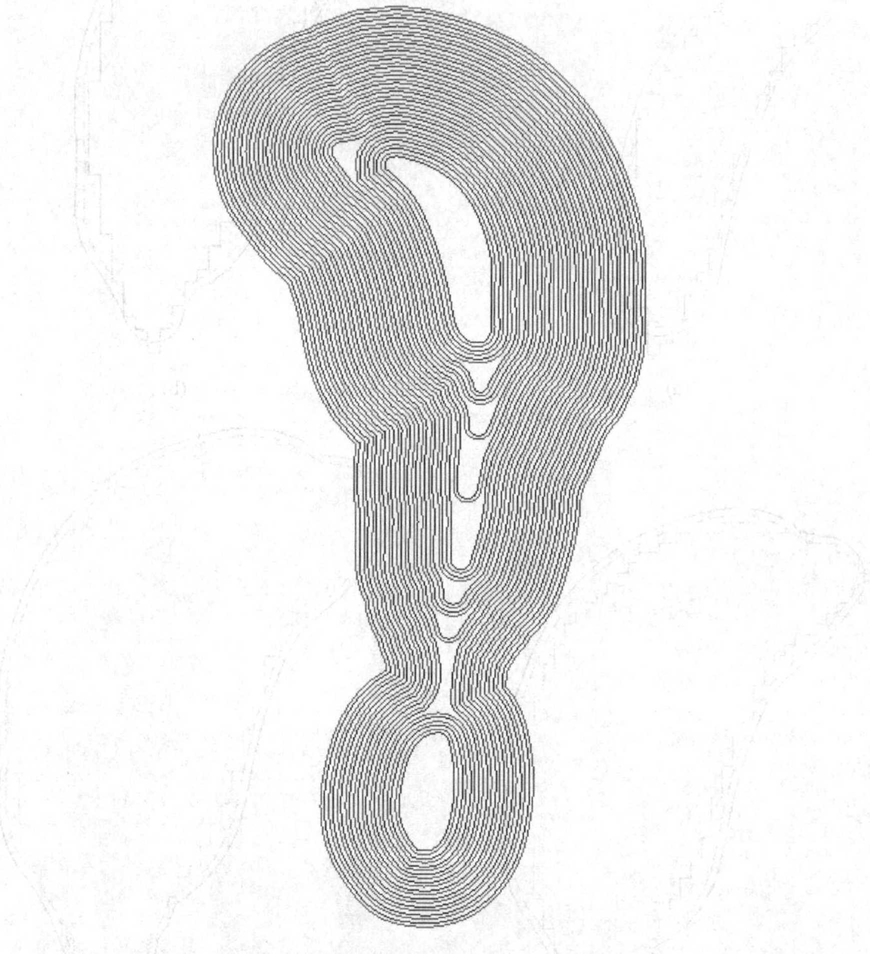

图 9-19 初次境界线设计最终结果（俯视图）
（扫描书前二维码看彩图）

微课-初次境界模型及联合模型生成演示

9.2.2.3 生成初次境界模型及联合 DTM

（1）生成初次境界模型。点击“实体建模”→“整体”命令，弹出窗口，点选“约束”，框选全部初次境界线，右键确定，即生成初次境界模型，如图 9-20 所示。

（2）生成联合 DTM。生成联合 DTM 之前，需要对初次境界模型和地表模型进行有效性检测和模型法线方向一致化处理。由于两个模型都是 DTM，进行有效性检测时会提示有多条边不封闭或无效边，在数据管理窗口生成“有效性检测定位文

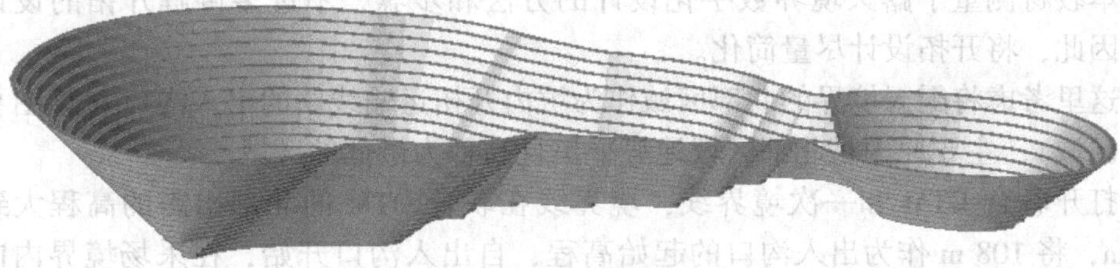

图 9-20　生成初次境界模型
（扫描书前二维码看彩图）

件”，视图窗口显示在 DTM 边缘生成新的边线，由于 DTM 是开放的模型，其边缘本来就不封闭，属于正常情况，删掉有效性检测定位文件即可。再就是看两个模型的法线方向是否正确，DTM 的法线方向必须向下，如果向上，点击“实体建模”→“优化”命令，在弹出窗口点选“方向一致化”，同时勾选“反向”，选择法线向上的模型，右键确定即可。

对两个模型进行上述处理无误后，即可进行生成联合 DTM 操作。点击“实体建模”→“布尔”，布尔运算类型选择“表面联合”，勾选“保留源数据”，视图窗口选择地表模型，再选择初次境界模型，右键点击确定，生成联合 DTM，如图 9-21 所示。

图 9-21　生成联合 DTM
（扫描书前二维码看彩图）

9.2.2.4　布置坑内开拓运输线路

微课-布置坑内开拓运输线路演示

布置坑内开拓运输线路要先确定线路在地表的出口。地表出口的设计要考虑矿石和废石的运输问题，也就是说，矿石和废石最终要运到哪里？这就涉及矿石堆场、储矿仓或选矿厂等工业场地的设计，以及排土场和外部运输线路的设计。然后，按照采场矿岩运输功最小、投资最少的原则确定坑内运输线路在地表的出口。这是一项复杂的设计过程，特别是当汽车运距超出其合理运距时，还需要设计胶带运输系统，并进行多个方案的技术性和经济性比较，这就使开拓设计变得更加复杂化。本教材侧重于露天境界数字化设计的方法和步骤，不过多讲解开拓的设计方案，因此，将开拓设计尽量简化。

这里考虑将露天境界的北部区域作为坑内开拓运输线路的出入沟口（见图 9-21 左侧区域），主要原因是北部区域地势平坦且高程为最低的区域。

打开联合 DTM 和一次境界线，境界线在联合 DTM 的北部出露的高程大致为 108 m，将 108 m 作为出入沟口的起始高程，自出入沟口开始，在采场境界内向下布置线路，每个台阶斜坡道长度为 150 m 斜坡加 30 m 平坡，共 180 m，按此参数将坑内线路一直布置到露天坑底，如图 9-22 所示。

(a)

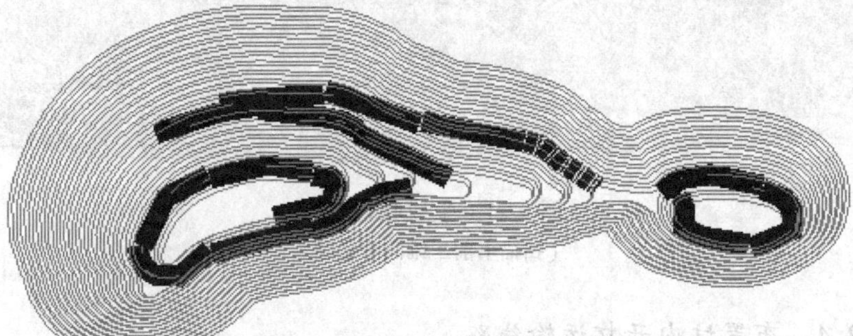

(b)

图 9-22　坑内开拓运输线路布置

(a) 显示联合 DTM；(b) 不显示联合 DTM

(扫描书前二维码看彩图)

预先布置坑内运输线路的目的有 2 个。一是确定线路在露天底的出口。在绘制终了境界时一般是自露天底向上扩展境界，这样可以保证露天底轮廓的准确性。从露天底向上扩展境界时要先确定线路的起点，这个出口恰恰是线路的起点。二是计算终了境界边坡要素的需要。露天终了境界边坡设计的原则是设计边坡角要尽量接近且不大于最大允许边坡角（不同分区有不同的值）。根据最大允许边坡角来计算边坡要素，包括台阶高度（或组合台阶高度）、台阶坡面角以及安全平台、清扫平台、运输平台的宽度及组合方式。预先布置好坑内运输线路，就可以确定某个分区的整个边坡上运输平台的重复次数，从而计算安全平台和清扫平台的宽度和组合方式。一般情况下，组合方式和安全平台宽度不宜产生变化，为满足不同分区的设计边坡角接近最大允许边坡角，主要通过调整清扫平台的宽度来实现，且相同分区内，各个台阶的清扫平台宽度应尽量一致。

9.2.2.5　终了境界设计

A　边坡要素的确定

终了境界最终边坡角的计算方式为：

$$\tan\beta = \frac{H}{H\cot\alpha + n_1 b_1 + n_2 b_2 + n_3 b_3} \tag{9-3}$$

式中，n_1为安全平台个数；n_2为清扫平台个数；n_3为运输平台个数；b_1为安全平台宽度，m，一般不小于台阶高度的1/3；b_2为清扫平台宽度，m，宽度要满足所用清扫设备的要求；b_3为运输平台宽度，m，宽度要满足运输设备的要求。

3 种平台的个数之和的计算方式为：

$$n_1 + n_2 + n_3 = \frac{H}{h} - 1 \tag{9-4}$$

终了境界的边坡要素要根据式（9-3）和式（9-4）进行计算确定。一般情况下，安全平台 b_1和运输平台 b_3的宽度设计为固定值，根据平台组合方式分别计算不同分区的清扫平台 b_2的宽度。边坡要素确定好后，再利用数字矿山软件自露天底开始向上扩展台阶和平台，由于清扫平台宽度是变化的，在扩展清扫平台时，需要将境界线按分区打断，分别扩展平台境界线，再将分区交界位置错开的境界线圆滑连接起来，再扩展台阶和安全平台，按此方法依次向上扩展境界。

为方便讲解，设计边坡要素为：安全平台宽 5 m、清扫平台宽 8 m、运输平台宽 12 m、台阶高度 12 m、台阶坡面角 65°；组合方式为 5、5、8，即两个安全平台布置 1 个清扫平台，台阶不并段。

B　设计具体步骤

（1）扩展参数设置。点击“露天矿设计”→“扩展参数”，弹出扩展参数设置窗口，根据设计要求设置参数，如图 9-23 所示，点击确定。

微课-终了
境界设计
演示

（2）台阶参数设置。点击“露天矿设计”→“台阶参数”，弹出台阶参数设置窗口，根据设计要求设置参数，如图 9-24 所示，点击确定。

（3）公路起点。隐藏其他图形，只显示初次境界线和坑内运输布置线。点击“公路起点”命令，弹出参数设置窗口，如图 9-25 所示。

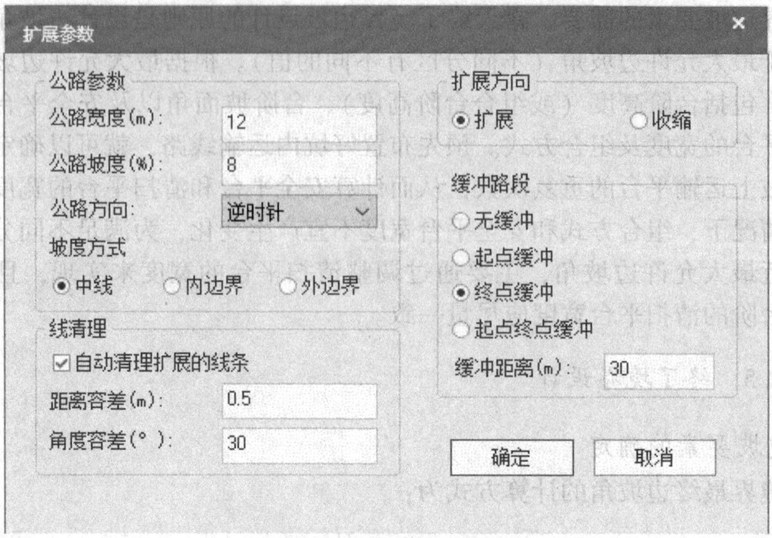

图 9-23 扩展参数设置窗口

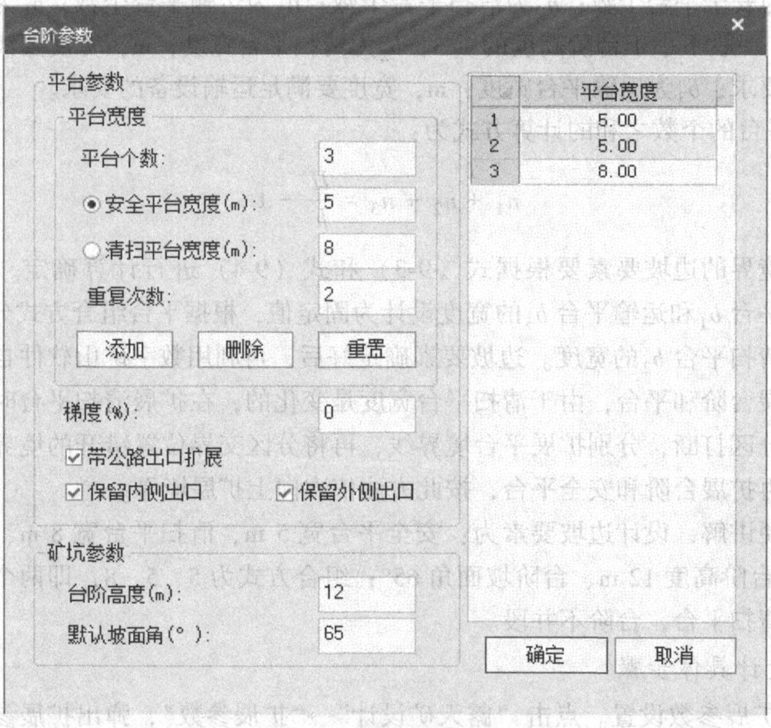

图 9-24 台阶参数设置窗口

对各参数设置解释如下：

1）新开口：指定公路开口位置，并生成道路开口。

2）指定开口：指定公路开口位置，不进行开口生成。扩展台阶时根据开口位置自动生成道路开口并扩展台阶。

3）影响道路长度：从道路开口位置计算原有境界线的长度，达到路宽的输入值倍数的长度，作为道路开口影响长度范围。

4）自动添加结束点：勾选此项，系统在满足路宽的输入值倍数的原始线处，自动添加约束点以满足严格按照输入值倍路宽约束道路开口。不勾选此项，会取输入值倍路宽原始线的原有最近点。

按图 9-25 设置好参数后，按命令行提示点选公路开口位置，即在露天底境界线上，坑内运输布置线的终点位置点选，生成公路开口，如图 9-26 所示，图中黑色粗线为坑内运输布置线。

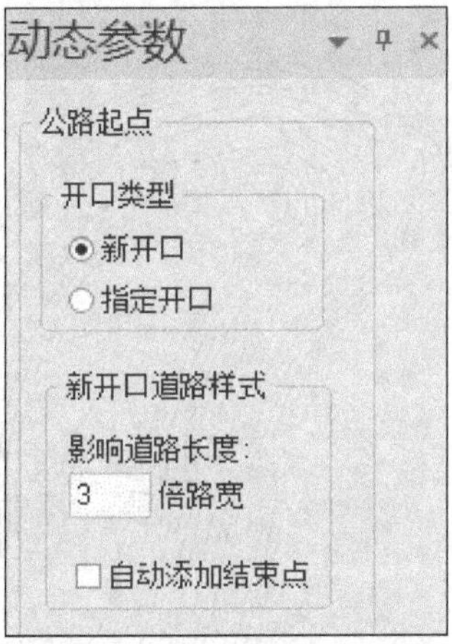

图 9-25　公路起点参数设置窗口

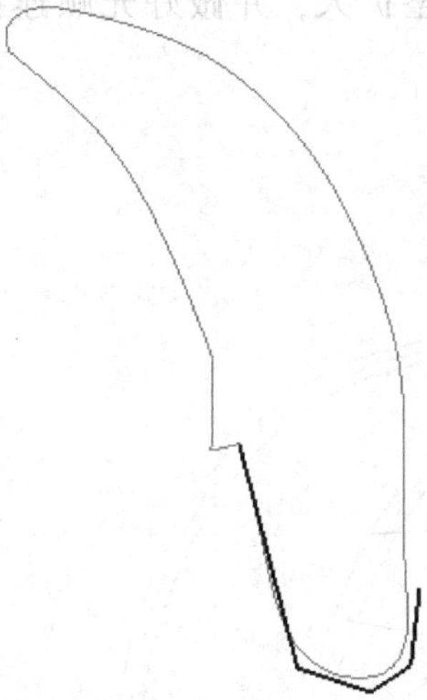

图 9-26　露天底境界线生成公路开口

（4）扩展台阶。扩展台阶功能：根据露天境界坡底线、公路宽度、公路坡度、台阶高度、台阶坡面角、道路开口位置，自动生成相邻的台阶线和道路线。

点击“扩展台阶”命令，选择生成公路开口的露天底境界线，右键确定，命令行提示“扩展台阶成功!”。视图窗口生成新的坡顶线和道路线，如图 9-27 所示。

（5）扩展平台。扩展平台功能：根据露天境界坡顶线以及平台宽度、梯度、带公路出口扩展等设置，自动生成平台的坡底线。

点击“扩展平台”命令，按命令行提示点选坡顶线，右键确定，生成平台坡底线，如图 9-28 所示。

（6）继续扩展境界线。按步骤（4）和（5）依次继续向上扩展终了境界线。扩展过程中需注意以下几点：

1）当道路为同一方向连续上坡时，可

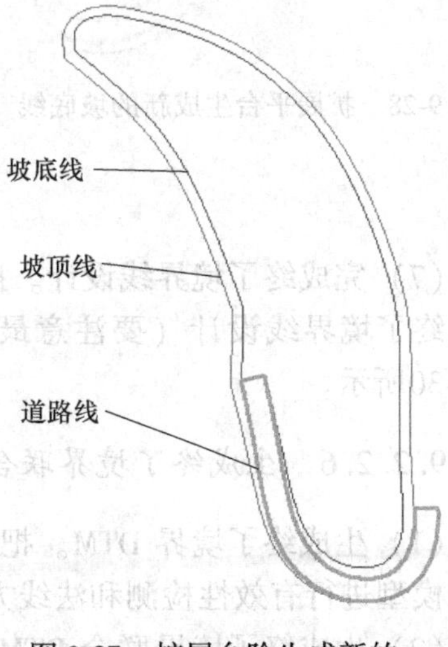

图 9-27　扩展台阶生成新的坡顶线和道路线

重复步骤（4）和（5），软件会自动生成连续的道路线。当道路起点不是连续的，或者上坡方向发生改变时，在扩展台阶之前，需要重新设计公路起点，或者修改扩展台阶参数设置。

2）如果是依次扩展台阶和平台，根据扩展平台的种类，依次分别点选“安全平台宽度”或“清扫平台宽度”，如图 9-24 所示，然后再扩展平台。如果满足批量扩展条件，可进行批量扩展，扩展前要进行台阶参数设置，然后进行批量扩展，输入扩展台阶个数，可一次性完成多个台阶的扩展。

3）当初次境界坡底线随着矿体等值线调整扩大时，应把对应的终了境界坡底线也相应调整扩大，并做好光顺连接处理，完成后再继续进行扩展，如图 9-29 所示。

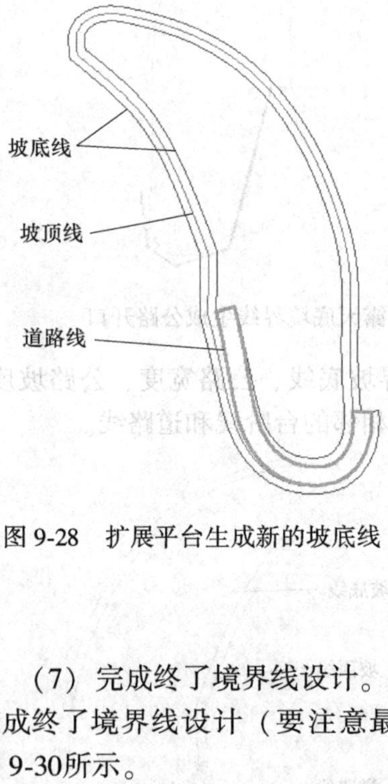

图 9-28　扩展平台生成新的坡底线

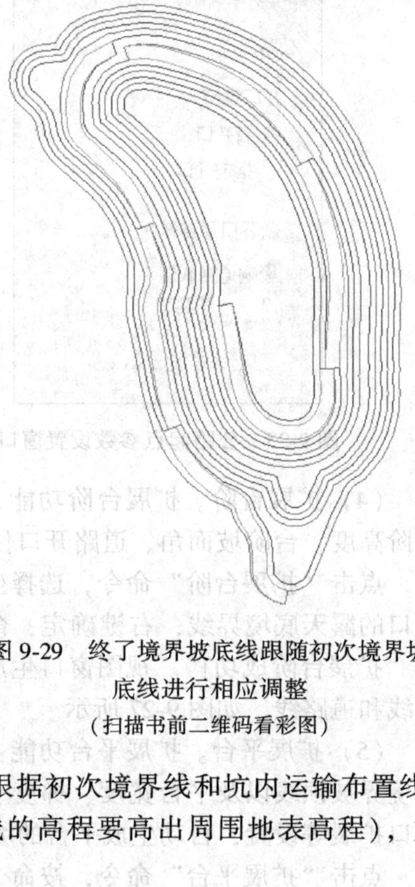

图 9-29　终了境界坡底线跟随初次境界坡底线进行相应调整
（扫描书前二维码看彩图）

（7）完成终了境界线设计。按上述方法，根据初次境界线和坑内运输布置线，完成终了境界线设计（要注意最后一条坡顶线的高程要高出周围地表高程），如图 9-30所示。

9.2.2.6　生成终了境界联合 DTM

（1）生成终了境界 DTM。把设计好的终了境界线生成 DTM，如图 9-31 所示。对该模型进行有效性检测和法线方向向下处理。

（2）生成终了境界联合 DTM。同时打开显示终了境界联合 DTM 和地表模型，采用实体运算中的“布尔运算”命令，布尔运算类型选择表面联合，生成终了境界联合 DTM，如图 9-32 所示。

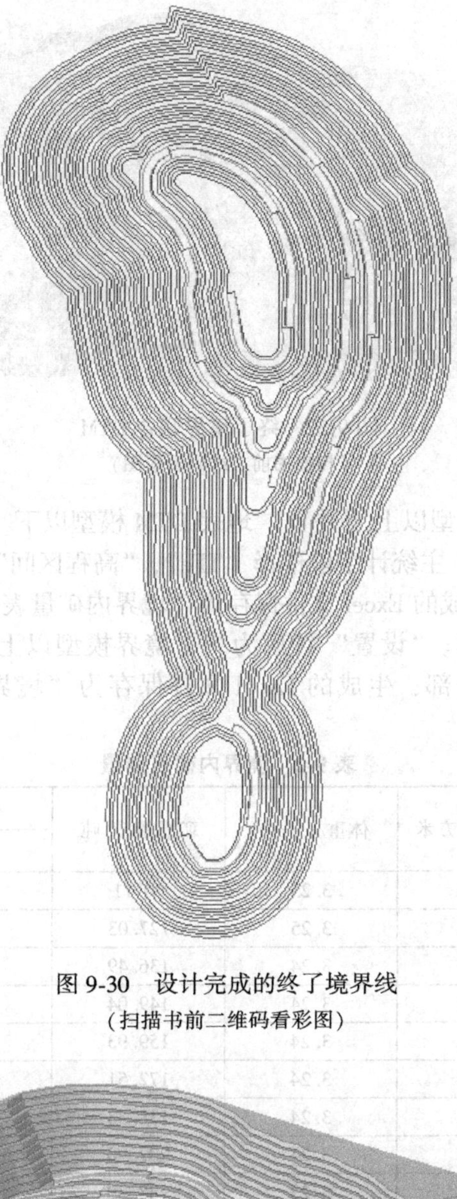

图 9-30 设计完成的终了境界线
(扫描书前二维码看彩图)

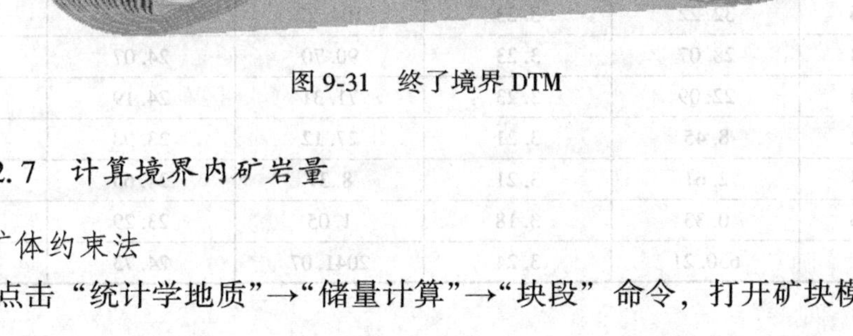

图 9-31 终了境界 DTM

微课-计算境界内矿岩量

9.2.2.7 计算境界内矿岩量

A 矿体约束法

(1) 点击“统计学地质”→“储量计算”→“块段”命令，打开矿块模型，“设

图 9-32　终了境界联合 DTM
（扫描书前二维码看彩图）

置”约束为终了境界模型以上“并且”地表 DTM 模型以下“并且”矿体内部，“体重字段”选择“体重”，主统计字段选择“TFe”，“高程区间”进行 0~216、12 设置。设置好后点击确定。生成的 Excel 文件保存为“境界内矿量表”，如表 9-2 所示。

（2）重复上述操作。“设置”约束为终了境界模型以上“并且”地表 DTM 模型以下“并且”矿体外部，生成的 Excel 文件保存为“境界内岩量表”，如表 9-3 所示。

表 9-2　境界内矿石储量

中段	体积/万立方米	体重/$t \cdot m^{-3}$	矿石量/万吨	品位/%	金属量/万吨
				TFe	TFe
0~12	27.73	3.25	90.11	25.09	22.61
12~24	39.13	3.25	127.03	24.88	31.61
24~36	42.07	3.24	136.49	25.00	34.12
36~48	45.95	3.24	149.04	25.40	37.86
48~60	49.31	3.24	159.93	25.44	40.68
60~72	53.19	3.24	172.51	25.25	43.55
72~84	58.1	3.24	188.38	25.15	47.38
84~96	62.6	3.24	202.90	25.02	50.77
96~108	58.26	3.23	188.39	24.32	45.81
108~120	35.41	3.23	114.40	23.83	27.26
120~132	34.6	3.23	111.82	23.96	26.80
132~144	30.09	3.23	97.30	23.92	23.28
144~156	32.22	3.23	104.22	24.06	25.07
156~168	28.07	3.23	90.70	24.07	21.83
168~180	22.09	3.23	71.31	24.19	17.25
180~192	8.45	3.21	27.12	23.98	6.50
192~204	2.61	3.21	8.37	24.65	2.06
204~216	0.33	3.18	1.05	23.29	0.24
汇总	630.21	3.24	2041.07	24.73	504.70

表 9-3　境界内岩石量

中段	体积/万立方米	体重/t·m^{-3}	岩石量/万吨	品位/%	金属量/万吨
				TFe	TFe
0~12	0.06	2.91	0.17	6.84	0.01
12~24	2.59	2.84	7.36	2.67	0.20
24~36	13.88	2.82	39.10	1.11	0.43
36~48	30.46	2.81	85.57	0.60	0.51
48~60	45.25	2.81	127.07	0.53	0.68
60~72	62.34	2.81	174.89	0.36	0.62
72~84	87.27	2.81	244.82	0.34	0.84
84~96	111.23	2.80	311.95	0.29	0.91
96~108	136.64	2.80	383.16	0.27	1.05
108~120	103.83	2.80	291.12	0.25	0.72
120~132	98.13	2.80	275.17	0.27	0.75
132~144	96.81	2.80	271.47	0.27	0.72
144~156	97.1	2.81	272.43	0.36	0.98
156~168	85.87	2.81	240.91	0.35	0.84
168~180	58.47	2.81	164.09	0.42	0.68
180~192	38.01	2.81	106.63	0.35	0.37
192~204	13.82	2.80	38.75	0.27	0.10
204~216	0.82	2.81	2.30	0.62	0.01
汇总	1082.58	2.81	3036.96	0.34	10.43

B　分类字段法

如果矿块模型设置了“矿岩类型”字段并赋值，也可采用以下方法计算境界内矿岩量。

点击“统计学地质”→“储量计算”→“块段”命令，打开矿块模型，“设置”约束为终了境界模型以上“并且”地表DTM模型以下，“体重字段”选择“体重”，主统计字段选择“TFe”，“高程区间”进行0~216、12设置。点击“高级”，勾选“分类字段”，点击“设置”，点击“添加”，“分类字段”选“矿岩类型”，“数值范围”勾选“输出所有值”。设置好后点击确定。生成的Excel文件保存为“境界内矿岩量表”，如表9-4所示。

表 9-4　境界内矿岩量

矿岩类型	中段	体积/万立方米	体重/t·m^{-3}	矿岩量/万吨	品位/%	金属量/万吨
					TFe	TFe
	0~12	0.07	2.80	0.19	0	0
	12~24	2.67	2.80	7.47	0	0
岩石	24~36	13.88	2.80	38.86	0	0
	36~48	30.50	2.80	85.40	0	0
	48~60	45.17	2.80	126.47	0	0

续表 9-4

矿岩类型	中段	体积/万立方米	体重/t·m^{-3}	矿岩量/万吨	品位/% TFe	金属量/万吨 TFe
岩石	60~72	62.38	2.80	174.67	0	0
	72~84	87.23	2.80	244.24	0	0
	84~96	111.34	2.80	311.74	0	0
	96~108	137.50	2.80	384.99	0	0
	108~120	104.47	2.80	292.53	0	0
	120~132	98.62	2.80	276.13	0	0
	132~144	97.01	2.80	271.62	0	0
	144~156	96.98	2.80	271.54	0	0
	156~168	85.99	2.80	240.78	0	0
	168~180	58.71	2.80	164.39	0	0
	180~192	38.33	2.80	107.31	0	0
	192~204	13.95	2.80	39.06	0	0
	204~216	0.86	2.80	2.40	0	0
	汇总	1085.63	2.80	3039.77	0	0
矿石	0~12	27.72	3.25	90.10	25.11	22.62
	12~24	39.05	3.25	126.92	25.06	31.80
	24~36	42.07	3.25	136.74	25.27	34.56
	36~48	45.91	3.25	149.21	25.71	38.37
	48~60	49.39	3.25	160.53	25.77	41.36
	60~72	53.15	3.25	172.73	25.58	44.18
	72~84	58.14	3.25	188.96	25.52	48.23
	84~96	62.50	3.25	203.11	25.45	51.68
	96~108	57.40	3.25	186.56	25.12	46.86
	108~120	34.77	3.25	112.99	24.77	27.98
	120~132	34.11	3.25	110.86	24.85	27.54
	132~144	29.89	3.25	97.15	24.70	24.00
	144~156	32.34	3.25	105.11	24.79	26.05
	156~168	27.95	3.25	90.83	24.95	22.66
	168~180	21.85	3.25	71.01	25.25	17.93
	180~192	8.13	3.25	26.43	26.00	6.87
	192~204	2.48	3.25	8.06	26.90	2.17
	204~216	0.29	3.25	0.95	27.08	0.26
	汇总	627.16	3.25	2038.26	25.27	515.13
矿岩	0~12	27.79	3.25	90.29	25.06	22.62
	12~24	41.72	3.22	134.39	23.67	31.80

续表 9-4

矿岩类型	中段	体积/万立方米	体重/$t\cdot m^{-3}$	矿岩量/万吨	品位/%	金属量/万吨
					TFe	TFe
矿岩	24~36	55.95	3.14	175.59	19.68	34.56
	36~48	76.41	3.07	234.61	16.35	38.37
	48~60	94.56	3.04	287.00	14.41	41.36
	60~72	115.53	3.01	347.40	12.72	44.18
	72~84	145.37	2.98	433.20	11.13	48.23
	84~96	173.83	2.96	514.85	10.04	51.68
	96~108	194.90	2.93	571.55	8.20	46.86
	108~120	139.24	2.91	405.52	6.90	27.98
	120~132	132.73	2.92	386.99	7.12	27.54
	132~144	126.90	2.91	368.77	6.51	24.00
	144~156	129.32	2.91	376.65	6.92	26.05
	156~168	113.94	2.91	331.61	6.83	22.66
	168~180	80.56	2.92	235.40	7.62	17.93
	180~192	46.46	2.88	133.75	5.14	6.87
	192~204	16.43	2.87	47.12	4.60	2.17
	204~216	1.15	2.91	3.35	7.71	0.26
	汇总	1712.79	2.96	5078.03	10.14	515.13

9.2.2.8　露天终了境界修图

采用 AutoCAD 绘制的露天终了境界需要与地表地形线进行逐条线修剪处理，最终形成终了境界图，图形处理相对比较烦琐。采用 DiMine 软件的“露天修图”命令，在设置好参数后，可一键生成。

将终了境界线和地表地形线分别保存为 2 个文件，并全部打开。点击“露天矿设计”→“露天修图”，弹出修图设置窗口，台阶线选择终了境界线文件，现状线选择地表地形线文件，如图 9-33（a）所示，点击确定。在数据管理窗口生成“修图”文件，文件自动生成 6 个图层，如图 9-33（b）所示。其中，“合并模型”与图 9-32 模型相同。只显示“地表下部台阶线”和“境界坑外部现状线”两个图层，隐藏其他图层，视图窗口显示的图形就是露天终了境界图，如图 9-33（c）所示。

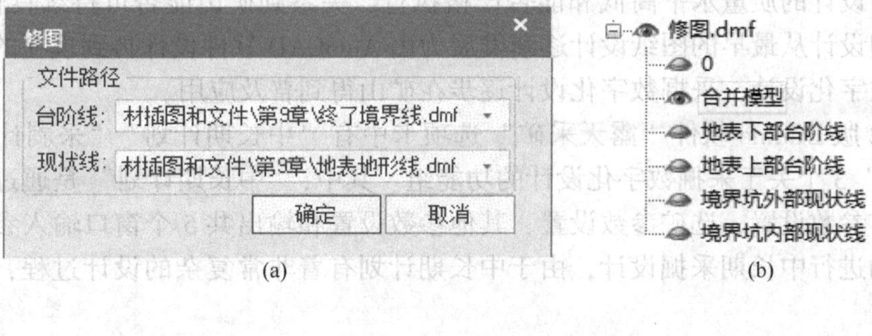

(a)　　(b)

微课-终了境界修图（第一种方法）

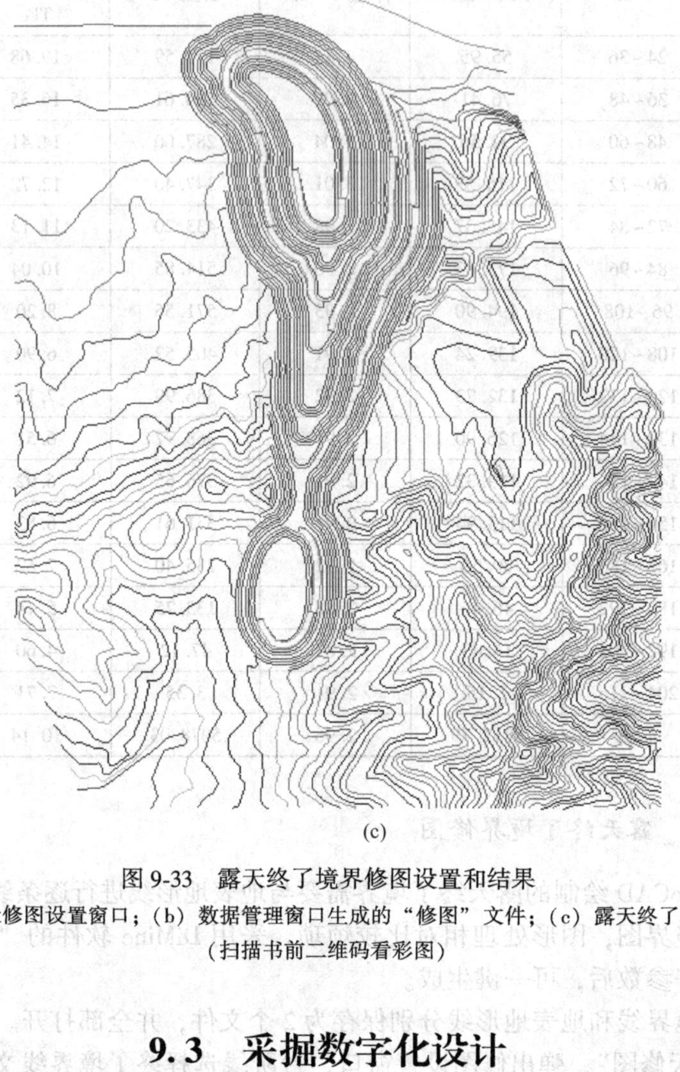

(c)

图 9-33　露天终了境界修图设置和结果

(a) 露天修图设置窗口；(b) 数据管理窗口生成的“修图”文件；(c) 露天终了境界图

(扫描书前二维码看彩图)

9.3　采掘数字化设计

露天采掘计划设计是矿山一项非常重要的工作。它包括长远采掘计划和年、季、月采掘计划。长远采掘计划主要是指逐年采掘计划，是设计院需要完成的一项主要设计工作。年、季、月采掘计划是矿山计划管理部门的一项重要工作。因此，采掘计划设计的质量水平高低和能否严格执行，关系到矿山能否可持续良性发展。采掘计划设计从最早的图纸设计逐渐发展为由 AutoCAD 软件设计再到现在的数字矿山软件数字化设计，采掘数字化设计逐步在矿山得到普及应用。

2022 版 DiMine 软件“露天采矿”选项卡中有“中长期计划”“采剥计划”和“采掘带”3 个关于采掘数字化设计的功能组。其中，“中长期计划”是通过载入模型、采矿参数设置、选矿参数设置、其他参数设置和输出共 5 个窗口输入参数，由软件自动进行中长期采掘设计，由于中长期计划有着非常复杂的设计过程，软件尚不能取代人工进行中长期采掘设计。

“采剥计划”功能组编排采掘计划可采取软件自动编排和人工编排辅助算量两种方式。不管哪种方式，首先要进行配置并创建价值模型。软件自动编排要进行计划定义和计划目标的设置，再通过台阶约束、计划约束和开采顺序的设置，来执行采掘计划。由于不同露天矿山对采掘计划要求不同，采掘计划编排是一项非常复杂的工作，软件自动编排不能适合所有露天矿山。因此，人工编排辅助算量更具有实用性。其操作思路是在建好价值模型后，通过计划调整命令按人工方法绘制各台阶采剥推进线，软件起到自动计算矿岩量和品位等指标值，以及保存处理价值模型的功能。与 AutoCAD 软件相比，节省了大量人工算量的过程。

“采掘带”和“采剥计划”功能组进行采掘计划设计的主要区别是：“采剥计划”功能组是先生成价值模型，然后对价值模型进行采掘设计，“采掘带”功能组是对台阶直接进行采掘设计。

本节以第 9.2 节的露天境界数字化设计成果为已知条件，使用“采剥计划”功能组进行初期 3 年的采掘数字化设计，旨在讲解采掘数字化设计的依据、方法和步骤。

9.3.1　境界线图形处理

第 9.2.2.8 节讲解了露天终了境界修图的方法步骤，采用“露天矿设计”的“露天修图”命令完成。但修图后的地形线和台阶坡顶线、坡底线的高程不符，无法进行后续的采掘数字化设计。这里介绍另外一种修图方法，比较准确，不易出问题。

9.3.1.1　生成与台阶高程相符的地形线

原地形图相邻等高线高程差为 5 m，与露天境界台阶高 12 m 对应不上，需要生成相邻等高线高程差为 12 m，且与台阶高程相符的地形线。操作步骤为：

打开原地表 DTM，将地形线全部删除，点击“实体建模”→“等值线”命令，选择地表 DTM，弹出等值线设置窗口，所求等值属性选择“Z 值”，具体设置如图 9-34所示。点击应用，生成等值线。为使地形线更加精确，保留北部 106 m 和 104 m 地形线，如图 9-35 所示。

9.3.1.2　修图处理

（1）生成模型交线。打开露天终了境界模型和地表模型，点击“实体建模”→“交线”命令，选择地表模型和境界模型，右键确定，生成两个模型的交线，如图 9-36所示。

（2）修剪线处理。

1）境界线修剪。点击“线编辑”→“区域修剪”命令，按命令行提示选择交线，再框选所有境界线，点击右键，在交线的内部点击左键选择保留区域。

2）地形线修剪。打开高差 12 m 地形线，按上述步骤操作。不同的是在交线的外部点击左键选择保留区域。

微课-终了境界修图（第二种方法）

图 9-34 等值线设置窗口

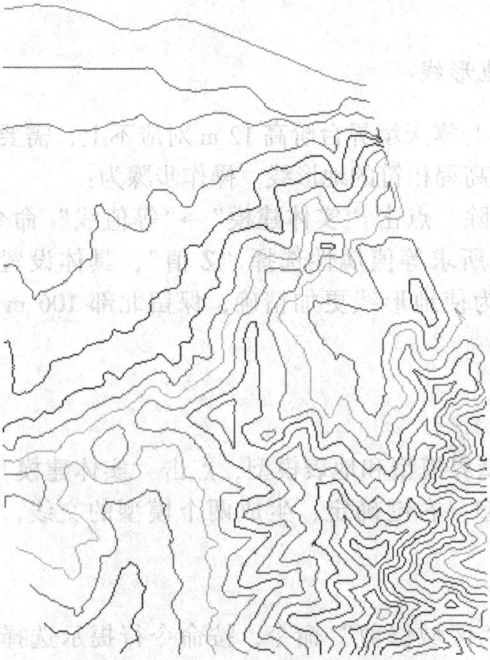

图 9-35 生成 12 m 高差等值线

（扫描书前二维码看彩图）

图 9-36 生成的两个模型的交线

（隐藏模型）

以上两步修剪生成的境界修图如图 9-37 所示。

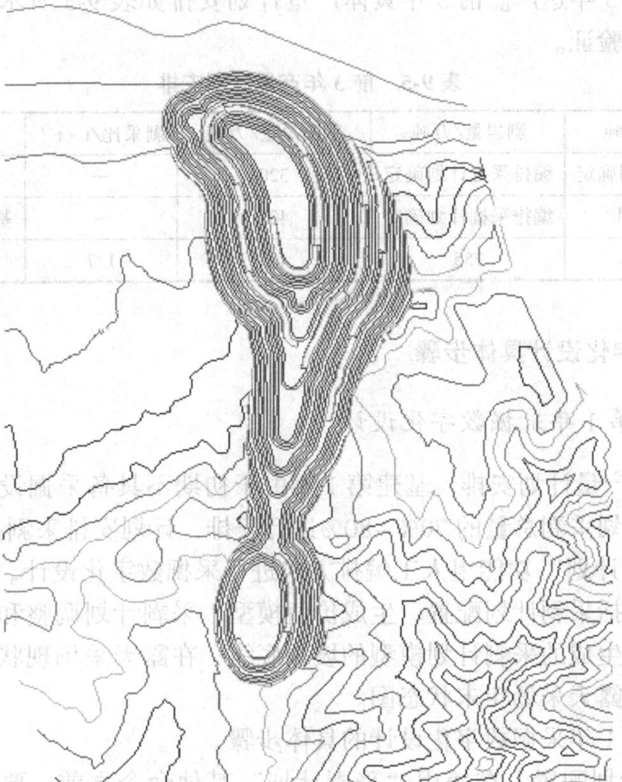

图 9-37 生成的境界修图

(扫描书前二维码看彩图)

9.3.2 产量计划安排

露天矿设计中，一般用矿山工程延深速度确定或验证矿山可能达到的生产能力。露天矿生产能力与延深速度的关系为：

$$A=\frac{PV\eta}{h(1-e)} \tag{9-5}$$

式中，A 为露天矿可能达到的年生产能力，t/a；P 为所选用的有代表性的水平分层矿量，t；V 为矿山工程延深速度，m/a；h 为阶段高度，m；η 为矿石回采率，%；e 为废石混入率，%。

表 9-4 列出了露天境界内各个阶段的矿岩量，其中 P 取有代表性的水平分层矿量的平均值，计算取 133 万吨；阶段高度 h 为 12 m；矿石回采率 η 取 95%；废石混入率 e 取 5%；矿山工程延深速度 V 取 15 m/a。代入式（9-5）计算得出露天矿年生产能力 A 为 166.25 万吨/年。设计选取 150 万吨/年。

根据表 9-4 数据计算境界内平均剥采比为 1.49 t/t，按经验，生产剥采比一般为平均剥采比的 1.1~1.2 倍，故本次设计取生产剥采比为 1.7 t/t。

由于矿体出露地表，且地表山头剥岩量并不是很大，计划安排基建期为 2 年，第 2 年投产，第 3 年达产。前 3 年具体产量计划安排如表 9-5 所示。具体需通过编排采掘计划进行验证。

表 9-5　前 3 年产量计划安排

年序	矿石量/万吨	剥岩量/万吨	采剥总量/万吨	剥采比/$t \cdot t^{-1}$	备　注
1	编排采掘计划确定	编排采掘计划确定	320	—	基建第 1 年
2	50~75 以上	编排采掘计划确定	405	—	基建第 2 年（投产年）
3	150	255	405	1.7	达产年

9.3.3　采掘数字化设计具体步骤

9.3.3.1　第 1 年采掘数字化设计

根据表 9-5 产量计划安排，基建第 1 年由于初期不具备采掘设备大规模作业条件，按达产年计划采剥总量的 70%~80%进行安排，计划安排采剥总量为 320 万吨。

采用“采剥计划”功能组人工编排方式进行采掘数字化设计。人工编排采掘计划的主要步骤包括采剥计划配置、生成价值模型、采剥计划调整和生成模型 4 个步骤。然后，根据生成的采剥计划模型的坡顶底线，在露天采场现状图上绘制采掘计划图，最终形成露天采场年末状态图。

以下讲解第 1 年采掘数字化设计的具体步骤。

（1）采剥计划配置。在使用“采剥计划”其他命令之前，要先进行配置。点击“采剥计划”→“配置”，弹出配置设置窗口，如图 9-38 所示。对窗口各种设置说明如下：

1）打开矿块模型。打开矿块模型之前，要对矿块模型进行必要处理，主要包括如下内容：

① 给矿块模型添加 2 个属性字段，属性名称分别是“矿废”和“矿岩类型”，属性类型为字符串型。

② 点击“矿块模型”→“常量”命令，在弹出窗口打开矿块模型，约束设置采用矿体模型内部约束，添加属性，属性名称选择“矿废”，属性值为“矿石”，点击确定。继续点击“常量”命令，约束设置采用矿体模型外部约束，添加属性，属性名称选择“矿废”，属性值为“废石”，点击确定。

③ 继续点击“矿块模型”→“常量”命令，弹出窗口打开矿块模型，约束设置采用矿体模型内部约束，添加属性，属性名称选择“矿岩类型”，属性值为“铁矿”，点击确定。这里需说明一点，大部分矿山存在多个不同矿体或不同种类矿石，为了区分这些不同种类矿石或矿体，需要采用不同的矿体模型约束并赋不同矿石名称。这里只是单一的铁矿体。

2）属性匹配。必选项为“矿废”字段、矿石值、矿岩类型、矿石体重和废石体重，其余选项包括方位、矿体号、勘探线，可根据需要设置或不设置。

3）矿石类型。点击添加，一级是指“矿废”字段赋值的矿石名称，输入“矿石”；二级是指“矿岩类型”字段赋值的矿石名称，输入“铁矿”，二级如果有多个矿石名称，需要添加多行，并分别输入不同矿石名称，但一级均输入“矿石”。

4）品位设置。点击添加，名称下拉菜单选择“TFe”，其余按要求选择。

5）台阶设计。在其下方分别输入基础标高、台阶高度、台阶个数，点击重置，在其上部框内自动生成所有的设置台阶。偏移距离是指执行计划调整命令时，采出的价值模型会发生移位，移位距离等于输入偏移距离的数值，这样方便观察采掘情况，以及对移位价值模型进行反向采掘，相当于调回采掘计划线。

微课-生成价值模型

以上参数设置好后，如图 9-38 所示，点击确定，即完成配置。

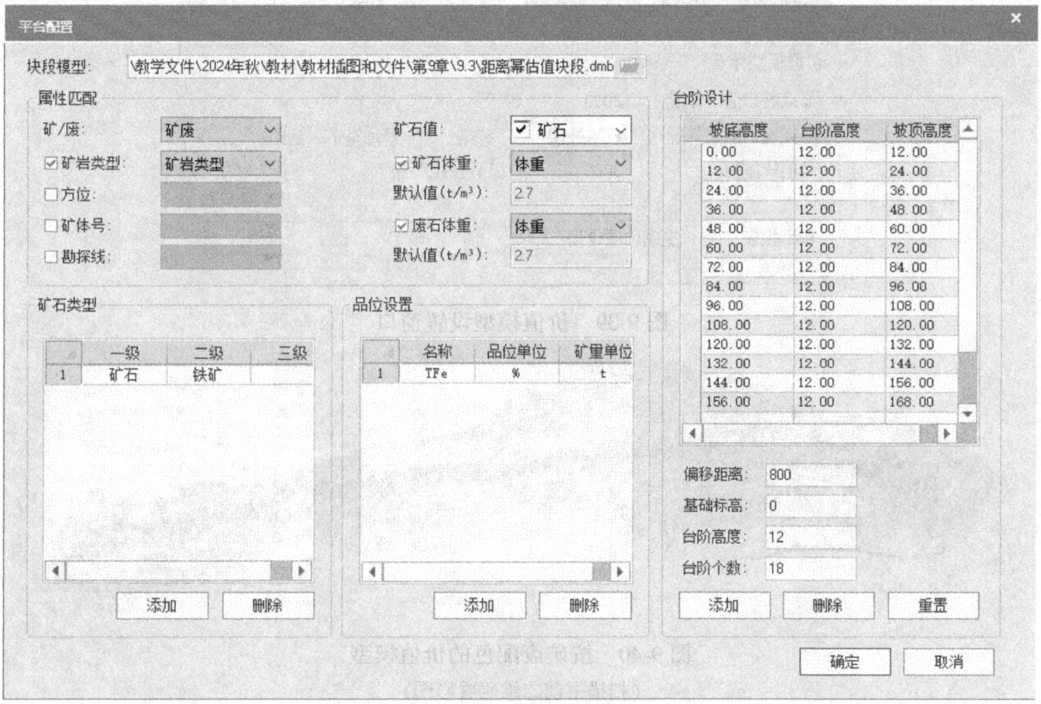

图 9-38　配置设置窗口

（2）生成价值模型。价值模型实际上就是露天境界内剩余采掘体模型，具体是指露天采场现状模型以下、露天终了境界以上、采剥计划范围以内的块状模型。如果露天矿山未进行开采，露天采场现状模型就是原始地表模型。采剥计划范围是一个封闭的线框，比如矿界等。

点击“价值模型”命令，弹出价值模型设置窗口，如图 9-39 所示。数据导入栏中，上月地表模型打开地表模型，采剥计划范围打开采剥计划范围线文件，当期设计成果打开露天终了境界模型。约束级数分别在下拉菜单选择。其他参数可按图 9-39 进行设置。点击确定，在数据管理窗口生成价值模型图形文件，同时生成输出报表。数据管理窗口选中价值模型文件，右键菜单选择属性配色，可根据属性名称进行配色显示，比如矿废配色和台阶配色。图 9-40 为矿废配色价值模型，编排采掘计划时可分清矿岩。

（3）采剥计划调整。点击“计划调整”命令，弹出计划调整设置和显示窗口，

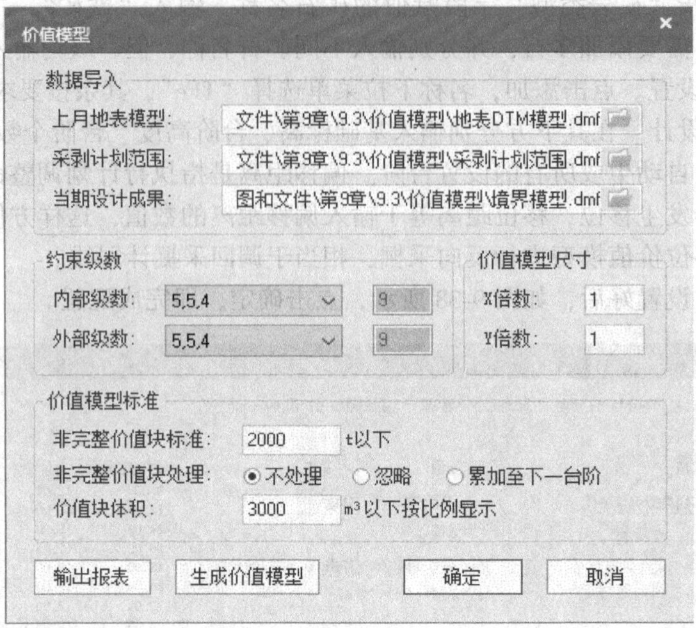

图 9-39　价值模型设置窗口

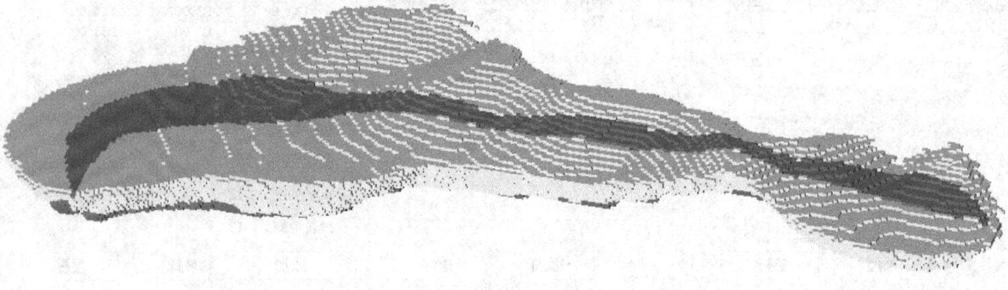

图 9-40　按矿废配色的价值模型

（扫描书前二维码看彩图）

微课-采掘计划编排

点击“配置”按钮，弹出配置设置窗口，通过该窗口可以调节各种参数的显示，如图 9-41 所示，按此调节可显示台阶名称、矿量、剥离量、采剥总量和 TFe 品位。

计划调整窗口的采剥选择方法有 3 种，分别是“点选或框选”“多边形选择”和“条带选择”，点选其中一种选择方式，可对视图窗口的价值模型进行选择，如图 9-42 所示。

在数据管理窗口只显示一个水平的价值模型，可以在视图窗口按命令行提示进行采剥计划调整。从表 9-4 可知，204～216、192～204 台阶的矿岩量很少，可以全部采剥。180～192 台阶矿岩量很多，但为了不影响下个台阶的采剥，也全部采剥。把“204 m”图层单独打开显示。在计划调整窗口选择“点选或框选”，框选所有价值模型，右键确认，204～216 台阶的价值模型移动到原图形的右侧，已经全部采剥。按同样方法全部采剥 192～204、180～192 台阶的矿岩量。

单独打开显示“168”图层，采用“点选或框选”以及“多边形选择”的方式进行采剥计划调整，如果采剥量大了，可以在右侧价值模型进行采剥，可回调采剥

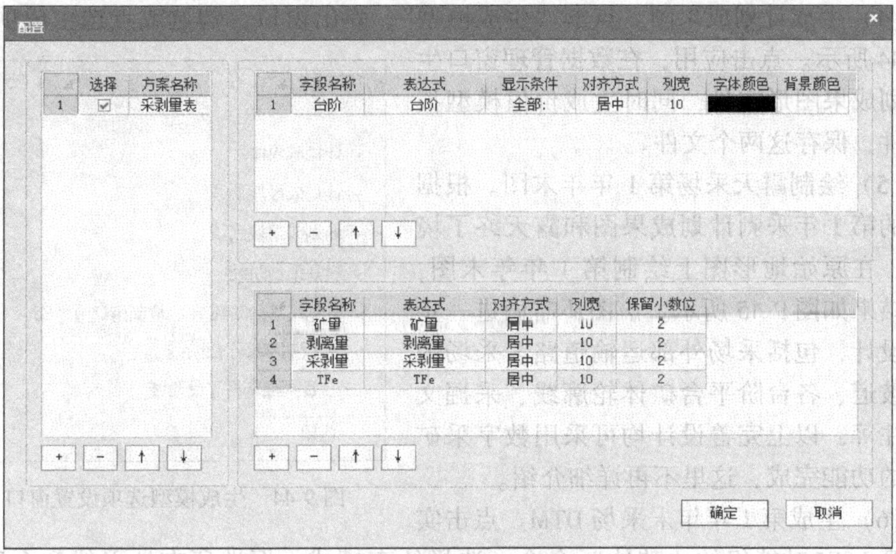

图 9-41　计划调整的配置窗口

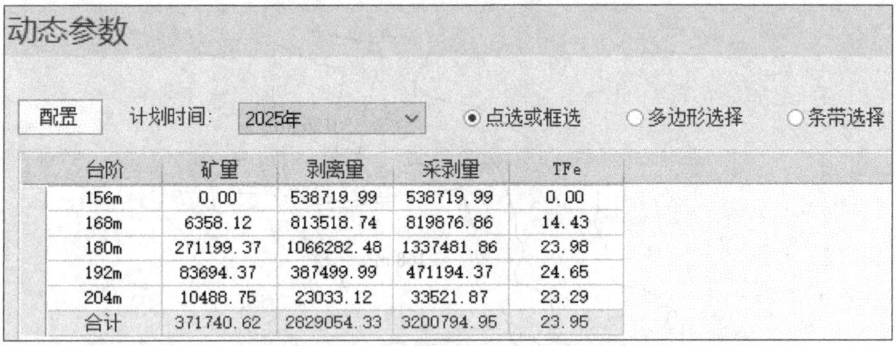

台阶	矿量	剥离量	采剥量	TFe
156m	0.00	538719.99	538719.99	0.00
168m	6358.12	813518.74	819876.86	14.43
180m	271199.37	1066282.48	1337481.86	23.98
192m	83694.37	387499.99	471194.37	24.65
204m	10488.75	23033.12	33521.87	23.29
合计	371740.62	2829054.33	3200794.95	23.95

图 9-42　计划调整设置和显示窗口

量。168~180 台阶采剥价值模型情况如图 9-43（a）所示。同样对 156~168 台阶进行采剥调整，采剥情况如图 9-43（b）所示。

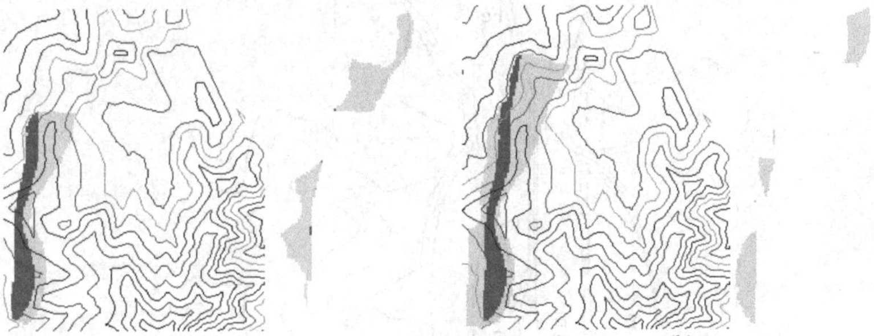

(a)　(b)

图 9-43　台阶采剥情况

（a）168~180 台阶；（b）156~168 台阶

（扫描书前二维码看彩图）

各台阶采剥量和品位情况如图 9-42 所示。

（4）生成计划成果图。点击“生成模型”，弹出窗口，勾选或点选生成项，如图 9-44 所示。点击应用，在数据管理窗口生成计划成果图形文件，同时生成价值模型报表文件，保存这两个文件。

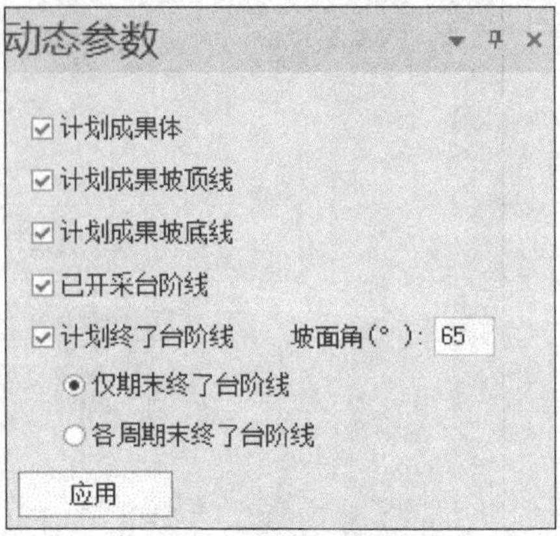

图 9-44　生成模型选项设置窗口

微课-第 1 年年末图及 DTM 处理

（5）绘制露天采场第 1 年年末图。根据生成的第 1 年采剥计划成果图和露天终了境界图，在原始地形图上绘制第 1 年年末图，绘制结果如图 9-45 所示。该图还需做进一步完善设计，包括采场外部运输道路、采场内部斜坡道、各台阶平台矿体轮廓线、采掘文字标注等，以上完善设计均可采用数字采矿软件的功能完成，这里不再详细介绍。

（6）生成第 1 年年末采场 DTM。点击实体建模 DTM 功能组的“整体”命令，选择约束模式，框选所有地形线和台阶线，右键生成第 1 年年末采场现状 DTM，如图 9-46 所示。

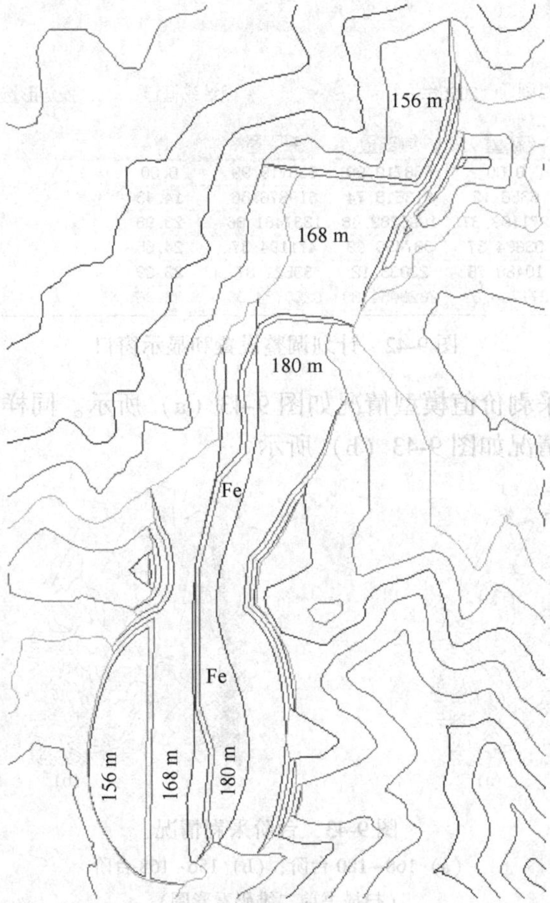

图 9-45　露天采场第 1 年年末状态图

（扫描书前二维码看彩图）

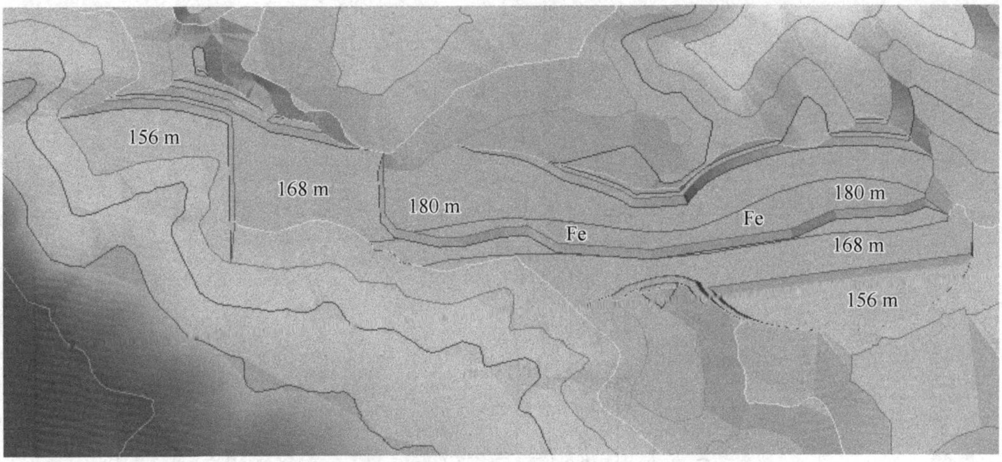

图 9-46 生成的第 1 年年末采场 DTM

9.3.3.2 第 2 年采掘数字化设计

（1）重新生成价值模型。点击“价值模型”命令，弹出设置窗口，上月地表模型打开第 1 年年末采场 DTM，其余设置不变。点击确定，在数据管理窗口生成价值模型图形文件，同时生成输出报表，保存新生成的两个文件。

（2）采剥计划调整。根据表 9-5 可知，第 2 年为投产年，要求矿石产量为 50 万吨以上，采剥总量为 405 万吨。

按以上要求进行采掘数字化设计，方法同第 1 年。各台阶采剥量和品位情况如图 9-47 所示。

完成采剥计划调整后，点击“生成模型”命令，生成计划成果图形文件和价值模型报表文件，保存这两个文件。

微课-第 2 年采掘计划编排要点

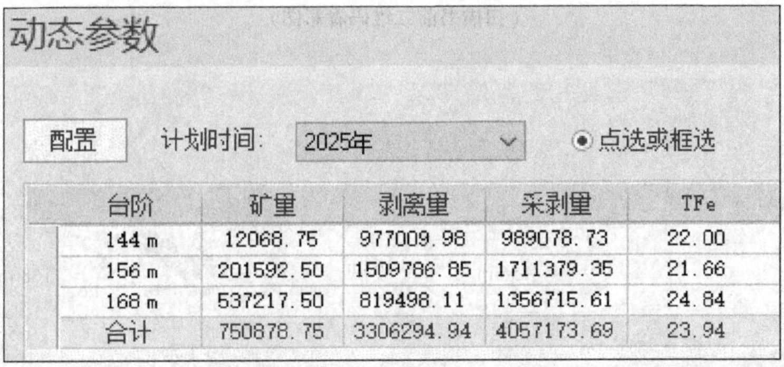
动态参数

配置 计划时间: 2025年 点选或框选

台阶	矿量	剥离量	采剥量	TFe
144 m	12068.75	977009.98	989078.73	22.00
156 m	201592.50	1509786.85	1711379.35	21.66
168 m	537217.50	819498.11	1356715.61	24.84
合计	750878.75	3306294.94	4057173.69	23.94

图 9-47 第 2 年计划调整各台阶采剥量和品位情况

（3）绘制露天采场第 2 年年末图。根据生成的第 2 年采剥计划成果图和露天终了境界图，在完成的露天采场第 1 年年末图上绘制第 2 年年末图，绘制结果如图 9-48 所示。

将第 2 年年末图生成为采场 DTM，如图 9-49 所示。

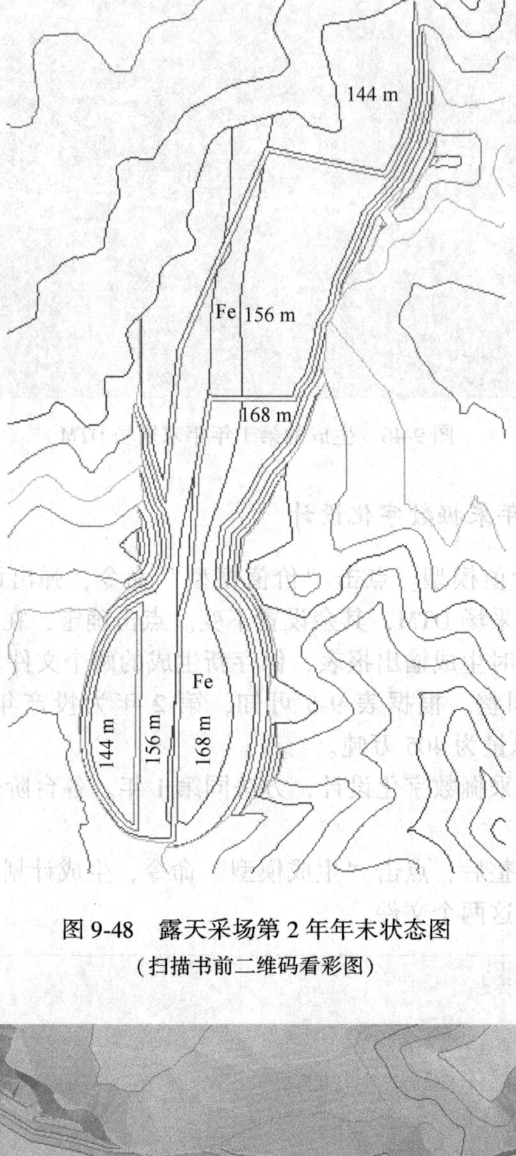

图 9-48　露天采场第 2 年年末状态图
（扫描书前二维码看彩图）

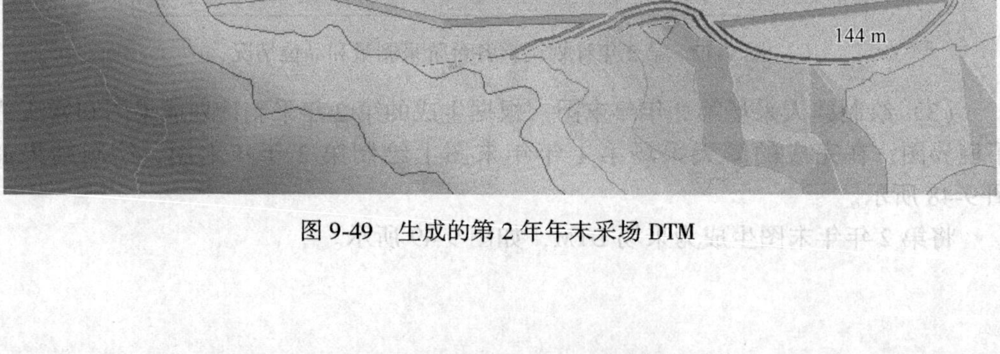

图 9-49　生成的第 2 年年末采场 DTM

9.3.3.3　第 3 年采掘数字化设计

参考第 2 年采掘数字化设计方法，进行第 3 年采掘数字化设计。通过采掘计划调整，各台阶采剥量和品位情况如图 9-50 所示。第 3 年年末图绘制结果如图 9-51 所示。第 3 年年末图生成采场 DTM，如图 9-52 所示。

考虑露天采场南部排水问题，第 3 年采掘计划增强了中部狭窄部位的开采。

台阶	矿量	剥离量	采剥量	TFe
132 m	218348.75	754948.11	973296.86	23.79
144 m	642166.25	1414716.85	2056883.10	24.32
156 m	640141.25	380551.24	1020692.49	24.85
合计	1500656.25	2550216.21	4050872.46	24.47

图 9-50　第 3 年计划调整各台阶采剥量和品位情况

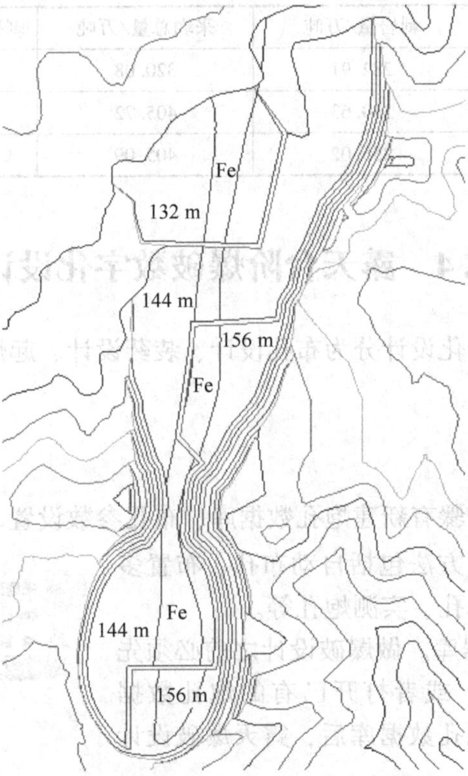

图 9-51　露天采场第 3 年年末图
（扫描书前二维码看彩图）

微课-第 3 年采掘计划编排要点

9.3.3.4　前 3 年采剥计划量汇总

根据 3 年的采掘计划编排，采剥计划量汇总如表 9-6 所示。

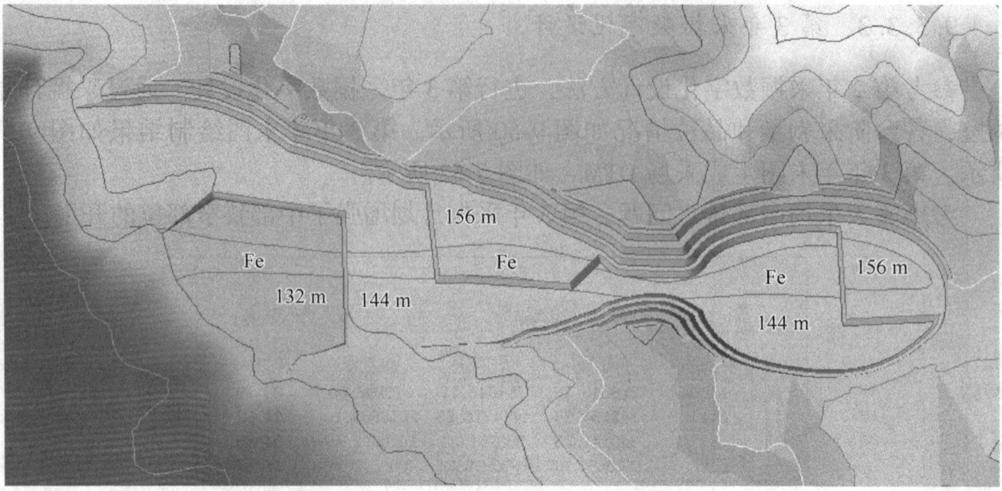

图 9-52 生成的第 3 年年末采场 DTM

表 9-6 前 3 年采剥计划量编排结果

年序	矿石量/万吨	剥岩量/万吨	采剥总量/万吨	剥采比/$t \cdot t^{-1}$	TFe/%
1	37.17	282.91	320.08	7.61	23.95
2	75.09	330.63	405.72	4.40	23.94
3	150.07	255.02	405.09	1.70	24.47

9.4 露天台阶爆破数字化设计

露天台阶爆破数字化设计分为布孔设计、装药设计、起爆连线设计、爆破分析及报告 4 个部分。

9.4.1 布孔设计

微课-露天台阶爆破布孔设计

布孔设计的主要步骤有新建炮孔数据库、布孔参数设置、显示样示设置、炮孔布置。其中炮孔布置的方法包括自动布孔、布置多孔、沿线布孔、布置单孔、实测炮孔等。

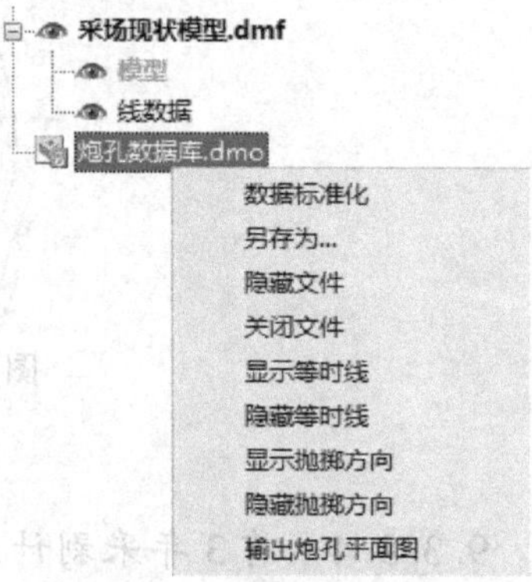

图 9-53 炮孔数据库右键菜单

(1) 新建炮孔数据库。做爆破设计之前必须先新建一个炮孔数据库，或者打开已有的炮孔数据库，只有新建或打开炮孔数据库后，露天爆破设计后面的工作才可以开展。

操作方法：将“采场现状模型”文件拖入视图窗口中打开，点击“爆破设计”→“新建”命令，在数据管理窗口生成“炮孔数据库 .dmo”文件，选中文件右键菜单，如图 9-53 所示。

(2) 布孔参数设置。点击“爆破设计”→“布孔参数”，弹出布孔参数窗口，如图 9-54 所示。按以下参数进行设置。

1）孔口设计标高：点选“指定表面文件”，打开“采场现状模型”文件。

2）孔底设计标高：点选“指定孔深”，输入 13。

3）爆区选择：“爆区”栏输入“1#”。

4）钻孔参数：孔径输入“120”，方位角输入“0”，倾角输入“-90”。

5）孔网参数：孔间距输入“5”，排间距输入“4”，布孔方式在下拉菜单选择“方形布孔”，前排安全距离输入“2”，后冲距离和左右侧冲距离均输入“2”，旋转角度输入“0”。

6）超深参数、单次布孔数量限制和其他参数设置可参考图 9-54。

参数设置好后，点击确定。

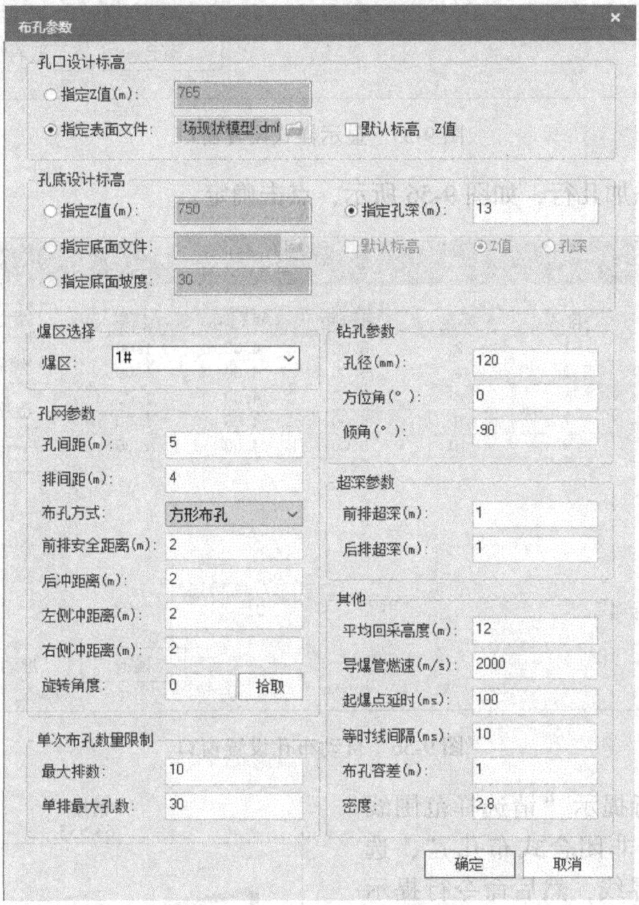

图 9-54 布孔参数设置窗口

（3）显示样式。点击“样式”命令，弹出设置窗口，爆破区域可以点选“约束爆区”，并选择爆区号，也可以点选“全部爆区”。显示风格包括炮孔和连线，可根据需求进行设置，如图 9-55 所示。

（4）自动布孔。打开示例数据中“爆破边界线”文件，点击“自动布孔”，弹出设置窗口，点击添加按钮，软件根据布孔参数设置自动生成参数，可以对参数进

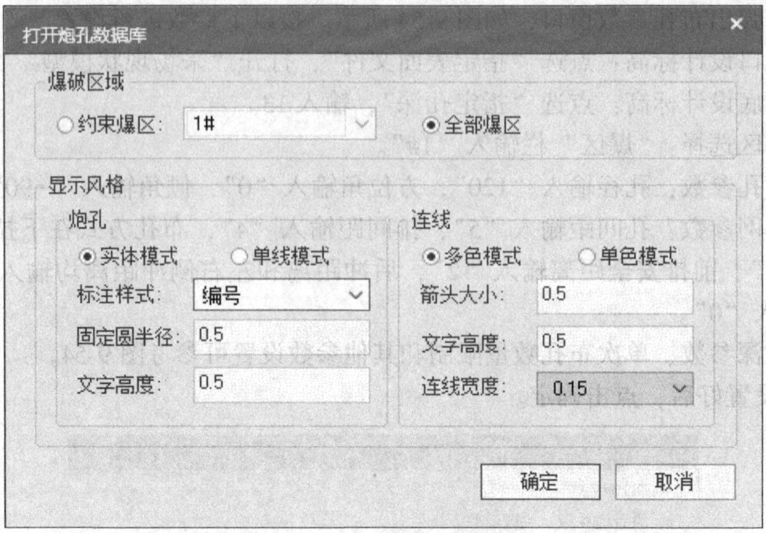

图 9-55　显示样式设置窗口

行修改，继续添加几行，如图 9-56 所示，点击确定。

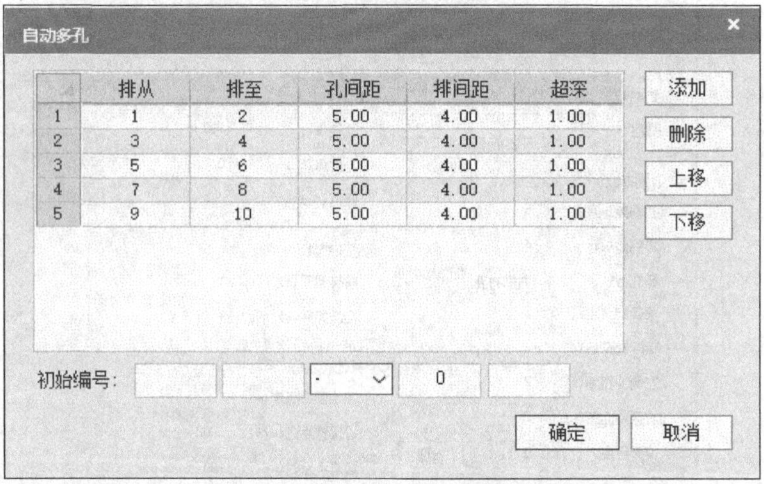

图 9-56　自动布孔设置窗口

根据命令行提示“请选择范围线(闭合式布孔、非闭合式布孔)”，选择 1 号爆破边界线，然后命令行提示“绘制四边形区域至合适位置”，在爆破边界的左上角点击鼠标左键，拖动鼠标至右下角，再点击左键后，软件显示出爆破边界的前排、左侧冲、右侧冲和后冲位置，如图 9-57 所示。右键确认后自动生成炮孔，如图 9-58 所示。

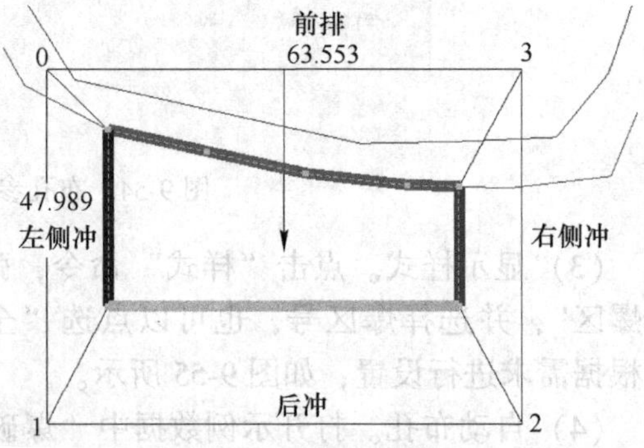

图 9-57　自动布孔显示状态

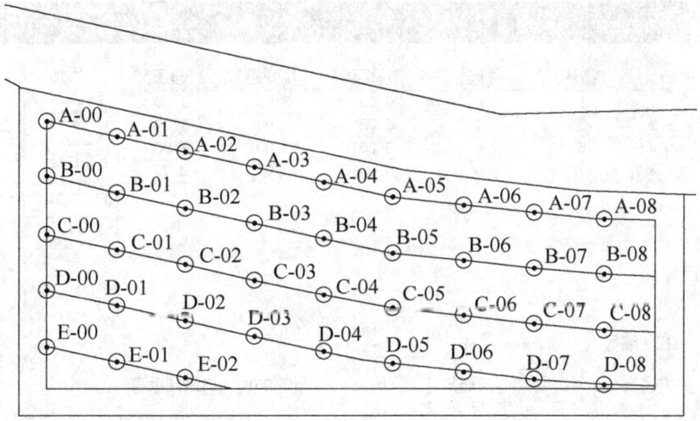

图 9-58 自动布孔结果

查看炮孔属性：双击其中一个炮孔，或者选择炮孔后，右键选择属性，属性中的实体属性显示炮孔的所属爆区、孔口（底）坐标等信息。

请练习 2 号爆破边界线的布孔设计，注意要先点击“布孔参数”将其中的“爆区”修改为“2 号”。

（5）布置多孔。该命令只能生成标准矩形爆区炮孔，如果想旋转矩形爆区方向，要在“参数”窗口中调整“旋转角度”，如图 9-59 所示。

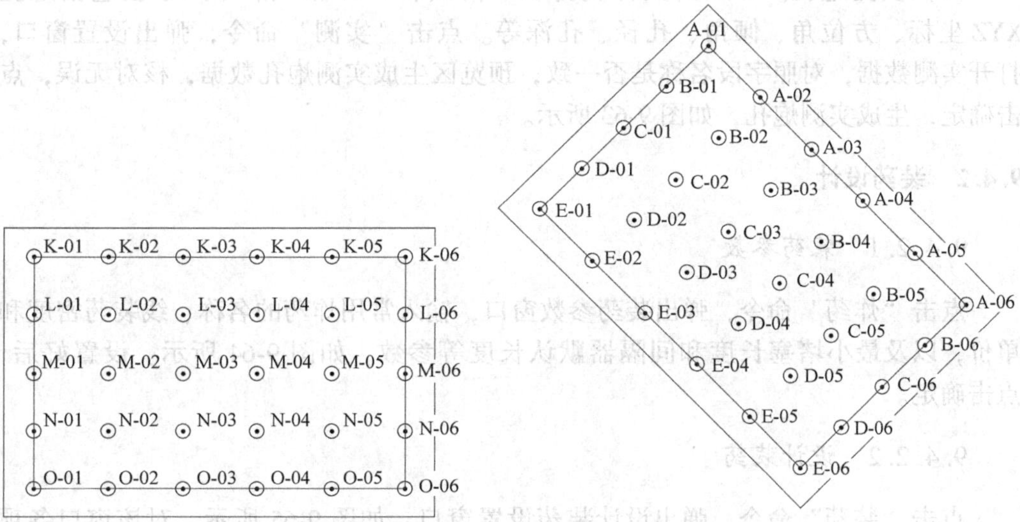

(a) (b)

图 9-59 多孔布置炮孔

（a）旋转角度为 0°；（b）旋转角度为 45°

（6）沿线布孔。点击“沿线”，弹出沿线布孔设置窗口，点击添加按钮，按设计要求修改参数，继续点击添加，完成设计排数，勾选“方位角与沿线垂直”，参数设置好后，点击确定，如图 9-60 所示。

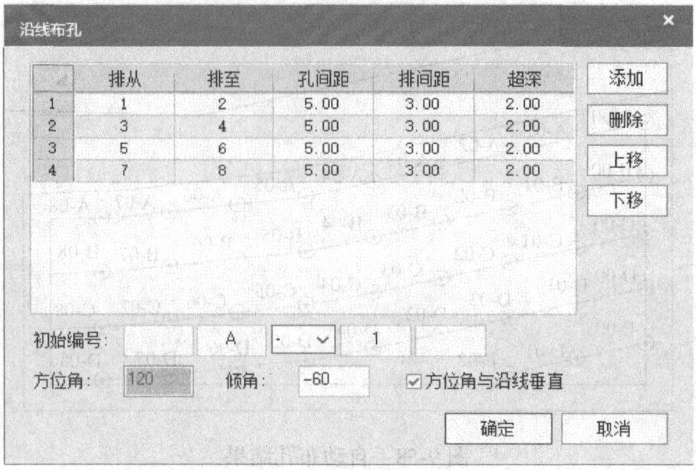

图 9-60 沿线布孔设置窗口

按命令行提示沿着台阶坡顶线起点和终点点击左键，选择布孔基准线的偏移方向，生成炮孔，如图 9-61 所示。

(7) 布置单孔。该命令是布置单孔，当设计的炮孔数量比较少，或者爆区需要补上个别孔时，可以使用。点击“单孔”命令，弹出设置窗口，设置好参数，点击确定，在需要布孔位置点击即可，如图 9-62 所示。

(8) 实测炮孔。导入的文件支持 .txt 格式和 .csv 格式。导入字段包括炮孔 XYZ 坐标、方位角、倾角、孔径、孔深等。点击“实测”命令，弹出设置窗口，打开实测数据，对照字段名称是否一致，预览区生成实测炮孔数据，核对无误，点击确定，生成实测炮孔，如图 9-63 所示。

9.4.2 装药设计

9.4.2.1 装药参数

点击“炸药”命令，弹出装药参数窗口，输入常用炸药的名称、线装药密度和单价，以及最小堵塞长度和间隔器默认长度等参数，如图 9-64 所示。设置好后，点击确定。

9.4.2.2 设计装药

点击“装药”命令，弹出设计装药设置窗口，如图 9-65 所示。对该窗口各项设置讲解如下：

(1) 装药模式。分为 3 种装药模式，具体如下：

1) 优先最小填塞和炸药：装药时优先考虑最小填塞和炸药长度，再考虑其他填充。

2) 优先按单耗计算的炸药量：先按照设置的单耗值计算出炸药量，再根据炸药量计算出装药长度，按照计算的装药长度进行装药。

3) 优先填塞和间隔器：装药时优先考虑填塞物和间隔器长度，再考虑其他填充。

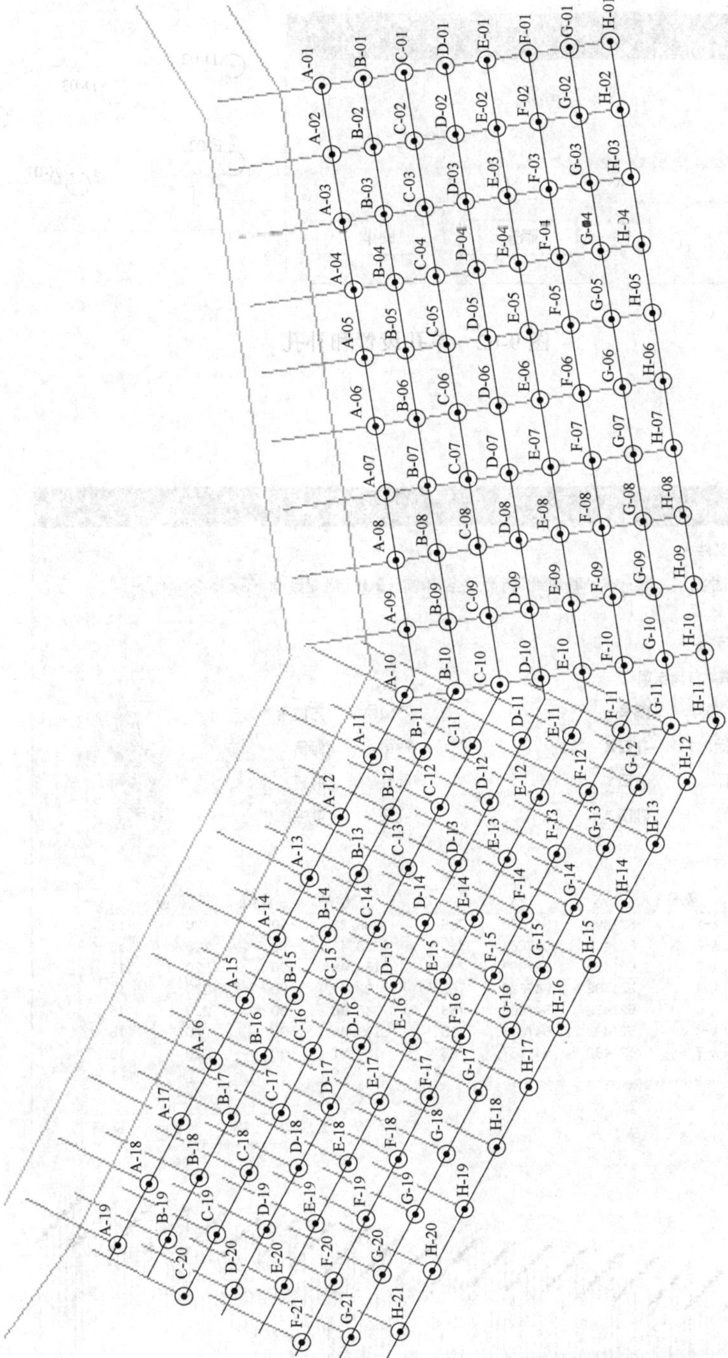

图 9-61 沿线布孔生成爆区炮孔

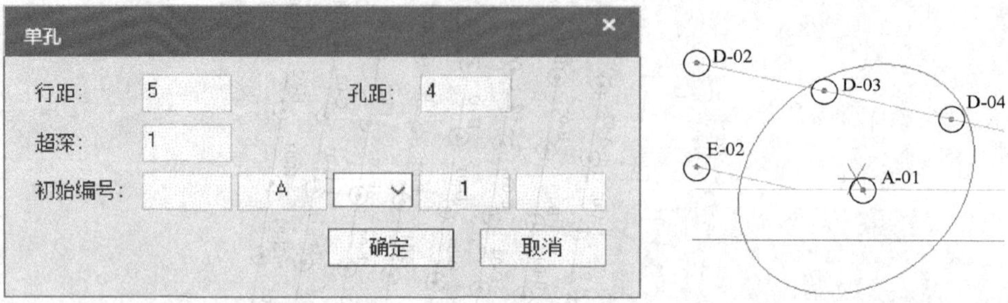

图 9-62　单孔设置和补孔

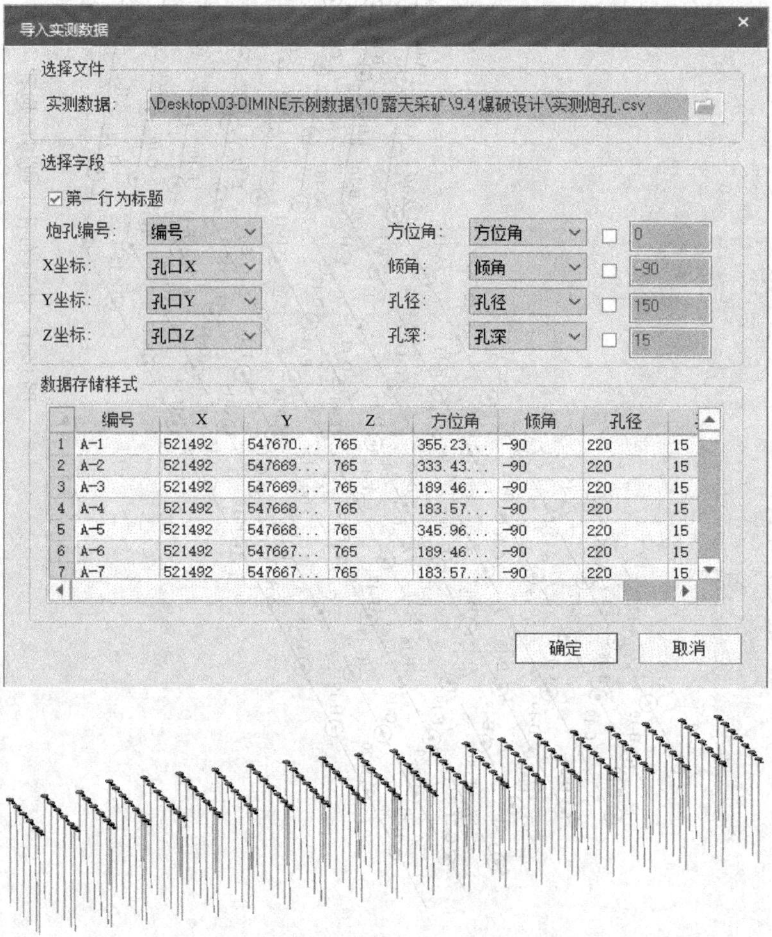

图 9-63　实测炮孔设置窗口和生成的炮孔

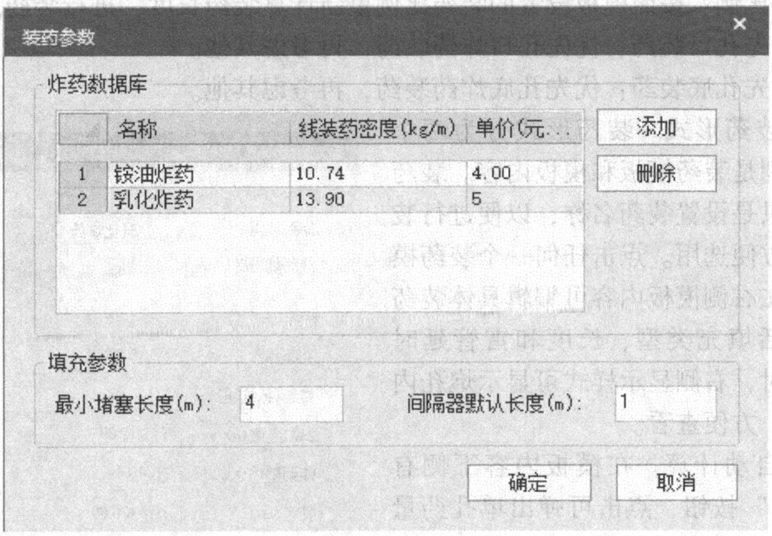

图 9-64　装药参数设置窗口

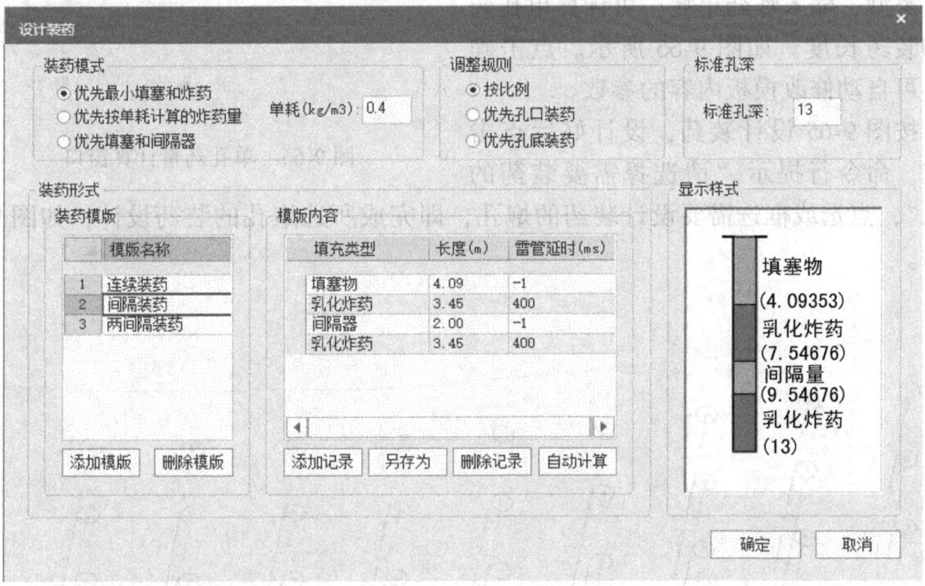

图 9-65　设计装药窗口

微课-露天台阶爆破装药设计

单个炮孔装药量的计算方式为：

$$l = \frac{abhq}{\rho} \tag{9-6}$$

式中，l 为炮孔的装药长度，m；a 为孔间距，m；b 为排间距，m；h 为台阶高度，m；q 为炸药单耗，kg/m^3；ρ 为线装药密度，kg/m。

当一个炮孔内存在两种以上不同炸药类型时，按照装药比例计算装药长度。

（2）调整规则。装药时当实际孔深不满足要求时，需要对装药长度进行调整，按照设置的调整规则进行调整，具体规则如下：

1）按比例：按照模板设置的装药比例重新计算装药长度，进行装药。

2）优先孔口装药：优先孔口炸药装药，再考虑其他。

3）优先孔底装药：优先孔底炸药装药，再考虑其他。

（3）装药形式。装药形式分为两个部分，分别是装药模板和模板内容。装药模板部分只是设置装药名称，以便进行装药设计时方便选用。点击任何一个装药模板名称，在右侧模板内容可编辑具体装药内容，包括填充类型、长度和雷管延时等。编辑时，右侧显示样式可显示炮孔内装药情况，方便查看。

（4）自动计算。在模板内容下侧有“自动计算”按钮，点击可弹出单孔药量计算窗口，一部分参数是根据参数设置自动生成，也可以进行手动修改参数，选择炸药类型，输入炸药单耗，可计算单孔药量和装药长度，如图 9-66 所示。点击确定，可自动修改模板内容的参数。

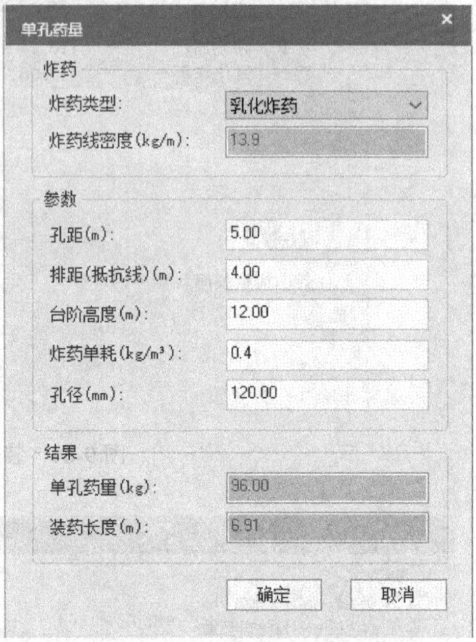

图 9-66　单孔药量计算窗口

按图 9-65 设计装药，设计好后点击确定。命令行提示“请选择需要装药的炮孔”，点选或框选需要设计装药的炮孔，即完成所选炮孔的装药设计，如图 9-67 所示。

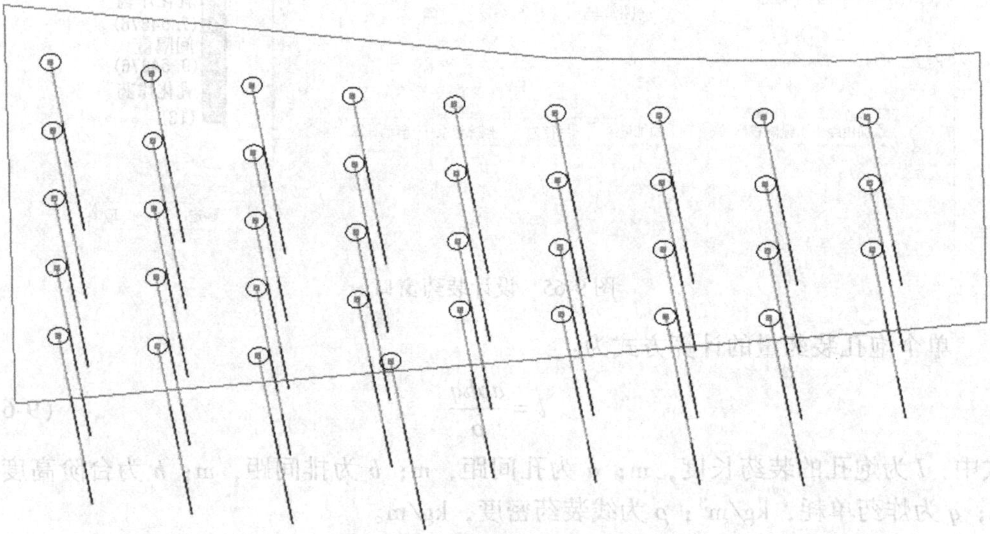

图 9-67　完成炮孔装药设计

（扫描书前二维码看彩图）

9.4.2.3 复制装药

该命令是把已经装药的炮孔复制到其他炮孔完成装药设计。

9.4.2.4 编辑炮孔

点击“编辑”命令，选择单个炮孔，选中炮孔后，弹出窗口，可以在窗口上对炮孔设计进行修改，如图 9-68 所示。

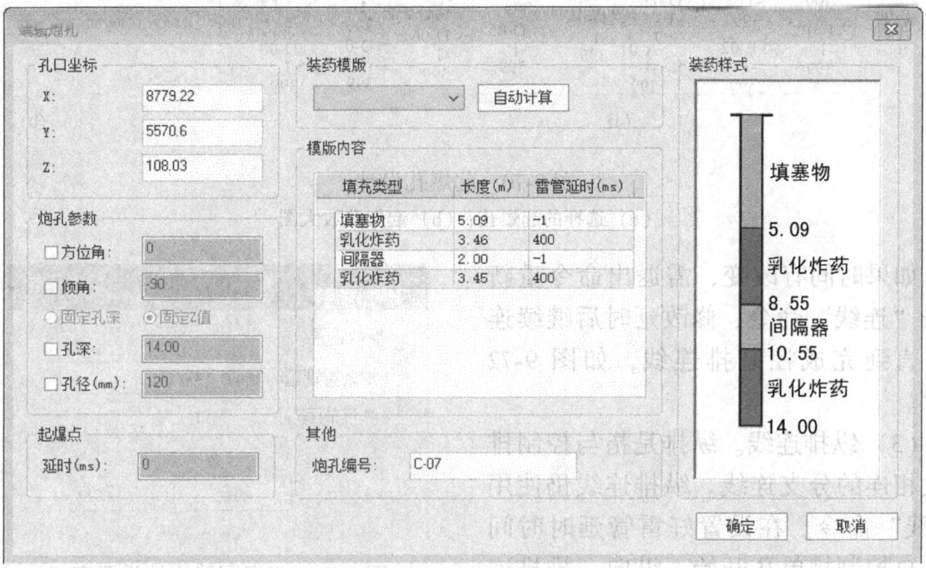

图 9-68 编辑炮孔窗口

9.4.2.5 删除炮孔

点击“删除”命令，弹出菜单有线的一侧、多边形内、多边形外 3 个选项，可按设计者意向选择删除炮孔，如图 9-69 所示。

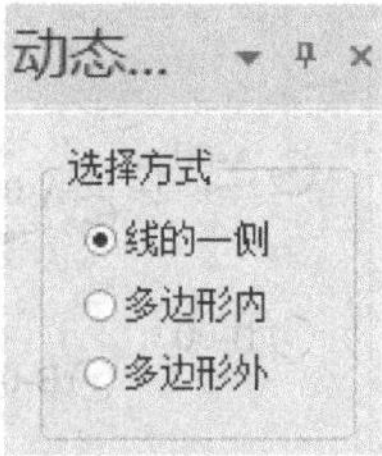

图 9-69 删除炮孔选择方式

9.4.3 起爆连线设计

微课-起爆网路设计

起爆连线设计（起爆网路设计）一般首先要选择一个起爆点，然后进行控制排连线和纵排连线。当炮孔数量比较多、比较规整情况下也可以采用自动连线，快速连成起爆网路。当需要对起爆网路进行修改时，可以使用“编辑”和“删除”命令。在特殊情况下，也可以添加虚拟孔进行连线设计。设计好的起爆网路，可以进行起爆模拟演示。

（1）起爆孔。点击“起爆孔”，鼠标选择一个炮孔点击左键，如图 9-70 所示。

（2）控制排连线。控制排是指自起爆点开始的主连线。点击“连线”命令，弹出延时设置窗口，可以直接输入或下拉菜单选择延时时间，如图 9-71 所示。点击确定，自起爆点开始在头排孔向一侧连线，连到终点后继续在头排孔向另一侧连

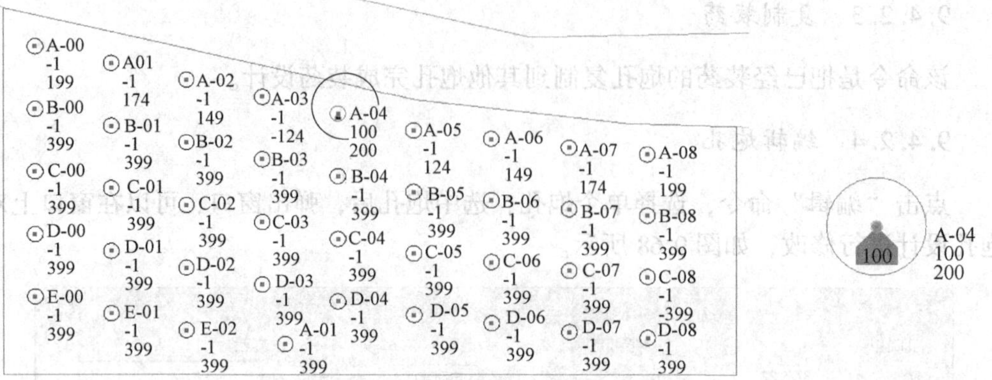

图 9-70 起爆孔设计

（a）选择的起爆孔；（b）起爆孔放大图

线。如果时间有改变，需退出命令重新点击“连线”命令，修改延时后继续连线，直到完成控制排连线，如图 9-72 所示。

（3）纵排连线。纵排是指与控制排依次相连的分支连线。纵排连线仍使用“连线”命令。在设置好雷管延时时间后，自控制排单孔开始，纵向一排排连线，如图 9-73 所示。

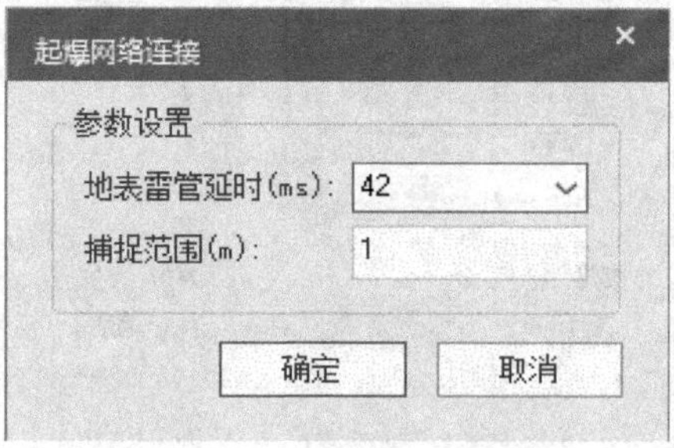

图 9-71 起爆网路连接设置窗口

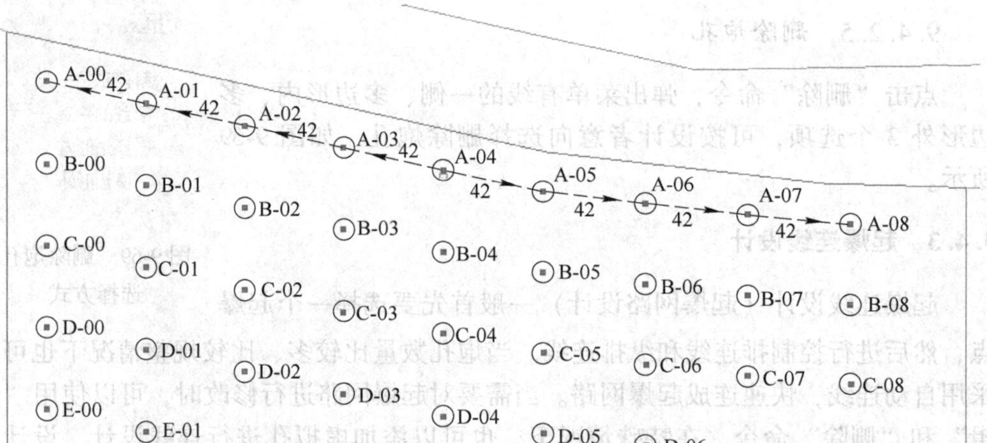

图 9-72 控制排连线设计

（4）自动连线。如果炮孔规整，也可采用自动连线。点击“自动”命令，弹出窗口设置好参数，如图 9-74 所示。点击确定，按命令行提示操作，选择任一纵排的一

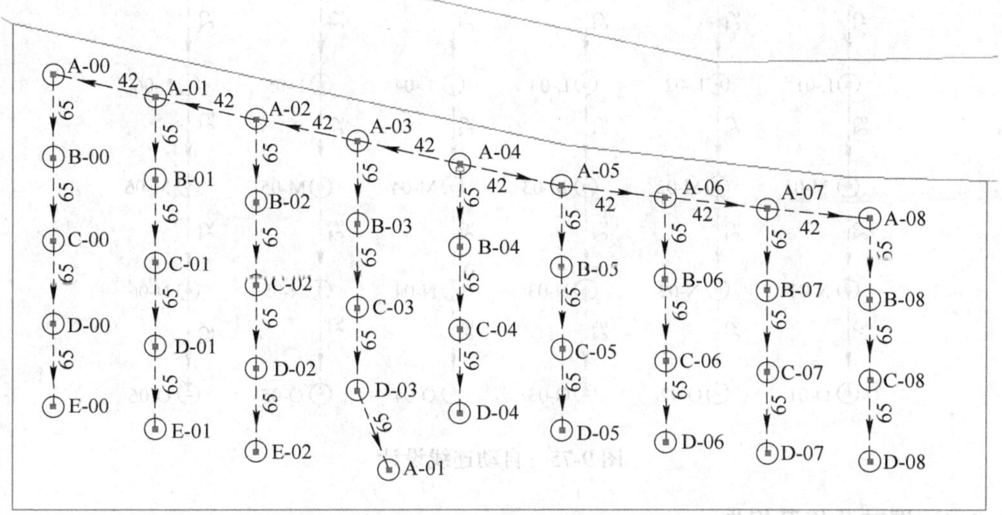

图 9-73　纵排连线设计

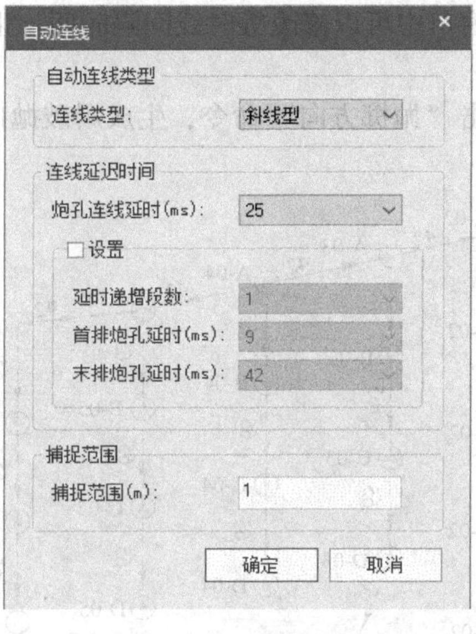

图 9-74　自动连线设置窗口

微课-爆破模拟

个孔，按连线方向选择第二个孔，会自动把所有纵排连接好，如图 9-75 所示。

（5）其他命令。

1）删除连线。是删除连好的连线，也可选中连线后按 Delete 键删除。

2）编辑连线。修改已连好连线的延时时间。

3）虚拟孔。只是连线使用的孔，没有孔深装药等参数。

（6）起爆模拟。点击“模拟”命令，弹出爆破模拟动画控制窗口，设置动画倍速，点击“开始”，就可以模拟动画演示雷管起爆及炮孔炸药爆炸的时间顺序。

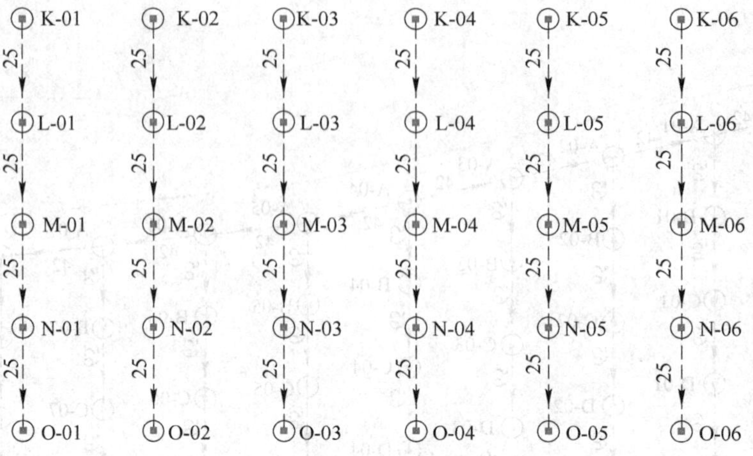

图 9-75　自动连线设计

9.4.4　爆破分析及报告

爆破分析及报告主要包括等时线、抛掷方向、起爆时间和报告等功能。

(1) 等时线。点击“等时线”命令，生成爆破等时线，如图 9-76 所示。注意：点击“参数”命令弹出窗口中可以修改等时线间隔时间。生成等时线之前应关闭其他爆区设计。

(2) 抛掷方向。点击“抛掷方向”命令，生成爆破抛掷方向，如图 9-76 所示。

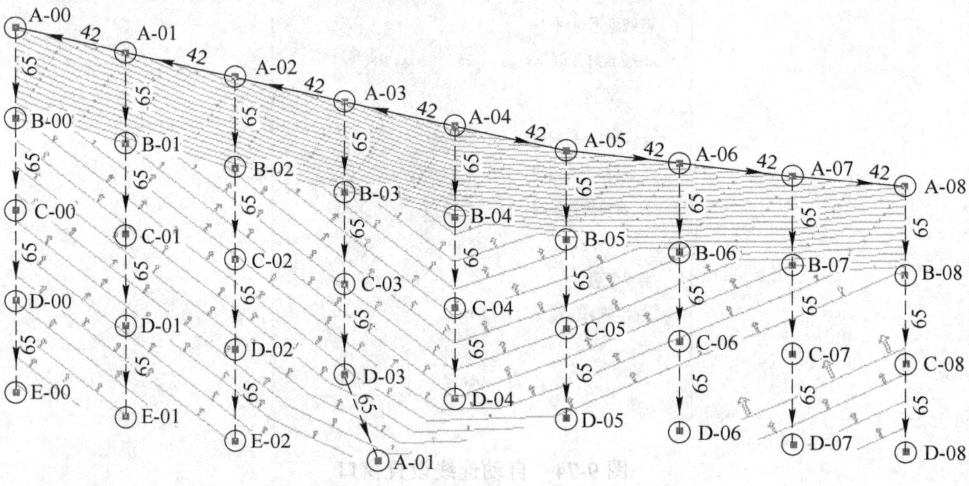

图 9-76　爆区生成等时线和抛掷方向

(3) 起爆时间。点击“起爆时间”命令，弹出起爆时间分析窗口，时间间隔选择 8 ms，显示同时起爆的孔数和起爆时间分析图，如图 9-77 所示。

(4) 爆破设计报告。点击“报告”命令，系统自动启动 Microsoft Excel 程序，生成爆破设计报告文档。报告包括 7 个部分，分别为设计报告书、穿孔作业指导书、炮孔装药指导书、装药结构示意图、爆破连线示意图、起爆时间分析图、技术经济及爆破效果分析。

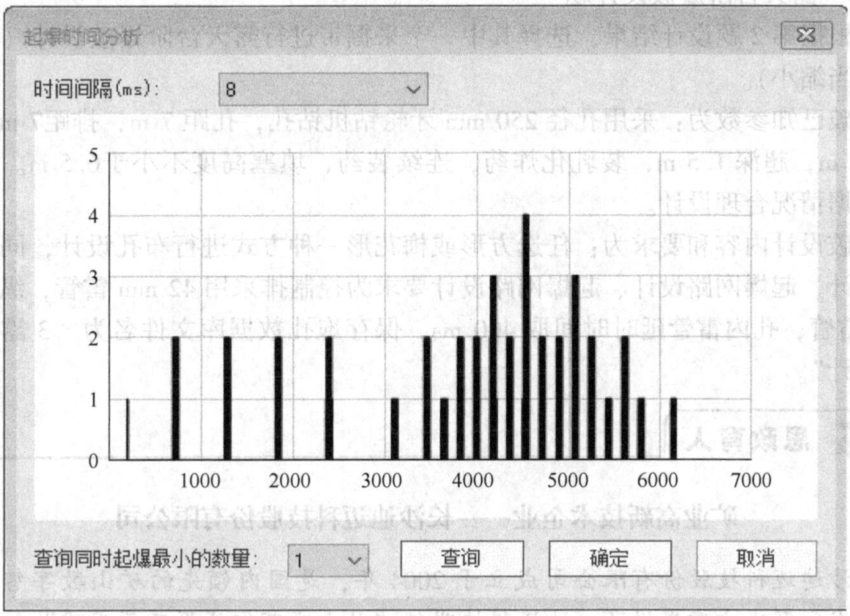

图 9-77 起爆时间分析窗口

上机测试题

9-1 露天境界设计题

根据给出的露天底部周线文件按要求进行露天境界设计，具体要求如下：

（1）道路参数：道路宽度 10+*X*（*X* 为学号末位数），道路坡度 10%；选择终点缓冲，缓冲距离 50；选择向外扩展；道路开口选择调整原有线条、开口影响点数为 3。

（2）平台参数：台阶高度 10+*X*（*X* 为学号末位数）、坡面角 65°；安全平台宽度 5、清扫平台宽度 10；选择向上扩展、带公路出口扩展。

（3）自图中给出的 *A* 点附近开始作为道路的开口，然后扩展平台，要求扩展 3 次平台，第 1 次、第 2 次平台宽度为 5，第 3 次为 10。

（4）保存文件名为“1 露天境界设计”。

9-2 露天采掘计划设计题

根据给出的采场现状模型和块段模型文件，进行采掘计划设计，具体要求如下：

（1）采出矿石量 30 万吨，剥采比为 1+*X*/10，其中 *X* 为学号末位数。比如：学号末位数是 5，计算剥采比为 1.5，剥离岩石量为 45 万吨。

（2）在给出的采场现状模型设计 3 个采掘带，所有采掘带矿石量、岩石量之和在四舍五入后满足（1）的要求。

（3）保存文件名为“2 露天采掘计划设计”。

9-3 露天台阶爆破设计题

请根据第 2 题设计结果，选择其中一个采掘带进行露天台阶爆破设计（爆区规模可适当缩小）。

爆破已知参数为：采用孔径 250 mm 牙轮钻机钻孔，孔距 7 m，排距7 m，台阶高度 12 m，超深 1. 5 m，装乳化炸药，连续装药，填塞高度不小于6. 5 m。其他参数请根据情况合理设计。

爆破设计内容和要求为：任选方形或梅花形一种方式进行布孔设计，同时进行装药设计、起爆网路设计、起爆网路设计要求为控制排采用 42 mm 雷管，纵排采用 65 ms 雷管，孔内雷管延时时间取 400 ms。保存炮孔数据库文件名为“3 露天台阶爆破设计”。

思政育人

矿业高新技术企业——长沙迪迈科技股份有限公司

长沙迪迈科技股份有限公司成立于 2004 年，是国内领先的矿山数字智能化产品、技术和解决方案提供商。迪迈科技践行“让人类获取资源不再艰难”的企业使命，打造“院士赋能、专家领航、硕博突破”的技术智囊团，形成了一支由王李管教授领导的近 400 人的创新研发和服务团队。

深耕矿业 20 载，迪迈科技将数智技术和矿山业务场景深度融合，为国内外超过 600 家矿山企业、高等院校、政府机构、设计研究单位及地勘部门提供矿山整体智能化转型升级服务。先后主持多个“十二五”“十三五”国家重点研发计划项目，先后获得 130 余项软件著作权，申报专利 65 余项，先后获得“中国矿业信息化智能化领军企业奖”“影响力民族品牌”“中国数字矿山最佳技术创新奖”和“第五届中国创新创业大赛（湖南赛区）暨第三届湖南省创新创业大赛企业优秀奖”等荣誉。

公司主要产品围绕生产技术协同、过程智能管控、智能装备与系统、大数据分析、VR 虚拟实训和系统集成与运维 6 个方面。其中，DiMine 数字采矿软件平台为生产技术协同中的一种产品。

10　地下数字采矿应用

本章通过给定某个矿山的数据资料，重点讲解地下矿山数字化采矿设计，主要内容包括地下矿开拓系统数字化设计、采切数字化设计和地下矿爆破数字化设计。开拓系统以竖井开拓为典型案例，采矿方法以无底柱分段崩落法为典型案例。本章使用的数字采矿模型文件包括地表模型、矿体模型和已经估值的矿块模型，与第 9 章使用的模型文件相同，详见第 9.1.2 节介绍。

10.1　地下矿开拓系统数字化设计

矿山开拓采用竖井开拓，在矿体下盘中部位置布置主副井，主井为箕斗井，副井为罐笼井。风井有 2 个，分别布置在矿体南北两端，通风方式为单翼对角式、抽出式通风，南风井和副井为进风井，北风井为回风井。

采用无底柱分段崩落法采矿方法。设计阶段高度为 100 m，分段高度为 20 m，最低开采水平为-360 m，本次重点讲解-100~-200 m 阶段的设计。

开拓系统数字化设计内容主要包括：移动界线的圈定、井位选择与设计、井底车场设计、阶段运输巷道设计、分段联络道和通风天井设计、采区斜坡道设计等内容。

10.1.1　移动界线圈定

考虑给出矿体模型的一些特征，讲解一种使用数字采矿软件圈定移动界线的方法。这里假定矿体周围岩石移动角均为 65°。以下讲解移动界线圈定的具体步骤。

微课-移动界线圈定

10.1.1.1　生成矿体模型等值线

打开矿体模型，使用等值线命令生成自矿体最低水平-360 m 开始的等值线，等值线间隔 60 m，如图 10-1 所示。

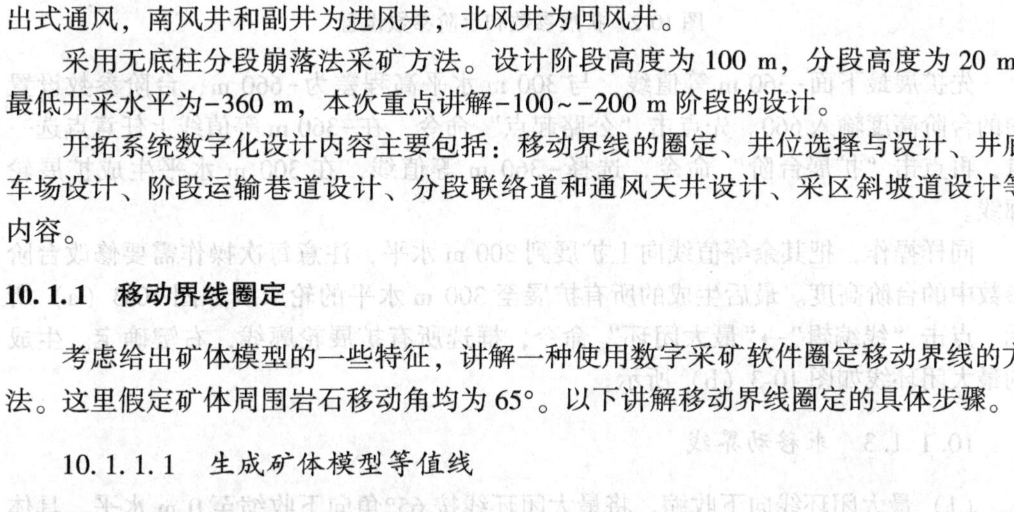

图 10-1　矿体模型生成等值线
（扫描书前二维码看彩图）

10.1.1.2 轮廓线向上扩展

本项操作是把生成的所有等值线按65°角向上扩展到一个水平，该水平高程的选择要超出移动界线在地表的最高高程，这里确定为300 m。

在“露天矿设计”功能组，分别设置扩展参数和台阶参数，如图10-2所示。注意：扩展参数设置中的公路宽度要输入非常小的值。

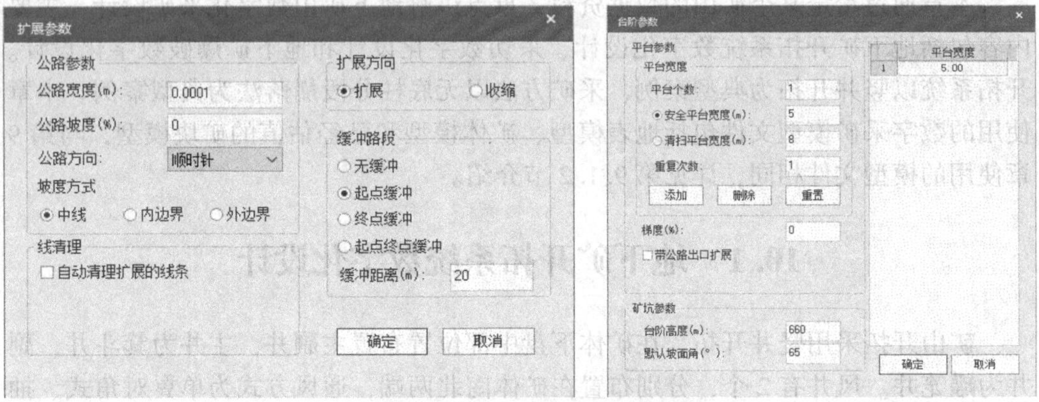

图10-2 扩展参数和台阶参数设置

先扩展最下面-360 m等值线，与300 m水平高程差为-660 m，台阶参数设置中的台阶高度输入660。先点击“公路起点”命令，在-360 m等值线上任意点选一点，再点击“扩展台阶”命令，选择-360 m等值线，在300 m水平生成扩展轮廓线。

同样操作，把其余等值线向上扩展到300 m水平，注意每次操作需要修改台阶参数中的台阶高度。最后生成的所有扩展至300 m水平的轮廓线如图10-3（a）所示。点击“线编辑”→“最大闭环”命令，框选所有扩展轮廓线，右键确定。生成的最大闭环线如图10-3（b）所示。

10.1.1.3 求移动界线

（1）最大闭环线向下收缩。将最大闭环线按65°角向下收缩至0 m水平。具体操作为：

在扩展参数设置窗口中的扩展方向栏点选“收缩”，在台阶参数设置窗口中的台阶高度栏输入“300”。先点击“公路起点”命令，在最大闭环线上任意点选一点，再点击“扩展台阶”命令，选择最大闭环线，在0 m水平生成收缩线。

（2）生成收缩模型。点击“实体建模”→“线框”命令，点击最大闭环线及其收缩线，生成收缩模型，如图10-4所示。

（3）求交线。分别求收缩模型与地表模型以及矿体模型与地表模型的交线。

打开地表模型，点击“实体建模”→“交线”命令，选择收缩模型和地表模型，生成收缩模型与地表模型的交线。同样操作，生成矿体模型与地表模型的交线，如图10-5所示。

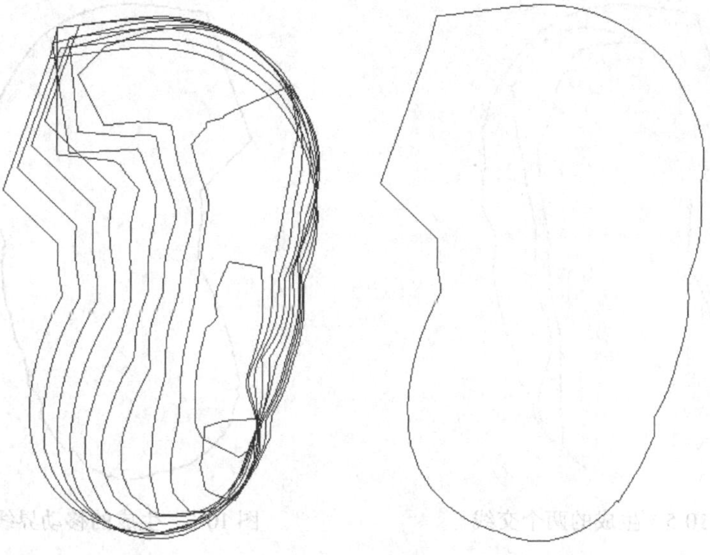

图 10-3 扩展线和最大闭环线

（a）扩展至 300 m 水平的轮廓线；（b）提取的最大闭环线

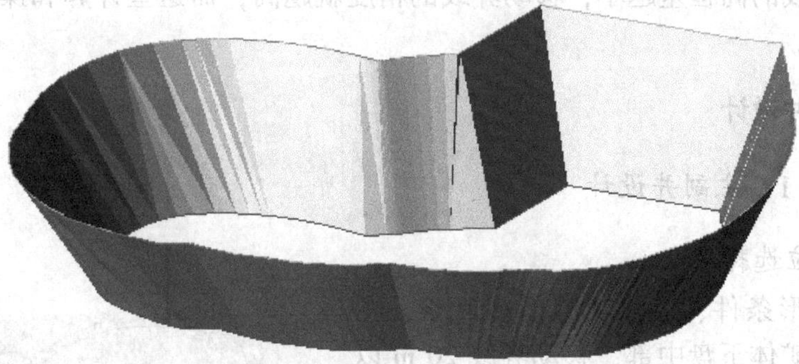

图 10-4 生成的收缩模型

（扫描书前二维码看彩图）

（4）生成移动界线。点击“线编辑”→“最大闭环”命令，框选两个交线，右键确定。生成的最大闭环线即为移动界线，如图 10-6 所示。

（5）求取移动界线思路。上述求取移动界线的操作只是一种近似的求取方法，由于生成等值线高程差比较大，是造成误差大的主要原因。但是，等值线高程差如果选取过小，虽然误差变小，但操作又比较烦琐。

另外，本次操作求取移动界线，选取的移动角只有一个数值，实际上不同的水平和高程范围，移动角往往是变化的。对于移动角有变化的情况，该如何求取移动界线呢？举个例子，比如上盘和端部的移动角为 65°，下盘的移动角为 60°。求取移动界线的方法是：分别按 65°和 60°求取移动界线，再将两个移动界线进行修剪处理，处理后的线就是最终求取的移动界线。

这里推荐一种研发软件求取移动界线功能的思路：在原软件系统上增加一个命

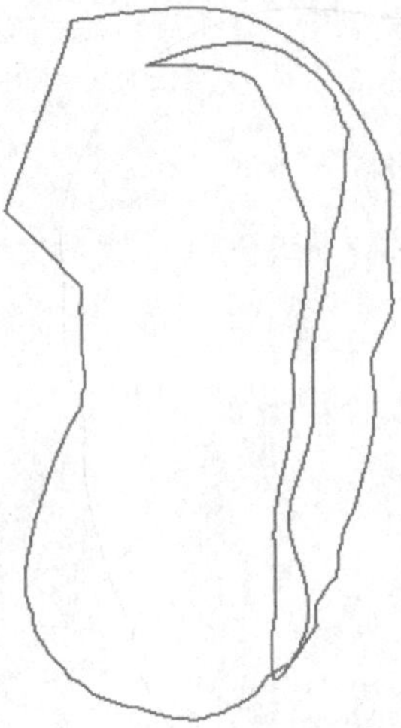

图 10-5　生成的两个交线

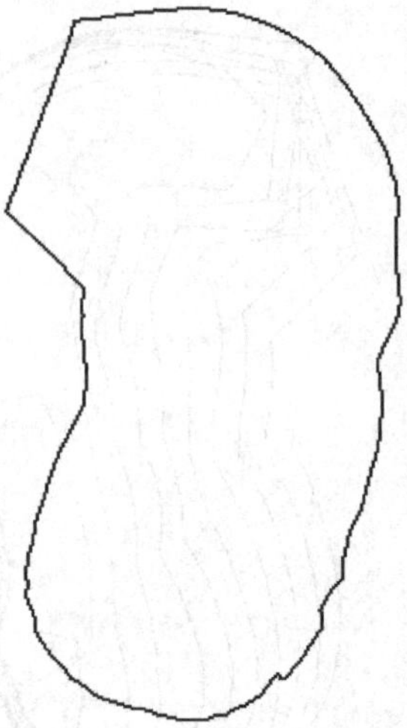

图 10-6　生成的移动界线

令，执行命令弹出设置窗口，窗口界面设置参数包括打开矿体模型和地表模型，输入矿体等值线的最低值、最高值和高程差，上扩高程值和收缩高程值，不同水平范围和高程范围的移动角等参数，点击确定，通过系统运行求取移动界线。输入的矿体模型等值线的高程差越小，移动界线的精度就越高，而这些计算和操作是由系统自动完成的。

10.1.2　竖井设计

10.1.2.1　主副井设计

A　井位选择

考虑地形条件、运输功等诸多因素，主副井布置在矿体下盘中部、移动界线 20 m 以外地势比较平坦部位，根据周围地形确定井口标高为 155 m，如图 10-7 所示，黑色框部位是主副井井位区域。

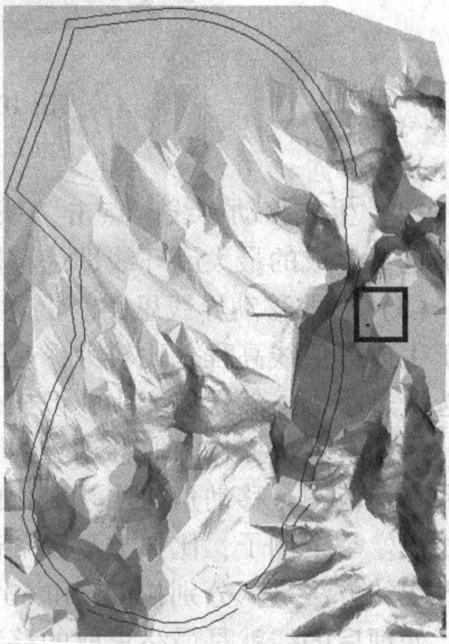

图 10-7　主副井井位选择区域

微课-竖井设计

B　主井设计

在选好的主井位置绘制圆，圆直径为 5 m，圆高程值为 155 m。使用“线编辑”的“移动复制”命令，把该圆垂直向下 555 m 复制一个圆，计算井底标高为-400 m。把圆转换为多段线。使用“实体建模”的“线框”命令，生成竖井模型，如图 10-8 所示。另一种生成竖井模型的方法是：连接两个圆心为井筒中心线，设置该中心线断面轮廓，然后生成竖井模型。

C　副井设计

在距离主井位置不小于 30 m 处合适位置选副井，设计确定副井井口高程为 155 m、井底高程为-370 m，井筒直径为 5 m，具体可参考主井设计方法。设计结果如图 10-8 所示。

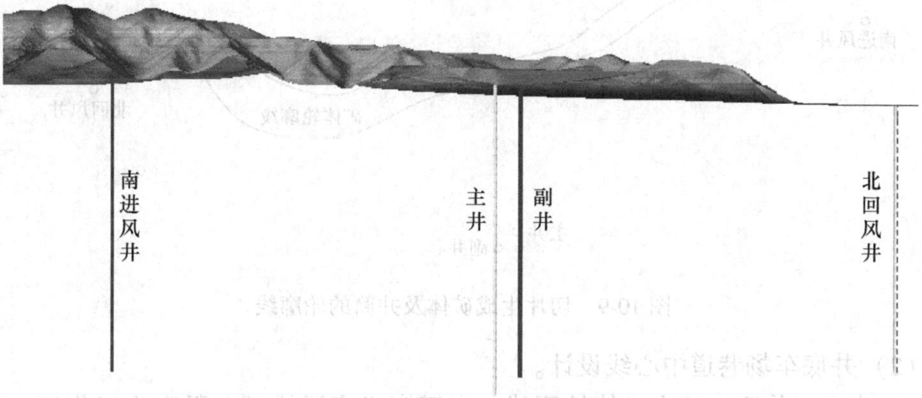

图 10-8　竖井设计模型

10. 1. 2. 2　风井设计

（1）南进风井设计。在矿体南端移动界线 20 m 以外选南进风井。设计井口标高 165 m，井底标高-360 m，井筒直径为 3 m。设计结果如图 10-8 所示。

（2）北回风井设计。在矿体北端移动界线 20 m 以外选北回风井。设计井口标高 105 m、井底标高-360 m、井筒直径为 4 m。设计结果如图 10-8 所示。

10. 1. 3　井底车场和阶段运输巷道设计

（1）设计阶段高度。设计阶段高度为 100 m，-200 m 阶段运输巷道承担-80～-180 m 矿石的运输。

（2）设计内容。设计内容主要包括：

1）井底车场设计；

2）采场环形运输巷道设计，包括下盘脉外运输巷道、穿脉和上盘运输联络道，采用穿脉装矿方式，穿脉间距为 100 m。

（3）设计步骤。

1）切矿体及井筒的轮廓线；

2）井底车场巷道中心线绘制；

3）上盘和下盘沿脉运输巷道中心线绘制；

4）穿脉巷道中心线绘制；

5）巷道中心线断面设计；

6）生成巷道实体模型。

设计具体步骤如下：

（1）切片生成矿体及井筒的轮廓线。

打开“矿体模型”及前面生成的井筒文件，绘制一条辅助线，将线的高程调整为-200 m，点击“实体建模”→“运算”→“切片”命令，按命令提示操作切出-200 m的矿体及井筒的轮廓线，如图 10-9 所示。

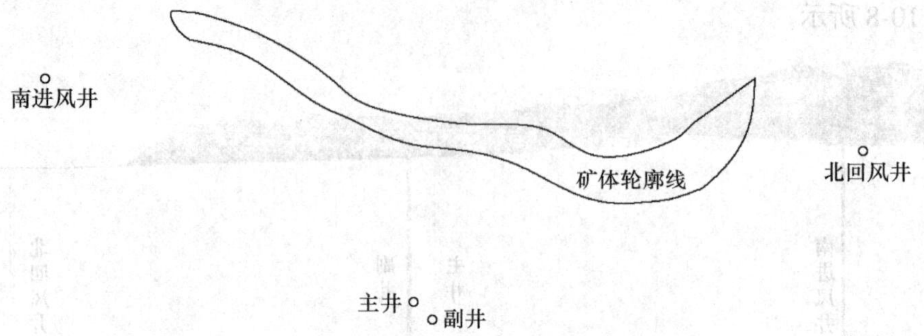

图 10-9 切片生成矿体及井筒的轮廓线

（2）井底车场巷道中心线设计。

1）定义工作面。选中矿体轮廓线，右键定义多段线所在平面为工作面，状态栏双击打开“工作面上”。

2）设计井底车场巷道中心线。

使用“井巷工程”→“中心线设计”→“巷道”“弯道”“单岔道”等命令以及“线编辑”的“偏移”“圆角”“修剪”“删除边”等命令绘制井底车场巷道中心线，如图 10-10 所示。

微课-井底车场设计

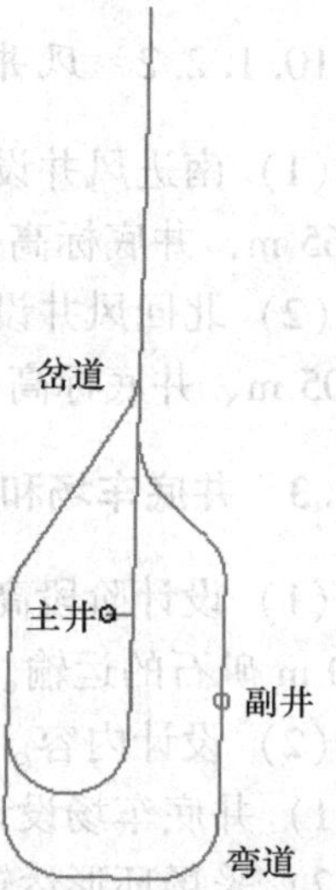

图 10-10 井底车场巷道中心线设计

（3）上盘和下盘运输巷道中心线设计。

1）下盘脉外运输巷道中心线设计。

沿矿体下盘轮廓线绘制巷道中心线，尽量取直，然后向下盘方向偏移 40 m 左右，使用“弯道”命令圆滑中心线，使用“删除边”命令删除多余边，如图 10-11 所示。

2）上盘运输联络巷道中心线设计。

沿矿体上盘轮廓线绘制巷道中心线，尽量取直。为减少巷道投资，巷道尽量布置在矿体内，绘制方法可参考下盘，如图 10-11 所示。

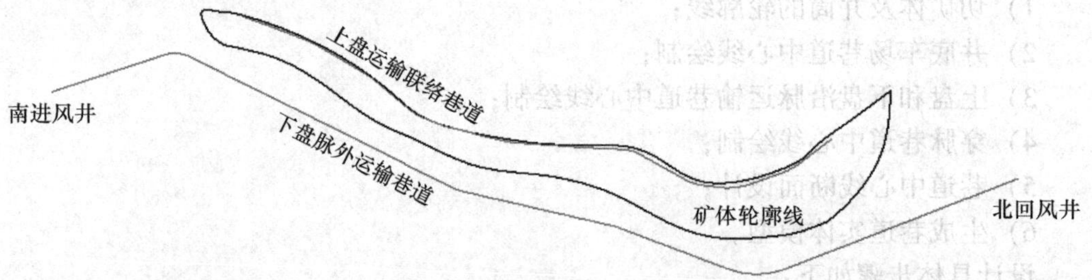

图 10-11 上下盘运输巷道中心线设计结果

(4) 穿脉巷道中心线设计。

把 9 条勘探线复制到“采场巷道中心线”图层，如图 10-12 所示。使用“线编辑”→“修剪”命令，保留上下盘运输巷道中心线之间的勘探线，上下盘运输巷道中心线之外线删除，并把所有线高程调为-200 m。使用“弯道”命令做弯道处理。最后，把自井底车场出来的石门中心线用 2 个单岔道与采场运输巷道相连。这里需注意：由于矿体在北端向西弯曲，8 号勘探线不能作为穿脉巷道中心线，需根据矿体实际情况对穿脉巷道中心线做调整。穿脉巷道中心线设计最终结果如图 10-13 所示。

微课-阶段运输巷道设计

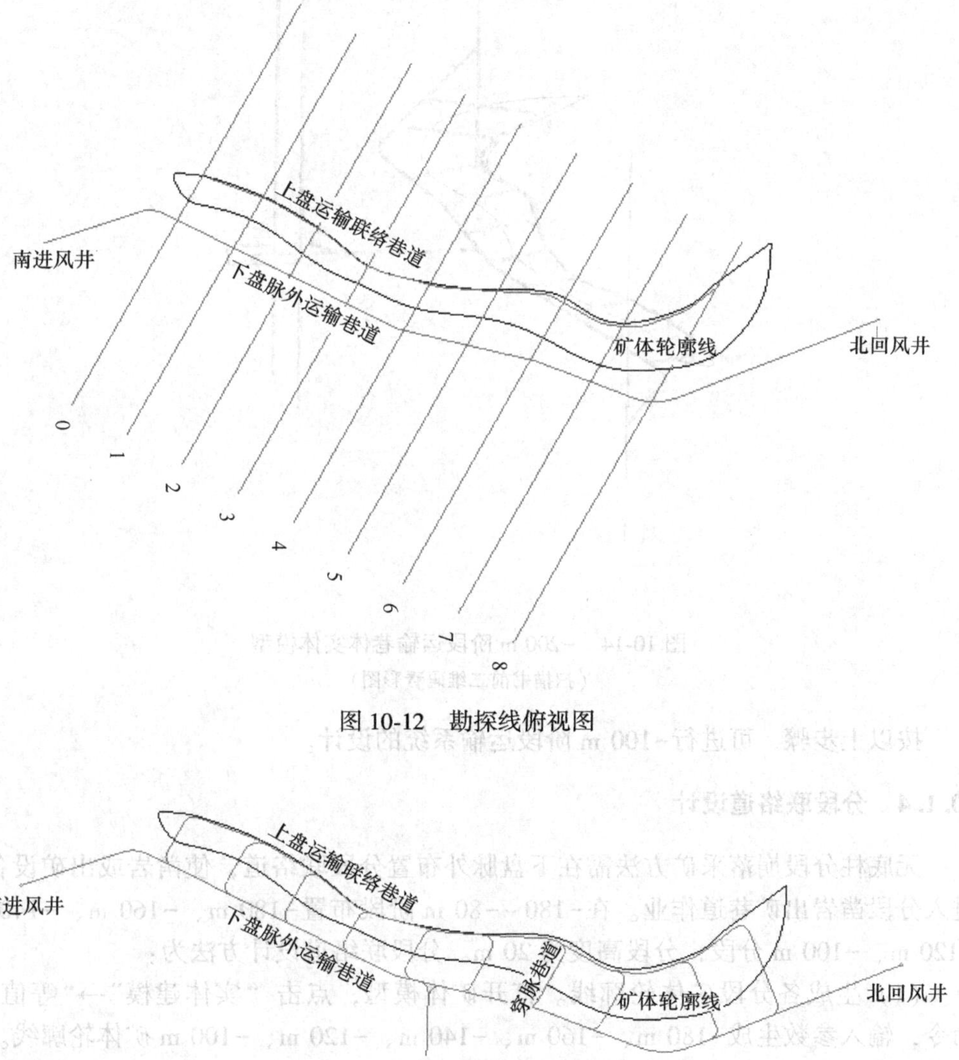

图 10-12 勘探线俯视图

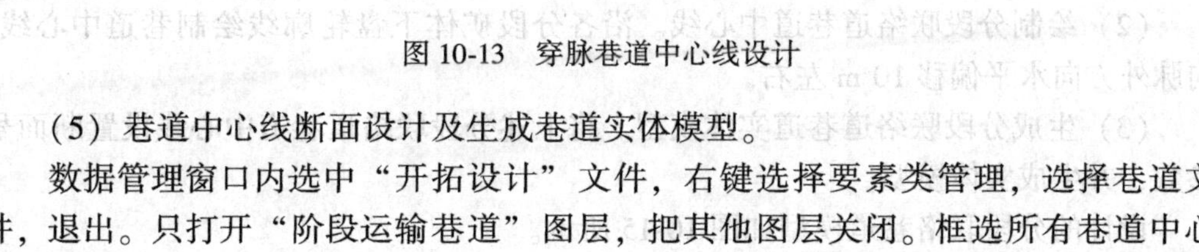

图 10-13 穿脉巷道中心线设计

(5) 巷道中心线断面设计及生成巷道实体模型。

数据管理窗口内选中“开拓设计”文件，右键选择要素类管理，选择巷道文件，退出。只打开“阶段运输巷道”图层，把其他图层关闭。框选所有巷道中心线，右键属性，在实体属性点击“断面号”，在弹出窗口内设置巷道断面参数，点击“修改”后再点击“确定”。点击“井巷工程”→“井巷实体”→“非联通”命令，框选所有中心线右键确定。生成的阶段运输巷道实体模型如图 10-14 所示。

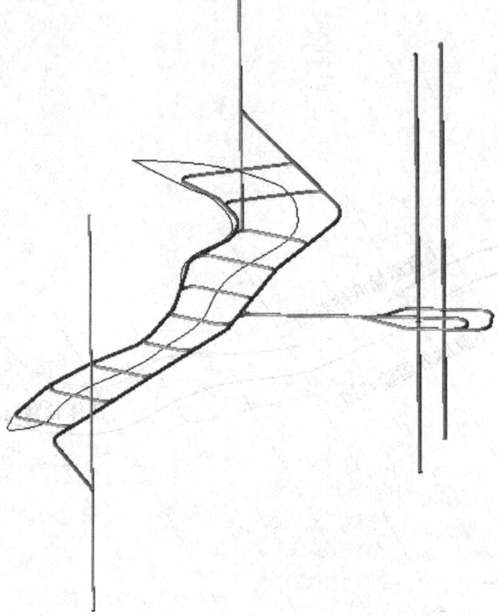

图 10-14 −200 m 阶段运输巷体实体模型
（扫描书前二维码看彩图）

微课-分段联络道设计

按以上步骤，可进行−100 m 阶段运输系统的设计。

10.1.4 分段联络道设计

无底柱分段崩落采矿方法需在下盘脉外布置分段联络道，使凿岩或出矿设备可进入分段凿岩出矿巷道作业。在−180～−80 m 阶段布置−180 m、−160 m、−140 m、−120 m、−100 m 分段，分段高度为 20 m。分段联络道设计方法为：

（1）生成各分段矿体轮廓线。打开矿体模型，点击“实体建模”→“等值线”命令，输入参数生成−180 m、−160 m、−140 m、−120 m、−100 m 矿体轮廓线。

（2）绘制分段联络道巷道中心线。沿各分段矿体下盘轮廓线绘制巷道中心线，向脉外方向水平偏移 10 m 左右。

（3）生成分段联络道巷道实体模型。将上述分段联络道巷道中心线设置断面号参数，并生成实体模型。

设计的分段联络巷道模型如图 10-15 所示。

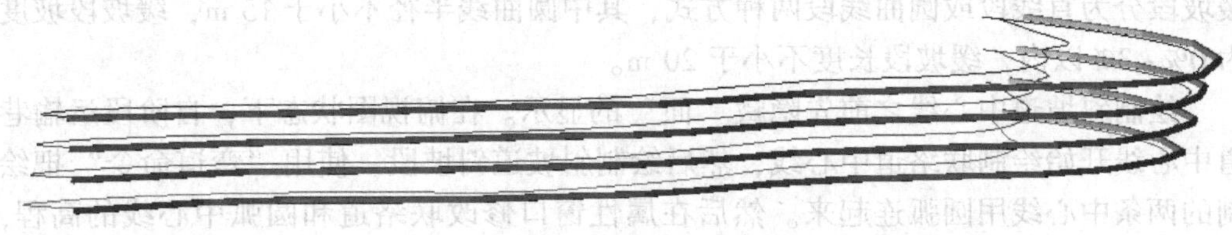

图 10-15　各分段联络巷道模型

10.1.5　采区进风天井和回风天井

阶段采区各分段的通风方式为：新鲜风流自南端的进风井进入阶段运输巷道，通过南端部的采区进风天井通达各分段联络道；采场污风进入各分段联络道，通过北端的采区回风天井流入阶段回风平巷（上阶段运输平巷），经联络平巷到北回风井排出地表。

采区进风天井和回风天井绘制方法为：把各分段联络道中心线的南北端部分别用“巷道”命令连一条直线，并上下延长至-200 m 和-100 m，作为进风天井和回风天井的中心线。此时，分段联络道中心线未必与天井中心线全部相交，可以使用“线编辑”→“加密”命令，按点数加密，输入 4 个点，这 4 个点把天井中心线等分成 5 份。使用“夹点编辑”命令，把各分段联络道中心线的端点挪至 4 个等分点即可。再将天井中心线的上下端与-100 和-200 脉外运输巷道中心线以最小距离连起来。设置中心线断面号并生成井巷模型，如图 10-16 所示。

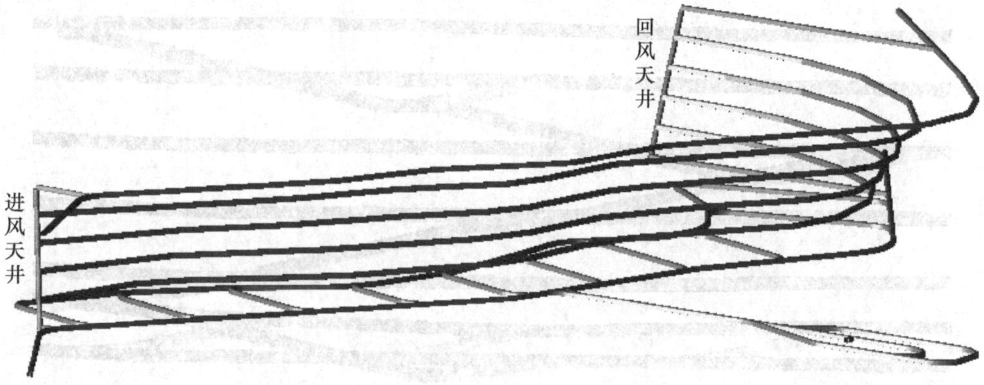

图 10-16　采区进风天井和回风天井

（扫描书前二维码看彩图）

微课-采区进风和回风天井设计

10.1.6　采区斜坡道

采区斜坡道是铲运机、运送人员材料卡车等无轨设备上下各分段和阶段的行驶路线，一般采取折返方式。绘制采区斜坡道的要求和方法如下：

采区斜坡道由斜坡段和缓坡段组成，斜坡段一般为直线，与下盘脉外阶段运输巷道和分段联络道近似平行布置。斜坡段坡度一般为 10%～20%，垂直高度每隔 20 m布置一段缓坡段，缓坡段中间设置联络道与阶段运输巷道或分段联络道相连。

缓坡段分为直线段或圆曲线段两种方式，其中圆曲线半径不小于 15 m，缓坡段坡度为 0%~3%以内，缓坡段长度不小于 20 m。

绘制斜坡道中心线之前先隐藏“面”的显示。在俯视图状态下，自阶段运输巷道中心线开始绘制联络道中心线，然后绘制斜坡道斜坡段，使用“弯道命令”把绘制的两条中心线用圆弧连起来。然后在属性窗口修改联络道和圆弧中心线的高程，一般为水平。斜坡道斜坡段的高程修改可参考第 5. 2. 2 节境界变坡路线高程的修改方法。

按前述方法依次绘制完成。斜坡道中心线设计结果如图 10-17（a）所示。对斜坡道中心线进行断面设计，并生成巷道模型，如图 10-17（b）所示。

微课-采区斜坡道设计

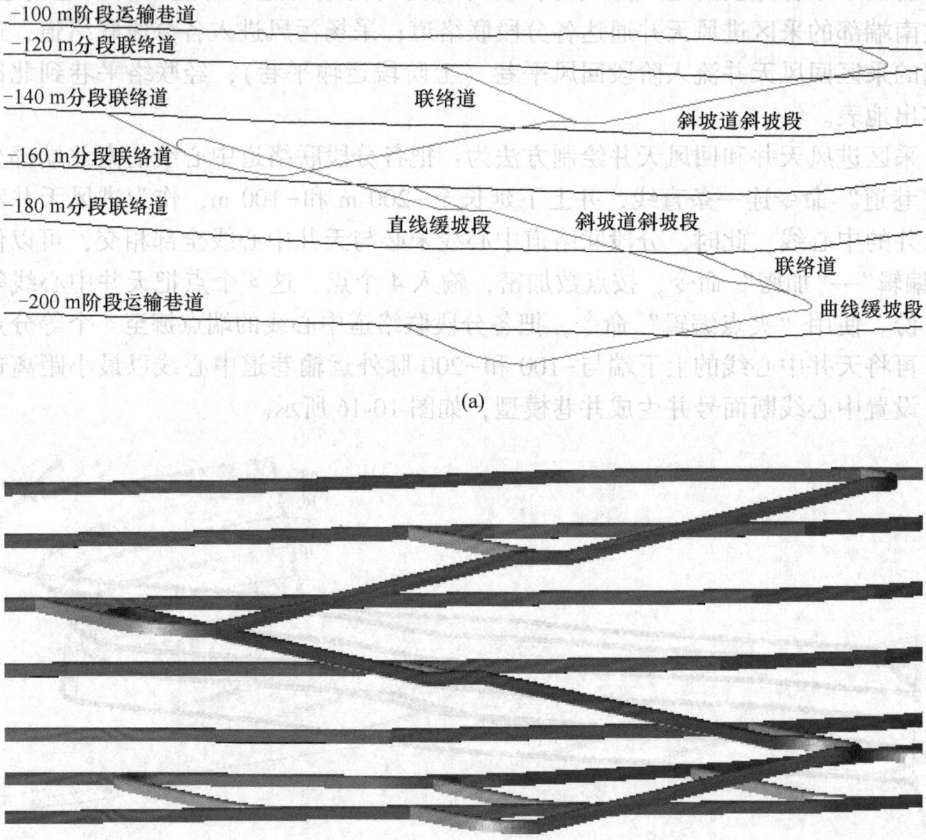

图 10-17　采区斜坡道设计

（a）斜坡道中心线设计；（b）生成斜坡道模型

10. 1. 7　地下开拓系统设计总体效果

地下开拓系统设计总体效果如图 10-18 所示。开拓井巷系统模型、矿体模型和地表模型的设计总体效果如图 10-19 所示。

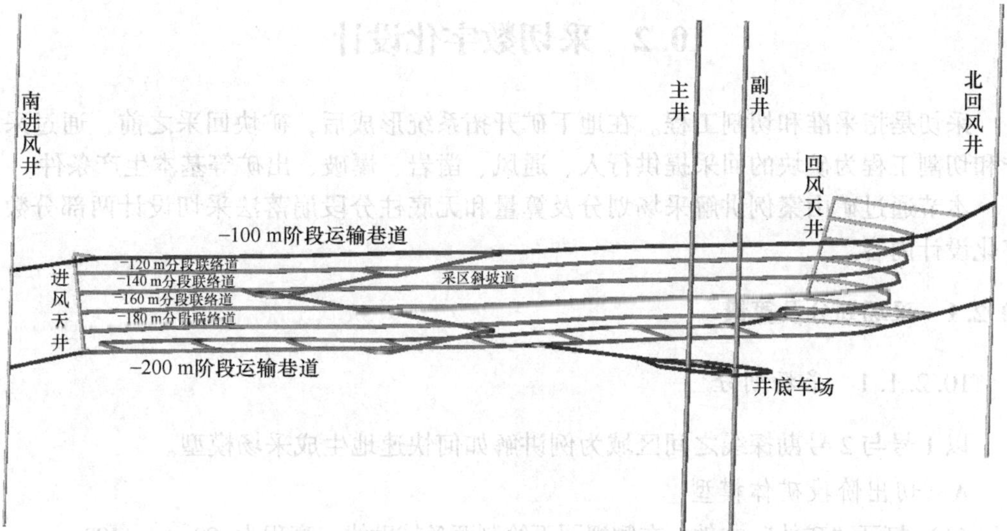

图 10-18　地下开拓系统设计总体效果

动画-地下开拓系统演示

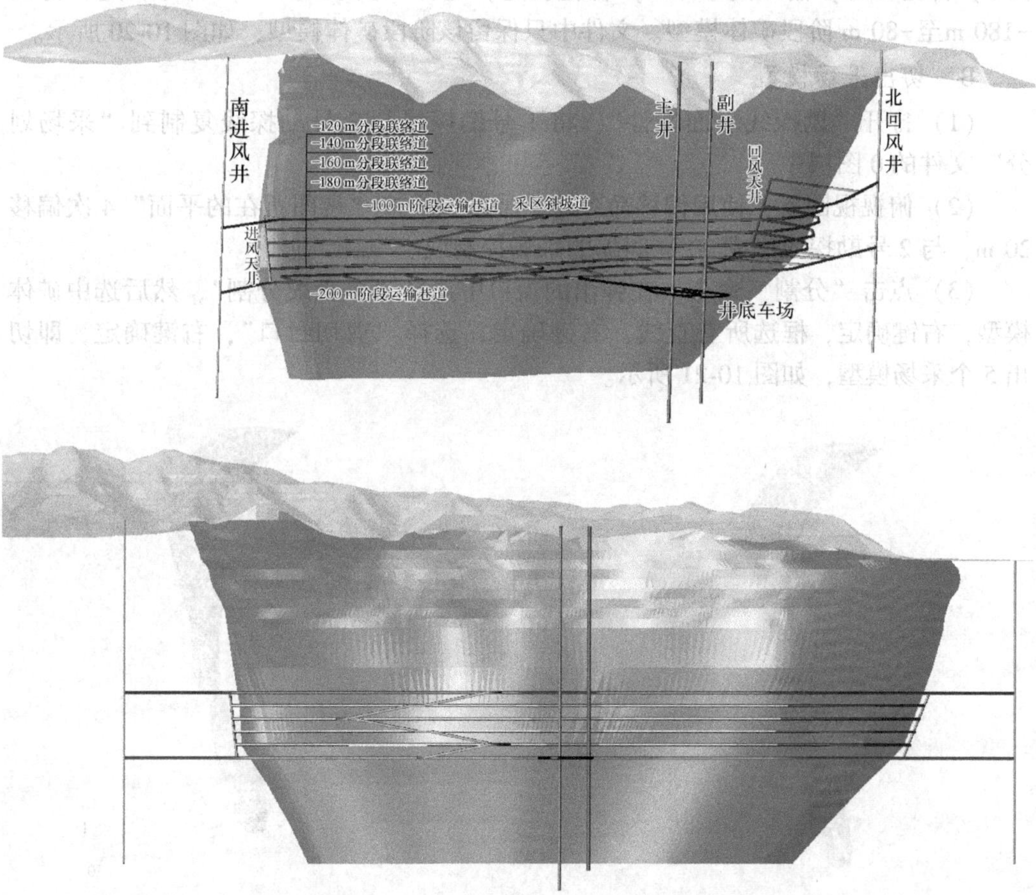

图 10-19　开拓井巷系统模型、矿体模型和地表模型综合效果（下图为从右向左看）

10.2 采切数字化设计

采切是指采准和切割工程。在地下矿开拓系统形成后，矿块回采之前，通过采准和切割工程为矿块的回采提供行人、通风、凿岩、爆破、出矿等基本生产条件。

本节通过矿山案例讲解采场划分及算量和无底柱分段崩落法采切设计两部分数字化设计内容。

10.2.1 采场划分及算量

10.2.1.1 采场划分

以 1 号与 2 号勘探线之间区域为例讲解如何快速地生成采场模型。

A 切出阶段矿体模型

（1）打开“矿体”文件，在侧视图下绘制两条辅助线，高程为-80 m、-180 m。

（2）点击“实体建模”→“分割”命令，在弹出的窗口中选择“自由分割”，然后选中矿体模型，右键确定，鼠标左键沿着-180 m 线移动，右键确定，输入切割面 3，右键确定，输入间距 100，右键确定，选择“剪切封口”，右键确定，得到-180 m至-80 m 阶段矿体模型。文件中只保留该阶段矿体模型，如图 10-20 所示。

B 切出采场模型

（1）打开“勘探线平面文件”，将 1 号勘探线与 2 号勘探线复制到“采场划分”文件的 0 图层中。

（2）俯视视图下，使用偏移命令将 1 号勘探线按“视图所在的平面”4 次偏移 20 m，与 2 号勘探线形成 20 m 间隔的采场控制线。

（3）点击“分割”命令，在弹出的窗口中选择“多直线分割”，然后选中矿体模型，右键确定，框选所有直线，右键确定，选择“剪切封口”，右键确定，即切出 5 个采场模型，如图 10-21 所示。

微课-采场划分及算量

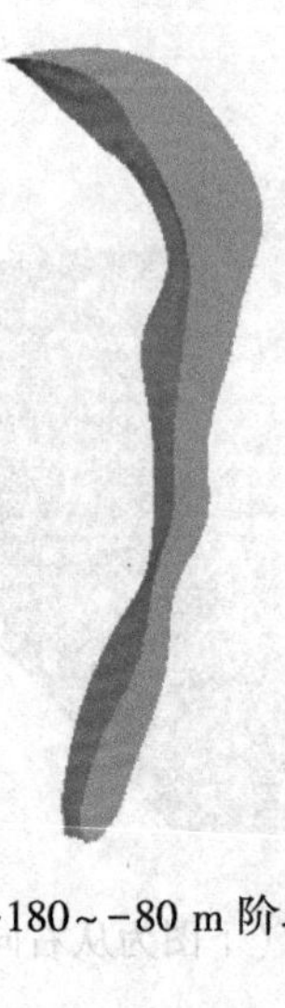

图 10-20 -180～-80 m 阶段矿体模型

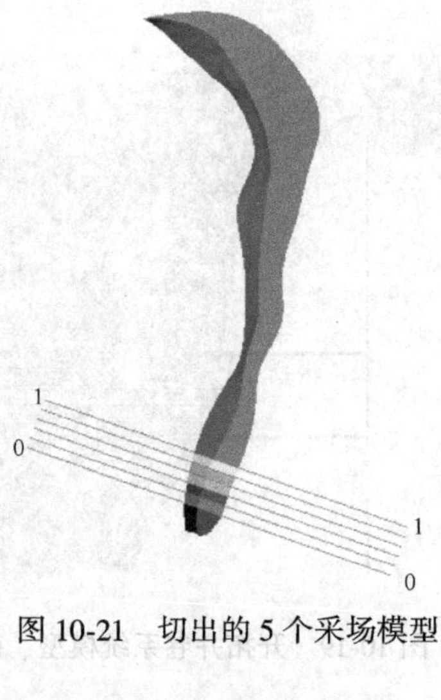

图 10-21 切出的 5 个采场模型

C　对采场进行命名

点击“井巷工程”→“辅助工具”→“命名”命令，在弹出的窗口的模式点选“快速命名”，如图 10-22（a）所示，点击确定。再一次弹出的窗口中选择实体类型“采场”，实体名称前缀输入“1 号”，实体名称后缀输入“采场”，递增参数选“按前缀递增”，递增值输入 1，如图 10-22（b）所示。按命令行提示依次选择 5 个采场模型。按 Esc 退出命令。双击采场模型查看实体属性，可以看到实体名称已命名，如图 10-22（c）所示。

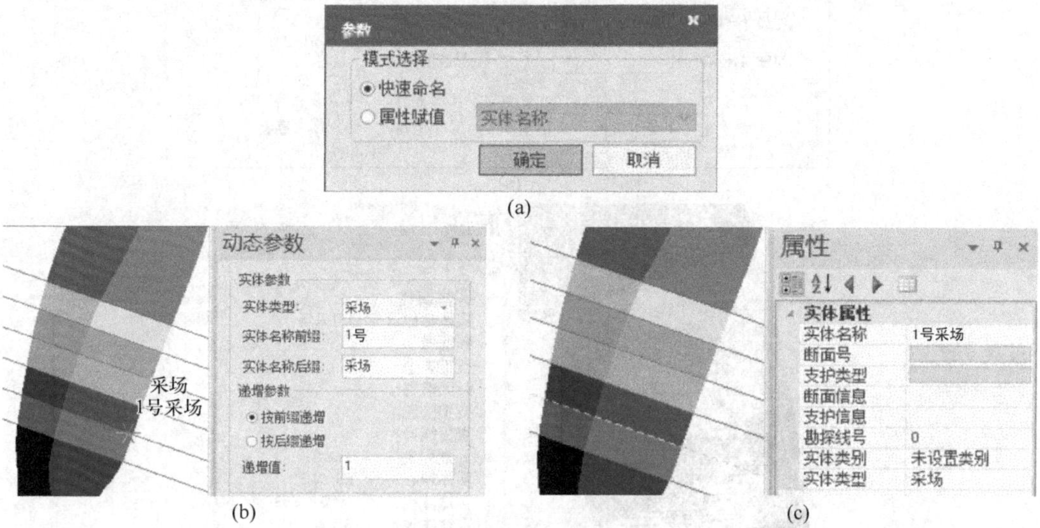

图 10-22　采场命名过程
（a）命名模式选择；（b）实体名称设置；（c）实体名称属性查看
（扫描书前二维码看彩图）

10. 2. 1. 2　采场算量

采场快速算量的步骤如下：

（1）打开前面生成的采场模型文件，框选所有采场实体，单击右键，选择“计算模型内储量”。

（2）在弹出的窗口中，打开矿块模型，勾选“将结果存入实体”，选择边界尺寸及内部尺寸，设置体重字段及主统计字段 TFe，如图 10-23（a）所示。点击确定，生成储量报表，如表 10-1 所示。

（3）点击一个采场实体，查看其属性，可见在属性表中已有储量计算结果，如图 10-23（b）所示。

10. 2. 2　无底柱分段崩落法采切设计

凿岩巷道在不同分段错开布置，分段的凿岩、崩矿和出矿等工作均在回采巷道中进行。凿岩巷道间距（进路间距）为 20 m，分段高度为 20 m。按下述步骤做采切设计。

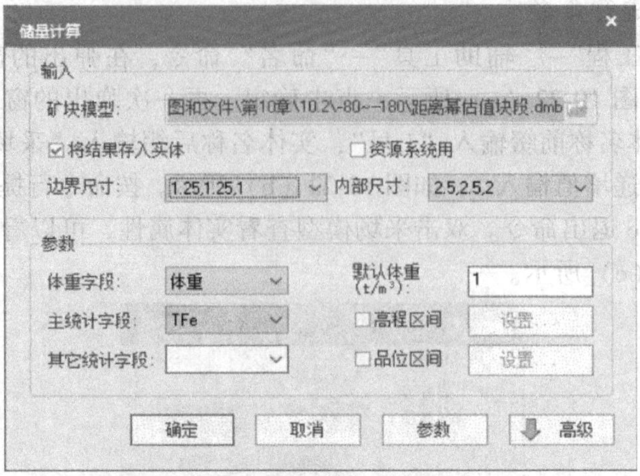

(a)

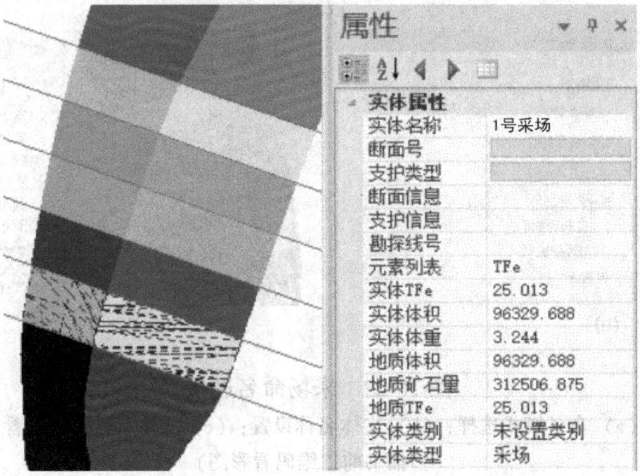

(b)

图 10-23 采场算量

（a）储量计算设置窗口；（b）采场实体属性查看

（扫描书前二维码看彩图）

表 10-1 采场算量报表

矿体	体积/万立方米	体重/t·m^{-3}	矿石量/万吨	品位/%	金属量/万吨
				TFe	TFe
1 号采场	9.63	3.24	31.25	25.01	7.82
2 号采场	9.65	3.24	31.32	25.19	7.89
3 号采场	9.64	3.24	31.28	25.21	7.88
4 号采场	9.62	3.24	31.20	24.84	7.75
5 号采场	9.60	3.24	31.15	24.50	7.63
汇总	48.14	3.24	156.20	24.95	38.97

（1）文件创建。在数据管理窗口右键新建文件，保存文件名为“无底柱分段崩落法采切设计”。把开拓设计的-200～-100 m 相关图形文件，包括矿体轮廓线和巷道复制到该文件中。

（2）−180 m 分段采切设计。只保留−200 m、−180 m、−160 m 图层，其他图层关闭，俯视图，把−160 m 巷道、−200 矿体轮廓线隐藏。−180 m 置为当前层。把 1 号勘探线复制到当前层，高程设置为−180。按等高面向 2 号勘探线方向偏移，先偏移 10 m，然后偏移 20 m，直到超过 2 号勘探线。在−160 m 和−180 m 矿体上盘侧轮廓线之间绘制切割平巷中心线，将该中心线与−180 m 分段联络道中心线之间的偏移线保留，两端线修剪掉。在切割平巷中心线端部绘制切割天井中心线，如图 10-24（a）所示。将切割平巷和天井中心线设置断面号生成模型，如图 10-24（b）所示。

微课-无底柱分段崩落法采切设计

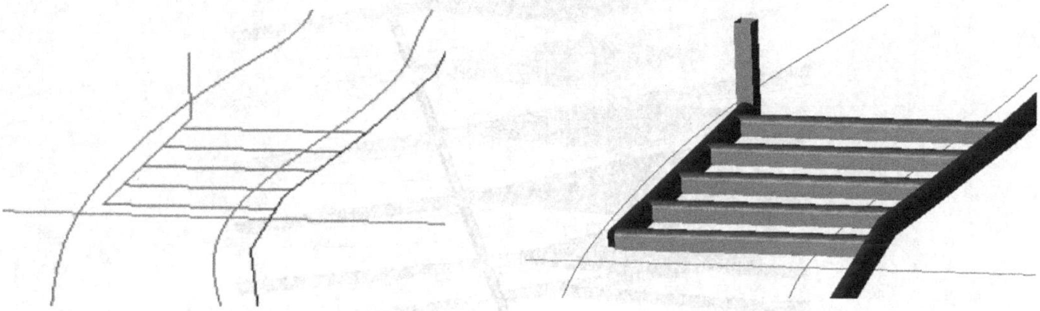

(a)　(b)

图 10-24　−180 m 分段采切设计

（a）−180 m 分段采切中心线设计；（b）−180 m 分段采切巷道模型

（3）−160 m、−140 m、−120 m、−100 m 分段采切设计。

按同样方法做出−160 m、−140 m、−120 m、−100 m 分段采切设计，不同的是高程相邻的两个分段凿岩巷道中心线要在水平方向错开 10 m 布置。5 个分段采切设计结果如图 10-25 所示。

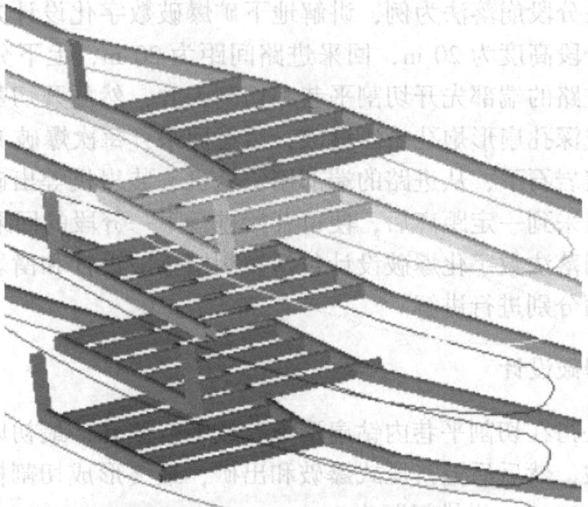

图 10-25　各个分段采切设计

（扫描书前二维码看彩图）

（4）采区溜井设计。在靠近1号勘探线一侧布置一条直径4 m的圆溜井与各分段联络道相连，分段联络道与溜井采用短巷相连。考虑穿脉装矿不影响其他电机车运行，溜井底部距-200 m脉外运输巷道距离不小于一列车长度。采区溜井设计为斜溜井。-120 m和-160 m分段凿岩巷道中心线可直接延长至溜井生成巷道模型，-140 m和-180分段凿岩巷道中心线需偏移10 m再延长至溜井，修剪后生成巷道模型，如图10-26所示。

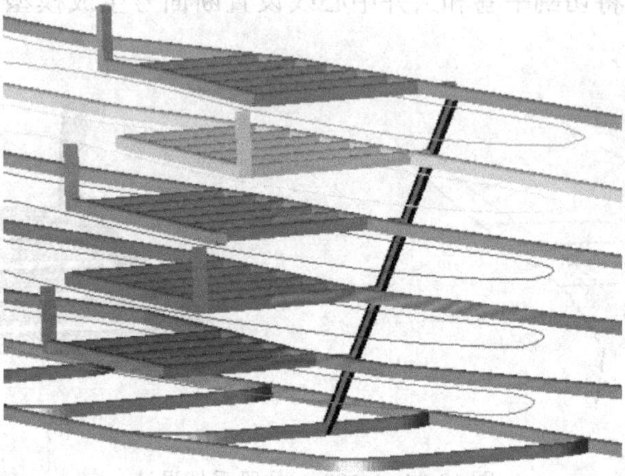

图10-26 采区溜井设计

（扫描书前二维码看彩图）

10.3 地下矿爆破数字化设计

本节以无底柱分段崩落法为例，讲解地下矿爆破数字化设计方法。采矿的主要参数和工艺为：分段高度为20 m，回采进路间距为20 m，上下分段的回采进路采用菱形布置。在进路的端部先开切割平巷和切割天井，然后开切割槽，以切割槽为自由面用中深孔或深孔扇形炮孔挤压爆破，后退回采，每次爆破1~2排炮孔，崩落矿石在崩落的覆盖岩石下，从进路的端部用铲运机、装岩机等出矿设备运到放矿溜井。在上一分段退采到一定距离后，便可开始进行下一分段的回采。

无底柱分段崩落法数字化爆破设计包括切割槽爆破设计和凿岩巷道正排爆破设计两个部分，下面分别进行讲解。

10.3.1 切割槽爆破设计

切割槽爆破是指在切割平巷内钻扇形炮孔或平行炮孔，最初以切割天井为自由空间进行首次爆破，然后后退挤压式爆破和出矿，最终形成切割槽。切割槽设计宽度为4 m，高度为20 m，炮排间距为2 m。

切割槽爆破设计的主要步骤包括：复制文件、排位线设计、排线切割、生成爆破边界、炮孔设计、装药设计、计算量、输出技术经济指标表、生成炮排剖面图和生成爆破实体等。

（1）复制文件。

复制“无底柱分段崩落法采切设计”文件，重新命名为“无底柱分段崩落法爆破设计”，删除不必要的图层。

（2）排位线设计。

1）只打开-120 m图层，关闭其他图层。提取天井的开口线，并将开口线往外偏移1 m，偏移后的开口线与巷道中心线交点处即为排位线的第一排位置，如图10-27（a）所示。

2）切割平巷中心线的实体属性窗口要设置实体名称和实体类型，如图10-27（b）所示，实体类型必须是“巷道”，否则不能生成排位线。

3）点击“地下采矿”→“中深孔设计”→“排位设计”，在弹出的窗口中设置：排线与中线角度点选“垂直”，控制距离的左侧和右侧均输入“2”，排间距输入“2”，其他参数设置如图10-27（c）所示。

4）打开状态栏“捕捉”中的交点，按命令行提示，点击切割平巷中心线与开口线偏移线的交点为第一排炮的位置，点击切割平巷中心线末端点为最后一排炮的位置，在视图窗口生成排位线，如图10-27（d）所示。

5）在视图窗口选中排位线，右键菜单选择“排位线属性”，在弹出窗口调整第一排的间距为1 m（为加强排），后面排的间距调整为2 m，点击确定，如图10-27（e）所示。调整后的排位线如图10-27（f）所示。

6）保存排位线文件。

（3）排线切割。打开“矿体模型”文件，双击“排位线”图层置为当前层。将-120 m以下的工程隐藏，无须切割的巷道模型也要隐藏，比如分段凿岩巷道、切割天井模型等。点击“排线切割”命令，弹出窗口进行参数设置，勾选“控制剪裁切割线”，剪裁宽度输入“0”，具体设置如图10-28所示。点击确定，在数据管理窗口生成一个“新炮孔文件”，该文件包含自“第1排”至“第 n 排”的图层，n 等于排位线的数量。生成的排线切割整体结果如图10-29（a）所示。双击任一图层，在视图窗口正交显示该排线切割图，如图10-29（b）所示。保存“新炮孔文件”名为“切割槽炮孔文件”。

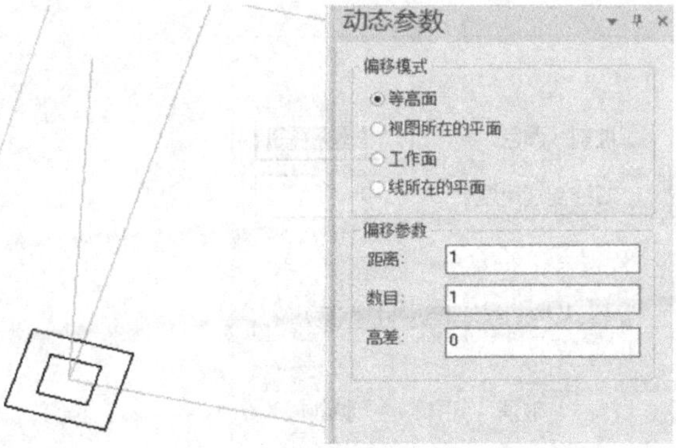

(a)

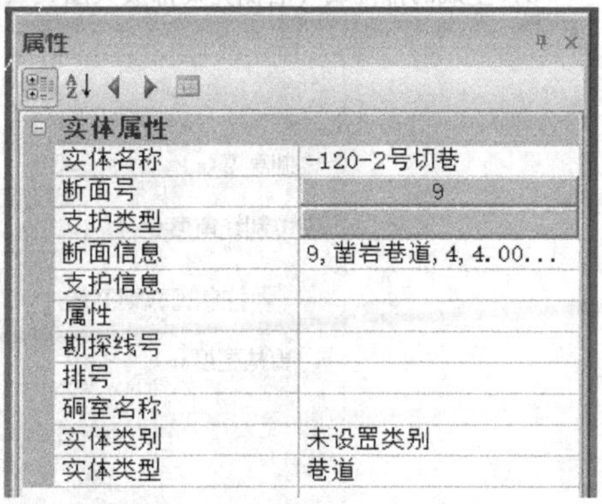

(b)

微课-切割槽爆破：排位线设计

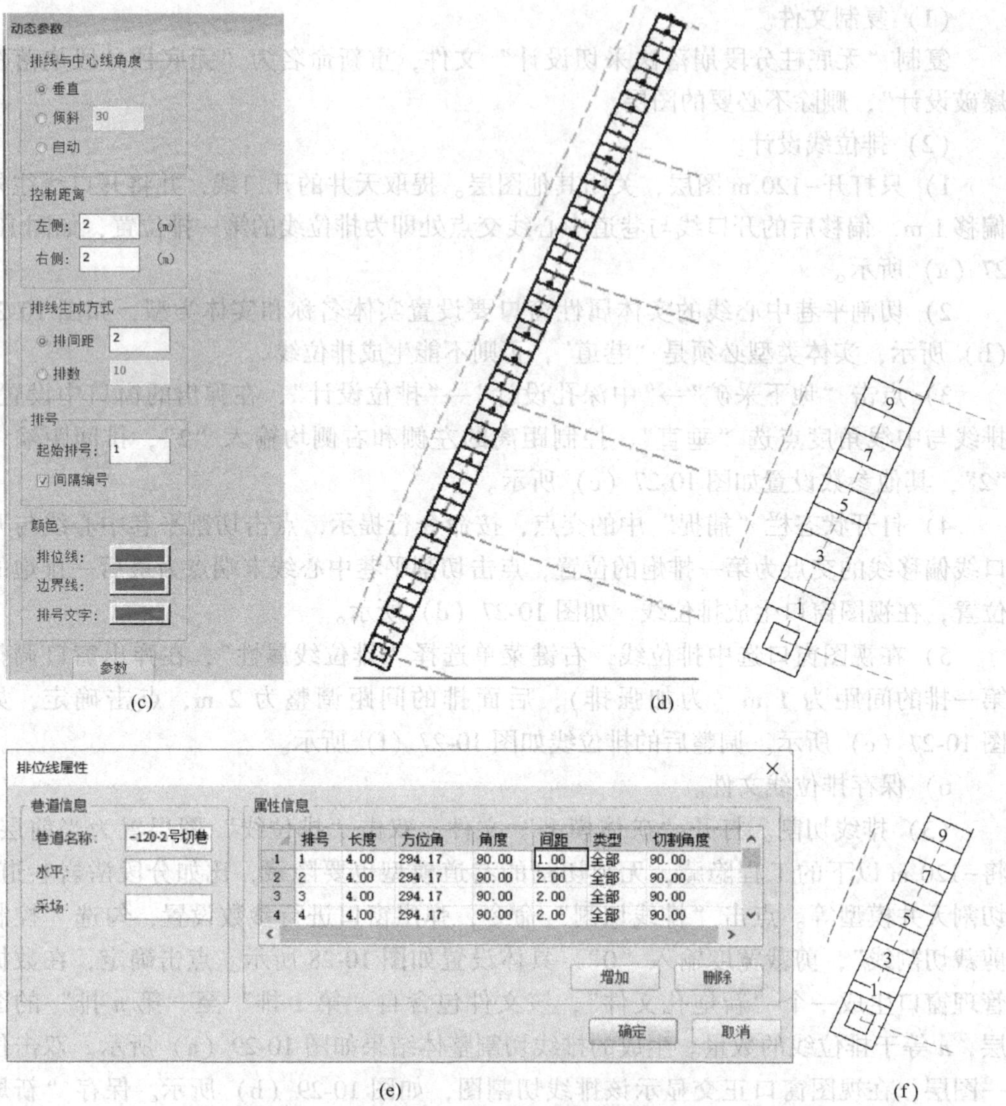

(c) (d) (e) (f)

图 10-27 排位线设计过程

(a) 提取切割天井开口线及偏移；(b) 切割平巷中心线实体属性设置；(c) 排位设计窗口设置；(d) 生成的排位线（右侧为局部放大图）；(e) 在排位线属性窗口调整参数；(f) 调整间距后的排位线

微课-切割槽爆破：排线切割

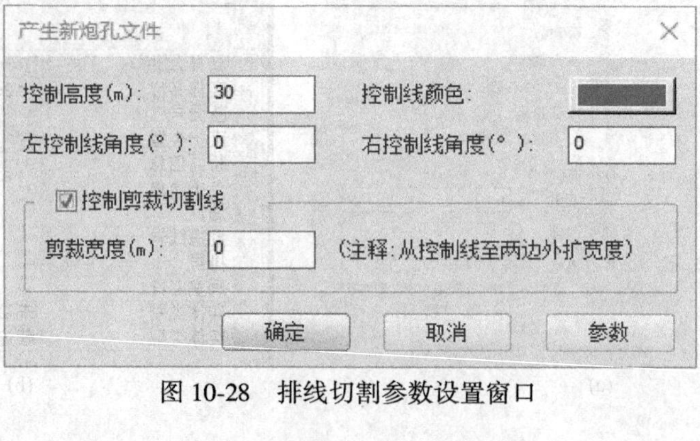

图 10-28 排线切割参数设置窗口

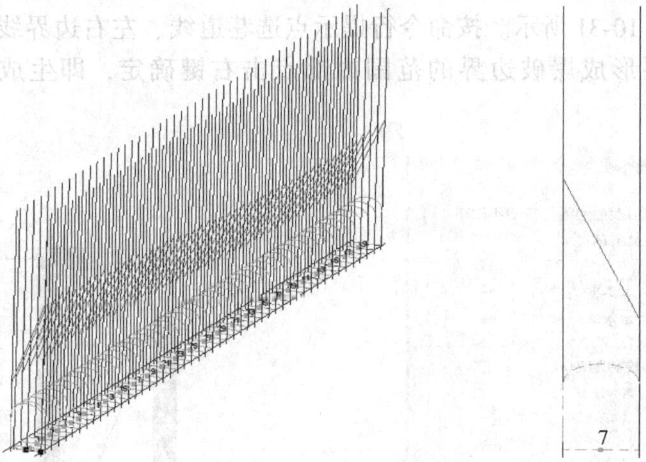

(a)　　　　　　　　　　　　　　(b)

图 10-29　排线切割结果
（a）整体显示；（b）单排正交显示

（4）生成爆破边界。

1）由于排线切割无上边界，因此需要建一条辅助边界。双击炮孔文件“第 1 排”图层，绘制一条多段线，其线高程为−100。点击鼠标右键全部重生成，俯视图，关闭“工作面上”，使用“偏移”命令，选择“等高面”偏移模式，偏移距离输入“1”或“2”，将此多段线偏移到每个炮排上。为防止干扰，新建“−100 线”图层，并将这些线移动到该图层中，如图 10-30 所示。

微课-切割槽爆破：生成爆破边界

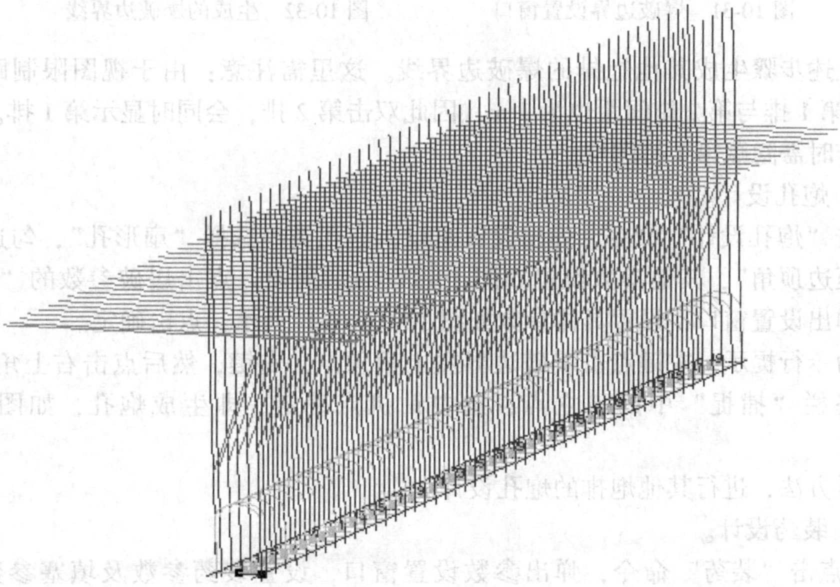

图 10-30　绘制上部−100 m 水平边界线

2）双击“切割槽炮孔文件”的“第 1 排”图层，点击“爆破边界”命令，弹出设置窗口，点选“菱形边界”，输入上水平和本水平的左右边孔角均为45°，其他参数设置如图10-31所示。按命令行提示点选巷道线、左右边界线和上部−100 m边界线，在需要形成爆破边界的范围内部点击右键确定，即生成爆破边界，如图10-32所示。

微课-切割槽爆破：炮孔设计

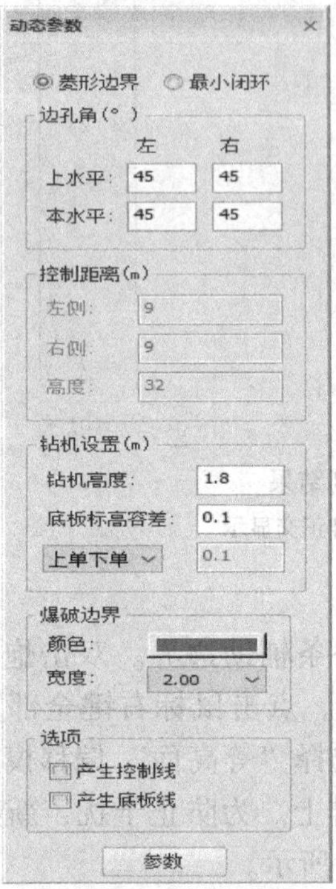

图10-31 爆破边界设置窗口

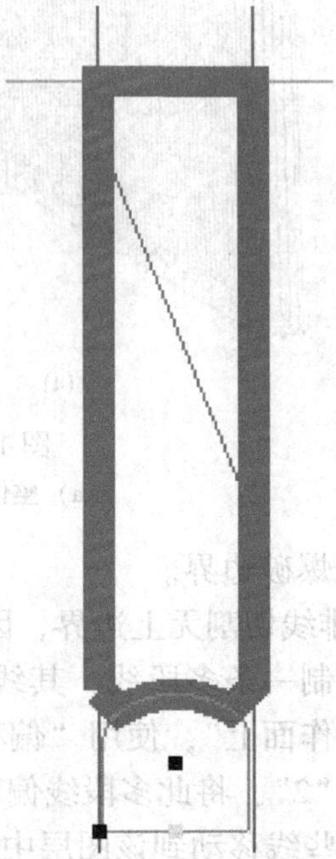

图10-32 生成的爆破边界线

按上述步骤生成其他炮排的爆破边界线。这里需注意：由于视图限制距离为1 m，而第1排与第2排间距也为1 m，因此双击第2排，会同时显示第1排。在设计第2排时需隐藏第1排图层。

（5）炮孔设计。

点击“炮孔设计”命令，弹出设置窗口，炮孔类型选择“扇形孔”，勾选“边孔延伸至边顶角”，其他参数设置如图10-33（a）所示。点击爆破参数的“设置”按钮，弹出设置窗口，设置具体参数如图10-33（b）所示，点击确定。

按命令行提示，左键点击爆破边界左上角顶点，右键，然后点击右上角顶点，打开状态栏“捕捉”中的孤立点，选中钻机点确定，即生成炮孔，如图10-34所示。

同样方法，进行其他炮排的炮孔设计。

（6）装药设计。

1）点击“装药”命令，弹出参数设置窗口，设置装药参数及填塞参数，如图10-35所示。按命令行提示点选首个炮孔，即完成装药设计，如图10-36所示。

2）在装药设计参数设置窗口中，还可以点击“自动装药”按钮，如图10-37所示。点选当前图层，只对当前层的炮孔进行装药设计；点选多个图层，可对其他

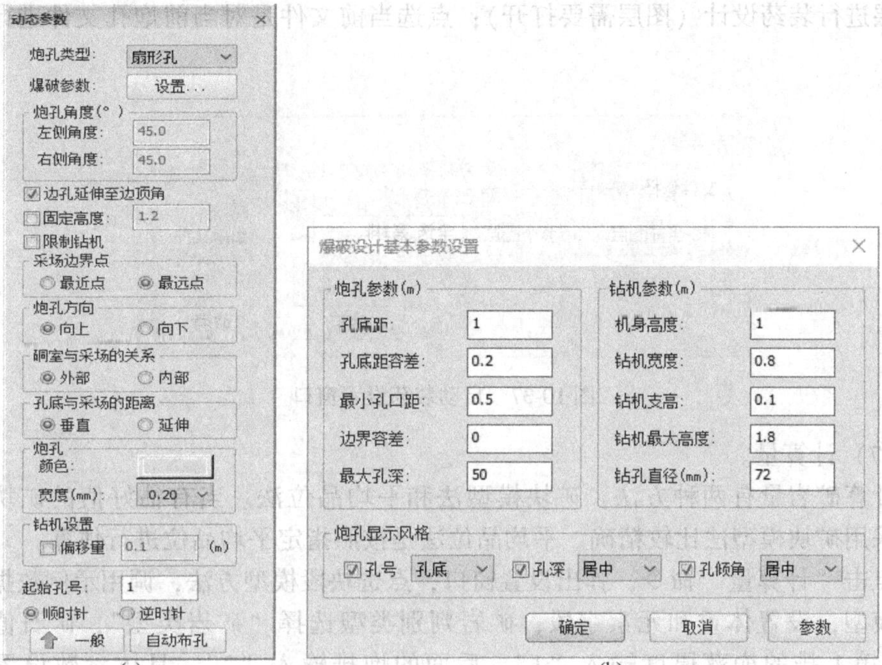

(a)　　　　　　　　　　　　(b)

图 10-33　炮孔设计参数设置

（a）炮孔设计设置窗口；（b）爆破参数设置窗口

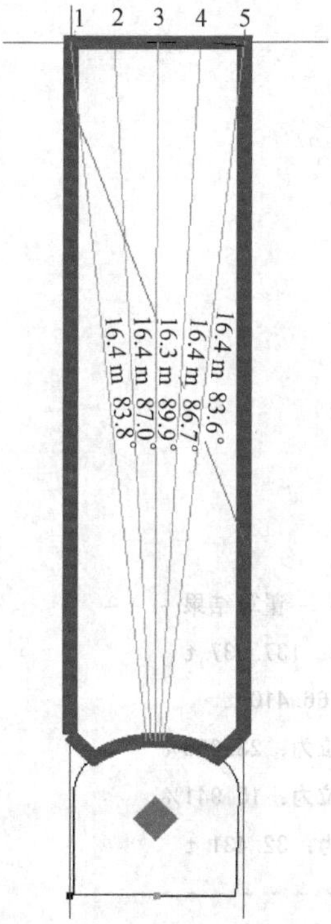

图 10-34　生成的设计炮孔

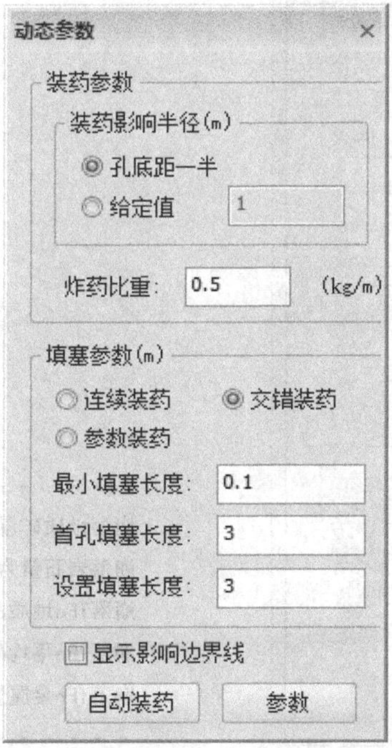

图 10-35　装药设计设置窗口

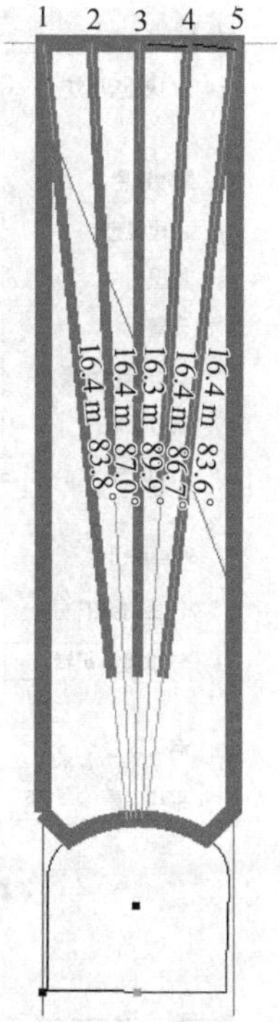

图 10-36　完成的炮排装药设计

微课-切割槽爆破：装药设计

的图层进行装药设计（图层需要打开）；点选当前文件是对当前炮孔文件进行装药设计。

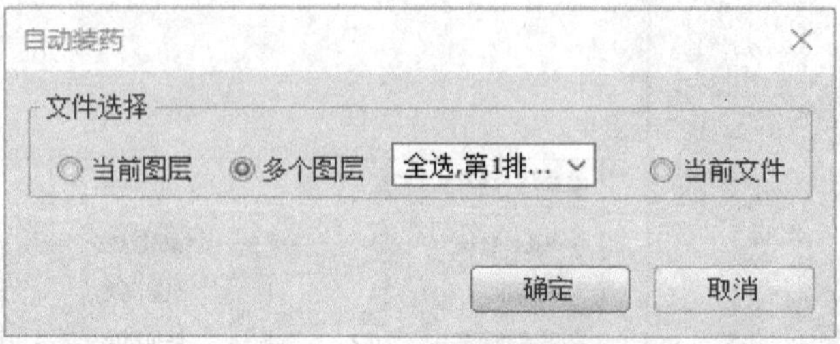

图 10-37　自动装药设置窗口

（7）计算量。

计算矿岩量有两种方法：矿块模型法和平均品位法。当有估好值的矿块模型时，采用矿块模型法比较精确。平均品位法是按照指定平均品位进行估算。

点击“计算量”命令，弹出设置窗口，点选块段模型方法，调用示例数据中的矿块模型，设置体重和元素字段，矿岩判别类型选择“矿岩类型”，矿石值输入“1”，第 1 排的崩落厚度输入“1”，后面的炮排输入“2”，具体参数设置如图 10-38所示。点选爆破区域，右键，再左键，再右键，选择“崩落”类型。软件会自动计算崩落厚度范围内的矿石量、岩石量、品位及金属量等值，并在输出窗口显示这些参数值，如图 10-39 所示。

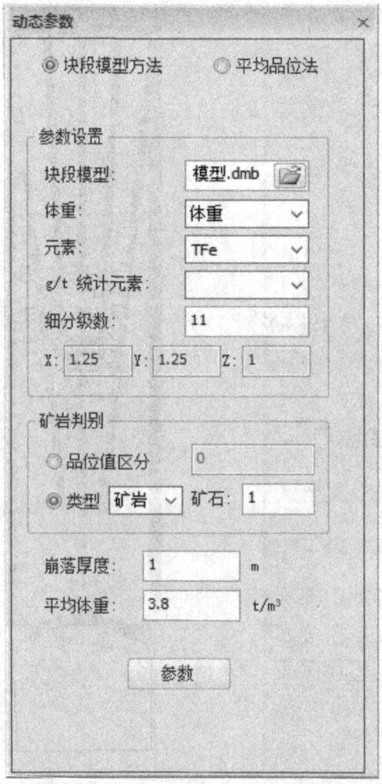

图 10-38　计算量设置窗口

- - - - - - - - 量算结果 - - -
崩落地质矿量为：137.037 t
崩落岩石量为：66.410 t
崩落TFe地质品位为：23.666%
崩落TFe平均品位为：15.941%
崩落TFe金属量为：32.431 t
- - - - - - - - - - - - - - - -

图 10-39　输出窗口显示计算量参数值

选中爆破边界，右键，选择属性，在实体属性栏可查看计算量参数值，如图10-40 所示。

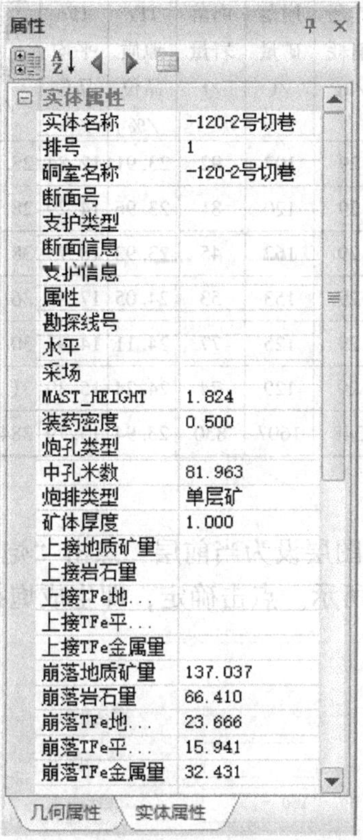

图 10-40　爆破边界属性窗口显示计算量参数值

微课-切割槽爆破：计算量

其他炮排可参照前面流程进行计算量。

(8) 输出技术经济指标表。

计算量处理之后就可以输出计算经济指标表。

点击“技术经济指标”命令，确定输出，即生成 Excel 格式的技术经济指标表，如表 10-2 所示。

表 10-2　切割槽爆破计算经济指标

进路号	排号	孔数 /个	设计米数 /m	设计装药米数 /m	炸药消耗 /kg	崩落矿量 /t	崩落岩量 /t	崩落TFe地质品位 /%	崩落TFe平均品位 /%	崩落TFe金属量 /t	技术指标		
											每米崩矿量 /t·m^{-1}	炸药单耗 /kg·t^{-1}	贫化率 /%
-120-2 号切巷	1	5	81.96	58.46	29	137	66	23.67	15.94	32.43	2.48	0.21	48.46
	2	5	81.96	58.45	29	147	58	23.7	17.03	34.88	2.5	0.2	39.16
	3	5	81.97	58.49	29	120	81	23.97	14.29	28.75	2.45	0.24	67.7
	4	5	81.97	58.49	29	143	62	24.01	16.78	34.29	2.49	0.2	43.08
	5	5	81.97	58.49	29	127	75	23.93	15.01	30.34	2.47	0.23	59.42
	6	5	81.97	58.49	29	137	66	23.87	16.08	32.73	2.48	0.21	48.46

续表 10-2

进路号	排号	孔数/个	设计米数/m	设计装药米数/m	炸药消耗/kg	崩落矿量/t	崩落岩量/t	崩落TFe地质品位/%	崩落TFe平均品位/%	崩落TFe金属量/t	技术指标		
											每米崩矿量/$t\cdot m^{-1}$	炸药单耗/$kg\cdot t^{-1}$	贫化率/%
-120-2号切巷	7	5	81.97	58.49	29	107	92	23.91	12.84	25.61	2.43	0.27	86.16
	8	5	81.98	58.49	29	120	81	23.96	14.29	28.74	2.45	0.24	67.69
	9	5	81.98	58.50	29	162	45	23.92	18.75	38.82	2.53	0.18	27.57
	10	5	81.98	58.50	29	153	53	24.05	17.89	36.81	2.51	0.19	34.46
	11	5	81.98	58.50	29	125	77	24.11	14.93	30.14	2.46	0.23	61.54
	12	5	81.98	58.50	29	129	74	24.24	15.39	31.16	2.47	0.23	57.44
小计		60	983.67	701.85	348	1607	830	23.94	15.79	384.7	2.48	0.22	51.67

(9) 生成炮排剖面图。

选择炮孔文件中的任意图层设为当前层，点击“炮排剖面图”命令，弹出设置窗口，设置参数如图 10-41 所示。点击确定，即生成炮排剖面图，如图 10-42 所示。

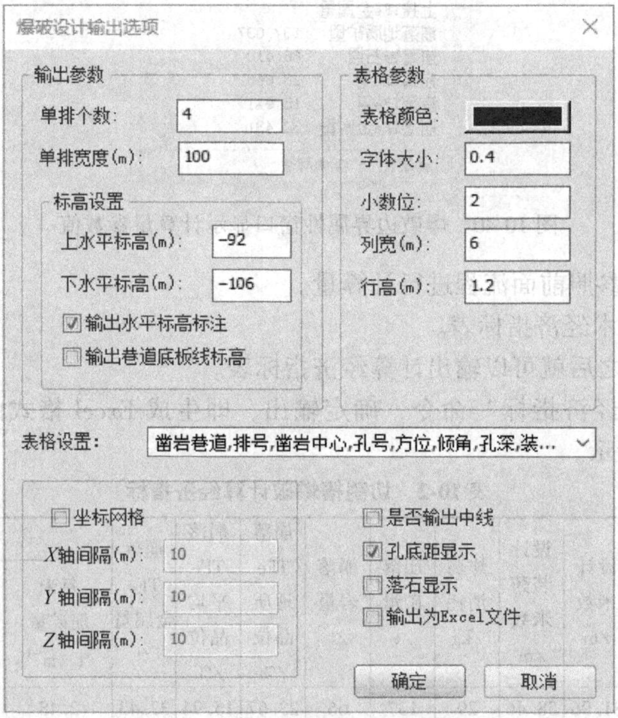

图 10-41 炮排剖面图设置窗口

微课-切割槽爆破：炮排剖面图和爆破实体

(10) 生成爆破实体。

点击“爆破实体”命令，输入首排爆破控制距离：-1 m。-1 m 表示沿排位线相反方向 1 m。确定后，框选炮排文件，右键确定，生成爆破实体，如图 10-42 所示。

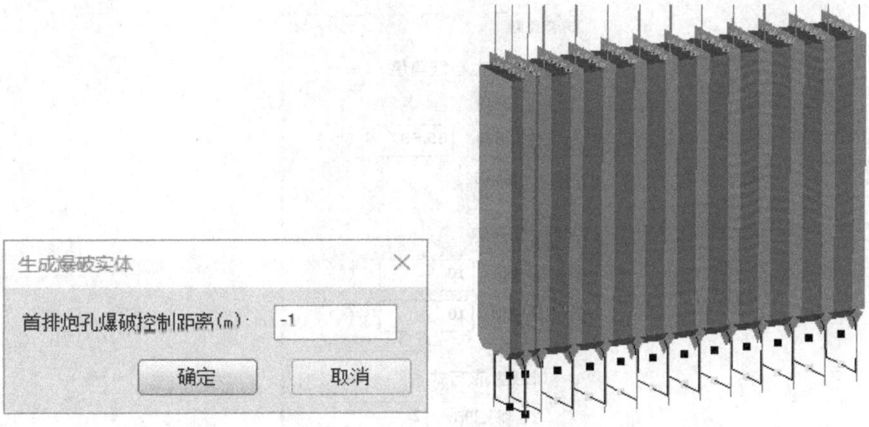

(a) (b)

图 10-42 生成爆破实体设置窗口（a）及生成的爆破实体（b）

10.3.2 凿岩巷道正排爆破设计

凿岩巷道正排爆破是以回采进路为单元，在凿岩巷道内钻中深孔或深孔扇形炮孔，以切割槽为自由面进行挤压爆破，每次爆破 1~2 排炮孔，崩落矿石在崩落的覆盖岩石下，从进路的端部使用铲运机、装岩机等出矿设备装运到放矿溜井。进路设计宽度为 20 m，高度为 20 m，炮排间距为 2 m。

凿岩巷道正排爆破设计的主要步骤与切割槽爆破设计步骤基本相同，不同的是爆破参数和爆破边界尺寸和形状。下面以-120 m 分段 2 号切巷的 4 号凿岩巷道的正排爆破设计为例进行讲解。

（1）设计前准备。

复制排位线文件，将 4 号凿岩巷道的中心线属性中的实体类型选择“巷道”，实体名称修改为“-120-2-4 号凿岩巷”，如图 10-43 所示。将切巷中心线向矿体下盘方向偏移 2 m，作为切割槽的边界线。设计正排第一排排位线距切割槽边界距离为 1 m，将切割槽的边界线向下盘方向偏移 1 m，与 4 号凿岩巷中心线的交点即为排位线起始位置。根据损失贫化指标要求，排位线终止位置考虑在-120 m 和-100 m的矿体下盘轮廓线之间的中心线上选择位置。

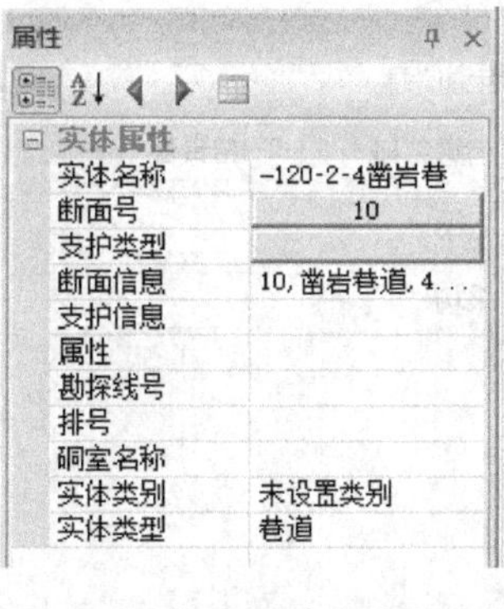

图 10-43 修改设计凿岩巷属性

（2）排位线设计。

点击“排位设计”命令，弹出设置窗口，由于切巷中心线与凿岩巷中心线之间不垂直，排线与中心线角度点选“倾斜”，并输入两条中心线之间量取的夹角。控制距离的左侧和右侧均输入“10”，排间距输入“2”，其他参数设置如图 10-44 所示。按命令行提示点选排位线起点及终点，生成排位线。退出命令，选中新生成的排位线，右键菜单选择“排位线属性”，弹出窗口，修改第 1 排间距为 1 作为加强排，修改最后几排的间距为 2，如图 10-45 所示。修改后的排位线如图 10-46 所示。

微课-凿岩巷道正排爆破：排位线设计

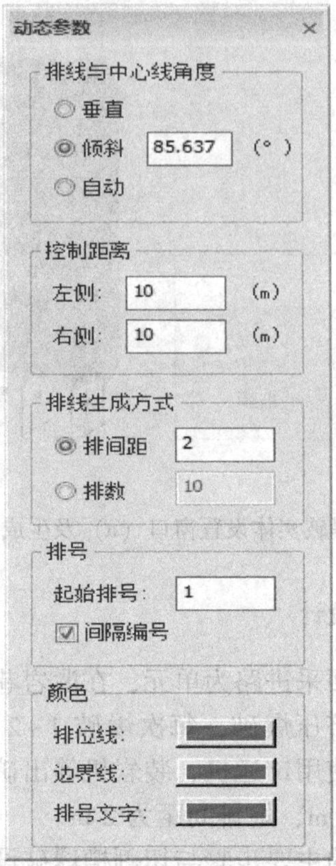

图 10-44　排位线设计设置窗口

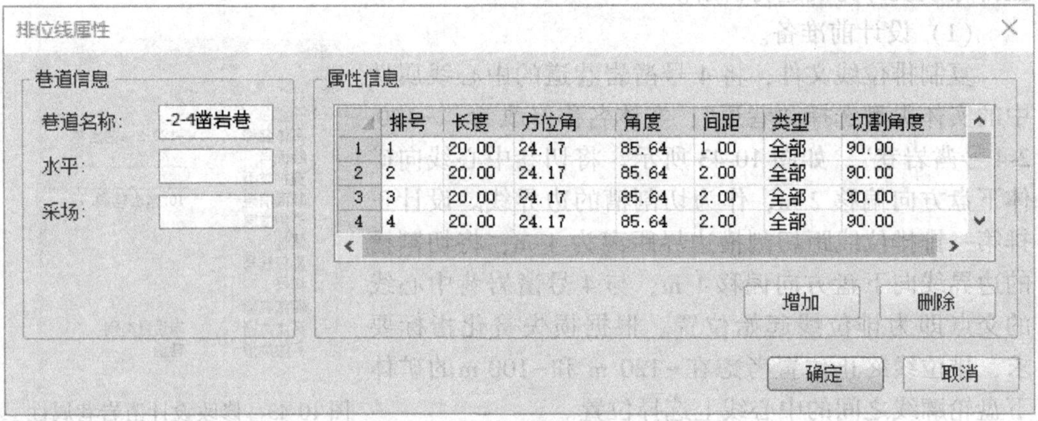

图 10-45　排位线属性窗口修改参数

（3）排线切割。

打开“矿体”文件，将采切工程中-120 m 以下的工程隐藏。点击“排位切割”命令，弹出设置窗口进行参数设置，如图 10-47 所示。点击确定，在数据管理窗口生成新炮孔文件，保存该文件命名为“-120-2-4 号凿岩巷道正排炮孔文件”。该炮孔文件第 1~4 排没有切到-100 m 分段凿岩巷道，第 5 排切到-100 m 分段切巷和一

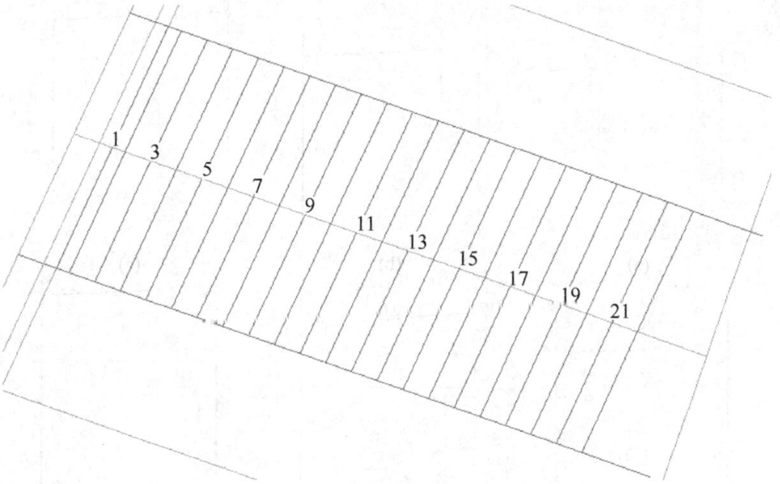

图 10-46　修改后的排位线

个分段凿岩巷道，自第 6 排及以后各排均切到左右 2 个-100 m 分段凿岩巷道，如图 10-48 所示。这里需注意：由于视图限制距离为 1 m，双击显示第 2 排时需隐藏第 1 排图层。排线切割整体效果如图 10-49 所示。

微课-凿岩巷道正排爆破：排线切割

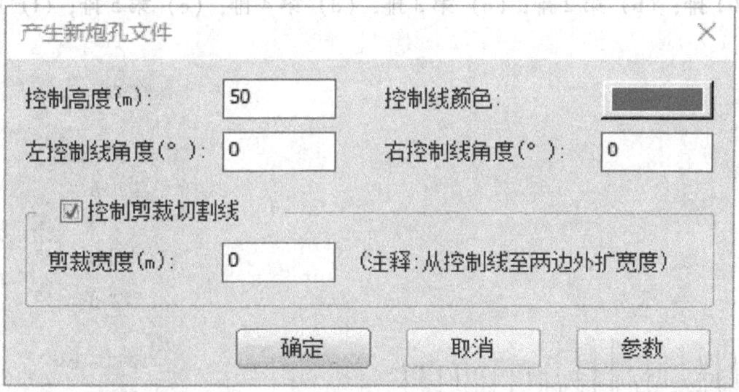

图 10-47　排线切割设置窗口

（4）确定爆破边界。

1）双击“第一排”图层，点击“爆破边界”命令，弹出设置窗口，设置参数如图 10-50 所示。点选或框选边界线，在内部点击右键确定。

2）按上述步骤将其他排生成爆破边界。如图 10-51 所示，其中，6 排以后生成的爆破边界与 6 排相同。需注意前 5 排边界选取的不同。还需注意-100 m 分段凿岩巷道轮廓线的实体类型必须是“巷道”，否则无法生成菱形爆破边界。另外，巷道轮廓线如果断开，需要连接起来，否则生成的菱形边界不对称。

（5）炮孔设计。

点击“炮孔设计”命令，弹出设置窗口，不勾选“边孔延伸至边顶角”，在爆破参数设置窗口中修改孔底距为 2.6，边界容差为-0.2（炮孔不打到边界，孔底至边界 0.2 m），具体参数设置如图 10-52 所示。捕捉钻机点，点击生成炮孔设计，如图 10-53 所示。

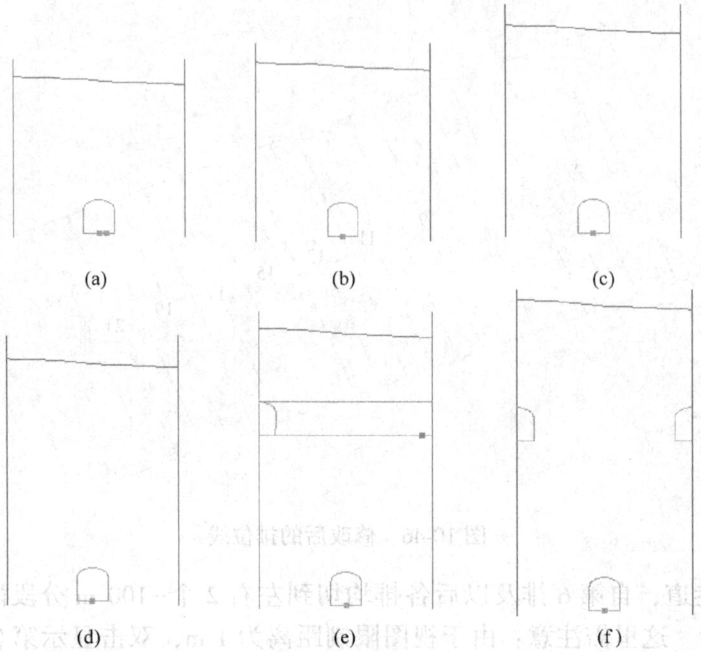

图 10-48 部分排切割剖面图

（a）第 1 排；（b）第 2 排；（c）第 3 排；（d）第 4 排；（e）第 5 排；（f）第 6 排

图 10-49 排线切割整体效果

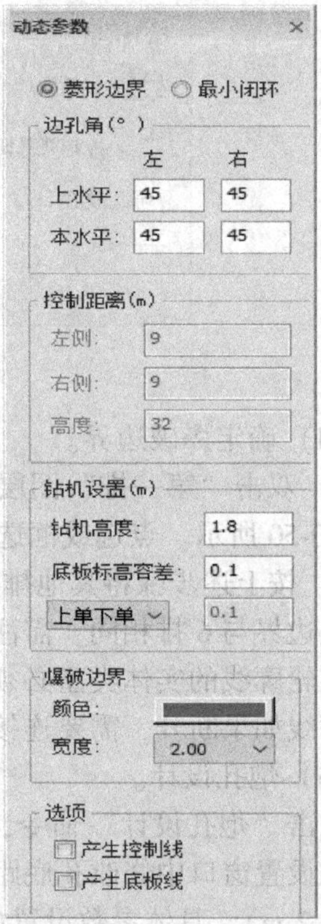

图 10-50 爆破边界设置窗口

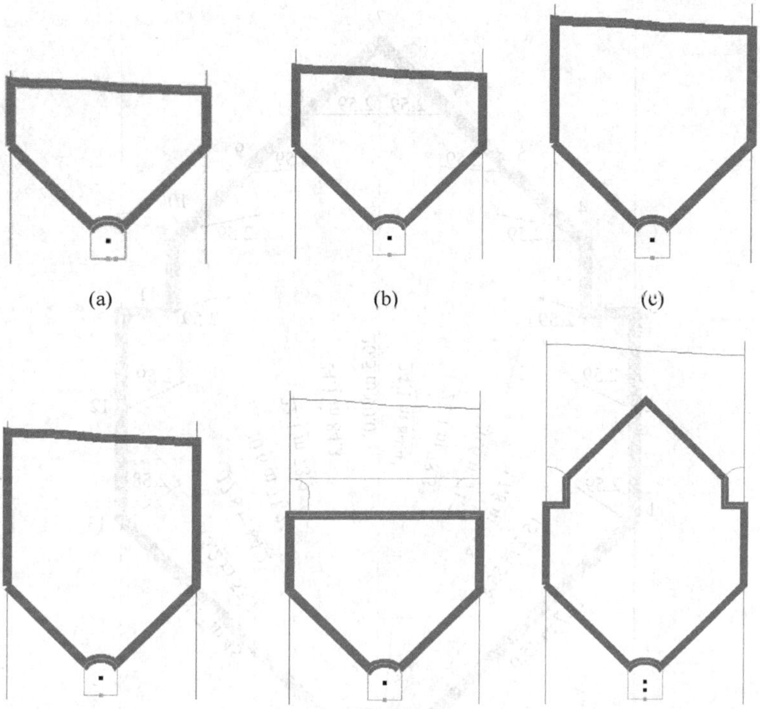

图 10-51 生成的各排爆破边界

（a）第 1 排；（b）第 2 排；（c）第 3 排；（d）第 4 排；（e）第 5 排；（f）第 6 排

微课-凿岩巷道正排爆破：生成爆破边界

微课-凿岩巷道正排爆破：炮孔设计

图 10-52 炮孔设计设置窗口

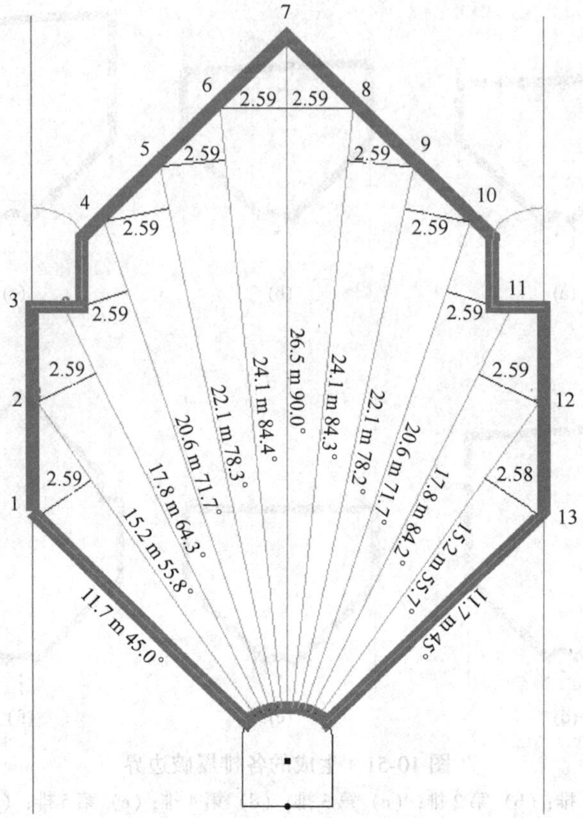

图 10-53　炮排炮孔设计

微课-凿岩巷道正排爆破：装药设计

（6）装药设计。

所有的炮排生成爆破边界，并完成炮孔设计后，点击“装药”命令，在弹出窗口进行参数设置，点击“自动装药”，点选“多个图层”，下拉菜单勾选“全选”，完成所有炮排的装药。装药设计设置窗口如图 10-54 所示。某炮排装药设计效果如图 10-55 所示。

微课-凿岩巷道正排爆破：计算量设计

（7）计算量。

点击“计算量”命令，弹出设置窗口，点选块段模型方法，调用示例数据中的矿块模型，设置体重和元素字段。矿岩判别类型选择“矿岩类型”，矿石值输入“1”，第 1、2 排的崩落厚度输入“1”，后面的炮排输入“2”，具体参数设置如图 10-38 所示。点选爆破区域，右键，再左键，再右键，选择“崩落”类型。软件将自动计算崩落厚度范围内的矿石量、岩石量、品位及金属量等值，并在输出窗口显示。

（8）输出技术经济指标表。

计算量处理之后就可以输出计算经济指标表。

点击“技术经济指标”命令，确定输出，即生成 Excel 格式的技术经济指标表，如表 10-3 所示。

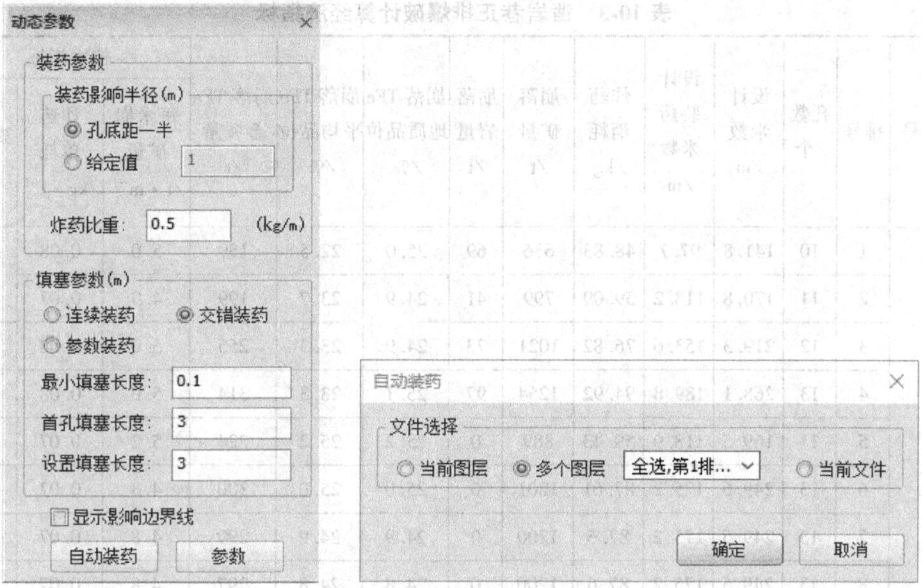

图 10-54　装药设计设置窗口

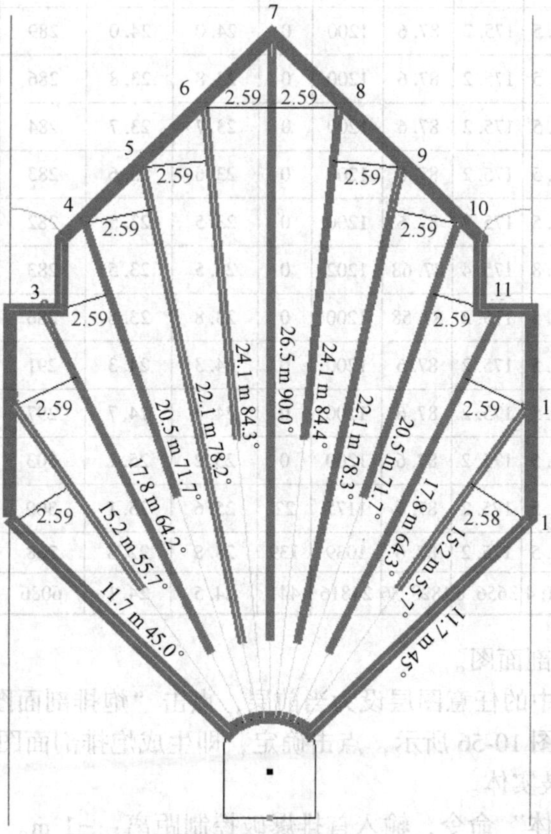

图 10-55　炮排装药设计

表 10-3 凿岩巷正排爆破计算经济指标

进路号	排号	孔数/个	设计米数/m	设计装药米数/m	炸药消耗/kg	崩落矿量/t	崩落岩量/t	崩落 TFe 地质品位/%	崩落 TFe 平均品位/%	崩落 TFe 金属量/t	技术指标		
											每米崩矿量/$t \cdot m^{-1}$	炸药单耗/$kg \cdot t^{-1}$	贫化率/%
-120-2-4 号凿岩巷	1	10	141.8	97.7	48.83	636	69	25.0	22.5	159	5.0	0.08	10.8
	2	11	170.8	118.2	59.09	799	41	24.9	23.7	199	4.9	0.07	5.1
	3	12	219.3	153.6	76.82	1021	73	24.9	23.3	255	5.0	0.08	7.2
	4	13	268.1	189.8	94.92	1254	97	25.1	23.3	314	5.0	0.08	7.8
	5	11	169.5	118.9	59.43	889	0	25.2	25.2	224	5.2	0.07	0.0
	6	13	249.6	175.2	87.61	1201	0	25.0	25.0	300	4.8	0.07	0.0
	7	13	249.5	175.2	87.6	1200	0	24.9	24.9	299	4.8	0.07	0.0
	8	13	249.5	175.2	87.6	1200	0	24.8	24.8	297	4.8	0.07	0.0
	9	13	249.5	175.2	87.6	1200	0	24.6	24.6	295	4.8	0.07	0.0
	10	13	249.5	175.2	87.6	1200	0	24.3	24.3	292	4.8	0.07	0.0
	11	13	249.5	175.2	87.6	1200	0	24.0	24.0	289	4.8	0.07	0.0
	12	13	249.5	175.2	87.6	1200	0	23.8	23.8	286	4.8	0.07	0.0
	13	13	249.5	175.2	87.6	1200	0	23.7	23.7	284	4.8	0.07	0.0
	14	13	249.5	175.2	87.6	1200	0	23.6	23.6	283	4.8	0.07	0.0
	15	13	249.5	175.2	87.6	1200	0	23.5	23.5	282	4.8	0.07	0.0
	16	13	249.8	175.4	87.68	1202	0	23.5	23.5	283	4.8	0.07	0.0
	17	13	249.5	175.2	87.58	1200	0	23.8	23.8	286	4.8	0.07	0.0
	18	13	249.5	175.2	87.6	1200	0	24.3	24.3	291	4.8	0.07	0.0
	19	13	249.5	175.2	87.6	1200	0	24.7	24.7	297	4.8	0.07	0.0
	20	13	249.5	175.2	87.6	1200	0	25.2	25.2	303	4.8	0.07	0.0
	21	13	249.5	175.2	87.6	1175	22	25.6	25.1	300	4.8	0.07	1.9
	22	13	249.5	175.2	87.6	1039	139	25.8	22.8	268	4.7	0.08	13.4
小计		278	5211.4	3656.8	1828.36	24816	441	24.5	24.1	6086	4.9	0.07	1.8

（9）生成炮排剖面图。

选择炮孔文件中的任意图层设为当前层，点击“炮排剖面图”命令，弹出设置窗口，设置参数如图 10-56 所示，点击确定，即生成炮排剖面图。

（10）生成爆破实体。

点击“爆破实体”命令，输入首排爆破控制距离：-1 m。-1 m 表示沿排位线相反方向 1 m。确定后，框选炮排文件，右键确定，生成爆破实体，如图 10-57 所示。

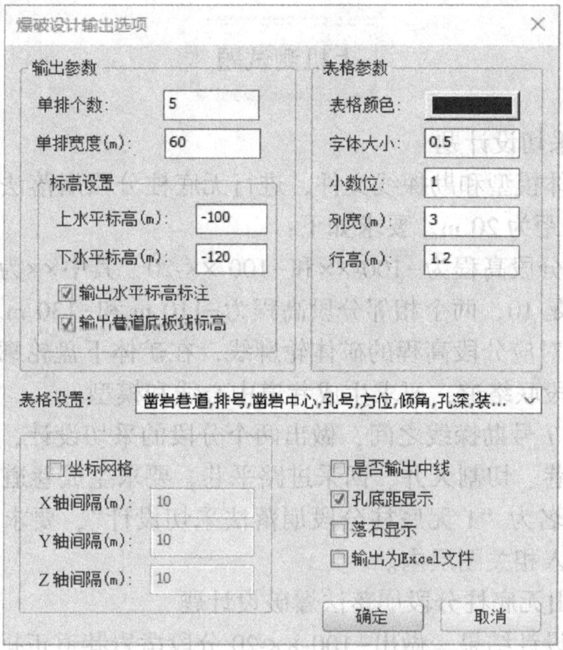

图 10-56　炮排剖面图设置窗口

微课-凿岩巷道正排爆破：炮排剖面图和爆破实体

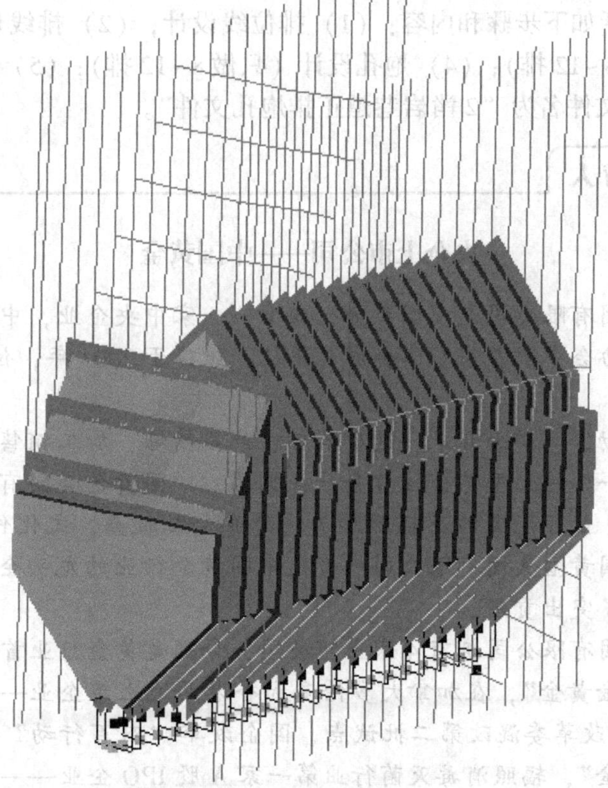

图 10-57　生成的爆破实体
（扫描书前二维码看彩图）

上机测试题

10-1　地下矿采切设计题

根据给出的矿体模型和勘探线文件，进行无底柱分段崩落法采切设计，分段高度为 20 m，进路间距为 20 m。要求如下：

（1）两个相邻分段高程为-100-××和-100-××-20，其中××为学号后两位数。比如：学号后两位数是 10，两个相邻分段高程为-110 m 和-130 m。

（2）生成两个对应分段高程的矿体轮廓线，在矿体下盘轮廓线外水平距离10 m 处分别布置两个分段联络道，要求生成巷道中心线和模型。

（3）在 6 号和 7 号勘探线之间，做出两个分段的采切设计，主要包括位于矿体上盘边缘的切割平巷、切割天井、回采进路平巷，要求生成巷道中心线和模型。

（4）保存文件名为“1 无底柱分段崩落法采切设计”，要求保留过程图形，建立图层并把图形放入相关图层内。

10-2　地下矿山无底柱分段崩落法爆破设计题

请根据第 1 题设计结果，做出-100-××-20 分段凿岩巷道正排第 3 排（自南往北数）爆破设计，要求为：第 1、2 排为加强排，排距 1 m，其余排排距为 2 m，最后一排根据矿体位置进行调整；孔底距为 2.6 m，边孔角度 45°，其余参数酌情设计。

爆破设计包括如下步骤和内容：（1）排位线设计；（2）排线切割；（3）生成爆破边界（只做8~12 排）；（4）炮孔设计（只做8~12 排）；（5）设计装药（只做8~12 排）。保存文件名为“2 凿岩巷道正排炮孔文件”。

思政育人

央企上市公司——中国黄金

中国黄金集团有限公司是中国黄金行业唯一一家中央企业，中国黄金协会会长单位，世界黄金协会中国首家董事会成员单位，组建于 2003 年，位于中国企业 500 强第 197 位。

作为集地质勘探、矿山开采、选矿冶炼、产品精炼、加工销售、科研开发、工程设计与建设于一体的大型综合性黄金产业集团，中国黄金集团有限公司拥有完整的上下游产业链，业务范围涉及辐照加工、产业金融服务、文化传媒等多个领域。从成立至今，中国黄金集团有限公司一直是中国黄金行业的龙头企业，为中国黄金产业的发展做出了突出贡献。

中国黄金集团有限公司拥有 4 家上市公司，分别是黄金行业首家在境内 A 股上市企业——“中金黄金”，在加拿大多伦多和香港两地上市企业——“中国黄金国际”，国家发展和改革委混改第二批试点、国企改革“双百行动”首单主板上市企业——“中国黄金”，辐照消毒灭菌行业第一家 A 股 IPO 企业——“中金辐照”。

中国黄金集团有限公司在我国及“一带一路”重要成矿区带规划了 25 个黄金及有色生产基地，金、铜保有资源量及矿产品产量均居中国矿业行业前列，拥有 48

座矿山，6座冶炼厂，主要分布在国内26个省（区）及刚果（布）、吉尔吉斯斯坦、俄罗斯等海外地区。32家矿山纳入全国绿色矿山名录，始终保持黄金行业第一。该公司拥有国家级高新技术企业40家，数量位居行业之首；拥有遍布全国大中城市3000余家“中国黄金”品牌营销网点；拥有我国黄金行业唯一的国家级黄金研究院、黄金设计院和两个高新技术产业示范基地；制定了行业90%以上的技术标准；同时，还是首批“上海金”参考价成员单位，综合信用等级为国内最高的AAA级，国际评级BBB级，与国际一流黄金公司保持同等级别。

新时代，新征程，新目标，新作为，中国黄金集团有限公司将坚持以习近平新时代中国特色社会主义思想为指导，立足新发展阶段、贯彻新发展理念、融入新发展格局，始终牢记打造企业发展新动能、引领产业高质量发展、增强国家黄金控制力的使命任务，为建设世界一流黄金产业科技领军企业而努力奋斗！

参 考 文 献

[1] 梁超，刘九青，文义明，等. 矿山开采数字技术应用［M］. 北京：化学工业出版社，2021.
[2] 吴立新. 数字矿山技术［M］. 长沙：中南大学出版社，2009.
[3] 王李管，陈鑫，毕林，等. 智慧矿山技术［M］. 长沙：中南大学出版社，2019.
[4] 李国清. 智能矿山概论［M］. 北京：冶金工业出版社，2023.
[5] 李娜，庄世勇，渠爱巧，等. 矿山 CAD 实用教程［M］. 武汉：武汉大学出版社，2023.
[6] 赵兴东，于庆磊，等. 井巷工程［M］. 北京：冶金工业出版社，2022.
[7] 王云敏. 现代采矿手册［M］. 北京：冶金工业出版社，2012.
[8] 于润沧. 采矿工程师手册［M］. 北京：冶金工业出版社，2009.
[9] 汪旭光. 爆破手册［M］. 北京：冶金工业出版社，2010.
[10] 古德生，李夕兵. 现代金属矿床开采科学技术［M］. 北京：冶金工业出版社，2006.
[11] 柳小波，曲福明，郗凤明，等. 数字矿山建设架构与关键技术［M］. 北京：冶金工业出版社，2024.
[12] 唐辉明. 工程地质学基础［M］. 北京：化学工业出版社，2008.
[13] 陈清华，章大港，宋全友. 地质学基础［M］. 北京：石油工业出版社，2015.
[14] 陈步尚，陈国山. 矿山测量技术［M］. 北京：冶金工业出版社，2009.
[15] 张国良. 矿山测量学［M］. 徐州：中国矿业大学出版社，2001.
[16] 高永涛，吴顺川. 露天采矿学［M］. 长沙：中南大学出版社，2010.
[17] 张钦礼，王新民. 金属矿床地下开采技术［M］. 长沙：中南大学出版社，2016.
[18] 徐水师. 数字矿山新技术［M］. 徐州：中国矿业大学出版社，2007.
[19] 李一帆. 数字矿山技术与应用［M］. 郑州：郑州大学出版社，2012.
[20] 易丽平，王李管，肖英才. 基于 DIMINE 软件的露天采剥计划编制技术研究［J］. 中国钼业，2010（6）：12-15.
[21] 肖英才，王李管，易丽平，等. 基于 DIMINE 软件的露天采剥计划编制技术［J］. 矿业工程研究，2010（4）：6-9.
[22] 谭正华. 三维可视化环境下采矿设计与生产规划关键技术研究［D］. 长沙：中南大学，2010.